对《**Head First Ajax**》的高度赞誉

"Ajax不只是对现有技术的回顾，也不是对Web应用稍作修改就能宣称它支持Ajax。Rebecca M. Riordan在《Head First Ajax》中会带着你一步步完成构建Ajax应用的全过程，向你展示Ajax并不只有'小小的异步部分'，而是一种完成总体Web设计的更佳方法。"

——Anthony T. Holdener III，"Ajax: The Definitive Guide"的作者

"你并不只是在读Head First书，而是在真正动手'做'Head First书。这正是差别所在。"

——Pauline McNamara，瑞士Fribourg大学新技术与教育中心

"作者很好地讲授了Ajax的各个方面。一方面在不断回顾先前所学的知识，另一方面又并非简单重复。另外采用了一种独到的方式介绍各种常见的问题，帮助读者来发现这些问题。在没有权威做法的领域，作者为读者展示了所有可能的选择，并鼓励读者作出自己的判断。"

——Elaine Nelson，网站设计人员

"对Ajax无从下手吗?这本书可以让你摆脱困境。你将深入掌握核心概念，并在这个过程中享受快乐。"

——Bear Bibeault，Web应用架构师

O'Reilly的其他相关图书

Ajax Design Patterns

Ajax: The Definitive Guide

Ajax Hacks™

Ajax on Java

Programming ASP.NET Ajax

JavaScript: The Definitive Guide

JavaScript: The Good Parts

O'Reilly Head First系列的其他图书

Head First Java™

Head First Object-Oriented Analysis and Design (OOA&D)

Head First HTML with CSS and XHTML

Head First Design Patterns

Head First Servlets and JSP

Head First EJB

Head First PMP

Head First SQL

Head First Software Development

Head First JavaScript

Head First Statistics (2008)

Head First Physics (2008)

Head First Rails (2008)

Head First Programming (2008)

Head First PHP & MySQL (2008)

Head First Ajax

（中文版）

不是在做梦吧？一本**Web**编程书居然没有大堆的理论，也没有谈到**Google Maps**？可能只是异想天开吧……

Rebecca M. Riordan 著

苏金国 王小振 王恒 等译

O'REILLY®

Beijing • Cambridge • Köln • Sebastopol • Taipei • Tokyo

O'Reilly Media, Inc.授权中国电力出版社出版

中国电力出版社

图书在版编目（CIP）数据

Head First Ajax（中文版）/（美）赖尔等（Riordan, R.）著；苏金国等译，－北京：中国电力出版社，2010. 7（2017. 4 重印）

书名原文：Head First Ajax

ISBN 978-7-5083-8791-8

I. H...　II.①赖... ②苏...　III. 计算机网络－程序设计　IV. TP393.09

中国版本图书馆CIP数据核字（2009）第065929号

北京版权局著作权合同登记

图字：01-2009-1960号

封面设计/　Louise Barr，Steve Fehler，张健
出版发行/　中国电力出版社
地　　址/　北京市东城区北京站西街 19 号　　　　（邮政编码 100005）
印　　刷/　航远印刷有限公司
开本尺寸/　850 毫米×980 毫米　16 开本　　33 印张　　713 千字
版　　次/　2010 年 7 月第 1 版　2017 年 4 月第 5 次印刷
印　　数/　9501—11000 册
定　　价/　78.00 元（册）

Head First Ajax 的作者

Rebecca M. Riordan

Rebecca任职于澳大利亚Microsoft公司，是一位Microsoft数据库产品的高级技术支持工程师。她在这个领域已经积累了20年的经验，在设计和实现技术全面、可靠并有效满足客户需求的计算机系统方面享有盛誉。她的主攻领域是数据库设计，已经著有多本数据库方面的书，作为Access MVP已有5年。

目录（概览）

详细目录

引子

让你的大脑来学Ajax. 你想坐下来学点东西，可是你的大脑却总在帮倒忙，一直在告诉你学这些不重要。你的大脑在想："还是把空间留给更重要的事情吧，比方说要躲开哪些野兽，还有光着身子滑雪不太好吧。"那么你该如何骗过大脑，让它认为如果不懂得Ajax你将无法活下去？

1 使用Ajax

新一代的**Web**应用

是不是厌倦了重新加载页面留给你的长久等待?

沉闷的Web应用界面是不是让你觉得很泄气?是时候了,现在应该让你的Web应用看起来更鲜亮,就像是反应迅速的桌面应用。怎样才能做到呢?这就要借助于Ajax,利用这一法宝,你将能够构建更具交互性、响应更迅速、使用更容易的Internet应用。所以别睡了,利用这个时间为你的Web应用添加一点色彩了,把那些不必要的、动作迟缓的完全页面刷新永远地消灭掉。

真让人绝望……不过我实在是买不起功能更强大的服务器,也没有足够的钱来聘请一些Web专家。

Ajax页面只是在必要的时候才与服务器通信……而且只传送服务器知道的东西。

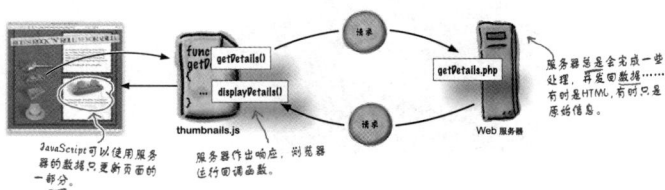

JavaScript可以使用服务器的数据只更新页面的一部分。

thumbnails.js

服务器作出响应,浏览器进行回调函数。

getDetails.php

Web服务器

服务器总是会完成一些处理,再发回数据……有时是HTML,有时只是原始信息。

设计Ajax应用

用Ajax方式思考

欢迎走进Ajax应用——这是一个全新的Web世界。

你已经构建了你的第一个Ajax应用，可能现在正在考虑怎样修改你的所有Web应用，让它们都采用异步方式建立请求。不过，这并不是Ajax编程的全部，必须以一种**不同的方式**考虑你的应用。即使建立了异步请求，也不能仅凭这一点就意味着你的应用是用户友好的。你如果要帮助用户**避免犯错误**，就需要对整个**设计重新考虑**。

正在处理……

用户名可以接受。

用户名已被占用。

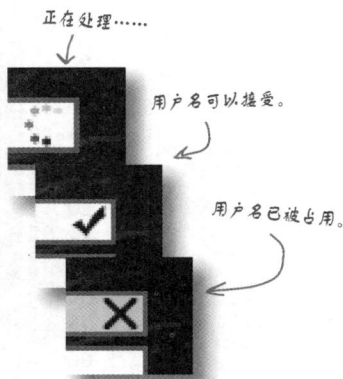

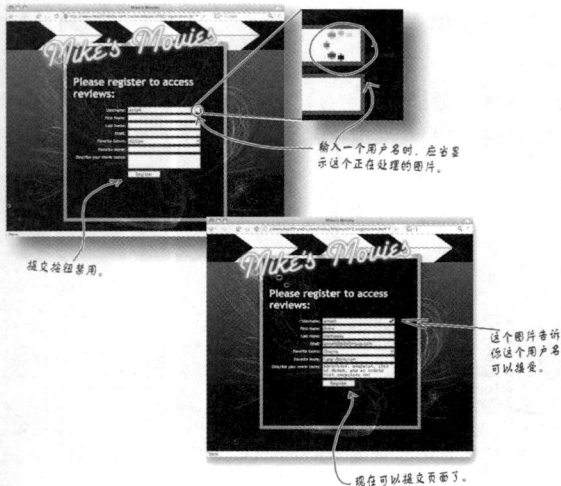

输入一个用户名时，应显示这个正在处理的图片。

提交按钮禁用。

Please register to access reviews:

这个图片告诉你这个用户名可以接受。

现在可以提交页面了。

3 JavaScript事件

回应你的用户

有时需要让你的代码对Web应用中发生的事件作出回应……这就引入了**事件**。事件是指在页面上、浏览器中甚至Web服务器上发生的某个事情。不过只知道事件还不够……有时你还希望对事件作出响应。通过创建代码并注册为**事件处理程序**，就可以在每次发生一个特定事件时让浏览器运行你的事件处理程序。通过结合事件和事件处理程序，你就能得到**交互式Web应用**。

Beginner
如果你刚接触瑜珈，
要从这里起步。

Intermediate
如果初级课程对你来说
没有难度，可以尝试这
一级课程。

Advanced
难度很大！

4 多个事件处理程序

两人成伴

一个事件处理程序往往还不够。

有时一个事件需要调用多个事件处理程序。也许你要做一些特定事件的动作，另外还有一些通用代码，把所有这些内容都塞到一个事件处理函数中是不合适的。或许你力图创建简洁、**可重用的代码**，而且同一个事件要触发**两个不同的功能**。幸运的是，你可以使用一些DOM Level 2方法**为单个事件**指定多个事件处理函数。

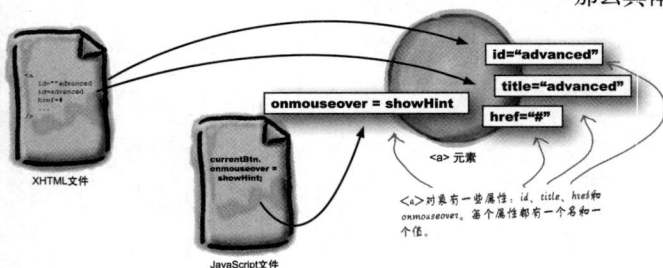

XHTML文件

JavaScript文件

currentBtn.
onmouseover =
showHint;

onmouseover = showHint

id="advanced"

title="advanced"

href="#"

<a> 元素

<a>对象有一些属性，id、title、href和onmouseover。每个属性都有一个名和一个值。

5 异步应用

这就像重新申请驾照

你是不是等烦了？是不是很厌恶这种长久的等待？可以利用异步解决这个问题！

前面已经通过创建过几个页面对服务器发出异步请求来避免用户等待页面刷新。这一章中，我们还会更深入地讨论构建异步应用的详细内容。你将了解**异步到底是什么意思**，学习如何使用**多个异步请求**，甚至还可以建立一个**监视器函数**，从而避免这种异步性把你和你的用户搞糊涂。

对可乐的异步请求

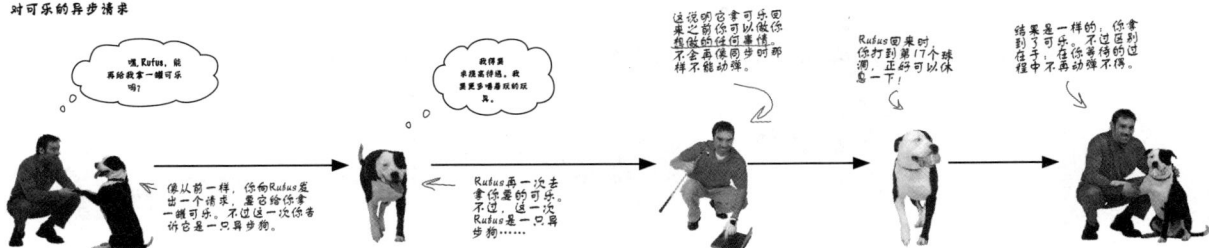

6 文档对象模型

Web页面森林

迫切需要：易于更新的Web页面。现在该你自己动手编写一些代码来动态地更新Web页面了。通过使用**文档对象模型**，你的页面会焕发新的生命，能够响应用户的动作，而且能永远摆脱不必要的页面重载。读完这一章之后，你将能查找、移动和更新Web页面中几乎任何位置上的内容。

document

document对象包含页面的结构，结构在XHTML中定义。

classes.html

yoga.css

schedule.js

样式以及与结构关联的代码也会在DOM中表示。

管理DOM

我的愿望就是你的命令

有时你只是需要一点精神控制。（DOM）

我们很高兴地知道Web浏览器能把XHTML转换为DOM树。在这些树中移动可以做很多事情。不过真正强大的是充分**控制DOM树**，让DOM树看上去与你期望的一样。有时，你所需要的是**增加一个新元素**和一些文本，或者要从页面完全**删除一个元素**，如<img>。所有这些工作都可以利用DOM做到，甚至还可以做得更多。通过使用DOM，我们还可以**完全避免可能导致麻烦的innerHTML属性**。结果怎样呢？我们得到的代码能赋予页面更多活力，而且不会把表示和结果与JavaScript混在一起。

这个游戏开始时要创建一个由字母组成的4×4的表格。每一次这些字母都应当是随机的。

玩家可以点击字母在这个单词格中"建立"单词。

玩家可以提交一个单词来看它是否合法……

……并得到这个词的得分。这个词的每一个无音节为1分，随音节为2分。

一个贴块在一个单词中只能用一次。一旦一个贴块已经用过，那么它直到开始构造一个新单词时才能再次可选。

已经用过的单词增加到这个词框中。

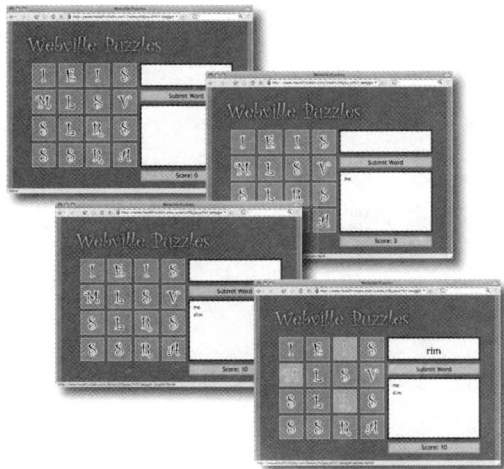

8

框架与工具包

谁也不相信

所有那些Ajax框架在内部到底做了什么？

如果你参与过Webville的项目，可能至少遇到过一个JavaScript或Ajax框架。一些框架**提供了便利方法可以用来处理DOM**，另外一些框架使**验证**和**发送请求**的工作变得很简单。还有一些框架提供了一些函数库，其中包含预打包的JavaScript屏幕效果。不过，该用哪一个框架呢？如何知道这些框架内部到底发生了什么？现在你应该不只是使用其他人的代码……而应当真正**控制你的应用**。

使用框架的原因

不使用框架的原因

9

XML 请求与响应

难以言表

要让你描述未来10年的自己你会怎样做？未来20年呢？ 有时可能需要**随你的需求而变化的数据**…… 或者数据会随客户的需要而变化。你现在使用的数据也许在几个小时后、几天后或者几个月后需要改变。利用XML，即可*扩展标记语言*，数据能够**描述自己**。这意味着你的脚本中不再充斥着if、else和switch语句。相反，可以使用XML提供的自我描述来得出如何使用XML中包含的数据。这样一来不仅能得到**更大的灵活性**，还能**更容易地完成数据处理**。

Description: Pete Townshend once played this guitar while his own axe was in the shop having bits of drumkit removed from it.

Price: ($5695.99)
- http://www.thewho.com/
- http://en.wikipedia.org/wiki/Pete_Townshend

Rob希望为每个商品增加价格。

每个商品要有一个或多个URL，以便了解该商品的更多信息。

10 JSON

JavaScript之子

JavaScript、对象还有记法，哦，天哪！

如果需要用JavaScript表示对象，你就会爱上JSON，也就是JavaScript标准对象记法（JavaScript Standard Object Notation）。利用JSON，你能够用文本和一些大括号表示**复杂的对象和映射**。更棒的是，可以从其他语言（如PHP、C#、Python和Ruby）**发送和接收**JSON。

JSON可以是文本和对象

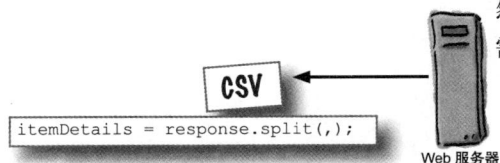

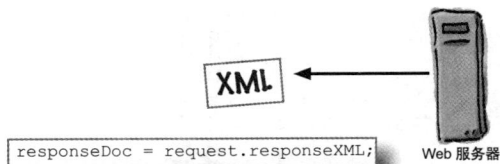

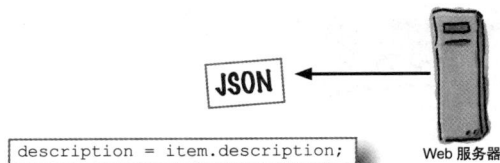

```
itemDetails = response.split(,);
```
CSV — Web 服务器

```
responseDoc = request.responseXML;
```
XML — Web 服务器

```
description = item.description;
```
JSON — Web 服务器

11 表单与验证

畅所欲言

每个人都会经常犯错误。

如果让一个人说几分钟话（或者打几分钟字），很可能他至少会犯一两个**错误**。你的Web应用会**对这些错误做何响应**？应当**验证**用户输入，如果输入有问题就必须作出反应。但是具体该由谁来响应，另外该做些什么？你的Web页面做什么？你的JavaScript又该做什么？服务器在**验证**和**数据完整性**方面起什么作用？

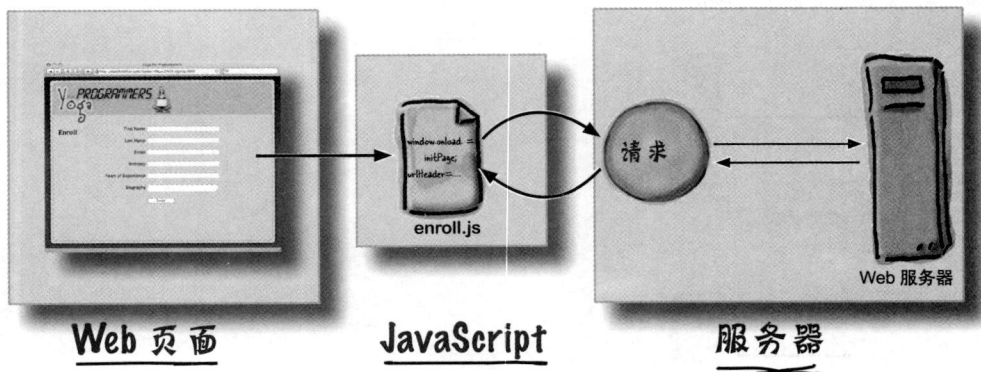

Web 页面   JavaScript   服务器

enroll.js   请求   Web 服务器

POST 请求

12

怀疑: 要把它当做朋友

有人正在看着你。说正经的,就是现在。

不是有信息法案自由吗? 不是叫做国际互联网 (Internet) 吗? 现如今,用户在表单里键入的任何内容或者在Web页面上所做的任何点击都会遭到监视。监视你的人可能是一个网络管理员,或者是想了解你意向的软件公司,也可能是一个恶意的黑客或投放垃圾邮件的人。不论怎样,你的**信息是不安全的,*除非你有意采取措施保证它的安全*。**对于Web页面来说,必须在用户点击"Submit"时保护用户数据的安全。

由于这是一个POST请求,具体的请求URL中没有数据。

register.php

Web服务器

服务器打开POST请求并对请求数据解码……

服务器从请求获取数据,将其转换为服务器程序能使用的形式。

……对于Mike的影评页面,数据就是客户的信息及其偏爱的电影。

```
username=jjenkins
password=iheartalba
firstname=John
lastname=Jenkins
email=jj@mac.com
genre=action
favorite=Casino Royale
tastes=Action, action, action!
```

服务器最后将数据传递到URL中请求的最初程序。

register.php

其他

（未谈到的）**5大问题**

真是一个漫长的旅程……就快到终点了。

实在不舍得你离开，不过在你离开之前，还有几个问题需要指出。我们实在无法将Ajax的所有内容在一本不到600页的书中全部讲到。所以我们只好舍弃所有不要求你必须了解的内容，并在这个附录中指出最后几个重要问题。

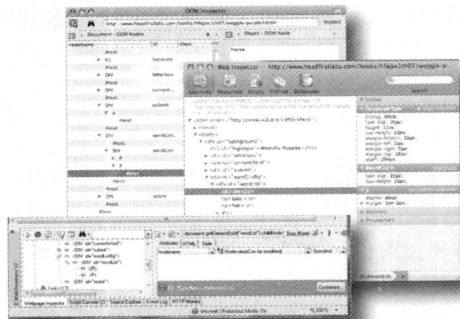

工具函数

直接给我代码

有时你希望所有代码都在一处。

前面已经大量使用utils.js，这是我们编写的一个小工具类，包括Ajax、DOM和事件工具函数。下面几页将把这些函数汇集在一处，允许你在自己的工具脚本和应用中使用。

引子

真是无法相信，这样一些东西也能放在一本Web编程书里！

有一个问题真是听得我们耳朵都磨出茧了，这就是："你们到底为什么要把这样一些东西放在一本Web编程书里呢？"

谁适合看这本书？

如果对下面的所有问题都能肯定地回答"是"：

(1) 你了解HTML吗？懂得一些CSS和JavaScript吗（不过不要求是一个专家)？

(2) 你想真正**学会**、**理解**并*记住*Ajax吗？你是不是有一个目标，想要开发快速响应的实用Web应用？

(3) 你是不是更喜欢一种轻松的氛围，就像在**晚餐餐桌上交谈**一样，而不愿意被动地听枯燥乏味的技术报告？

那么，这本书正是为你而作。

谁可能不适合看这本书？

如果满足下面任何**一种**情况：

(1) 你是不是对HTML、CSS或JavaScript完全陌生，一无所知（尽管不要求你有深入的了解，但确实需要有一些实践经验。否则，请买一本《Head First HTML and CSS》，就是现在，读完那本书之后再来读你手上的这本书）？

(2) 你本身是不是已经堪称一个很棒的Ajax或Web开发人员，正在找一本参考书？

(3) 你是不是对新鲜事物都畏首畏尾？只喜欢简单的样式，而不敢尝试把条纹和格子混在一起看看？你是不是觉得，如果把服务器和Web浏览器都拟人化了，这样的一本书肯定不是一本正儿八经的技术书？

那么，这本书将不适合你。

[来自市场的声音：任何一个有信用卡的人都可以拥有这本书。]

我们知道你在想什么

"这算一本正式的Web编程书吗？"

"这些图用来做什么？"

"我真地能这样学吗？"

我们也知道你的大脑正在想什么

你的大脑总是渴求一些新奇的东西。它一直在搜寻、审视、期待着不寻常的事情发生。大脑的构造就是如此，正是这一点才让我们不至于墨守成规，能够与时俱进。

我们每天都会遇到许多按部就班的事情，这些事情很普通，对于这样一些例行的事情或者平常的东西，你的大脑又是怎么处理的呢？做法很简单，就是不让这些平常的东西妨碍大脑真正的工作。那么什么是大脑真正的工作呢？就是记住那些确实重要的事情。它不会费心地去记乏味的东西，就好像大脑里有一个筛子，这个筛子会筛掉"显然不重要"的东西，如果遇到的事情枯燥乏味，这些东西就无法通过这个筛子。

那么你的大脑怎么知道到底哪些东西重要呢？打个比方，假如你某一天外出旅行，突然一只大老虎跳到你面前，此时此刻，你的大脑还有身体会做何反应？

神经元会"点火"，情绪爆发，释放出一些化学物质。

好了，这样你的大脑就会知道……

这肯定很重要! 可不能忘记了!

不过，假如你正待在家里或者坐在图书馆里，这里很安全、很舒适，肯定没有老虎。你正在刻苦学习，准备应付考试。也可能想学一些比较难的技术，你的老板认为掌握这种技术需要一周时间，最多不超过10天。

这就存在一个问题。你的大脑很想给你帮忙。它会努力地把这些明显不太重要的内容赶走，保证这些东西不去侵占本来就不充足的脑力资源。这些资源最好还是用来记住那些确实重要的事情，比如大老虎、遭遇火灾险情等。再比如，你的大脑会让你记住，绝对不能把"聚会"时狂欢的照片放在你的Facebook网页上。

没有一种简单的办法来告诉大脑："嘿，大脑，真是谢谢你了，不过不管这本书多没意思，也不管现在我对它多么无动于衷，但我确实希望你能把这些东西记下来。"

你的大脑想着，这真 地很重要。

太好了，只有500页于巴巴、枯燥、乏味的文字。

你的大脑认为，这些根本不值得去记。

我们认为 "Head First" 读者就是要学习的人。

那么，怎么学习呢？首先必须获得知识，然后保证自己确实不会忘记。这可不是填鸭式的硬塞。根据认知科学、神经生物学和教育心理学的最新研究，学习的途径相当丰富，绝非只是通过书本上的文字。我们很清楚怎么让你的大脑兴奋起来。

下面是一些Head First学习原则。

看得到。与单纯的文字相比，图片更能让人记得住，通过图片，学习效率会更高（对于记忆和传递型的学习，甚至能有多达89%的效率提升），而且图片更能让人看懂。以往总是把图片放在一页的最下面，甚至放在另外的一页;上，但如果把文字放在与之相关的图片内部，**或者在图片的周围写上相关文字**，学习者的能力就能提高两倍左右，从而能更好地解决有关的问题。

为什么不干脆让他们在registerphp中添加几行代码? 不管怎样，让Mike的新客户知道自己提交了什么，可能是个不错的想法。

采用一种针对个人的交谈式风格。最新的研究表明，如果学习过程中采用一种第一人称的交谈方式直接向读者讲述有关内容，而不是用一种干巴巴的语调介绍，学生在学习之后的考试中成绩会提高40%。正确的做法是讲故事，而不是做报告。要用通俗的语言，另外不要太严肃。如果你面对着这样两个人，一个是你在餐会上结识的很有意思的朋友，另一个人则学究气十足，喋喋不休地对你说教，那么你会更注意哪一个呢？

让学习的人想得更深。换句话说，除非你很积极地让神经元活动起来，否则你的头脑里什么也不会发生。必须引起读者的好奇，促使并鼓励读者去解决问题，得出结论，产生新的知识。为此，需要发出挑战，留下练习题和拓宽思路的问题，并要求读者完成一些实践活动，让左右脑都开动起来，而且要利用到多种思维。

引起读者的注意，而且要让他一直保持注意。我们可能都有过这样的体验，"我真的想把这个学会，不过看过一页后我实在是昏昏欲睡"。你的大脑注意的是那些不一般、有意思、有些奇怪、抢眼的、意料之外的东西。学习一项有难度的新技术并不一定枯燥，如果学习过程不乏味，你的大脑很快就能学会。

POST
data

影响读者的情绪。现在我们知道了，记忆能力很大程度上取决于所记的内容对我们的情绪有怎样的影响。如果是你关心的东西，就肯定记得住。不过，我们所说的可不是什么关于男孩与狗的伤心故事。这里所说的情绪是惊讶、好奇、觉得有趣、想知道"什么……"，还有就是一种自豪感。如果你解决了一个难题，学会了所有人都觉得很难的东西，或者发现你了解的一些知识竟是那些自以为无所不能的傲慢家伙所不知道的，此时就会有一种自豪感油然而生。

这一次，页面代码创建了一个特殊的请求对象，由浏览器发送给服务器。

请求

元认知：有关思考的思考

如果你真地想学，而且想学得更快、更深，就应该注意你怎样才会专注起来，考虑自己是怎样思考的，并了解自己的学习方法。

我们中间大多数人长这么大可能都没有上过有关元认知或学习理论的课程。我们想学习，但是很少有人教我们怎么来学习。

不过，这里可以做一个假设，如果你手上有这本书，你真想学Ajax和Web编程，而且可能不想花太多时间。如果你想把这本书中读到的知识真正用起来，就需要记住你读到的所有内容。为此，必须*理解*这些内容。要想最大程度地利用这本书或其他任何一本书，或者掌握学习经验，就要让你的大脑负起责来，要求它记住这些内容。

> 我想知道怎么才能骗过我的大脑，让它记住这些东西……

怎么做到呢？技巧就在于要让你的大脑认为你学习的新东西确实很重要，对你的生活有很大影响，就像老虎出现在面前一样。如若不然，你将陷入旷日持久的拉锯战中，虽然你很想记住所学的新内容，但是你的大脑却会竭尽全力地把它们拒之门外。

那么究竟怎样才能让你的大脑把Web设计看做是一只饥饿的老虎呢？

这有两条路，一条比较慢，很乏味；另一条路不仅更快，还更有效。慢方法就是大量地重复。你肯定知道，如果反反复复地看到同一个东西，即便再没有意思，你也能学会并记住。如果做了足够的重复，你的大脑就会说："尽管看上去这对他来说*好像*不重要，不过，既然他这样一*而再*、*再而三*地看同一个东西，所以我觉得这应该是重要的。"

更快的方法是*尽一切可能让大脑活动起来*，特别是开动大脑来完成不同类型的活动。如何做到这一点呢？上一页列出的学习原则正是一些主要的可取做法，而且经证实，它们确实有助于让你的大脑全力以赴。例如，研究表明，把文字放在所描述图片的中间（而不是放在这一页的别处，比如作为标题，或者放在正文中），这样会让你的大脑更多地考虑这些文字与图片之间有什么关系，让更多的神经元点火。让更多的神经元点火＝你的大脑更有可能认为这些内容值得关注，而且很可能需要记下来。

交谈式风格也很有帮助，当人们意识到自己在与"别人"交谈时，往往会更专心，这是因为他们总想跟上谈话的思路，并能作出适当的发言。让人惊奇的是，大脑并不关心"交谈"的对象究竟是谁，即使你只是与一本书"交谈"，它也不会在乎！另一方面，如果写作风格很正统、干巴巴的，你的大脑就会觉得，这就像坐在一群人当中被动地听人做报告一样，很没意思，所以不必在意对方说的是什么，甚至可以打瞌睡。

不过，图片和交谈风格还只是开始而已，能做的还有很多……

我们是这么做的:

我们用了**很多图**,因为你的大脑更能接受看得见的东西,而不是纯文字。对你的大脑来说,一幅图顶得上1000个字。如果既有文字又有图片,我们会把文字放在图片当中,因为文字处在所描述的图片中间时,大脑的工作效率更高,倘若把这些描述文字作为标题,或者"湮没"在别处的大段文字中,就达不到这种效果了。

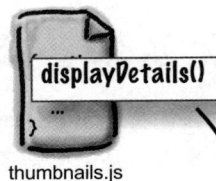

thumbnails.js

我们采用了**重复手法**,会用不同方式,采用不同类型的媒体,运用多种思维手段来介绍同一个东西,目的是让有关内容更容易储存在你的大脑中,而且在大脑中多个区域都有容身之地。

我们会用你**想不到的**方式运用概念和图片,因为你的大脑喜欢新鲜玩艺;在提供图和思想时,至少会含着**一些**情绪因素,因为如果能产生情绪反应,你的大脑就会投入更大的注意。而这会让你感觉到这些东西更有可能要被记住,其实这种感觉可能只是有点**幽默,让人奇怪**或者**比较感兴趣**而已。

我们采用了一种针对个人的**交谈式风格**,因为当你的大脑认为你在参与一个会谈,而不是被动地听一场演示汇报时,它就会更加关注。即使你实际上在读一本书,也就是说在与书"交谈",而不是真正与人交谈,但这对你的大脑来说并没有什么分别。

在这本书里,我们加入了80多个**实践活动**,因为与单纯的阅读相比,如果能实际做点什么,你的大脑会更乐于学习,更愿意去记。这些练习都是我们精心设计的,有一定的难度,但是确实能做出来,因为这是大多数人所希望的。

我们采用了**多种学习模式**,因为尽管你可能想循序渐进地学习,但是其他人可能希望先对整体有一个全面的认识,另外可能还有人只是想看一个例子。不过,不管你想怎么学,要是同样的内容能以多种方式来表述,这对**每一个人**都会有好处。

这里的内容不只是单单涉及左脑,也不只是让右脑有所动作,而是会让你的**左右脑都开动起来**,因为你的大脑参与得越多,你就越有可能学会并记住,而且能更长时间地保持注意力。如果只有一半大脑在工作,通常意味着另一半有机会休息,这样你就能更有效率地学习更长时间。

我们会讲**故事**,留练习,**从多种不同的角度来看同一个问题**,因为如果要求大脑做一些评价和判断,它就能更深入地学习。

我们会给出一些练习,还会问一些**问题**,这些问题往往没有直截了当的答案,通过克服这些挑战,你就能学得更好,因为让大脑真正做点什么的话,它就更能学会并记住。想想吧,如果只是在体育馆里看着别人流汗,这对于保持你自己的体形肯定不会有什么帮助,正所谓临渊羡鱼,不如退而结网。不过另一方面,我们会竭尽所能不让你钻牛角尖,把劲用错了地方,而是能把功夫用在点子上。也就是说,你不会为搞定一个难懂的例子而耽搁,也不会花太多时间去弄明白一段艰涩难懂而且通篇行话的文字,我们的描述也不会太过简洁而让人无从下手。

我们用了**拟人手法**。在故事中,在例子中,还有在图中,你都会看到人的出现,这是因为你本身是一个人,不错,这就是原因。如果和人打交道,相对于某件东西而言,你的大脑会更为关注。

可以用下面的方法让你的大脑就范

好了，我们该做的已经做了，剩下的就要看你自己的了。以下提示可以作为一个起点：听一听你的大脑是怎么说的，弄清楚对你来说哪些做法可行，哪些做法不能奏效。要尝试新鲜事物。

把这一页撕下来，贴到你的冰箱上。

① 慢一点。你理解得越多，需要记的就越少。

不要光是看看就行了。停下来，好好想一想。书中提出问题的时候，你不要直接去翻答案。可以假想真的有人在问你这个问题。你让大脑想得越深入，就越有可能学会并记住它。

② 做练习，自己记笔记。

我们留了练习，但是如果这些练习的解答也由我们一手包办，那和有人替你参加考试有什么分别？不要只是坐在那里看着练习发呆。**拿出笔来**，写一写、画一画。大量研究都证实，学习过程中如果能实际动动手，将会改善你的学习。

③ 阅读"没有傻问题"。

顾名思义，这些问题不是可有可无的旁注，**它们绝对是核心内容的一部分！** 千万不要跳过去不看。

④ 上床睡觉之前不要再看别的书，至少不要看其他有难度的东西。

学习中有一部分是在你合上书之后完成的（特别是，要把学到的知识长久地记住，这往往无法在看书的过程中做到）。你的大脑也需要有自己的时间，这样才能再做一些处理。如果在这段处理时间内你又往大脑里灌输了新的知识，那么你刚才学的一些东西就会丢掉。

⑤ 要喝水，而且要多喝点水。

能提供充足的液体，你的大脑才能有最佳表现。如果缺水（可能在你感觉到口渴之前就已经缺水了），学习能力就会下降。

⑥ 讲出来，而且要大声讲出来。

说话可以刺激大脑的另一部分。如果你想看懂什么，或者想更牢地记住它，就要大声地说出来。更好的办法是，大声地解释给别人听。这样你会学得更快，而且可能会有以前光看不说时不曾有的新发现。

⑦ 听听你的大脑怎么说。

注意一下你的大脑是不是负荷太重了。如果发现自己开始浮光掠影地翻看，或者刚看的东西就忘记了，这说明你该休息一会了。达到某个临界点时，如果还是一味地向大脑里塞东西，这对于加快学习速度根本没有帮助，甚至还可能影响正常的学习进程。

⑧ 要有点感觉。

你的大脑需要知道这是很重要的东西。要真正融入到书中的故事里，为书里的照片加上你自己的图题。你可能觉得一个笑话很蹩脚，不太让人满意，但这总比根本无动于衷要好。

⑨ 动手编写Web应用！

要学习Web编程，没有别的办法，只能通过**编写Web应用**。这本书正是要这么做。使用Ajax是一种技巧，要想在这方面擅长，只能通过实践。我们会给你提供大量实践的机会：每一章都留有练习，提出问题让你解决。不要跳过这些练习，很多知识都是在构建这些应用的过程中学到的。在读下一部分之前，一定要确确实实地掌握前面的内容。

重要说明

要把这看做是一个学习过程，而不要简单地把它看成是一本参考书。我们在安排内容的时候有意做了一些删减，只要是对有关内容的学习有妨碍的，我们都毫不留情地一律删掉。另外，第一次看这本书的时候，要从第一页看起，因为书中后面的部分会假定你已经看过而且学会了前面的内容。

我们假设你已经对HTML和CSS很熟悉。
单是HTML和CSS就需要整本书来讲解（实际上，确实有这样一本书:《Head First HTML with CSS & XHTML》）。我们把本书的重点放在Ajax编程上，而不是重复罗列你在其他地方可能已经学过的大量标记和样式内容。

我们假设你以前至少见过JavaScript代码。
JavaScript至少需要整本书来讲解……哦，等一下，这句话前面说过了。说实在的，JavaScript绝非一个简单的脚本语言，本书中无法涵盖JavaScript的所有用法。你只是会学到所有与Ajax编程有关的JavaScript用法，并了解如何充分使用JavaScript为你的Web页面增加交互性以及向服务器发送请求。

不过，如果你从未编写过哪怕一行JavaScript代码，对函数或大括号完全陌生，或者以前从来没有用任何一种语言编程的经历，那么你可能需要找一本好的JavaScript书，通读一遍。如果你实在想努力读这本书，也并无不可——不过要有心理准备：在基础知识部分我们的进度会相当快。

这本书没有谈到服务器端编程。
现在要找用Java、PHP、Ruby、Python、Perl、Ruby on Rails、C#以及更多其他语言编写的服务器端程序是很常见的。Ajax编程适用于所有这些语言，我们在本书的示例中也会尽力提供几个服务器端程序的例子。

不过，为了保证把重点放在Ajax的学习上，我们不会花太多时间来解释所用的服务器端程序；这里只会展示服务器的基本输入和输出，不过这对于我们来说已经足够了。我们相信，你编写的Ajax应用应该能使用任何类型的服务器端程序；另外我们还相信你应该足够聪明，能把从使用PHP的例子中学到的知识应用到Ruby on Rails或Java servlet的应用中。

可以访问我们的网站http://www.headfirstlabs.com/books/hfajax，下载示例服务器端程序，这样你就能自己运行这些应用了。

建议你对这本书中的示例使用多个浏览器。

非常糟糕的是，不同的Web浏览器会以完全不同的方式处理你的HTML、CSS和JavaScript。如果想成为一个真正的Ajax程序员，一定要在多个现代浏览器上测试你的异步应用。这本书中的所有示例都已经在最新版本的Firefox、Opera、Safari、Internet Explorer和Mozilla测试过。不过，如果你发现有问题，请告诉我们……这应该是个意外。

我们通常使用标记名作为元素名。

我们不会说"**a**元素"或"'a'元素"，而是使用一个标记名，如"**<a>**元素"。尽管从理论上讲这是不正确的（因为**<a>**是一个开始标记，而不是一个完整的元素），但这样可以使文字更可读。

书里的实践活动不是可有可无的。

这里的练习和实践活动不是可有可无的装饰和摆设，它们也是这本书核心内容的一部分。其中有些练习和活动有助于记忆，有些能够帮助你理解，还有一些对于如何应用所学的知识很有帮助。*千万不要把这些练习跳过不做。*

我们有意安排了许多重复内容，这些重复非常重要。

Head First系列的书有一个与众不同的地方，这就是我们希望你确确实实地学会，另外希望在学完这本书之后你能记住学过了什么。大多数参考书都不太重视重复和回顾，但是由于这是一本有关学习的书，你会看到一些概念一而再、再而三地出现很多次。

示例尽可能简洁。

读者告诉我们，如果只是为了查找需要理解的一两行代码而要通查包含200多行代码的示例，这很让人恼火。这本书中的大多数示例都在尽可能小的篇幅内显示，这样你就能清楚而简单地看到你真正想了解的部分。不要期望所有示例都是完整的，它们甚至并不完备——编写这些示例只是为了学习有关知识，通常并不实用。

所有示例文件都已经放在网上，你可以自行下载。这些文件可以从**http://www.headfirstlabs.com/books/hfajax/**得到。

"Brain Power"（头脑风暴）练习没有答案。

有一些头脑风暴练习没有提供正确答案，在另外一些练习中，头脑风暴实践活动学习过程的一部分就是让你确定你的答案是否正确以及在什么情况下正确。在某些头脑风暴练习中，会给出一些提示，指明正确的方向。

技术审校团队

Bear Bibeault　　Anthony T. Holdener III　　Elaine Nelson

还有未列出照片但同样
让人钦佩的Chris Haddix和
Stephen Tallent。

Pauline McNamara　　Andrew Monkhouse　　Fletcher Moore

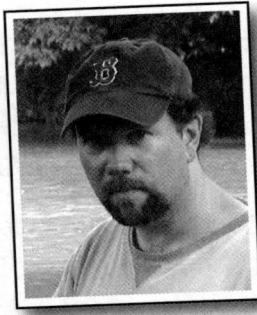

技术审校：

Bear Bibeault是一位Web应用架构师，负责一个由多个财富500强公司资深会计师使用的企业财务应用。另外他的客户还非常喜欢他业余创建的一些Web应用（当然也支持Ajax），他还担任JavaRanch.com的行政长官（高级仲裁人）。

Anthony T. Holdener III是Korein Tillery有限公司信息技术部门的主管，不过早期作程序员时他曾是一个Web应用开发人员。另外他还著有《Ajax: The Definitive Guide》（O'Reilly）。

Elaine Nelson从事网站设计已近10年。正如她对她母亲所说，英语学位无论在哪里都很有用。可以在elainenelson.org了解Elaine最近的心得体会和想法。

Pauline McNamara在瑞士Fribourg大学新技术和教育中心从事电子教育（e-learning）的开发和支持工作。

Andrew Monkhouse是JavaRanch的一位管理员，平常还是一个Java开发人员。目前他任职于美国的PersonalShopper.com——离他在澳大利亚的家真是很远。

Fletcher Moore完成了我们的所有代码示例，绝对是这个项目中不可或缺的人物。他是Georgia Tech公司的一位Web开发人员和设计师。在他的闲暇时间，他热衷于骑单车，是一个不错的音乐家和园艺师，另外还是狂热的Red Sox迷。他与妻子Katherine、女儿Sailor和儿子Satchel住在亚特兰大。

致谢

我的支持团队：

即便有那些卓越的技术审校，如果没有我自己这个小小的技术支持团队，这本书绝对无法问世。Stephen Jeffries，超一流的开发人员，他帮助完成了服务器端代码并在全书提交之前审查了所有示例代码。Michael Morrison是世界上是最棒的咨询顾问，常常半夜都在回答"为什么这个代码在别的地方都能正常工作，而在这个浏览器中却不能"之类的问题。

John Hardesty提供了你将构建的众多游戏的基本算法。

（他也是我的兄弟，我一直认为这真是太棒了。不过不要告诉他我这样讲过。）

致我的编辑：

编辑对作者最好的礼物莫过于告诉他们"这样不行，为什么不行，我认为你应该怎么做"。每到紧要关头Brett McLaughlin就如约而至，对此我总是深怀感激。

致O'Reilly团队：

还要感谢Laurie Petrycki，她在疯狂的技术出版世界里总是一言九鼎，感谢Louise Barr和Sanders Kleinfeld，他们能以无与伦比的耐心和技艺解决最难缠的InDesign问题。

Brett McLaughlin

Lou Barr

Sanders Kleinfeld

Safari®图书在线

Safari Books Online

如果在你喜欢的技术书封面上看到一个Safari®图标，这说明可以通过O'Reilly Network Safari Bookshelf在线获得本书英文版。

Safari提供了一个比电子图书更好的解决方案。这是一个虚拟图书馆，可以从中很容易地搜索成千上万顶尖的技术书，剪切粘贴你需要的代码示例，下载章节内容，如果需要最准确、最前沿的信息，也可以在这里快速地找到。请访问http://safari.orielly.com，免费体验。

1 使用Ajax

新一代的Web应用

趁等着Web应用作出响应的功夫，我要小睡一会儿……

是不是厌倦了重新加载页面留给你的长久等待?

沉闷的Web应用界面是不是让你觉得很泄气？是时候了，现在应该让你的Web应用看起来更鲜亮，就像是反应迅速的桌面应用。怎样才能做到呢？这就要借助于Ajax，利用这一法宝，你将能够构建更具交互性、响应更迅速、使用更容易的Internet应用。所以别睡了，利用这个时间为你的Web应用添加一点色彩，把那些不必要的、动作迟缓的完全页面刷新永远地消灭掉。

Web页面：老式方法

对于传统的Web页面和应用，每次用户点击页面上的某个部分时，浏览器都会向服务器发出一个请求，服务器再作出响应，返回一个**完整的新页面**。即使用户的Web浏览器很聪明，知道对图像和层叠样式表之类的内容进行缓存，但是用户的浏览器和你的服务器之间还是存在着大量的来回通信…… 其后果就是用户不得不为这些完全页面刷新等待很长时间。

用户点击了页面上的某一部分。

浏览器向服务器发出一个请求。

服务器发回一个完整的新页面，其中包含所有已修改的信息。

用户点击页面上的另一处。

浏览器再向服务器发出另一个请求。

大多数情况下，尽管可能只改变了一行文本或一个图像…… 但还是不能避免完全的页面刷新。

服务器再发回另一个完整的页面……

改进的Web页面

通过使用Ajax，页面和应用只向服务器请求它们真正需要的东西，也就是页面中需要修改的部分，而且这也是服务器要提供的部分。这意味着通信量更小，**更新更少**，用户等待页面刷新的时间也更短。

利用Ajax，浏览器只会发送和接收页面中需要修改的部分。

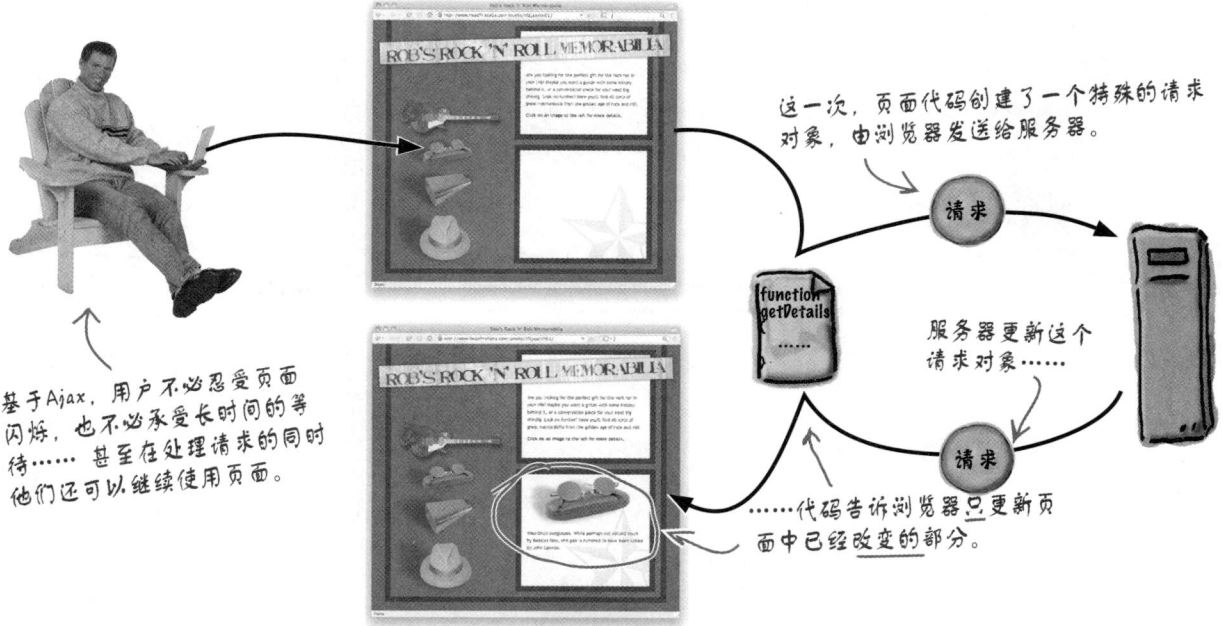

这一次，页面代码创建了一个特殊的请求对象，由浏览器发送给服务器。

服务器更新这个请求对象……

基于Ajax，用户不必忍受页面闪烁，也不必承受长时间的等待……甚至在处理请求的同时他们还可以继续使用页面。

……代码告诉浏览器<u>只</u>更新页面中已经改变的部分。

有时浏览器根本不必与服务器通信。

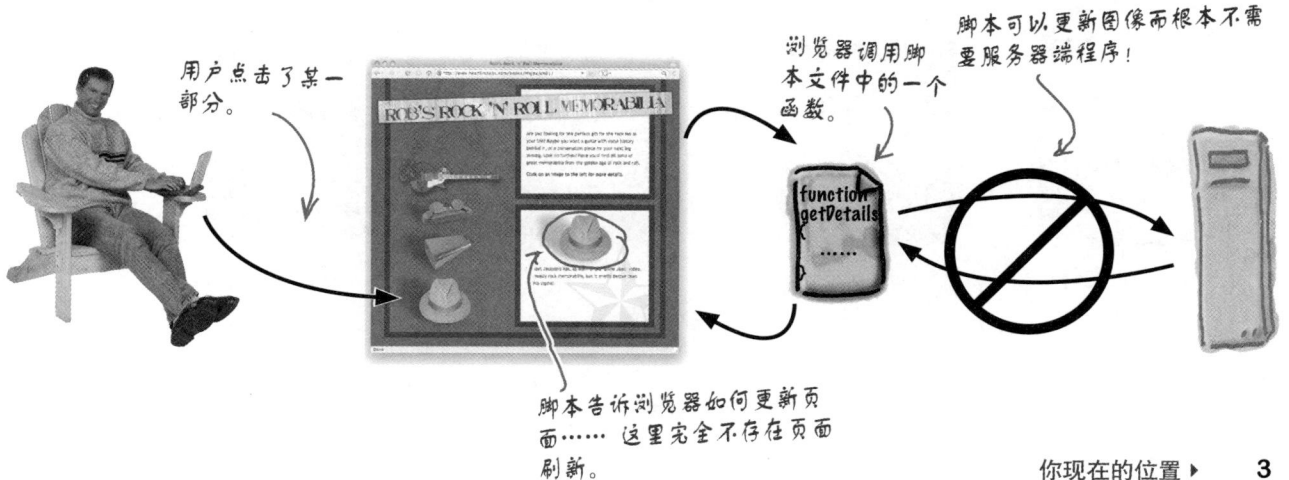

用户点击了某一部分。

浏览器调用脚本文件中的一个函数。

脚本可以更新图像而根本不需要服务器端程序！

脚本告诉浏览器如何更新页面……这里完全不存在页面刷新。

那好，我知道了，Ajax能让Web页面响应得更快，不过Ajax到底是什么呢？

Ajax采用一种新的方式使用原先已经存在的一些技术。

Ajax并不是一个全新的技术，不像CSS或JavaScript那样要求你从头学起，它也不是一组需要借助PhotoShop才能完成的图形图像技术。Ajax只是采用一种新的方式来考虑如何使用你可能已经知道的一些技术来完成你*已经在做的事情*。

浏览器发送请求，并从Web服务器得到响应。

页面可以使用图像、Flash动画、Silverlight或者你希望或需要的任何资源。

```
<html>
……
</html>
```
XHTML文件

```
function
getDetail
{
……
}
```
脚本

```
#mystyle
……
}
```
样式表

其他资源

大多数Web程序员和设计人员已经用过以上的一些（甚至全部）技术。

那么怎样才能让页面"Ajax"呢？

Ajax是设计和构建Web页面的一种方法，可以使Web应用具有像桌面应用一样的交互性和响应性。对你来说这意味着什么呢？你可以尽可能在客户的浏览器上完成处理。你的页面会发出**异步请求**，用户可以继续工作而不是等待响应。另外只会更新页面上确实改变的部分。最棒的是，Ajax页面是使用标准Internet技术构建的，有些技术你可能早已经知道该如何使用，例如：

- **XHTML**
- **层叠样式表**
- **JavaScript**

Ajax应用还使用了另外一些技术，尽管这些技术已经出现了一段时间，但对你来说可能还比较陌生，例如：

- **XmlHttpRequest**
- **XML & JSON**
- **DOM**

我们将详细地讨论所有这些技术。

异步请求是指在后台发生的一个请求。

处理请求时用户可以继续完成他的工作。

there are no Dumb Questions

问： Ajax是不是就代表"Asynchronous JavaScript and XML"（异步JavaScript和XML）？

答： 差不多吧，但不完全是。因为很多被认为是"Ajax"的页面并没有使用JavaScript或XML，所以可以把Ajax定义为一种构建Web页面的方法，使之像桌面应用一样具有响应性和交互性，这种说法更合适，而不要过分考虑所涉及的具体技术。

问： "异步"到底是什么意思？

答： 在Ajax中，可以向服务器发出请求而无须用户等待响应。这就称为一个**异步请求**，这正是Ajax的核心所在。

问： 难道不是所有Web页面都是异步的吗？比如说浏览器不就是在我查看页面的同时加载图像吗？

答： 浏览器确实是异步的，不过标准Web页面却不是。通常，Web页面需要从一个服务器端程序得到某些信息时，一切都会停滞不动，直到服务器响应为止……除非页面做出一个异步请求。这正是Ajax的关键。

问： 但是所有Ajax页面都使用XMLHttpRequest对象，不是吗？

答： 并非如此。大多数Ajax页面确实都使用XMLHttpRequest对象，而且我们会用几章的篇幅专门介绍XMLHttpRequest，但这并不是一个必要条件。实际上，很多被认为支持Ajax的应用更关心用户交互性和设计，而不是某一个特定的编码技术。

Rob的摇滚纪念品

来认识一下Rob。他把所有积蓄都投入到一个在线的摇滚纪念品商店。这个网站看上去很不错，不过他还是遭到顾客大量的抱怨。顾客点击目录页面上的缩略图像后，浏览器显示所选商品的信息之前要等待漫长的时间，简直像是要无休止地等下去。Rob的一些用户还算有耐心，能忍受这种等待，但更多的用户干脆再也不来Rob的在线商店了。

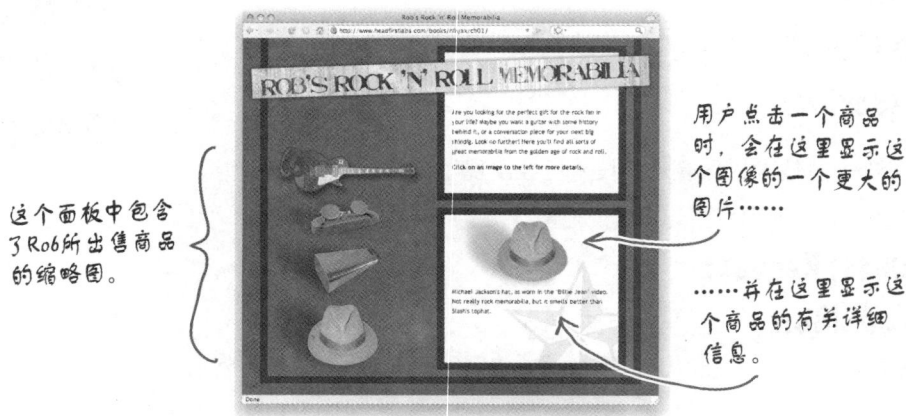

这个面板中包含了Rob所出售商品的缩略图。

用户点击一个商品时，会在这里显示这个图像的一个更大的图片……

……并在这里显示这个商品的有关详细信息。

> 真让人绝望……不过我实在支付不起功能更强大的服务器，也没有足够的钱来聘请一些Web专家。

Ajax页面只是在必要的时候才与服务器通信……而且只传送服务器知道的东西。

Rob网站存在的问题并不是他的服务器太慢，而是他的页面一直在向服务器发送请求……即使有时并不需要如此。

Sharpen your pencil

以下是Rob在线商店现在的做法。从这个图中你能看
出哪里有问题？

用户点击一个缩
略图。

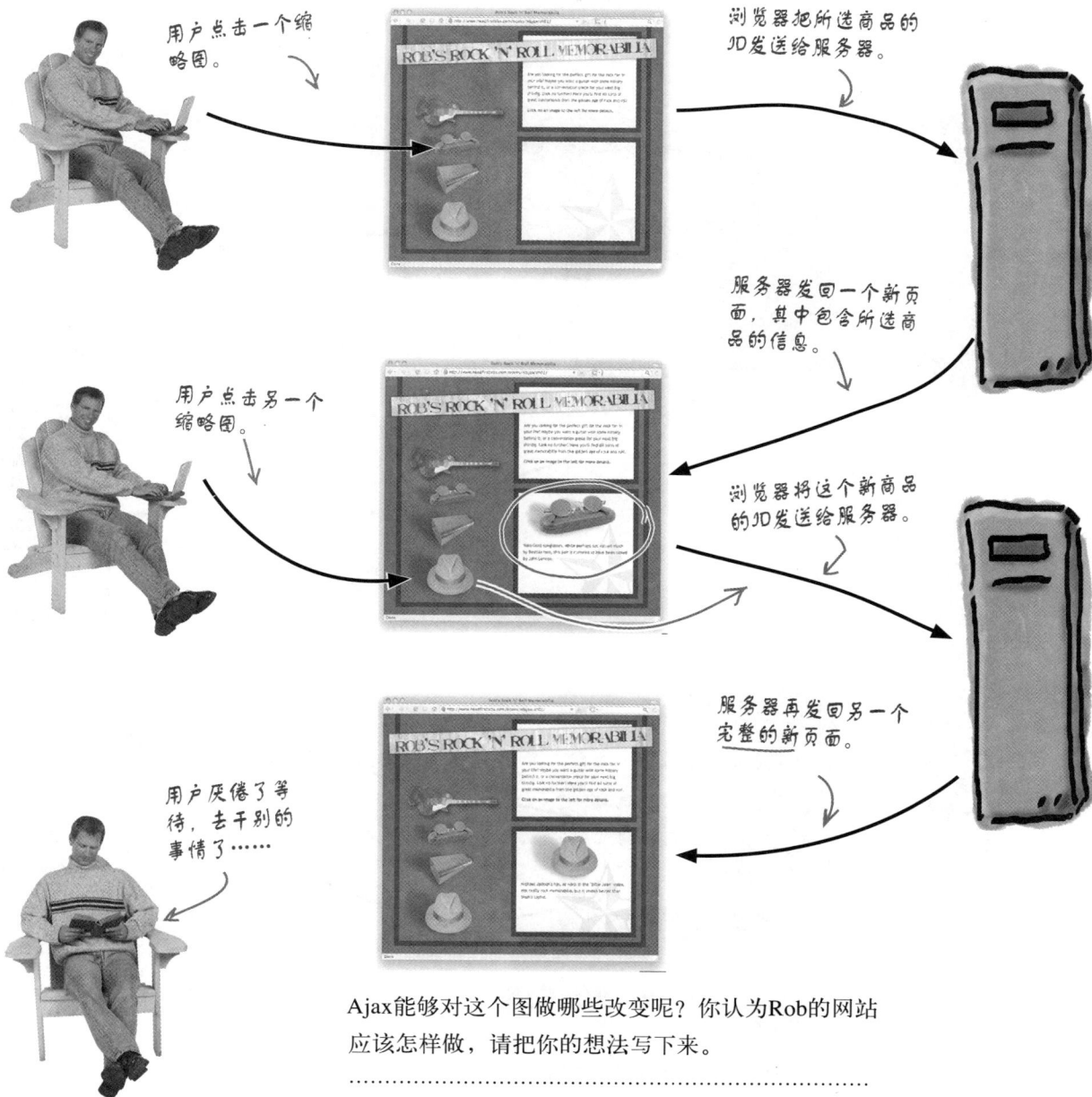

浏览器把所选商品的
ID发送给服务器。

服务器发回一个新页
面，其中包含所选商
品的信息。

用户点击另一个
缩略图。

浏览器将这个新商品
的ID发送给服务器。

用户厌倦了等
待，去干别的
事情了……

服务器再发回另一个
完整的新页面。

Ajax能够对这个图做哪些改变呢？你认为Rob的网站
应该怎样做，请把你的想法写下来。

....

....

....

Sharpen your pencil
Solution

你的任务是考虑怎样利用Ajax保住Rob的网站……也就是不要让他的生意丢掉。利用Ajax，可以完全去除目录页面上的页面刷新。做法如下。

点击图像会调用一个 JavaScript函数。

这个函数创建一个请求对象，向服务器请求该商品的描述信息。

用户点击一个缩略图。

ROB'S ROCK 'N' ROLL MEMORABILIA

function getDetails { ...... }

请求

这个函数还会改变图像，从而与所选商品一致。

浏览器把这个请求对象发送给服务器，这是在后台异步发送的。

浏览器向服务器请求新的图像……不过这不是页面要操心的问题。

只有页面中确实有改变的部分得到更新……不过用户还是能够看到一个新图像和所选商品的描述信息。

ROB'S ROCK 'N' ROLL MEMORABILIA

请求

服务器向用户的浏览器返回一个新图像以及对请求的响应。

BULLET POINTS

- 异步请求允许同时发生**多件事情**。
- 只有Web页面中需要修改的部分会得到更新。
- 服务器向浏览器返回数据期间页面不是"冻结"的。

Sharpen your pencil

你认为Ajax能够为Web应用提供哪些好处？请在你认为正确的各项旁打勾。

☐ 浏览器可以从服务器同时请求多项内容。

☐ 浏览器请求返回的速度会快得多。

☐ 能够更真实地渲染颜色。

☐ 只有页面中真正改变的部分得到更新。

☐ 会减少服务器数据流量。

☐ 页面的不兼容问题有所缓解。

☐ 用户可以在页面更新的同时继续工作。

☐ 有些改变无须与服务器往返通信就可以处理。

☐ 你的老板会更喜欢你。

☐ 只有页面中真正改变的部分得到更新。

BRAIN BARBELL

一并不是所有页面都能得到Ajax的每一个好处。实际上，有些页面根本无法从Ajax获益。你认为在你勾出的好处中，Rob的页面真正能够得到哪些好处？

Sharpen your pencil
Solution

要记住，并不是每一个页面都能得到所有这些好处……

利用异步请求，可以确保浏览器在后台工作，
避免因完全页面刷新而中断用户的工作。

☑ **浏览器可以从服务器同时请求多项内容。**

只是在有些情况下如此。请求和响应的速度取决于服务器返回的内容。
Ajax页面完全有可能比传统页面的速度更慢。

☑ **浏览器请求返回的速度会快得多。**

☐ **能够更真实地渲染颜色。** ← 颜色渲染由用户监视器控制，
而不是由应用支配。

☑ **只有页面中真正改变的部分得到更新。**

利用Ajax可以建立更小、更集中的请求。不过要当心…… 这也很容易导致建
立更多的请求以至于增大数据流量，因为可能要异步地建立所有这些请求。

☑ **会减少服务器数据流量。**

由于除了XHTML外，Ajax页面还依赖于其他一些技术，所以使用Ajax后的兼容性问
题实际上会更严重。一定要在用户安装的浏览器上对你的应用测试、测试、再测
试。

☐ **页面的不兼容问题有所缓解。**

有时你可能希望用户等待服务器的响应，但这并不意味着不能使用Ajax。
第5章中将更深入地讨论同步和异步请求。

☑ **用户可以在页面更新的同时继续工作。**

在浏览器端完成处理可以使你的Web应用更像是
一个桌面应用。

☑ **有些改变无须与服务器往返通信就可以处理。**

如果适当地使用了Ajax从而对应用有帮助，那老板肯定
会喜欢你。不过千万不要随时随地都使用Ajax…… 有关
这个问题后面还会做更多讨论。

❓ **你的老板会更喜欢你。**

☑ **只有页面中真正改变的部分得到更新。**

没错，在这个列表中这一条是第二次出现。
因为这一点实在太重要了！

……但是Howard说这条路的交通要顺畅得多。

嗯，没错，亲爱的，但除非所有人都有同样的想法。现在你看看这周围多乱！真是堵得一塌糊涂。

there are no
Dumb Questions

问： 刚开始你说Ajax可以改进Web应用。现在你又说它会增加服务器数据流量，到底怎么回事？

答： 有时候这两种情况会同时存在。Ajax是一种能够建立请求并得到响应的方法，可以用来构建快速响应的Web应用。但是在决定异步请求和常规同步请求中哪一个更好时，还必须灵活一些。

问： 我怎么知道什么时候使用Ajax和异步请求，而在哪些情况下不能使用呢？

答： 这样来考虑。如果你希望在用户工作的同时继续做一些处理，可能就需要一个异步请求。但是，如果你的用户在继续操作之前需要从你的应用得到某些信息或者得到一个响应，那就要让用户等待。这往往意味着需要一个同步请求。

问： 那么，对于Rob的在线商店，由于我们希望加载商品图像和描述信息的同时用户能够继续浏览页面，所以需要一个异步请求，是这样吗？

答： 完全正确。Rob应用中有一部分——也就是查看不同商品——并不需要用户每次选择一个新商品时都必须等待。所以这里非常适合使用Ajax并建立异步请求。

问： 那怎样才能做到呢？

答： 这个问题问得好。翻开下一页，我们来深入了解如何具体使用Ajax解决Rob在线商店的问题。

使用Ajax改造摇滚网站的5个步骤

下面使用Ajax来解决Rob在线商店的问题，把那些没有耐心的顾客重新拉回来。我们需要对现有的XHTML页面做一些修改，编写一些JavaScript脚本，然后在XHTML中引用这些脚本。完成这些工作后，页面将不再需要重新加载，用户点击缩略图像时，只有那些确实需要改变的部分会得到更新。

我们的做法如下：

① 修改XHTML Web页面。

需要包含接下来要编写的JavaScript文件，并增加一些div和id，使JavaScript脚本能够查找和处理Web页面中的不同部分。

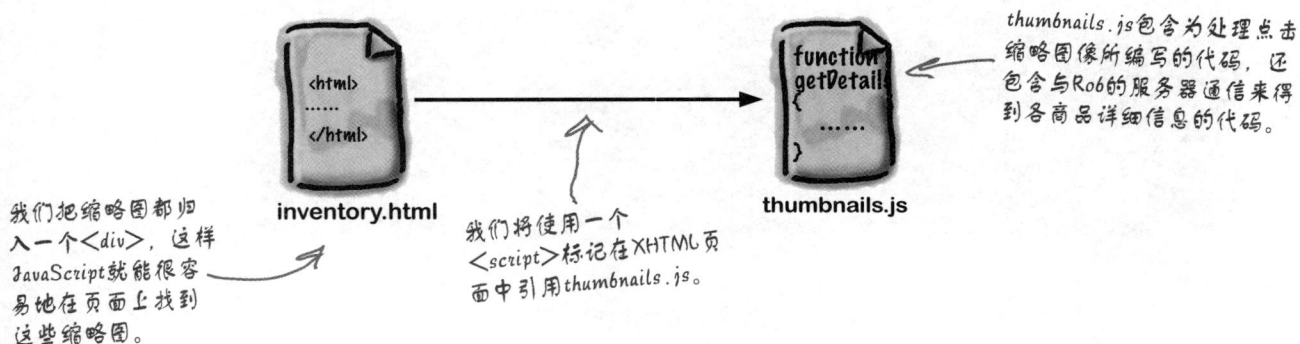

thumbnails.js包含为处理点击缩略图像所编写的代码，还包含与Rob的服务器通信来得到各商品详细信息的代码。

```
<html>
......
</html>
```
inventory.html

```
function
getDetail
{
......
}
```
thumbnails.js

我们把缩略图都归入一个<div>，这样JavaScript就能很容易地在页面上找到这些缩略图。

我们将使用一个<script>标记在XHTML页面中引用thumbnails.js。

② 编写一个函数初始化页面。

首次加载目录页面时，需要运行一些JavaScript脚本来建立这些图像，准备好一个请求对象，并确保页面已经准备就绪。

这行代码告诉浏览器一旦加载页面就运行initPage()函数。

```
window.onload = initPage;

function initPage() {

  // 建立图像

  // 创建请求对象

}
```

我们将在initPage()中编写代码来初始化所有缩略图像，并为每个图像建立onClick事件处理程序。

```
function
getDetail
{
......
}
```
thumbnails.js

3 编写一个函数创建请求对象。

我们需要一个途径与服务器通信，并得到Rob商品目录中每个纪念品的详细信息。为此将编写一个函数创建一个请求对象，以便我们的代码与服务器通信；这个函数名为createRequest()。只要点击一个缩略图就可以使用这个函数启动一个新的请求。

onclick事件触发getDetails()函数。

createRequest() 是一个工具函数，我们将反复使用这个函数。它会创建一个基本的通用请求对象。

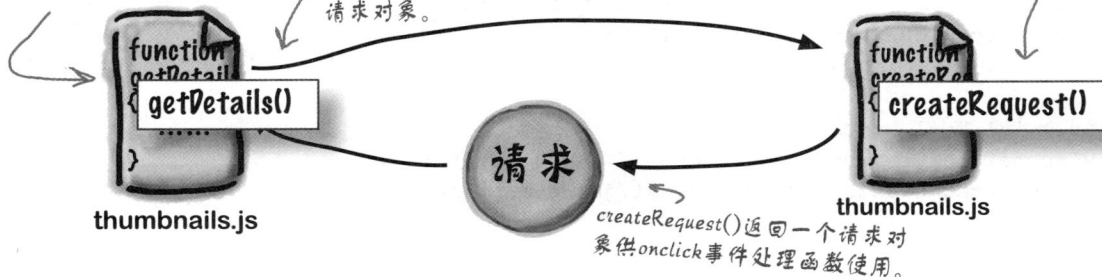

getDetails()会调用createRequest()函数来得到一个请求对象。

```
function getDetails()
```
getDetails()

thumbnails.js

请求

```
function createReq
```
createRequest()

thumbnails.js

createRequest()返回一个请求对象供onclick事件处理函数使用。

4 从服务器得到一个商品的详细信息。

我们将在getDetails()中向Rob的服务器发送一个请求，告诉浏览器当服务器响应时该怎么做。

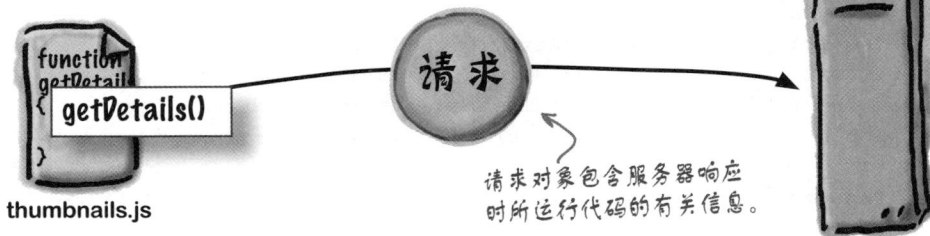

```
function getDetails()
```
getDetails()

thumbnails.js

请求

请求对象包含服务器响应时所运行代码的有关信息。

5 显示商品的详细信息。

可以在getDetails()中改变要显示的图像，然后需要另一个函数displayDetails()在服务器对请求作出响应时更新商品的描述信息。

要更新图像，所要做的只是改变图像的src属性。浏览器会为我们处理余下的所有工作。

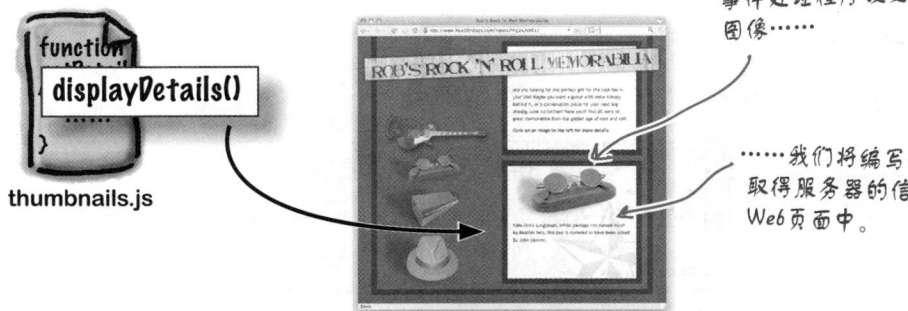

```
function displayDetails()
```
displayDetails()

thumbnails.js

事件处理程序改变图像……

ROB'S ROCK 'N' ROLL MEMORABILIA

……我们将编写的另一个函数取得服务器的信息，并显示在Web页面中。

第1步：修改XHTML

先从最容易的部分开始，也就是创建页面的XHTML和
CSS。以下是Rob目录页面的当前版本，在这里增加了我
们需要的几项内容。

inventory.html

```
<!DOCTYPE html PUBLIC "-//W3C//DTD XHTML 1.0 Transitional//EN"
        "http://www.w3.org/TR/xhtml1/DTD/xhtml1-transitional.dtd">
<html xmlns="http://www.w3.org/1999/xhtml">
<head>
  <title>Rob's Rock 'n' Roll Memorabilia</title>
  <link rel="stylesheet" href="css/default.css" />
  <script src="scripts/thumbnails.js" type="text/javascript"></script>
</head>
<body>
  <div id="wrapper">
    <img src="images/logotypeLeft.png" alt="Rob's Rock 'n' Roll Memorabilia"
        width="394" height="91" id="logotypeLeft" />
    <img src="images/logotypeRight.png" alt="Rob's Rock 'n' Roll Memorabilia"
        width="415" height="92" id="logotypeRight" />
    <div id="introPane">
      <p>Are you looking for the perfect gift for the rock fan in your life?

        Maybe you want a guitar with some history behind it, or a conversation
        piece for your next big shindig. Look no further! Here youll find all
        sorts of great memorabilia from the golden age of rock and roll.</p>
      <p><strong>Click on an image to the left for more details.</strong></p>
    </div>
    <div id="thumbnailPane">
      <img src="images/itemGuitar.jpg" width="301" height="105" alt="guitar"
          title="itemGuitar" id="itemGuitar" />
      <img src="images/itemShades.jpg" alt="sunglasses" width="301" height="88"
          title="itemShades" id="itemShades" />
      <img src="images/itemCowbell.jpg" alt="cowbell" width="301" height="126"
          title="itemCowbell" id="itemCowbell" />
      <img src="images/itemHat.jpg" alt="hat" width="300" height="152"
          title="itemHat" id="itemHat" />
    </div>
    <div id="detailsPane">
      <img src="images/blank-detail.jpg" width="346" height="153" id="itemDetail" />
      <div id=description></div>
    </div>
  </div>
</body>
</html>
```

需要增加thumbnails.js的一个
引用。本章后面将编写这个
脚本。

这个<div>包含可点击
的小图像。

这个<div>中放置各商品的
详细信息。

我们将利用JavaScript脚
本把商品详细信息放在
这里。

Run it!

得到示例，开始行动。

从**www.headfirstlabs.com**下载本书的示例，找
到**chapter01**文件夹。在一个文本编辑器中打开
inventory.html文件，按以上所示完成修改。

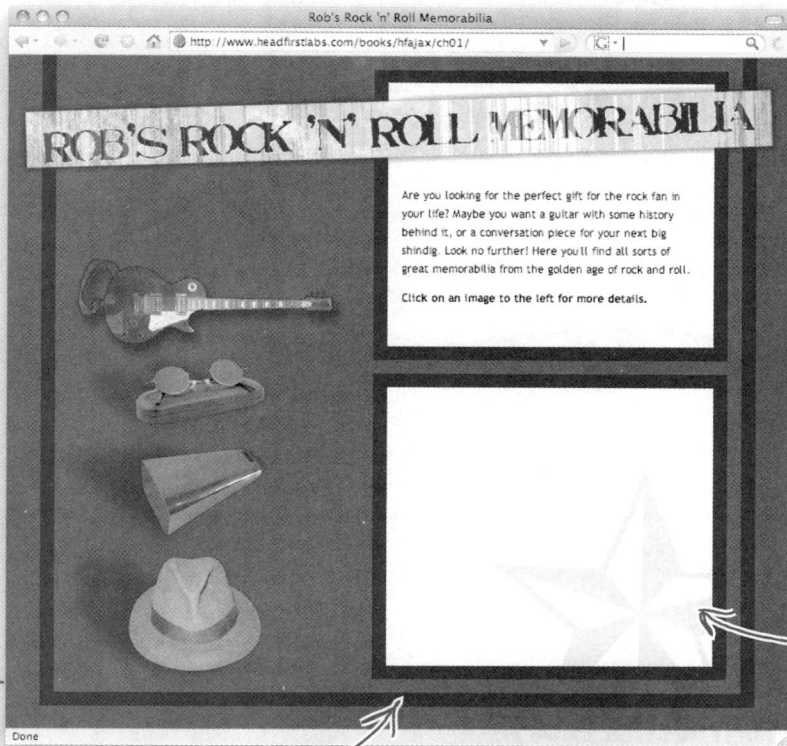

这里简要列出第12页和第13页描述的步骤，可以通过这些步骤完成对Rob页面的修正。

TO DO表

☑ 修改XHTML
☐ 初始化页面
☐ 创建请求对象
☐ 获得商品详细信息
☐ 显示详细信息

刚开始时没有商品详细信息，这里是一个空白区域，以便选择某个商品时显示该商品的描述信息。

这是用于Rob页面的层叠样式表。我们将利用<div>元素的id值指定页面的样式，在后面的JavaScript代码中也会用到这些id值。

这里还有更多CSS代码……可以从Head First Labs网站下载示例，查看完整的文件。

```css
body {
  background: #333;
  font-family: Trebuchet MS, Verdana, Helvetica, Arial, san-serif;
  margin: 0;
  text-align: center;
}

p { font-size: 12px; line-height: 20px; }
a img { border: 0; }

#wrapper {
  background: #750505 url('../images/bgWrapper.png') 8px 0 no-repeat;
  border: solid #300;
  border-width: 0 15px 15px 15px;
  height: 700px;
  margin: 0 auto;
  …etc…
```

#detail {
......
}

rocknroll.css

第2步: 初始化JavaScript

需要创建thumbnails.js,并增加一个JavaScript函数为目录中的每个缩略图像建立初始事件处理程序。下面将这个函数命名为initPage(),并设置为一旦用户窗口加载目录页面就运行这个函数。

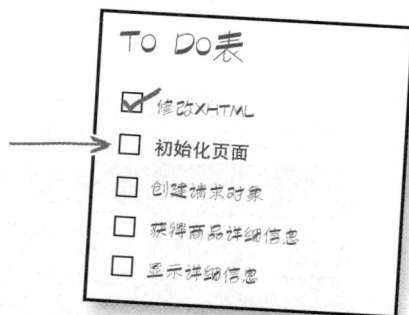

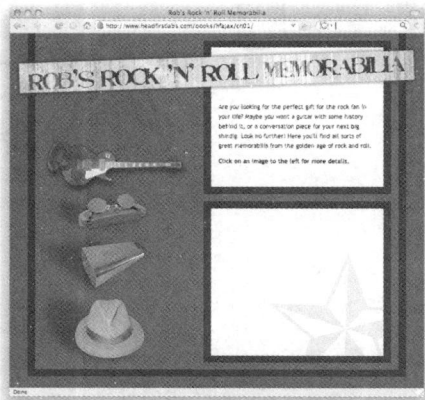

TO DO表
- ☑ 修改XHTML
- ☐ 初始化页面
- ☐ 创建请求对象
- ☐ 获得商品详细信息
- ☐ 显示详细信息

一旦浏览器创建了页面上的所有对象,就应当调用initPage()函数。

initPage()为目录中的每个缩略图建立onclick行为。

function initPage { …… }

thumbnails.js

要为缩略图建立onclick行为, initPage()函数必须完成以下两件事。

1 **在页面上找到缩略图。**

缩略图包含在一个名为"thumbnailPane"的div中,所以可以找到这个div,再在其中查找各个图像。

2 **为各个缩略图建立onclick事件处理程序。**

每个商品的实际大小图像命名为缩略图像标题加上"-detail"。例如,对于标题为FenderGuitar的缩略图,其详细图像名为FenderGuitar-detail.png。这样就可以在JavaScript中得出图像名。

每个缩略图的事件处理程序应当将详细图像元素(id为"itemDetail")的src标记设置为该详细图像(如FenderGuitar-detail.png)。完成后,浏览器就会使用你提供的名自动地显示新图像。

代码贴

initPage函数的代码乱七八糟地贴在冰箱上。你能把掉下的部分放回去吗？记住要设置一个事件处理程序，从而在用户窗口加载时运行initPage()函数。

```
// create the onclick function
```

```
image.onclick = function() {
```

```
}
```

```
}
```

```
}
```

```
// find the thumbnails on the page
```

```
// find the full-size image name
```

```
function initPage() {
```

```
image = thumbs[i];
```

```
for (var i=0; i<thumbs.length; i++) {
```

```
window.onload = initPage;
```

```
document.getElementById("itemDetail").src = detailURL;
```

```
getDetails(this.title);
```

```
thumbs = document.getElementById("thumbnailPane").getElementsByTagName("IMG");
```

```
// set the handler for each image
```

```
detailURL = 'images/' + this.title + '-detail.jpg';
```

在事件处理程序中（如onclick事件），可以用"this"关键字得到发生该事件的对象的一个引用。

代码贴答案

这里设置为一旦用户浏览器加载这
个页面就运行initPage()。

```
window.onload = initPage;
```

现在先不要对此太过
担心……后面还会
更详细地介绍DOM。

```
function initPage() {
```

所有这些"get……"函数都使用
DOM在XHTML页面上完成查找。

```
    // find the thumbnails on the page
```

```
    thumbs = document.getElementById("thumbnailPane").getElementsByTagName("img");
```

这些正是CSS中指定页面样式时
使用的id。

```
    // set the handler for each image
```

希望对每一个缩略图完成一次
处理。

```
    for (var i=0; i<thumbs.length; i++) {
```

```
        image = thumbs[i];
```

JavaScript允许定义函数时不明确指定显式
的函数名。

```
        // create the onclick function
```

点击一个图像时,利用该图像标题
来得出详细图像的URL。

```
        image.onclick = function() {
```

```
            // find the full-size image name
```

只要点击一个缩
略图像就会运行
这个函数。

```
            detailURL = 'images/' + this.title + '-detail.jpg';
```

```
            document.getElementById("itemDetail").src = detailURL;
            getDetails(this.title);
```

```
        }
```

点击一个缩略图会改变详细图像的
src属性,然后浏览器会显示这个新
图像。

```
    }
```

不要忘记这些结束大括号,
否则你的JavaScript将无法
运行。

```
}
```

运行测试

创建thumbnails.js，增加initPage()函数，尝试加载这个目录页面。

在一个文本编辑器中创建一个名为**thumbnails.js**的文件。增加第18页上的代码，然后在浏览器中加载inventory.html。页面加载时会运行initPage()，你可以试一试详细图像的显示。

点击这里……

……会在这里显示一个图像。

商品的详细信息还没有显示，不过应该能看到正确的图像。

TO DO表

☑ 修改XHTML
☑ 初始化页面
☐ 创建请求对象
☐ 获得商品详细信息
☐ 显示详细信息

对于Rob的目录页面，初始化页面已经完成，可以从To Do表中再去掉一项。

第3步: 创建请求对象

TO DO表

☑ 修改XHTML

☑ 初始化页面

☐ 创建请求对象

☐ 获得商品详细信息

☐ 显示详细信息

用户点击一个商品的图像时，还需要向服务器发送一个请求，要求得到这个商品的详细信息。不过，在发送请求之前，需要先创建请求对象。

遗憾的是，这里稍有些麻烦，因为不同的浏览器会以不同的方式创建请求对象。不过也有一个好消息，我们可以创建一个函数来处理特定于浏览器的所有细节问题。

接下来在thumbnails.js中创建一个新函数，名为createRequest()，并增加以下代码。

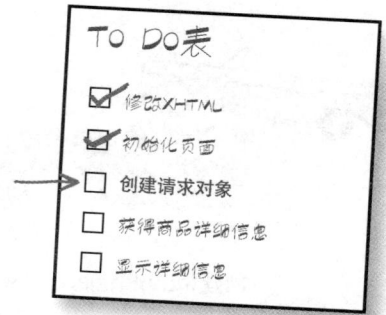

现成代码

现成代码是指可以键入并直接使用的代码……不过不用担心，在本书另外一章或两章中你就会完全理解这里的代码。

```
function createRequest() {
  try {

    request = new XMLHttpRequest();

  } catch (tryMS) {
    try {
      request = new ActiveXObject("Msxml2.XMLHTTP");

    } catch (otherMS) {
      try {
        request = new ActiveXObject("Microsoft.XMLHTTP");
      } catch (failed) {
        request = null;
      }
    }
  }

  return request;
}
```

这一行要创建一个新的请求对象，不过这不一定适用于所有浏览器类型。

第一种方法失败，所以再尝试使用另外一种不同类型的对象。

这也不能奏效，所以再来尝试另一种类型。

如果代码运行到这里，说明所有类型都不合适。返回一个null，使调用代码知道出现了一个问题。

这会返回一个请求对象，或者如果所有类型都不合适则返回"null"。

function createRe
{
......
}

thumbnails.js

我可以得到一个XMLHTTPRequest吗？

嗯？

我可以从Msxml2库得到一个XMLHTTP对象吗？

什么？

我可以从Microsoft库得到一个XMLHTTP对象吗？

当然可以！

there are no Dumb Questions

问： 我是不是要理解所有这些内容？

答： 不必。对现在来说，你只要从大体上对各部分如何结合有一个一般认识就足够了。现在的重点是整体，后面各章会逐步讨论有关细节。

问： 那什么是XMLHttpRequest呢？

答： XMLHttpRequest是大多数浏览器对请求对象的叫法，可以把它发送到服务器并从服务器得到响应而无须重新加载整个页面。

问： 那好，如果这就是XMLHttpRequest，那什么是ActiveXObject呢？

答： ActiveXObject是Microsoft特定的一种编程对象。它有两个不同的版本，由不同浏览器分别支持。正是因为这个原因，所以才有两个不同的代码块分别尝试创建一个不同版本的ActiveXObject。

问： Microsoft浏览器中请求对象名为XMLHTTP吗？

答： 这只是对象的类型，你可以将变量命名为你喜欢的任何名字，我们一直都使用request作为变量名。一旦createRequest()函数开始工作，就不需要再担心这些不同的类型了。只需调用createRequest()，并把返回值赋给一个变量就可以了。

问： 这么说来，我的用户不需要使用一个特定的浏览器，对吗？

答： 没错。只要他们的浏览器支持JavaScript，用户就可以运行他们喜欢的任何浏览器。

问： 如果不支持JavaScript呢？

答： 很遗憾，Ajax应用要求必须能运行JavaScript。所以如果用户未能启用JavaScript，就无法使用你的Ajax应用。通常默认情况下总会启用JavaScript，所以如果有人禁用了JavaScript，他应该知道自己这样做过，如果他们想使用你的Ajax应用，可以再启用JavaScript支持。

第4步: 获得商品详细信息

一旦用户点击目录中的一个商品，就需要向服务器发送一个请求，要求得到该商品的描述和详细信息。我们已经得到了一个请求对象，所以要在这里使用。

可以看到，不论需要从服务器得到什么数据，建立Ajax请求的基本过程都遵循同样的模式。

① **得到一个请求对象。**

我们已经完成了这个工作。只需调用createRequest()得到请求对象的一个实例，并把它赋给一个变量。

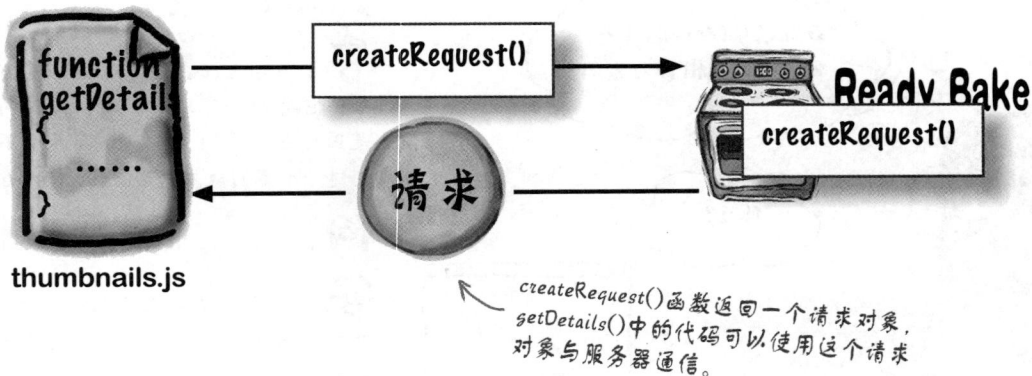

thumbnails.js · createRequest() · Ready Bake createRequest() · 请求

createRequest()函数返回一个请求对象，getDetails()中的代码可以使用这个请求对象与服务器通信。

② **配置请求对象的属性。**

请求对象有很多属性需要设置。可以告诉它要连接哪个URL，使用GET还是POST，等等。需要在向服务器发出请求之前完成所有这些设置。

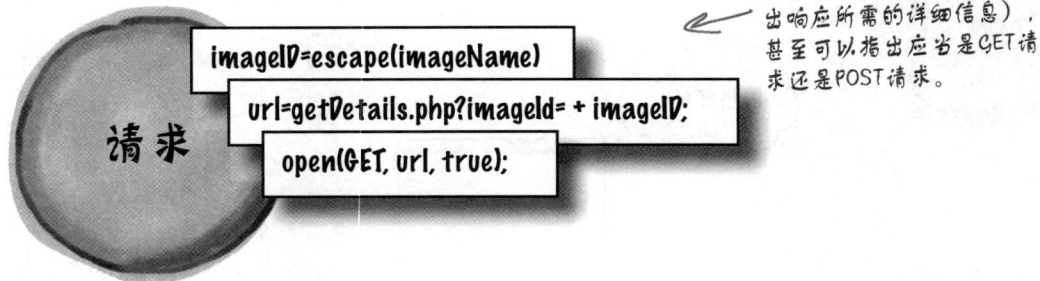

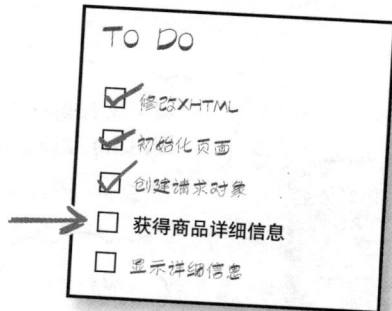

可以告诉请求对象向哪里发出请求（包括服务器作出响应所需的详细信息），甚至可以指出应当是GET请求还是POST请求。

请求

imageID=escape(imageName)
url=getDetails.php?imageId= + imageID;
open(GET, url, true);

③ **告诉请求对象当服务器响应时做什么。**

那么服务器响应时会发生什么呢？浏览器会查看请求对
象的另一个属性，名为onreadystatechange。这个属性允
许我们指定一个回调函数，服务器对请求作出响应时就要
运行这个回调函数。

请求

imageID=escape(imageName)

url=getDetails.php?imageId= + imageID;

open(GET, url, true);

onreadystatechange=displayDetails;

这个属性的值应当是一个
函数名，一旦服务器对
请求给出应答就要运行这
个函数。

这个函数称为一个
回调函数……它
会在服务器响应
时"回调"。

onreadystatechange只是请求对象的另一个属
性，可以在代码中设置这个属性。

④ **发出请求。**

现在可以把请求发送给服务器并得到一个响应。

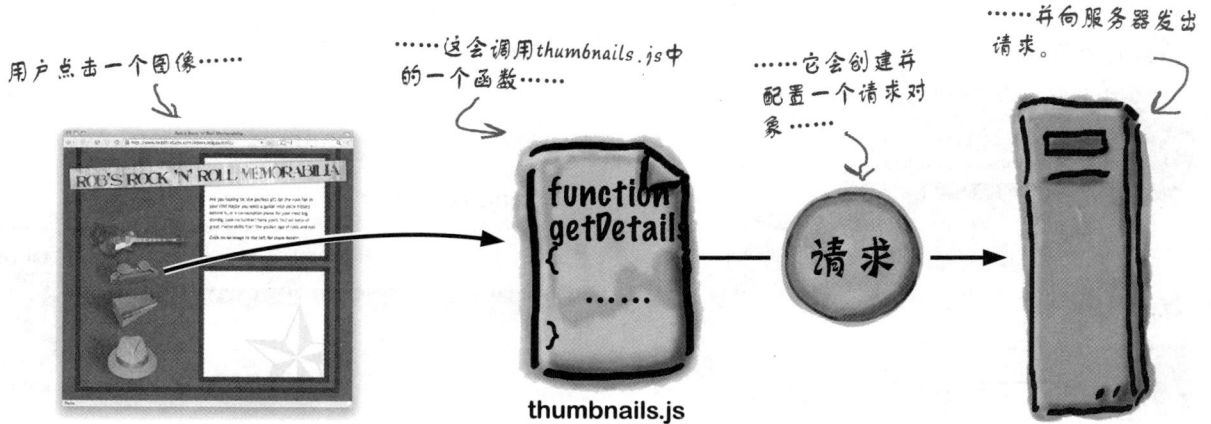

用户点击一个图像……

……这会调用thumbnails.js中
的一个函数……

……它会创建并
配置一个请求对
象……

……并向服务器发出
请求。

ROB'S ROCK 'N' ROLL MEMORABILIA

function
getDetails
{
……
}

thumbnails.js

请求

⚛ **BRAIN POWER**

你认为为什么要为一个名为onreadystatechange的属性指定回
调函数？你怎么考虑这个属性名的含义？

下面编写代码请求一个商品的详细信息

一旦知道函数需要做什么，编写代码就很容易了。以下步骤对应于thumbnails.js中的具体JavaScript代码。

> 目录页面中每个图像的onclick事件处理程序调用这个函数，并传入被点击的img元素的title属性，这就是该图像所表示商品的名字。

① **得到一个请求对象。**

createRequest()

请求

createRequest()

thumbnails.js

② **配置请求。**

请求

imageID=escape(imageName)
url=getDetails.php?imageId= + imageID;
open(GET, url, true);

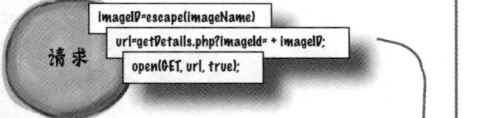

③ **设置回调函数。**

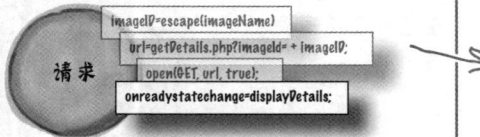

请求

imageID=escape(imageName)
url=getDetails.php?imageId= + imageID;
open(GET, url, true);
onreadystatechange=displayDetails;

④ **发送请求。**

thumbnails.js

请求

```javascript
function getDetails(itemName) {

  request = createRequest();

  if (request==null) {

    alert("Unable to create request");

    return;

  }

  var url= "getDetails.php?ImageID=" +

    escape(itemName);

  request.open("GET",url,true);

  request.onreadystatechange = displayDetails;

  request.send(null);

}
```

> 必须做这个检查以确保请求对象不为null由此可以知道创建对象时是否有问题。

> escape()负责处理请求URL字符串中可能有问题的字符。

function getDetail
thumbnails.js

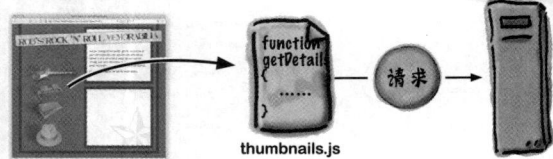

Run it! 把**getDetails()**函数增加到你的**thumbnails.js**中。

处理请求对象之前一定要确保请求对象确实存在

getDetails()所做的第一件事就是调用createRequest()得到一个请求对象。不过还必须确保这个对象确实已经创建，尽管对象创建的细节已经抽出放在createRequest()函数中。

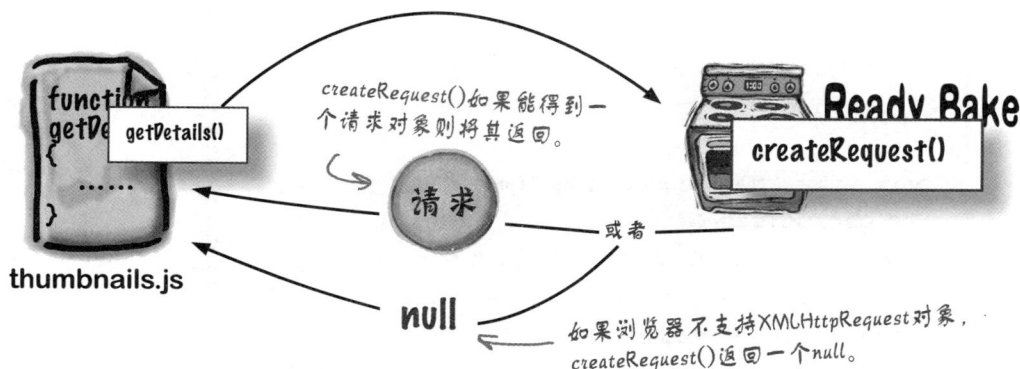

createRequest()如果能得到一个请求对象则将其返回。

或者

如果浏览器不支持XMLHttpRequest对象，createRequest()返回一个null。

具体代码如下。

这行代码要得到请求对象的一个实例，并把它赋至变量"request"。

```
function getDetails(itemName) {
    request = createRequest();
    if (request==null) {
      alert("Unable to create request");
      return;
    }
    var url= "getDetails.php?ImageID=" +
      escape(itemName);
    request.open("GET",url,true);
    request.onreadystatechange = displayDetails;
    request.send(null);
}
```

如果createRequest()无法得到一个请求对象，它会返回null。所以如果进入这部分代码，就说明出了问题。我们将为用户显示一个错误，并退出这个函数。

请求对象只是对象

请求对象只是一个"正常的"JavaScript对象，这说明可以在这个对象上设置属性和调用方法。可以通过在请求对象中放入信息与服务器通信。

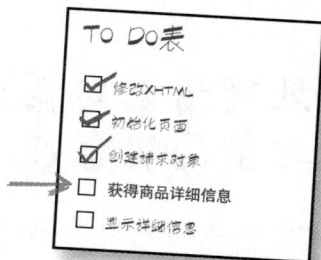

```javascript
function getDetails(itemName) {
  request = createRequest();
  if (request==null) {
    alert("Unable to create request");
    return;
  }
  var url= "getDetails.php?ImageID=" +
      escape(itemName);
  request.open("GET",url,true);
  request.onreadystatechange = displayDetails;
  request.send(null);
}
```

这行代码告诉请求对象要调用的URL。这里还随之发送了商品名，使服务器知道要发送什么商品的详细信息。

这些参数告诉请求对象我们希望它以何种方式连接到服务器。

TO DO表
- ☑ 修改XHTML
- ☑ 初始化页面
- ☑ 创建请求对象
- ☐ 获得商品详细信息
- ☐ 显示详细信息

还在讨论如何得到一个商品的详细信息。

function getDetail{ ...... }
thumbnails.js

下面分解open()。

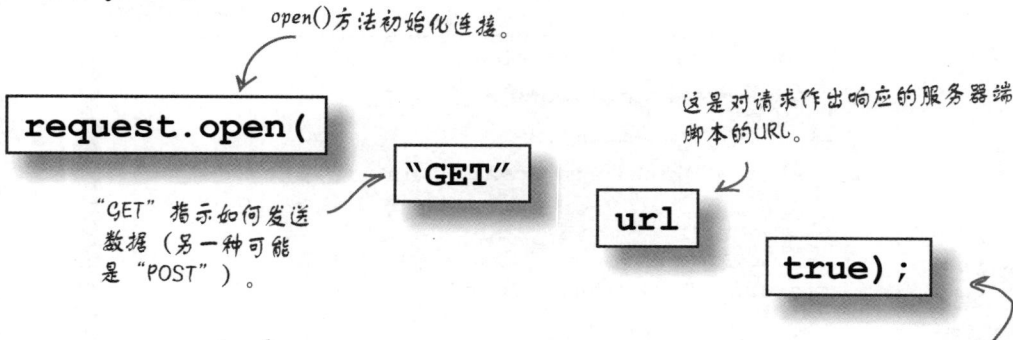

open()方法初始化连接。

request.open(

"GET"指示如何发送数据（另一种可能是"POST"）。

"GET"

这是对请求作出响应的服务器端脚本的URL。

url

true);

这说明请求应当是异步的。也就是说，在等待服务器作出响应期间，浏览器中的代码可以继续执行。

there are no Dumb Questions

问： 请求对象还有其他属性吗？

答： 当然有。你已经看到了onreadystatechange，另外需要向服务器发送XML或更复杂的数据时，还有很多其他属性可以使用。不过对现在来说，只需要open()方法和onreadystatechange。

嘿,服务器…… 可以回调我的 displayDetails()吗?

请求对象的属性会告诉服务器当它接收到请求时要做什么。其中最重要的属性之
一就是onreadystatechange,我们将这个属性设置为一个函数名。这个函数
称为**回调**函数,它会告诉浏览器当服务器发回信息时调用什么代码。

getDetails() 函数把
请求对象发送给服
务器。

服务器运行请求对象的
URL所指示的程序。

请求

getDetails()

getDetails.php

displayDetails()

thumbnails.js

但是服务器响应时,浏览器
会调用displayDetails()而不是
getDetails()。

请求

Web服务器

服务器对请求作出响应,
返回数据。

```
function getDetails(itemName) {
    request = createRequest();
    if (request==null) {
        alert("Unable to create request");
        return;
    }
    var url= "getDetails.php?ImageID=" +
        escape(itemName);
    request.open("GET",url,true);
    request.onreadystatechange = displayDetails;
    request.send(null);
}
```

function
getDetails
……
}

thumbnails.js

正是这一行告诉
浏览器当服务器
对请求作出响
应时要调用哪个
代码。

这是一个函数的引用,
而不是一个函数调用。
所以应确保不要在函数
名后面加上括号。

使用send()发送请求

余下要做的就是具体发送请求，这很容易……只需使用请求对象的
send()方法。

```
function getDetails(itemName) {
  request = createRequest();
  if (request==null) {
    alert("Unable to create request");
    return;
  }
  var url= "getDetails.php?ImageID=" +
    escape(itemName);
  request.open("GET",url,true);
  request.onreadystatechange = displayDetails;
  request.send(null);
}
```

在这里发送请求……

……这说明没有随请求发送额外的
数据。

thumbnails.js

> 你是不是忘了什么？我们可不希望
> 发送null，我们想发送商品的名字。

可以在URL字符串中发送数据。

请求对象允许我们采用多种不同方式发送各种各样的
数据。在getDetails()中，商品名是URL字符串的
一部分：

```
var url= "getDetails.php?ImageID=" +
  escape(itemName);
```

由于这是发送给服务器的URL的一部分，所以不需要
在send()方法中再向服务器发送任何其他数据。相反，
我们只需传入null……这表示"什么也没有"。

异步应用
使用一个
JavaScript对
象发送请求，
而不是通过表
单提交。

那么服务器端代码呢？

服务器端代码……就在服务器上。

听起来再明显不过了，不过很多情况下，你并不需要（甚至无法）编写与Web应用通信的代码。实际上，你可能要使用一个已有的程序，你只知道它的输入和输出，或者只需告诉另一个开发小组你需要什么。

不仅如此，可能有一个服务器端程序使用PHP编写，而另一个使用ASP.NET编写……但除了URL之外，你根本不必改变你的JavaScript代码。请看下图。

这才是你需要操心的……
JavaScript代码和请求对象。

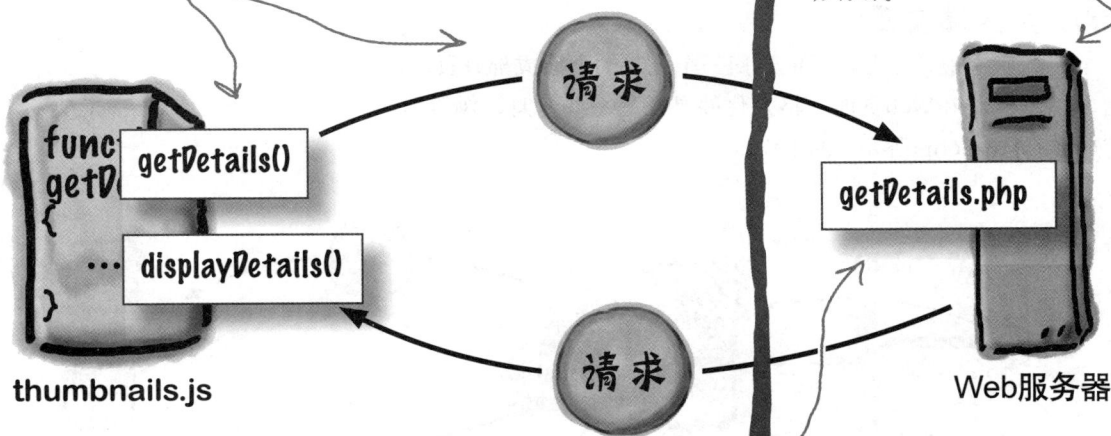

即使这部分也在你的职责之内，它与你的Ajax前端代码也是完全分离的。

请求

func
getD
getDetails()

getDetails.php

displayDetails()

请求

thumbnails.js

Web服务器

关于服务器你要知道的只是脚本名、请求对象发送了什么以及从服务器得到了什么。

服务器总是针对Ajax请求返回数据

在一个传统的Web应用中，服务器对来自浏览器的请求作出响应时，总是会发回一个新页面。新页面到达时，浏览器会扔掉所有已显示的内容（包括用户已填入的域）。

传统服务器端交互

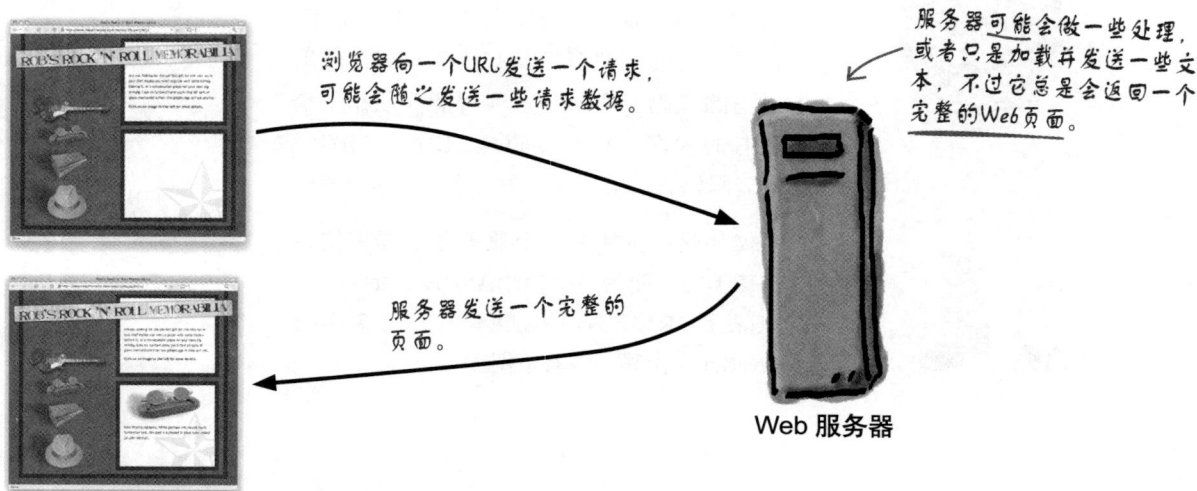

浏览器向一个URL发送一个请求，可能会随之发送一些请求数据。

服务器可能会做一些处理，或者只是加载并发送一些文本，不过它总是会返回一个完整的Web页面。

服务器发送一个完整的页面。

Web 服务器

Ajax服务器端交互

在一个Ajax应用中，服务器可能返回一个完整的页面或部分页面，或者只是返回将在Web页面上格式化并显示的一些信息。浏览器只完成你的JavaScript所要求的工作。

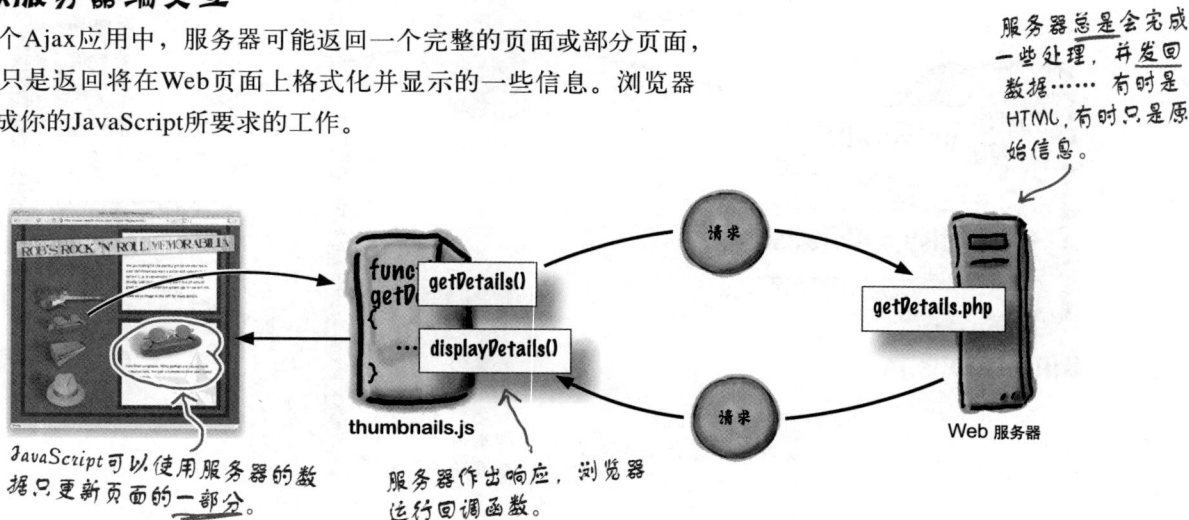

服务器总是会完成一些处理，并发回数据……有时是HTML，有时只是原始信息。

func getDetails()
getD
... displayDetails()
}

thumbnails.js

请求

请求

getDetails.php

Web 服务器

JavaScript可以使用服务器的数据只更新页面的一部分。

服务器作出响应，浏览器运行回调函数。

Ajax是**服务器无关的**

Ajax不要求任何特定的服务器技术。可以使用Active Server Pages (ASP)、PHP或者你需要和可以使用的任何技术。实际上，没有必要深入到服务器端技术的细节当中，因为它对于如何构建Ajax应用没有任何影响。

以下是Ajax实际看到的服务器端交互。

这是Ajax眼中的服务器端交互。

这是我们发送给服务器的数据。

参数

响应

请求

这是服务器发回的数据。

Sharpen your pencil

对于Rob的纪念品页面，与服务器的交互需要哪些参数和响应？

....

....

....

答案见第40页。

运行测试

编写getDetails()的代码，打开Web浏览器试一试。

要确保thumbnails.js文件中编写了`getDetails()`的代码。加载
Rob的纪念品页面，尝试点击目录中的某一个图像。

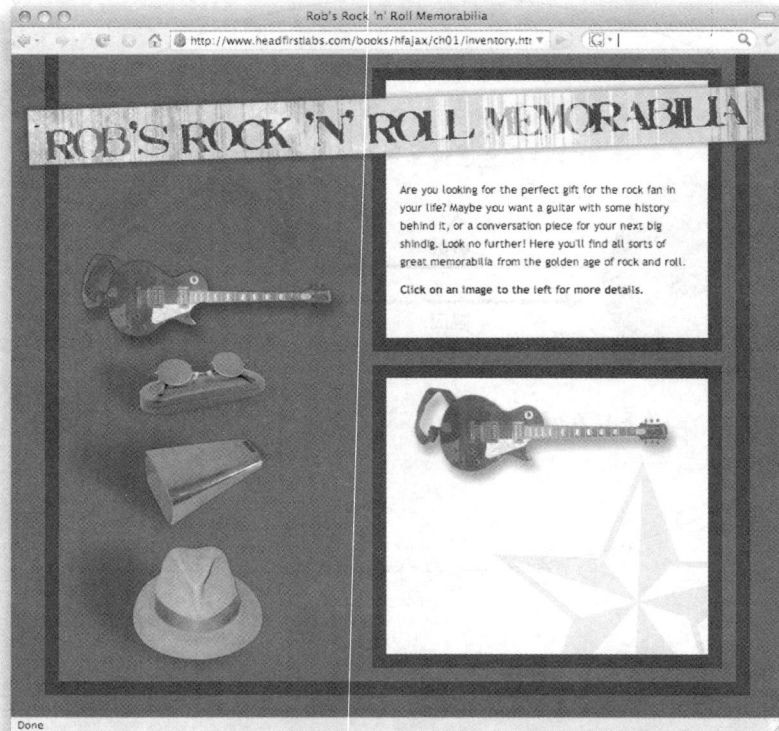

发生了什么？页面怎么了？怎样做才能修正这个
问题？

WHAT'S MY PURPOSE?

以下在左边列出了请求对象的一些属性。你能将左边的各个属性对
应到右边相应的作用或其中包含的信息吗?

readyState   服务器返回的状态码消息,例如,"OK"对应状态202。

status   包含服务器发回的XML格式信息。

responseXML   服务器返回的一个状态码,指示当前状态,例如指示成功或所请求的资源未找到。

statusText   包含服务器发回的文本信息。

responseText   表示请求对象当前状态的一个数。

there are no Dumb Questions

问: 你能再解释一下到底什么是回调函数吗?

答: 回调函数是另外某件事结束时执行的一个函数。在Ajax中,回调函数就是服务器对一个请求对象作出响应时调用的函数。浏览器会在某个时刻"回调"这个函数。

问: 那就是说,当服务器结束对一个请求的处理时就会执行一个回调函数,对吗?

答: 不是这样的,实际上每次服务器响应请求时就会由浏览器调用回调函数,即使此时服务器并没有完全处理完请求。大多数服务器都会作出多次响应,指示接收到请求,或者正在处理请求,或者已经处理完请求。

问: 就是因为这个原因,这个请求属性才被命名为onreadystatechange吗?

答: 完全正确。每次服务器响应一个请求时,它会把请求对象的readyState属性设置为一个不同的值。所以我们要特别注意这个属性,来确定服务器何时处理完我们发送给它的请求。

WHAT'S MY PURPOSE?
答案

以下在左边列出了请求对象的一些属性，你的任务是将各个属性对应到右边相应的作用或其中包含的信息。

这个属性指示请求已经完成，现在可以处理服务器返回的结果了。

readyState

status

除非服务器发回XML格式的数据，否则这个属性为空。

responseXML

statusText

responseText

除非服务器发回文本数据（而非XML数据），否则这个属性为空。

服务器返回的状态码消息，例如，"OK"对应状态202。

status和statusText是同一个信息的不同版本。

包含服务器发回的XML格式信息。

服务器返回的一个状态码，指示当前状态，例如指示成功或所请求的资源未找到。

包含服务器发回的文本信息。

表示请求对象当前状态的一个数。

使用回调函数处理服务器返回的数据

如何显示每个商品的文本描述呢？下面假设服务器会把商品的详细信息作为预定格式的文本发送到请求对象的responseText属性中。这样一来，我们只需得到这个数据并显示。

我们的回调函数displayDetails()需要找到将包含详细信息的XHTML元素，然后将其innerHTML属性设置为服务器返回的值。

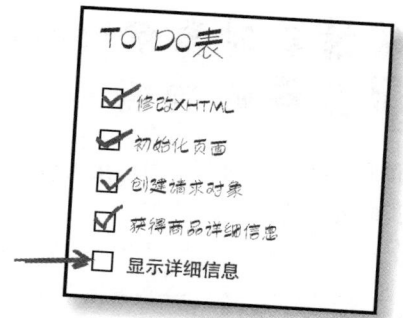

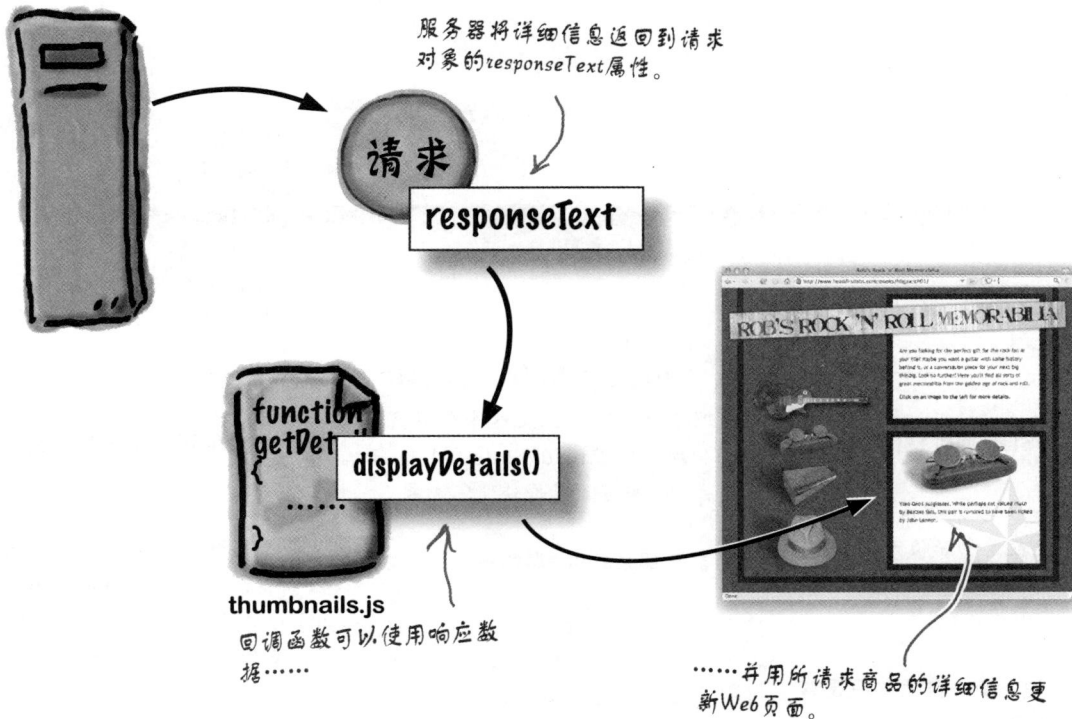

TO DO表

☑ 修改XHTML
☑ 初始化页面
☑ 创建请求对象
☑ 获得商品详细信息
☐ 显示详细信息

服务器将详细信息返回到请求对象的responseText属性。

请求

responseText

displayDetails()

function getDet...

thumbnails.js

回调函数可以使用响应数据……

……并用所请求商品的详细信息更新Web页面。

there are no Dumb Questions

问： 这么说来，处理完请求时服务器会调用displayDetails()，是吗？

答： 不对，实际上要由*浏览器*调用这个函数。服务器所做的只是更新请求对象的readyState属性。每次这个属性发生变化时，浏览器就会调用onreadystatechange属性中指定的函数。不过现在不用担心，下一章我们会更深入地讨论这个问题。

从请求对象的responseText属性得到服务器的响应

我们想要的数据存放在请求对象中。现在只需得到这个数据并使用。
我们要做的工作如下。

即使你现在完全不清楚这些代码也没有关系。我们将在下一章更详细地介绍准备状态和状态码。

```
function displayDetails() {
  if (request.readyState == 4) {
    if (request.status == 200) {
      detailDiv = document.getElementById("description");
      detailDiv.innerHTML = request.responseText;
    }
  }
}
```

这行代码得到将放入商品详细信息的XHTML元素的一个引用。

这行代码将服务器返回的XHTML放入该元素。

thumbnails.js

there are no Dumb Questions

问： readyState属性是什么？

答： 这是一个数，指示服务器处理进行到哪个阶段。初始值为0，服务器处理完一个请求时，这个属性的值将是4。

问： 这么说，第一条语句只是查看服务器是否处理完请求，对吗？

答： 你说的没错。

问： 为什么每一次都必须检查呢？

答： 因为每次准备状态改变时浏览器都会运行回调函数。由于服务器接收到请求时会把这个值设置为1，而

在处理请求时有可能把这个值设置为2或3，所以除非readyState等于4，否则无法确定服务器是否处理完请求。

问： 那么status属性呢？

答： 这是HTTP状态码，如404就代表禁止访问，200代表成功。对请求对象做任何处理之前一定要确保状态码为200。

问： 为什么状态码是404时服务器还会把准备状态设置为4呢？

答： 这个问题问得好。下一章会讨论这个问题，不过你可以先考虑一下在什么情况下可以完成请求，但状态码仍指示存在问题。

问： 使用innerHTML是不是不太好？

答： 确实如此，不过有时这个属性确实很有效。后面几章更深入地讨论DOM时我们还会介绍更新页面的一些更好的方法。不过对于现在来说，要知道这种方法是可行的，这一点是最重要的。

问： 我得掌握所有这些知识吗？关于回调函数的内容实在太多了……

答： 对于现在，只要知道能够在回调函数中使用服务器的响应就可以了。我们还会在第2章更详细地介绍回调函数、准备状态和状态码。

运行测试

编写回调函数，测试目录页面。

在thumbnails.js文件中增加displayDetails()。另外要确保服务器端程序正在运行（其输入输出在第30页上给出），而且getDetails()方法中的URL指向该程序，然后尝试加载这个目录页面并点击一个商品。

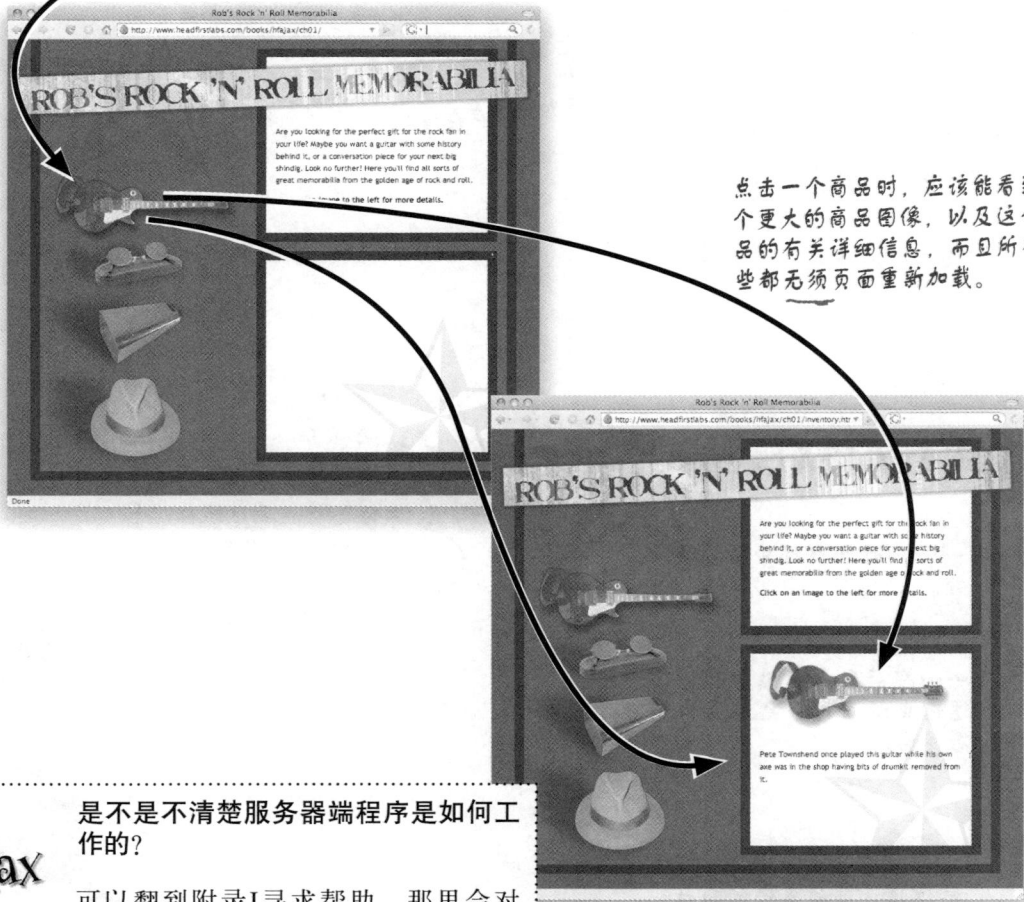

点击一个商品时，应该能看到一个更大的商品图像，以及这个商品的有关详细信息，而且所有这些都无须页面重新加载。

是不是不清楚服务器端程序是如何工作的？

可以翻到附录I寻求帮助，那里会对服务器上完成的工作做一些介绍。http://www.headfirstlabs.com上还有一些非常有用的服务器端资源。

向传统Web应用说再见……

Rob的页面现在工作得更加平稳，顾客已经开始陆陆续续地
回归，你已经让它改头换面成为新一代的Web应用。

Rob原来的传统Web应用：

- ……用户点击一个商品的缩略图时要重新加载整个页面。

- ……要花费很长时间加载，因为每次点击时浏览器都必须显示整个页面。

- ……感觉页面毫无反应，因为用户必须等待所有这些页面刷新。

- ……顾客很恼火，Rob丢了生意，他的钱也花光了。

> 这些问题绝对不只是Rob才会遇到。几乎所有传统Web应用都以某种形式存在这些问题。

Rob新的Ajax应用：

> 将这些优点与第10页给出的列表相比较……它们应该有很多相似之处。

- ……只改变页面中需要更新的部分。

- ……在后台异步地加载图像和描述信息的同时，允许用户继续查看页面。

- ……不要求用户拥有超高速的网络连接才能使用他的网站。

> 太棒了…… 我已经对下一个项目有点想法了。

*Ajax*填字游戏

花点时间坐下来好好想一想，真正让你的大脑开动起来。回答以下的问题，再用这些字母拼出密信。

这是用来编写Ajax页面脚本的语言。

—— —— —— —— —— —— —— —— —— ——
1　　2　　3　　4　　5　　6　　7　　8　　9　　10

这种函数会在一个过程完成时得到调用。

—— —— —— —— —— —— —— ——
11　　12　　13　　14　　15　　16　　17　　18

这个请求对象属性可以告诉我们服务器何时完成处理。

—— —— —— —— —— —— —— —— —— ——
19　　20　　21　　22　　23　　24　　25　　26　　27　　28

如果服务器端有问题，这个属性能告诉我们出了什么问题。

—— —— —— —— —— ——
29　　30　　31　　32　　33　　34

浏览器会把服务器返回的文本放入这个属性。

—— —— —— —— —— —— —— —— —— —— —— ——
35　　36　　37　　38　　39　　40　　41　　42　　43　　44　　45　　46

如果有问题，可以从这个属性得到问题的描述。

用以上所填的字母在下面填空……

—— —— —— —— —— —— —— —— —— ——
47　　48　　49　　50　　51　　52　　53　　54　　55　　56

—— —— —— ——　　—— —— —— ——　　—— —— ——
49　1　31　45　　13　54　10　29　　23　39　33

—— —— —— —— ——　　—— —— —— —— —— —— —— —— —— ——
15　51　8　14　22　　19　28　37　9　39　40　34　8　3　44

—— —— —— —— —— —— —— —— —— —— —— ——
31　9　38　14　8　6　26　46　8　39　40　24

Sharpen your pencil
Solution
问题见第31页

实现Rob的页面需要哪些参数和响应?

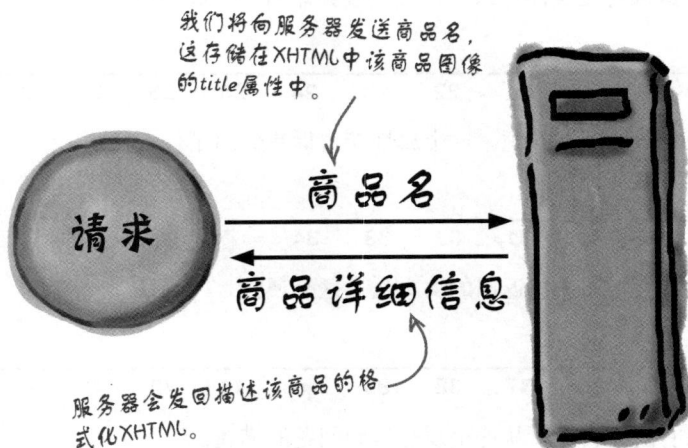

我们将向服务器发送商品名,
这存储在XHTML中该商品图像
的*title*属性中。

商 品 名

请 求

商 品 详 细 信 息

服务器会发回描述该商品的格
式化XHTML。

Ajax填字游戏答案

花点时间坐下来好好想一想，真正让你的大脑开动起来。回答以下的问题，再用这些字母拼出密信。

这是用来编写Ajax页面脚本的语言。

$$\underset{1}{J}\ \underset{2}{A}\ \underset{3}{V}\ \underset{4}{A}\ \underset{5}{S}\ \underset{6}{C}\ \underset{7}{R}\ \underset{8}{I}\ \underset{9}{P}\ \underset{10}{T}$$

这种函数会在一个过程完成时得到调用。

$$\underset{11}{C}\ \underset{12}{A}\ \underset{13}{L}\ \underset{14}{L}\ \underset{15}{B}\ \underset{16}{A}\ \underset{17}{C}\ \underset{18}{K}$$

这个请求对象属性可以告诉我们服务器何时完成处理。

$$\underset{19}{R}\ \underset{20}{E}\ \underset{21}{A}\ \underset{22}{D}\ \underset{23}{Y}\ \underset{24}{S}\ \underset{25}{T}\ \underset{26}{A}\ \underset{27}{T}\ \underset{28}{E}$$

如果服务器端有问题，这个属性能告诉我们出了什么问题。

$$\underset{29}{S}\ \underset{30}{T}\ \underset{31}{A}\ \underset{32}{T}\ \underset{33}{U}\ \underset{34}{S}$$

浏览器会把服务器返回的文本放入这个属性。

$$\underset{35}{R}\ \underset{36}{E}\ \underset{37}{S}\ \underset{38}{P}\ \underset{39}{O}\ \underset{40}{N}\ \underset{41}{S}\ \underset{42}{E}\ \underset{43}{T}\ \underset{44}{E}\ \underset{45}{X}\ \underset{46}{T}$$

如果有问题，可以从这个属性得到问题的描述。

$$\underset{47}{S}\ \underset{48}{T}\ \underset{49}{A}\ \underset{50}{T}\ \underset{51}{U}\ \underset{52}{S}\ \underset{53}{T}\ \underset{54}{E}\ \underset{55}{X}\ \underset{56}{T}$$

AJAX LETS YOU BUILD RESPONSIVE APPLICATIONS

2 设计Ajax应用

用Ajax方式思考

使用Ajax可以同时做两件事…… 天哪，实在是太棒了！不过，不得不承认，我得用一种全新的方式考虑问题了……

欢迎走进Ajax应用——这是一个全新的Web世界。

你已经构建了你的第一个Ajax应用，可能现在正在考虑怎样修改你的所有Web应用，让它们都采用异步方式建立请求。不过，这并不是Ajax编程的全部。必须以一种**不同的方式考虑**你的应用。即使建立了异步请求，也不能仅凭这一点就意味着你的应用是用户友好的。你如果要帮助用户**避免犯错误**，就需要对整个**设计重新考虑**。

Mike的传统网站糟透了

来自人力资源部的提醒：能不能少用这种有侮辱性的字眼？换成"让Mike的每一位用户都很恼火"怎么样？

Mike开始着手撰写热门电影的评论，他把他的观点放到了网上并广受追捧。遗憾的是，他的注册页面有些问题。用户访问他的网站时，要选择用户名并键入另外一些详细信息，然后提交这些信息才能访问这个评论网站。

这个网站的问题是，如果用户名已经被别人占用，服务器会再次响应初始页面，并显示一个错误消息……但是之前用户已输入的信息全都不见了。更糟糕的是，用户等待很长时间想看到一个新页面，但等来的只是一个错误消息，除此以外什么也没有，这让用户非常恼火。他们想要的是电影评论！

不应该让用户填完8个输入域之后才能确定第一个域中的数据是否合法。

现在用户填完了表单，并点击"Register"按钮……然后满怀希望地等待。

我已经有大量注册用户，所以很多用户名已经被占用。所有人都是这样处理注册的。但让人想不通的是，我却收到如此多的抱怨，你能帮我解决这个问题吗？

Mike's Movies影评网站看上去很不错，有很多精彩的评论……但条件是用户已经成功地注册并通过了注册页面。

44 第2章

Mike遇到了一个大麻烦，不过既然你已经构建过一个Ajax应用，对于Mike需要什么也许已经有点想法了。花点时间看看下面的图，其中展示了Mike's Movies影评应用现在的做法，你认为应该怎样做？把你的想法记下来，然后回答这一页最下面的问题，说说看怎样做才能帮助Mike解决问题。

Exercise

1 一个新用户填写了注册表单。

2 将这个表单提交到一个Web服务器。

Web 服务器

3 一个服务器端程序验证并检验注册信息……

4 ……然后向用户的Web浏览器返回一个新的Web页面。

服务器显示一个欢迎屏幕……

或者

……或者再显示原来的屏幕，并给出一个错误消息。

用户原来输入的所有信息都不见了……所有输入域现在都为空。

你认为Mike's Movies影评网站中最大的问题是什么？ ....
....
....

要改善Mike's Movies影评网站**你会怎样做**？ ....
....
....

下面使用Ajax <u>异步</u>发送注册请求

要解决Mike页面中存在的问题，Ajax正是我们所需的工具。现在最大的问题是：用户必须等待完全页面刷新才能发现他们请求的用户名已经被占用。更糟糕的是，如果他们需要选择一个不同的用户名，就必须把先前已经输入的所有其他信息再输入一次。这两个问题都可以使用Ajax解决。

我们仍然需要与服务器通信来得出用户名是否已经被占用，但是为什么要等到用户填写完整个表单之后呢？完全可以在用户输入一个用户名后，就向服务器发出一个**异步请求**，检查这个用户名，并在页面上直接报告可能出现的问题——所有这些都**无须**页面重新加载，当然也不会丢掉用户已经输入的其他信息。

关于Mike网站最严重的问题，你记下的想法是不是与此类似？

如果你没有想到用户一旦键入用户名就发送请求也没有关系……不过如果你能想到这一点，可以额外加分！

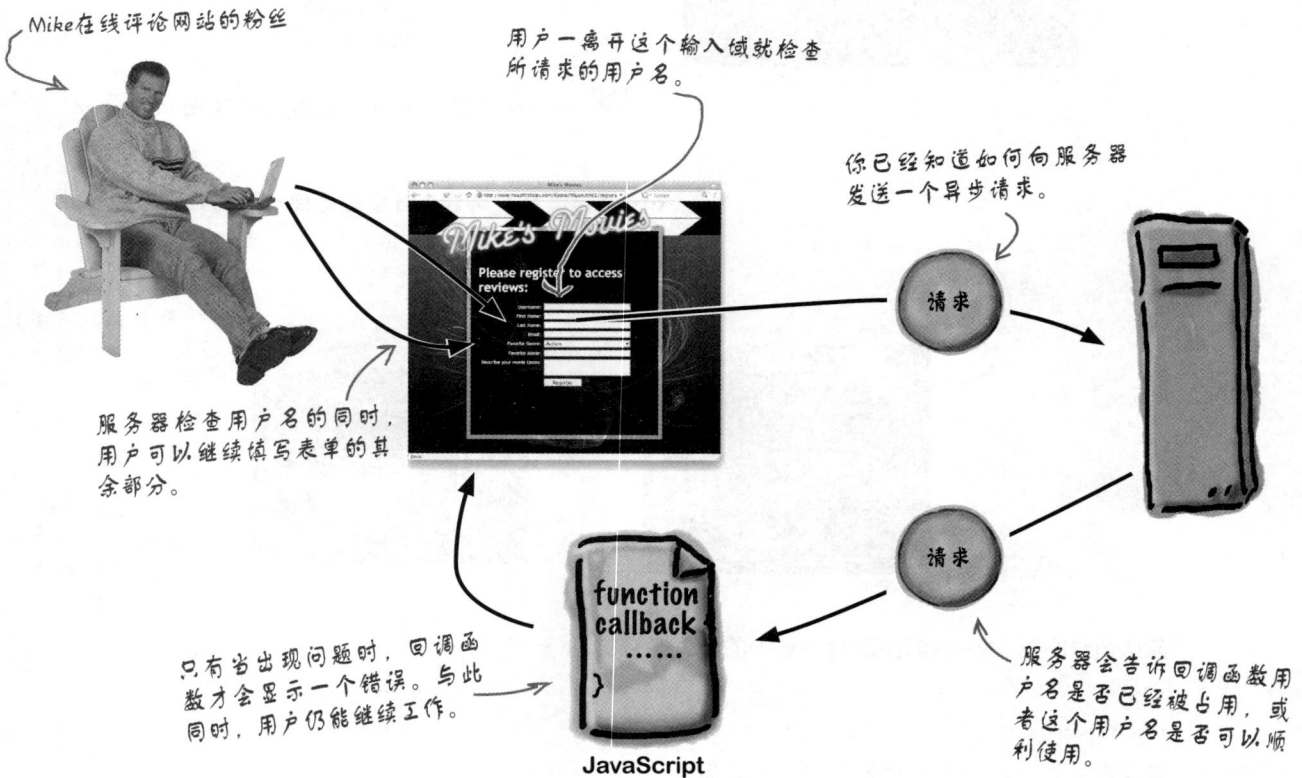

Mike在线评论网站的粉丝

用户一离开这个输入域就检查所请求的用户名。

服务器检查用户名的同时，用户可以继续填写表单的其余部分。

你已经知道如何向服务器发送一个异步请求。

请求

请求

function callback ......

JavaScript

只有当出现问题时，回调函数才会显示一个错误。与此同时，用户仍能继续工作。

服务器会告诉回调函数用户名是否已经被占用，或者这个用户名是否可以顺利使用。

做了这么多只是为了使一些影迷不必把他们的名字和email地址再输一次？这是不是有些大材小用了？

不要惹恼你的用户…… 永远不要!

在Internet上，可能只是在点击之间你的竞争者就会占上风。如果没有立即告诉用户哪里出了问题，或者如果你让他们重复做某件事情，很可能就会永远地失去这些用户。

Mike的网站可能赚不了大钱（起码目前是这样），甚至看起来对你来说并不重要…… 但是对他的粉丝来说却有重要的意义。如果在你的帮助下他的用户不再对他不满，没准哪一天会有一个用户请他为《纽约时报》撰写电影评论，这可能会给他带来6位数的收入。不过，目前Mike甚至不知道他的网站会把用户赶走。在这里你的Ajax技术就能派上用场了。

重要的Ajax设计原则

不要惹恼你的用户

如果你的Web应用有问题，一定要尽快、尽可能清楚地告诉用户，而且绝对不要把用户已经做过的工作丢掉，即使发生了他们（或你）不期望发生的事情也要保证这一点。

there are no Dumb Questions

问： 这个设计原则并不是单独针对Ajax的，对吗？

答： 没错，这适用于所有Web应用，…… 实际上，适用于各种类型的应用。不过，对于Ajax应用，特别是异步请求，很多方面都可能出问题。作为一个好的Ajax程序员，你的任务之一就是使用户避免这些问题，或者至少在出现问题时让他们知道发生了什么。

Exercise

现在来处理Mike的网站。需要执行以下5步才能让他的网站更好地工作，但是这里没有给出每一步的具体细节，而且顺序也打乱了。请按正确的顺序重排这些步骤，并对每一步中应当做什么写出一个简短的说明。

❓ 创建和配置一个新的请求对象。

....
....
....
....

❓ 为Web表单的输入域建立事件处理程序。

....
....
....
....

❓ 验证所请求的用户名。

....
....
....
....

❓ 报告所请求用户名可能存在的问题。

....
....
....
....

❓ 更新注册页面的XHTML和CSS。

....
....
....
....

按正确的顺序重排这些步骤之后，再来看下面的两个图，它们描述了Mike应用的一个Ajax版本中的一些交互。看看你能不能填出下面的空，做到图表完整、注释准确。

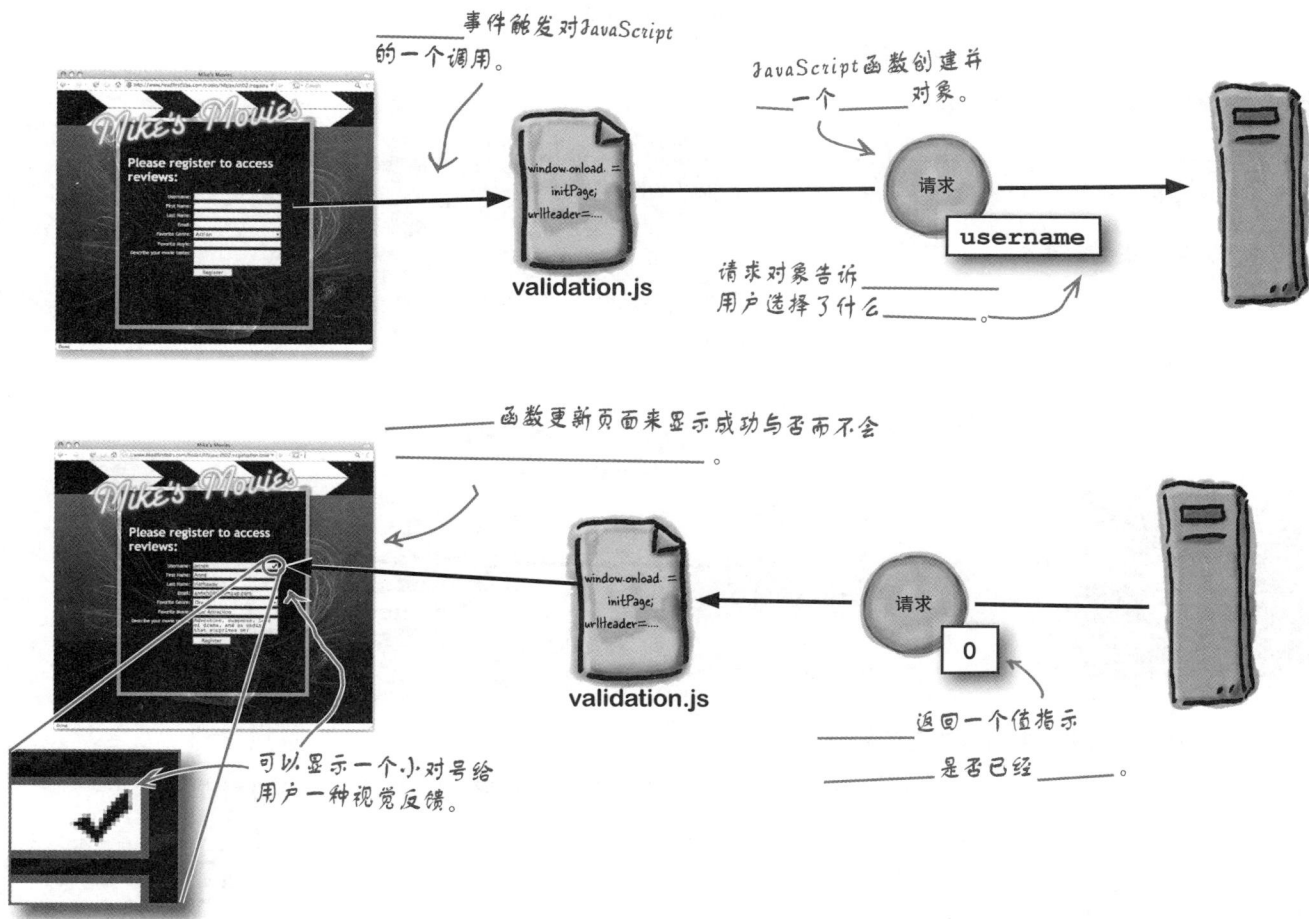

_____ 事件触发对 JavaScript 的一个调用。

JavaScript 函数创建并 _____ 一个 _____ 对象。

validation.js

请求

`username`

请求对象告诉 _____
用户选择了什么 _____ 。

_____ 函数更新页面来显示成功与否而不会 _____ 。

validation.js

请求

`0`

返回一个值指示

_____ 是否已经 _____ 。

可以显示一个小对号给
用户一种视觉反馈。

異步可以减少不满

EXERCISE
SOLUTION

你的任务是按正确的顺序重排这些步骤来构建Mike电影评论网站的一个Ajax版本，并填写每一步的说明，还要在图中填入缺少的词。

❶ 更新注册页面的XHTML和CSS。

需要向注册表单增加<script>元素来引用我们将编写的
JavaScript代码。

从技术上讲，可以按任何顺序编写这些步骤相应的代码，但这是应用所遵循的流程，所以这一章中我们会使用这个顺序更新Mike的应用。

❷ 为Web表单的输入域建立事件处理程序。

需要一些初始化代码为页面上的用户名域建立一个onblur事件。
这样一来，用户离开这个域时就会开始请求过程。

❸ 创建和配置一个新的请求对象。

可以使用第1章中的createRequest()函数来创建请求，然后将用
户请求的用户名增加到URL字符串，从而传递到服务器。

上一章只是简单提到这个函数，不过这一章中将对它做详细的讨论。

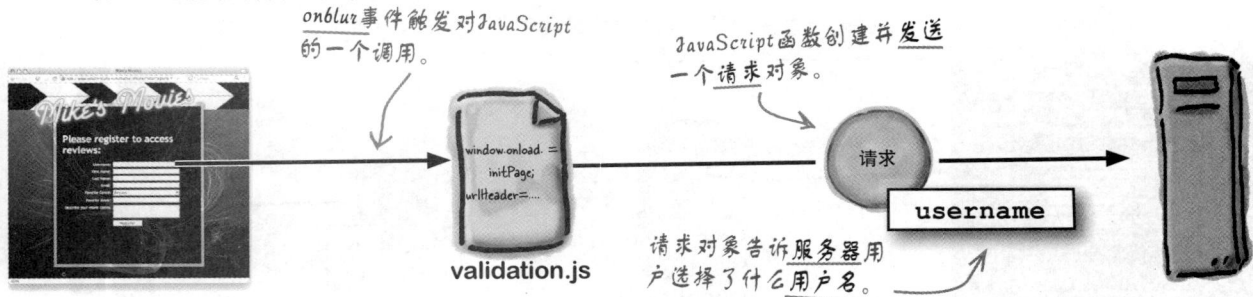

❹ 验证所请求的用户名。

一旦创建了请求对象，需要把它发送到服务器来确保所请求的用户
名未被其他人占用。这可以异步地实现，从而当服务器检查用户名
时用户还能继续填写表单。

onblur事件触发对JavaScript的一个调用。

JavaScript函数创建并**发送**一个**请求**对象。

validation.js

请求对象告诉**服务器**用户选择了什么**用户名**。

请求

username

❺ 报告所请求的用户名可能存在的问题。

请求对象返回时，回调函数可能更新页面来显示用户名检查是否成
功。

回调函数更新页面来显示成功与否，而不会丢失用户的任何信息。

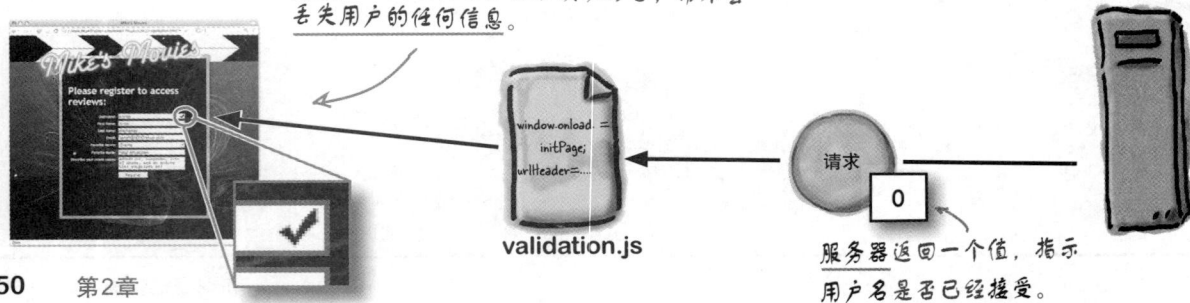

validation.js

请求

0

服务器返回一个值，指示用户名是否已经**接受**。

更新注册页面

已经有了Mike注册页面的基本结构，下面来具体实现。增加一个<script>标记加载我们将编写的JavaScript代码。之后，可以在Web表单上建立用户名域，从而调用一个JavaScript函数向服务器发出一个请求。

Watch it!

使用开始和结束<script>标记。

如果使用自结束的<script>标记（如<script />），有些浏览器会报错。对于<script>一定要使用**单独的**开始和结束标记。

```
<head>
    <title>Mike's Movies</title>
    <link href="movies.css" rel="stylesheet" type="text/css" />
    <script src="scripts/validation.js" type="text/javascript"></script>
</head>
```

与上一章中一样，这一章将逐步编写 validation.js。

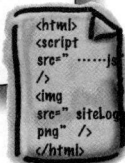

registration.html

对registration.html即Mike的注册页面完成这些修改。

Run it!

下载注册页面的XHTML和CSS。

如果之前没有下载，那么现在需要从**www.headfirstlabs.com**下载这一章的示例文件。查看Chapter2文件夹中名为**registration.html**的文件，然后增加用粗体显示的script标记。

there are no Dumb Questions

问： 这有什么意义呢？这与上一章的摇滚网站看上去都一样，不是吗？

答： 到目前为止确实如此。不过大多数Ajax应用都是从一些<script>标记和一些外部JavaScript文件起步的。

问： 不过我们只是要发送一个请求并得到一个响应，是吗？

答： 对。实际上，几乎所有Ajax应用都可以这么简单地描述。不过随着我们对注册页面的进一步深入，你会看到实际上可能有两个交互：首先要建立一个交互检查用户名，

另一个交互是用户填完表单后将按下Submit按钮。

问： 这又有什么呢？

答： 你怎么考虑？你能看出来采用两种方式向一个Web服务器发送两个不同的请求有什么问题吗？

嘿，XHTML里还有工作要做。用户名域的onblur事件处理程序呢？我们希望每次用户输入一个用户名时要运行一些代码，对不对？

将页面的内容与行为分离。

可以从XHTML直接调用JavaScript，例如，可以在用户名表单域中加一个onblur事件。不过这样一来就把页面的内容与其行为混在一起了。

XHTML描述的是页面的**内容**和**结构**，也就是页面上有哪些数据（如用户的名字和电影评论网站的一个描述）以及这些数据如何组织。而页面对用户动作如何反应则是页面的**行为**。这通常要由JavaScript完成。另外CSS定义了页面的表示，也就页面的外观。

保证内容、行为和表示相分离是一个很好的想法，即使你只是在自己构建一个相当简单的页面也应如此。如果你在开发一个复杂的应用，涉及到很多人，要避免无意间与其他人的工作混杂在一起，这就是最佳方法之一。

分离页面的内容、行为和表示。

只要有可能，就应当尽量保证页面的内容（XHTML）与其行为（JavaScript和事件处理程序）和表示（CSS外观）相分离。这样一来，你的网站将更加灵活，也更易于维护和更新。

BRAIN BARBELL

将网站内容与其表示和行为分离可以使网站更易于更新，对于这一点你是怎么考虑的？

你可能听过有人把这个原则称为非突出JavaScript (unobtrusive JavaScript)。

事件处理程序访谈

本周话题:
你到底从哪里来?

Head First:很高兴你能来参加我们的活动,事件处理程序。本周我们为你准备了一些非常有意思的问题。

事件处理程序:是吗?我真想知道是什么问题。

Head First:实际上,有个问题所有人都在问:你到底从哪里来?

事件处理程序:嗯,我最早来自ECMA(欧洲计算机制造商协会),这是——

Head First:噢,对不起,我的意思是,你从哪里**调用**?

事件处理程序:这个嘛……我想ECMA的人可能希望我讲讲他们的故事,但是如果你坚持我不讲也罢……我通常会从一个XHTML表单域或按钮之类的东西调用,有时也会从窗口调用。

Head First:那你就是从XHTML页面调用的,对吗?

事件处理程序:大多数时候是这样。

Head First:我也是这样想的。既然如此就不用争论了。我们都听说过这里最先——

事件处理程序:等等,请等一下!什么争论?

Head First:是这样,我们请教过JavaScript,他发誓说他能调用你。说什么行为调用行为……真是胡说八道。

事件处理程序:哦,你说的肯定是通过编程指定事件处理程序。漂亮,JavaScript……

Head First:通过编程?这是什么意思?

事件处理程序:要知道,我实际上只是一个属性——

Head First:嗯?这与ECMA有关吗?

事件处理程序:……可以用JavaScript设置。不,先听我说。你了解DOM,对不对?

Head First:嗯,不是太了解……这不是后面一章的内容吗?

事件处理程序:不了解也没关系。请注意,Web页面上的所有一切都只是对象。如输入域和按钮,它们都只是带有属性的对象。

Head First:当然,我们以前见过一些输入域。都很不错。不过,按钮另当别论,他从来没回过我们的电话……

事件处理程序:嗯,不管怎么样,`onblur`或`onload`之类的事件会通过这些属性与事件处理程序绑定。

Head First:你的意思是说,就像XHTML中在一个输入元素上指定`onblur="checkUser-name()"`一样?

事件处理程序:完全正确!这只是输入域的一个属性。你只是告诉浏览器要运行哪个函数…… 你知道的,也就是如何处理这个事件。

Head First:我完全搞不懂了……

事件处理程序:那好,你可以使用JavaScript为一个对象的属性赋值,对不对?

Head First:你是说不必从一个XHTML页面指定事件处理程序,是吗?

事件处理程序:没错!可以在JavaScript代码中直接指定……而使页面的内容和结构与行为分离。

Head First:哦,这真是太不可思议了。但是刚开始怎么运行JavaScript来指定事件处理程序呢?

事件处理程序:嗯,关键就在这里。你有什么想法吗?

Head First:我不太确定。来问问我们的听众吧……

最开始怎样运行一段JavaScript,而是**不在**XHTML页面中引用一个函数?

设置window.onload事件处理程序——以编程方式

我们希望加载注册页面时运行一些JavaScript代码，这说明要把这个代码作为事件处理程序关联到最早的页面事件之一——window.onload。

可以采用编程方式，通过设置window对象的onload属性来实现。但是如何做到呢？下面来看用户访问Mike's Movies影评网站请求注册页面时到底发生了什么。

首先，用户将浏览器导航到Mike的注册页面。

然后，浏览器开始解析页面，请求其中引用的其他文件。

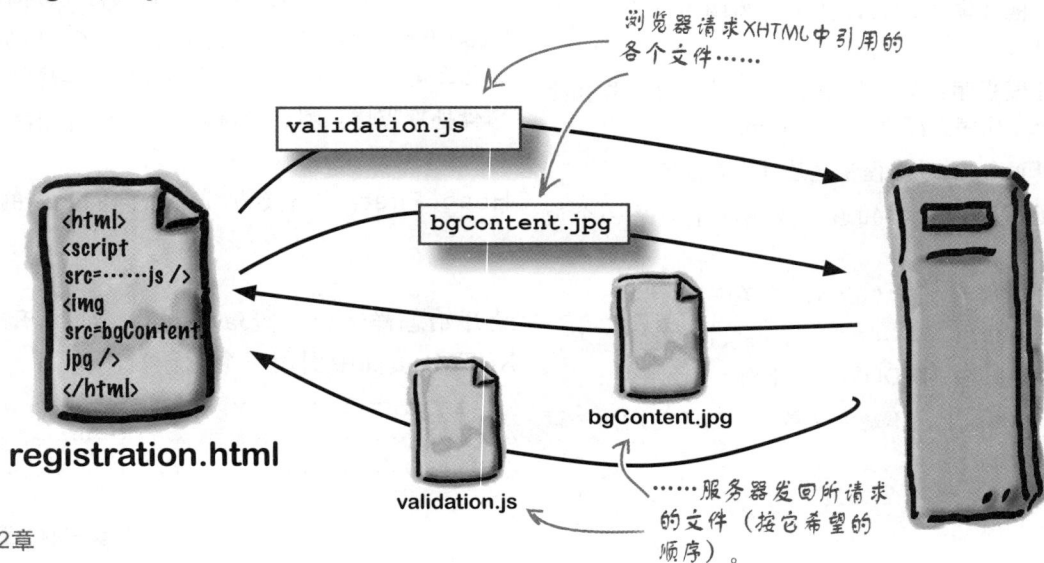

如果文件是一个脚本，浏览器会解析这个脚本，创建对象，并执行所有不包含在任何函数中的语句。

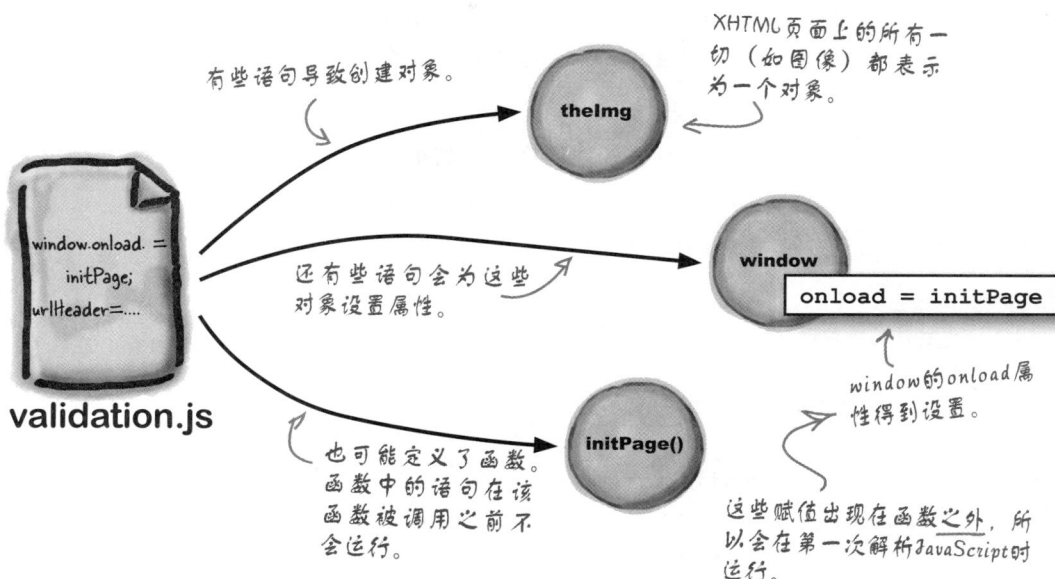

XHTML页面上的所有一切（如图像）都表示为一个对象。

有些语句导致创建对象。

theImg

还有些语句会为这些对象设置属性。

window

`onload = initPage`

window的onload属性得到设置。

validation.js

`window.onload = initPage;`
`urlHeader=....`

也可能定义了函数。函数中的语句在该函数被调用之前不会运行。

initPage()

这些赋值出现在函数之外，所以会在第一次解析JavaScript时运行。

最后，加载并解析了引用的所有文件后，浏览器触发window.onload事件，并调用注册为处理该事件的函数。

所有这些都发生在具体使用页面之前……所以速度相当快！

Please register to access reviews:

Username:
First Name:
Last Name:
Email:
Favorite Genre: Action
Favorite Movie:
Describe your movie tastes:

Register

现在页面上的所有内容都已经显示……

window

`onload = initPage`

……所以浏览器触发onload。

validation.js

`window.onload = initPage;`
`urlHeader=....`

函数之外的JavaScript代码会在读取脚本时运行

我们希望设置一个事件处理程序，使得一旦用户加载注册页面就运行这个函数，所以需要为window对象的onload属性指定一个函数。

另外为了确保页面一加载就指定这个事件处理程序，只需把这个赋值代码放在validation.js中的所有函数之外。这样一来，用户在页面上做任何工作之前会先完成这个赋值。

validation.js

> 这个代码没有放在函数内部…… Web浏览器一旦读取脚本文件就会运行这个代码。

> 这行代码告诉浏览器一旦加载完页面上的所有元素就调用initPage函数。

```
window.onload = initPage;
```

> 这行代码告诉浏览器当用户离开表单上的username域时要调用checkUsername()函数。

```
function initPage(){
    document.getElementById(username).onblur =
        checkUsername;
}
```

> 这里也采用编程方式指定了一个事件处理程序。

> 第5章和第6章将详细讨论getElementByID。对现在来说，只需了解它会返回XHTML页面中有指定id的一个元素就可以了。

> 这是创建并发送请求对象的函数。稍后将创建这个函数。

```
function checkUsername() {
    // get a request object and send
    //   it to the server
}
```

```
function showUsernameStatus() {
    // update the page to show whether
    //   the user name is okay
}
```

> 这个函数会在浏览器得到服务器的响应后更新页面。

RUN it!

创建validation.js的第一版。

在一个文本编辑器中创建一个新文件，名为**validation.js**，并增加以上所示的函数声明。记住要把initPage()函数赋给window对象的onload属性！

56 第2章

……时发生了什么

这一步有很多事情要做。下面来详细分析，确保所有事件确实在我们希望的时刻发生。

首先……

浏览器加载XHTML文件时，<script>标记告诉它加载一个JavaScript文件。该脚本文件中位于函数之外的所有代码会立即执行，浏览器的JavaScript解释器会创建函数，不过这些函数内的代码还不会运行。

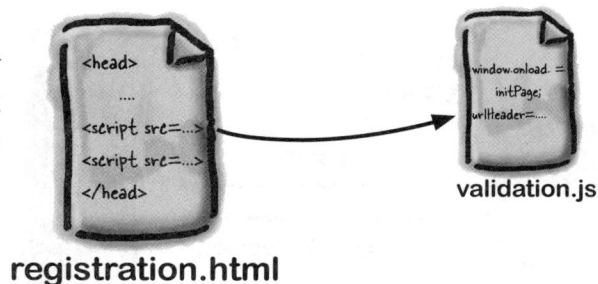

registration.html

```
<head>
....
<script src=...>
<script src=...>
</head>
```

validation.js

```
window.onload. =
  initPage;
urlHeader=....
```

……然后……

window.onload语句没有放在函数中，所以浏览器一旦加载validation.js脚本文件，就会执行这条语句。

window.onload语句将initPage()函数指定为一个事件处理程序。一旦XHTML中引用的所有文件都已经加载，在用户可以使用这个Web页面之前将调用这个函数。

尽管这些会按顺序发生，不过所有这些都会在用户能够与Web页面交互之前完成。

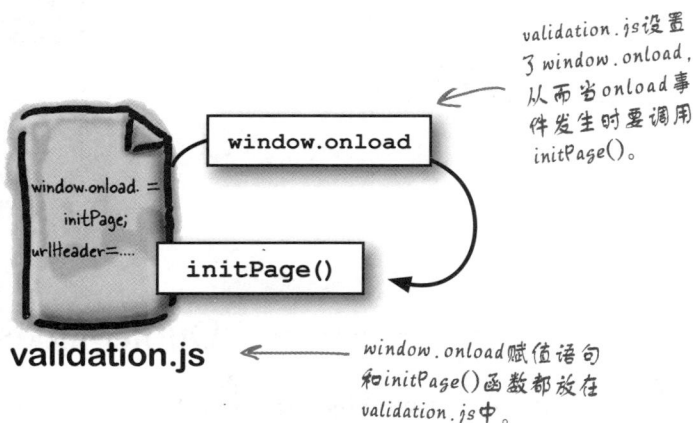

window.onload

initPage()

```
window.onload. =
  initPage;
urlHeader=....
```
validation.js

validation.js设置了window.onload，从而当onload事件发生时要调用initPage()。

window.onload赋值语句和initPage()函数都放在validation.js中。

……最后……

initPage()函数运行。它找到id为"username"的输入域。然后，将checkUsername函数指定到这个域的onblur事件。

这与在XHTML中设置onblur="checkUsername()"是一样的。不过这里的做法更简洁，因为它分离了代码（JavaScript函数）与结构和内容（XHTML）。

```
function
  initPage() {
...
}
```
validation.js

initPage()建立了username输入域和一个事件处理程序之间的链接。

```
<head>
<sc
<sc
</head>
```
username.onblur

registration.html

在服务器上……

在测试对Mike注册页面所做的所有工作之前，需要先检查服务器。服务器需要从我们的请求中得到什么？我们希望从服务器得到什么？

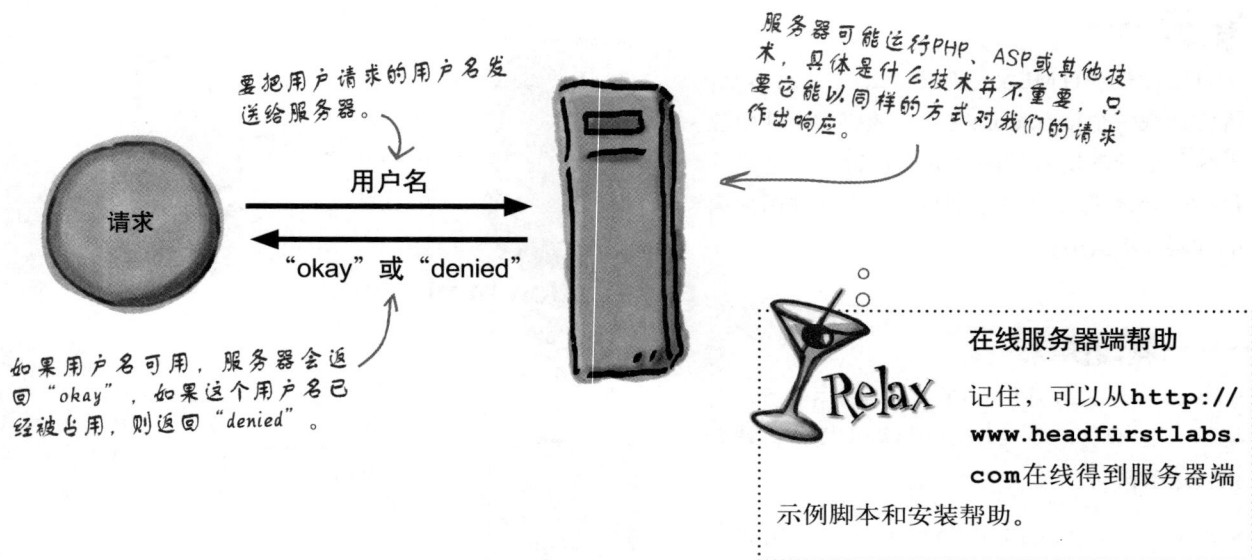

要把用户请求的用户名发送给服务器。

用户名

请求

"okay" 或 "denied"

如果用户名可用，服务器会返回"okay"，如果这个用户名已经被占用，则返回"denied"。

服务器可能运行PHP、ASP或其他技术，具体是什么技术并不重要，只要它能以同样的方式对我们的请求作出响应。

Relax

在线服务器端帮助

记住，可以从**http://www.headfirstlabs.com**在线得到服务器端示例脚本和安装帮助。

there are no Dumb Questions

问： 再问一次，window对象是什么？

答： window对象表示用户的浏览器窗口。

问： 那么是不是用户一旦请求一个页面就会运行window.onload？

答： 没那么快。首先，浏览器会解析XHTML和XHTML中引用的所有文件，如CSS或JavaScript。所以脚本中位于函数之外的代码会在window.onload事件中指定的函数之前运行。

问： 这就是可以在脚本文件中为window.onload指定一个函数的原因吧？

答： 完全正确。XHTML页面中引用的所有脚本会在onload事件触发之前读取。接下来，触发onload事件之后，用户就可以真正使用你的页面了。

问： 我认为必须调用JavaScript代码才能让它运行。那么谁来调用呢？

答： 这个问题问得好。必须调用JavaScript函数中的代码使之运行。但是对于没有放在函数内部的代码，一旦浏览器解析到那行代码，它就会立即运行。

问： 但是我们应该做个测试，证明确实如此才对，是不是？

答： 没错。在认为应用设计能正常工作之前一定要先做测试。

问： 但是这个代码里什么也没有做。我该怎么测试呢？

答： 这也是个很好的问题。如果代码没有生成一个可见的结果，可以求助于值得信赖的alert()函数……

运行测试

下面来测试这个新的注册页面。

首先确保已经完成了registration.html和validation.js的所有修改，然后在浏览器中加载注册页面。看上去没有太大不同，是不是？

initPage()函数没有任何可见的结果，checkUsername()函数则根本没有做任何事情……不过我们还是需要确保用户进入一个username域，然后再进入另一个域时checkUsername()确实会得到调用。

尽管alert()的效果不是太好，我们还是在下面代码中增加了一些alert()语句，确保编写的函数确实得到了调用。

```
window.onload = initPage;

function initPage(){
  document.getElementById("username").onblur = checkUsername;
  alert("Inside the initPage() function");
}

function checkUsername() {
  // get a request object and send it to the server
  alert("Inside checkUsername());
}

function showUsernameStatus() {
  // update the page to show whether the username is okay
}
```

validation.js

下面就来试一试!

alert()函数可以给我们一些视觉反馈……现在我们知道initPage()确实得到了调用……

……另外进入username域，然后离开这个表单域时会调用checkUsername()。

Ajax设计的某些部分总是一样的…… 每次都是如此

我们已经两次使用了window.onload和initPage()函数：一次用于Rob的摇滚纪念品商店，再一次就是这里用于Mike的注册页面。接下来要创建一个请求对象，它在注册页面中的工作与在Rob摇滚网站中完全相同。

实际上，Ajax应用中的很多部分都是一样的。不过不能就此满足，你的任务之一是适当地构建代码，从而不必反复编写。下面来看Mike's Movies影评网站中如何创建和使用请求对象。

好的应用设计人员会寻找相似性，并想方设法重用其他设计和应用中的代码。

❶ 页面加载并处理应用特定的任务以及初始化。

这些细节大多因应用不同而不同，取决于应用的功能、布局、样式等等。

❷ 应用特定的JavaScript得到调用，需要向服务器建立请求。

❸ 创建一个新的请求对象。

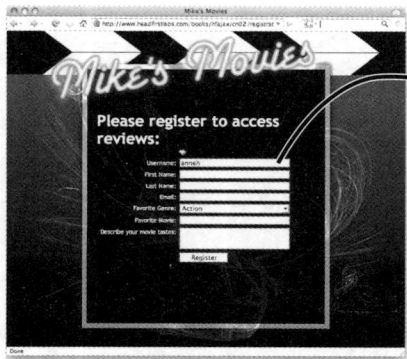

```
request = createRequest();
```

validation.js

请求

```
createRequest() {......}
```

这一部分会在每一个Ajax应用中重复出现——创建请求对象。

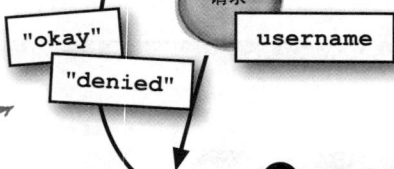

请求

"okay"

"denied"

username

服务器应答"okay"或"denied"。

❹ 用应用数据配置请求对象，并发送到服务器。

❺ 服务器使用请求对象向浏览器返回一个响应。

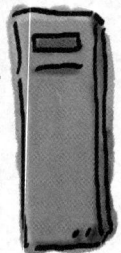

Web服务器

createRequest()总是一样的

几乎每个Ajax应用中都需要一个函数创建请求对象…… 我们已经有了这样一个函数。实际上,这就是第1章中给出的createRequest()函数。下面再来更详细地分析这个函数,讨论如何在各种情况下对应各种类型的客户浏览器创建一个请求。

尽管这是独立于浏览器的代码,但在Mac上的IE 5中还不能运行。

Watch it!

为了做到可重用,它不能依赖于某个特定的浏览器或应用特定的细节。

```
function createRequest() {
  try {
    request = new XMLHttpRequest();
  } catch (tryMS) {
    try {
      request = new ActiveXObject("Msxml2.XMLHTTP");
    } catch (otherMS) {
      try {
        request = new ActiveXObject("Microsoft.XMLHTTP");
      }catch (failed) {
        request = null;
      }
    }
  }

  return request;
}
```

这可以处理大量浏览器,相应地可以处理大量不同的用户。

要记住,必须继续尝试,直到找到浏览器能理解的一种语法。

运行代码把请求发回给调用代码。

there are no Dumb Questions

问: 那么这个请求对象到底叫什么?

答: 大多数人都称之为XMLHttpRequest,但这相当拗口。另外,有些浏览器可能有不同的叫法,如XMLHTTP。把它称为请求对象确实更容易,还可以避免过于强调浏览器的特定性。大多数人对它的看法是:这就是一个请求。

等一下……如果与前面的代码完全一样，为什么不干脆先复制然后粘贴呢？

复制粘贴不是好的代码重用方法。

Mike's Movies影评网站中的createRequest()函数与第1章Rob网站中的createRequest()函数完全相同。如果把第1章所编写脚本中的有关代码复制到这个新的validation.js，就会变得很糟糕。这样一来，如果现在需要做些改动，你就必须在两处分别进行修改。想想看，如果有10个或20个Ajax应用又会怎么样？

发现多个应用中有一些共同的代码时，要把这些代码从应用特定的脚本中取出，把它们放入一个可重用的工具脚本中。所以对于createRequest()，可以把它从电影网站的validation.js中取出，创建一个新的脚本。可以将这个新脚本命名为utils.js，再把两个应用中共同的代码放在这个新脚本文件中。

这样一来，以后编写的每个新应用就可以引用utils.js，另外还将引用一个包含应用特定JavaScript代码的脚本。

validation.js

请求

`request = createRequest();`

`createRequest() {...}`

请求

"okay"

"denied"

username

createRequest()函数在所有应用中都是一样的…… 所以把它从validation.js中取出，并放入所有应用都能重用的一个新的工具脚本中。

其中大部分是应用特定的…… 这些工作无法简单地重用。

```
function
createRe
{
......
}
```

utils.js

☐ 创建一个新文件，命名为utils.js。将上一章编写的createRequest()函数（或者61页上的这个函数）增加到这个脚本中，保存所做的修改。

对你自己的代码做这些修改，每完成一步修改在这里打一个勾。

```
function createRequest() {
  try {
    request = new XMLHttpRequest();
  } catch (tryMS) {
    try {
      request = new ActiveXObject("Msxml2.XMLHTTP");
    } catch (otherMS) {
      try {
        request = new ActiveXObject("Microsoft.XMLHTTP");
      } catch (failed) {
        request = null;
      }
    }
  }
  return request;
}
```

utils.js

☐ 打开registration.html, 增加一个新的`<script>`标记来引用这个新JavaScript文件utils.js。

首先放工具代码，然后放应用特定的代码，这通常是一个好的习惯。养成这样的习惯会使你的代码有一种熟悉的、有组织的感觉。

```
<head>
    <title>Mike's Movies</title>
    <link href="movies.css" rel="stylesheet" type="text/css" />
    <script src="scripts/utils.js" type="text/javascript"></script>
    <script src="scripts/validation.js" type="text/javascript"></script>
</head>
```

```
<html>
<script
src=……js />
<img
src=siteLogo.
png />
</html>
```

registration.html

☐ 如果已经在validation.js中增加了createRequest()，一定要确保删除那个函数。createRequest()现在只能出现在你的utils.js脚本中。

there are no
Dumb Questions

问：为什么先引用utils.js然后才引用validation.js?

答：大多数情况下，应用特定的代码会调用工具代码。所以最好确保浏览器先解析工具代码，然后再解析可能调用这些工具代码的其他代码。另外，这也是一种保证有组织性的好方法：先是工具代码，再是应用特定的代码。

问：但是我还是不明白createRequest()到底是怎么工作的。这是怎么回事?

答：问得好。我们认为createRequest()可重用，并把它移到一个工具脚本中。这是一件好事，但是我们还必须知道所有这些代码到底在做什么。

分离出应用中共同的代码，把这些代码变成一组可重用的函数。

创建一个请求对象…… 在多个浏览器上

现在来深入分析JavaScript，明确到底发生了什么。下面逐步讨论
createRequest()的每一部分到底做了什么。

utils.js

❶ 创建函数。

> 这个函数可以从应用中的任何地方调用。

首先构建一个函数，任何其他代码需要一个请求对象时都可以调用这个函数。

```
function createRequest() {
    // create a variable named "request"
}
```

> 不论我们使用什么语法来得到它，一旦有了请求对象的一个实例，其表现都是一样的。
>
> 这就使得调用代码与麻烦的浏览器兼容性细节问题得以隔离。

❷ 尝试为非Microsoft浏览器创建一个XMLHttpRequest。

定义一个变量，名为request，尝试为它指定XMLHttpRequest对象类型的一个新
实例。除了Microsoft Internet Explorer以外，这在几乎所有浏览器上都可行。

> XMLHttpRequest可以用于Safari、Firefox、Mozilla、Opera和大多数其他非Microsoft浏览器。

```
function createRequest() {
    try {
        request = new XMLHttpRequest();
    } catch (tryMS) {
        // it didn't work, so we'll try something else
    }
}
```

❸ 尝试为Microsoft浏览器创建一个ActiveXObject。

在catch块中，我们尝试使用Microsoft浏览器特定的语法创建一个请求对象。但是
有两个不同版本的Microsoft对象库，所以必须分别尝试这两个对象库。

> 大多数IE版本都支持这种语法……

> 这里的所有代码……
>
> ……都放在这里。

```
try {
    request = new ActiveXObject("Msxml2.XMLHTTP");
} catch (otherMS) {
    try {

        request = new ActiveXObject("Microsoft.XMLHTTP");
    } catch (failed) {
        // that didn't work either--we just can't get a request object
    }
}
```

> ……不过有些IE版本需要一个不同的库。

④ **如果所有else都失败，则返回null。**

我们尝试了得到请求对象的3种不同方法。如果解析器执行到这一步，说明前面的3个尝试都失败了。所以将request声明为null，然后让调用代码来决定如何处理。记住，null是指什么也没有。

这放在最后的
catch块中。

```
request = null;
```

返回null就把任务交给了调用代
码，由它决定如何报告错误。

⑤ **集成在一起，返回request。**

最后只剩下返回request。如果一切正常，request会指向一个请求对象。否则，它会指向null。

对于非Microsoft浏览器。

```
function createRequest() {
  try {
    request = new XMLHttpRequest();
  } catch (tryMS) {
    try {
      request = new ActiveXObject("Msxml2.XMLHTTP");
    } catch (otherMS) {
      try {
        request = new ActiveXObject("Microsoft.XMLHTTP");
      } catch (failed) {
        request = null;
      }
    }
  }
  return request;
}
```

对于Internet
Explorer支持者。

不管怎样，总会返回
一个结果，即使只是
一个null值。

这里可以生成一个错误，不过我们
让调用代码来决定无法得到一个请
求对象时该怎样做。

🔫 **BULLET POINTS**

■ 不同浏览器使用不同的语法来得到请求对象。你的代码应当考虑到每一种类型的语法，这样你的应用就能用于多种不同的浏览器。

■ 不论使用何种语法来得到请求对象的一个实例，这个对象本身的表现都是一样的。

■ 如果无法得到请求对象的实例，则返回一个null，让调用代码来决定该怎样做。这样比生成一个错误更为灵活。

Ajax应用设计包括Web页面 以及服务器端程序

Mike的注册页面已经有一个Web表单，我们还必须与这个表单交互，得到用户的用户名；另外如果所选的用户名已经被占用，还要更新页面，显示一个错误消息。

尽管会让别人来考虑如何编写服务器端代码，但我们还是应该知道要向服务器端代码发送些*什么*……以及*如何*发送这些信息。

下面来看完成用户名合法性验证需要哪些步骤。其中大多数步骤都与Web表单或一个服务器端程序的交互有关。

这是*createRequest()*调用所做的工作。

① 尝试得到一个请求对象。

记住，*createRequest()*不处理错误，所以需要我们自己来做这个工作。

② 如果浏览器无法创建请求则显示一个警告。

③ 得到用户在表单中键入的用户名。

这要与Web表单交互。

④ 确保用户名中不包含对**HTTP**请求来说有问题的字符。

这些步骤都是为了向服务器提供用户名。

⑤ 将用户名追加到服务器**URL**。

⑥ 告诉浏览器当服务器响应请求时调用哪个函数。

这是"回调函数"。再过几页就会编写这个函数。

⑦ 告诉浏览器如何向服务器发送请求。

⑧ 发送请求对象。

现在我们的工作完成了，当请求返回时，浏览器会把它交给回调函数。

这里将有更多服务器交互。

好的*Ajax*设计大多有利于<u>交互</u>。必须通过一个Web页面与用户交互，还要通过服务器端程序与业务逻辑交互。

代码贴

checkUsername()函数的大多数代码都乱七八糟地贴在冰箱上。
你能把它们再重新放好吗？大括号掉到地上了，它们太小了捡
不起来。你可以根据需要来增加更多的大括号。

```
function checkUsername() {




















}
```

validation.js (window.onload = initPage;)

```
request.send(null);
```

```
alert("Unable to create request");
```

```
var theName = document.getElementById("username").value;
```

```
if (request == null)
```

```
} else {
```

```
request.open("GET", url, true);
```

```
request.onreadystatechange = showUsernameStatus;
```

```
request = createRequest();
```

```
var username = escape(theName);
```

```
var url = "checkName.php?username=" + username;
```

代码贴答案

checkUserName()函数的大部分代码都乱七八糟地贴在冰箱上。你的任务是重新组织这些代码，建立一个能正常工作的函数。

```
function checkUsername() {
```

首先，可以调用utils.js中的工具函数来得到请求对象。

utils.js

```
request = createRequest();
```

如果得到一个null，说明函数失败了……

```
if (request == null)
```

……所以要告诉用户。

```
alert("Unable to create request");
```

```
} else {
```

getElementById找到表单上id为"username"的元素。

value是用户具体键入的内容。

```
var theName = document.getElementById("username").value;
```

JavaScript的escape函数会清理用户输入的内容，以防文本中有空格或问号等符号。

```
var username = escape(theName);
```

```
var url = "checkName.php?username=" + username;
```

要把用户名追加到URL。

```
request.onreadystatechange = showUsernameStatus;
```

这是回调函数，服务器响应请求时浏览器将把请求对象发送给这个回调函数。

这里告诉浏览器如何发送请求。我们使用了"GET"表单方法，并把它发送到URL变量中包含的URL。这里的"true"表示将异步地发送请求——服务器检查用户名时用户可以继续填写表单。

```
request.open("GET", url, true);
```

```
request.send(null);
```

```
    }
```

```
}
```

send()具体将请求对象发送给服务器。null表示我们不会随之发送任何其他信息。

这些代码都放在validation.js中。

validation.js

目前为止已经做到……

现在我们已经一切准备就绪，输入一个新用户名时就会向服务器发出请求。

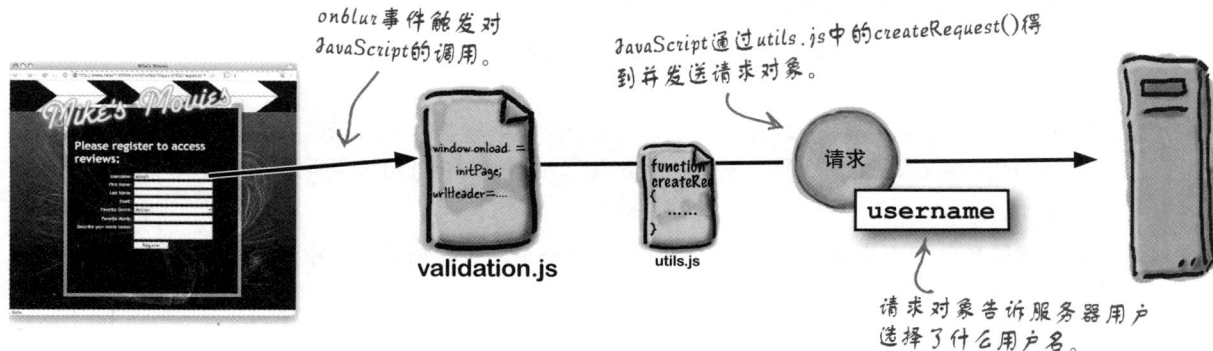

onblur事件触发对JavaScript的调用。

JavaScript通过utils.js中的createRequest()得到并发送请求对象。

window.onload = initPage; urlHeader=......

validation.js

function createRe { ...... }

utils.js

请求

username

请求对象告诉服务器用户选择了什么用户名。

还需要做到……

现在只需准备好让服务器对我们的请求作出响应。

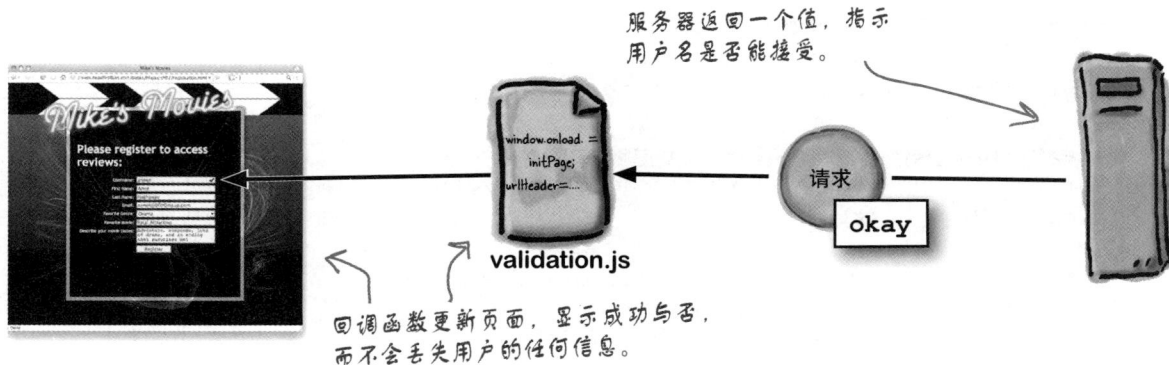

服务器返回一个值，指示用户名是否能接受。

window.onload = initPage; urlHeader=......

validation.js

请求

okay

回调函数更新页面，显示成功与否，而不会丢失用户的任何信息。

there are no
Dumb Questions

问： getElementById()到底做些什么？

答： 在第5章和第6章讨论DOM时会非常详细地介绍getElementById()。不过对于现在来说，你只需要了解这个函数会返回一个JavaScript对象，表示Web页面上的一个XHTML元素。

问： 那value呢?这又是什么?

答： getElementById()函数返回一个JavaScript对象，表示一个XHTML元素。与所有JavaScript对象一样，getElementById()函数返回的这个对象也有属性和方法。value属性包含元素中的文本。在这里，就是用户输入到用户名域的内容。

运行测试

在继续下一步之前先确保前面的工作一切正常……

JavaScript还完全没有更新页面，不过我们可以再使用一些alert()语句，检查checkUsername()函数是否按我们预期的方式工作。

在编辑器中打开validation.js，在checkUserName()函数中增加以下所示的代码。这与前面做过的代码贴练习是一样的，不过这里增加了一些alert()语句来帮助跟踪浏览器做了些什么。

输入这些代码后，接下来保存文件并在浏览器中加载页面。在用户名域中可以输入你想输入的任何内容，你会看到将显示所有这些提示。

```
function checkUsername() {
  request = createRequest();
  if (request = null)
    alert("Unable to create request");
  else
  {
    alert("Got the request object");
    var theName = document.getElementById("username").value;
    alert("Original name value:" + theName);
    var username = escape(theName);
    alert("Escaped name value:" + username);
    var url = "checkName.php?username=" + username;
    alert("URL:" + url);

    request.onreadystatechange = userNameChecked;
    request.open("GET", url, true);
    request.send(null);
  }
}
```

validation.js

这些提示就像是状态消息或调试信息……利用这些提示我们可以知道在后台发生了什么。

http://headfirstlabs.com
Got the request object

http://headfirstlabs.com
Original name value: s-stills$21

http://headfirstlabs.com
Escaped name value: s-stills%2421

http://headfirstlabs.com
URL: checkName.php?username=s-stills%2421
OK

应该可以看到这些提示，指出请求已经创建、已经配置以及已经发送。

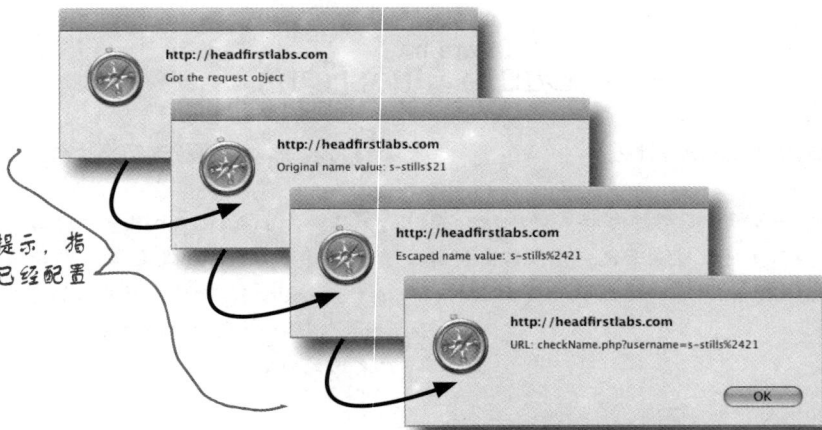

等一下……难道这要作为真正的应用设计吗？有那么多alert()语句和弹出窗口吗？

异步应用的表现与传统Web应用不同，调试时必须考虑到这一点。

异步应用不要求你等待服务器的应答，你也不会从服务器得到一个完整的页面。实际上，在异步应用中，Web页面与服务器之间的大多数交互对用户都是完全不可见的。如果用户的Web浏览器在执行JavaScript时遇到某个问题，大多数情况下它只会停下来，而你对于发生了什么一无所知。

对此，使用alert是一个很好的办法，可以跟踪浏览器未能告诉你的问题。alert会显示浏览器看到了什么，这样你就能知道用户键入信息的同时在后台发生了什么。

一旦找出问题，可能就要去掉所有这些alert()语句。

在异步应用中，不能总依赖于服务器告诉你出现了某个问题。要由你来确定是否存在问题，并以一种有效的方式作出响应。

请求对象将你的代码连接到Web浏览器

现在只剩下编写代码，服务器对请求作出响应时浏览器将调用这些代码。在这里，请求对象就要发挥作用了。利用请求对象，可以告诉浏览器做什么，而且可以用它要求浏览器对服务器发出请求，并得到结果。

但是这到底如何完成呢？要记住，**请求对象只是一个普通的JavaScript对象**。所以它可以有属性，而且这些属性可以有值，其中有一些非常有用的属性。你认为我们的回调函数中需要哪些属性呢？

第9章将更详细地讨论XML响应。

如果服务器将数据作为XML发回，*responseXML*将包含这个XML树，其中包含服务器的响应。

服务器处理请求时会作出多次响应。浏览器使用*readyState*属性来指示请求正处在其处理生命周期的哪一个阶段。

服务器的响应会存储在*responseText*中。这通常是文本，不过也可以是XML数据。

```
        readyState          responseXML

                              responseText

                请求

        status

                              onreadystatechange
        statusText
```

浏览器使用*status*和*statusText*来告诉你的代码服务器所返回的HTTP状态，如200代表"OK"，即服务器认为一切正常，或者404代表"未找到"，此时服务器无法找到所请求的URL。

*onreadystatechange*用于告诉浏览器当服务器响应一个请求时调用哪个函数。

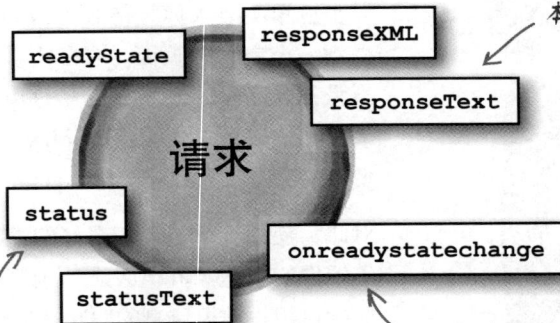

浏览器通过请求对象的属性使代码得到服务器的响应。

要与浏览器通信，而不是服务器

可能很容易这么说："向服务器发送一个请求对象。"但事实上并非如此。实际上，你要与Web浏览器通信（而不是服务器），再由浏览器与服务器通信。**浏览器把你的请求对象发送给服务器，而且在将响应数据发回到Web页面之前浏览器会解释服务器的响应。**

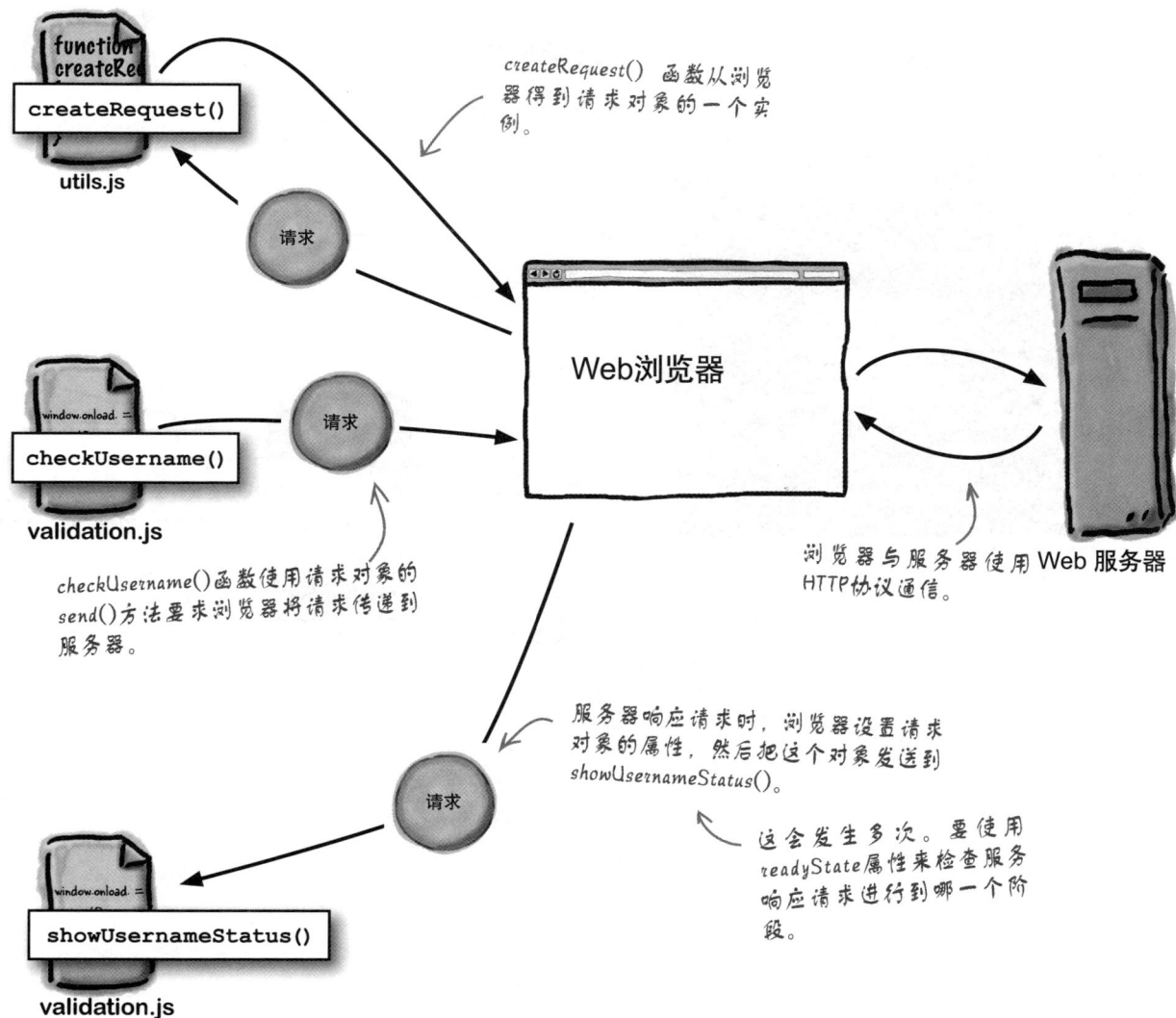

createRequest()

utils.js

createRequest() 函数从浏览器得到请求对象的一个实例。

请求

checkUsername()

validation.js

*checkUsername()*函数使用请求对象的*send()*方法要求浏览器将请求传递到服务器。

请求

Web浏览器

浏览器与服务器使用Web服务器HTTP协议通信。

服务器响应请求时，浏览器设置请求对象的属性，然后把这个对象发送到*showUsernameStatus()*。

这会发生多次。要使用*readyState*属性来检查服务响应请求进行到哪一个阶段。

请求

showUsernameStatus()

validation.js

准备状态深入剖析

浏览器使用请求对象的readyState属性来告诉回调函数请求处于其生命周期的哪一个阶段。下面来具体了解这是什么意思。

这是请求对象的准备状态，存储在readyState属性中。

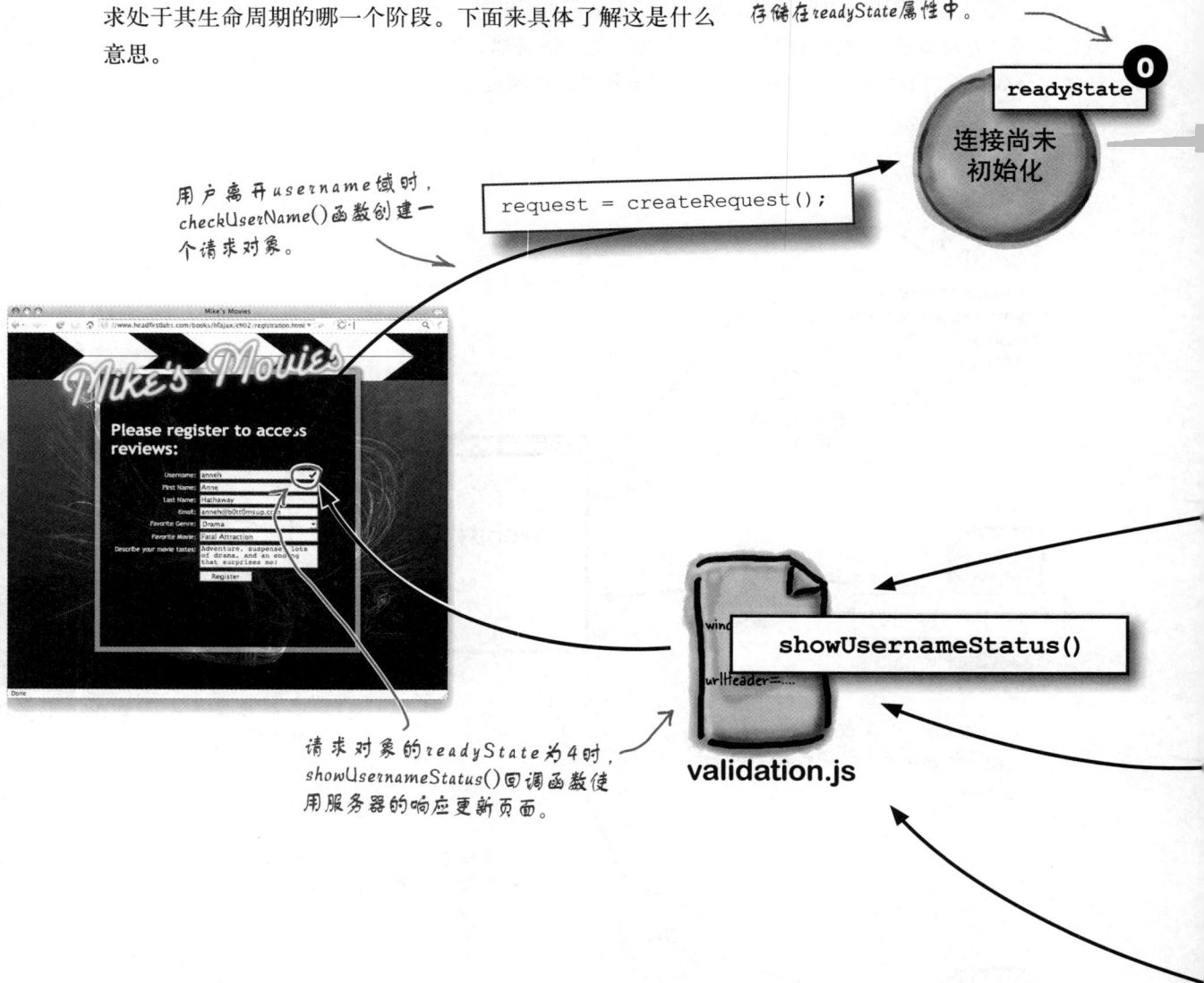

readyState 0

连接尚未初始化

用户离开username域时，checkUserName()函数创建一个请求对象。

```
request = createRequest();
```

Mike's Movies

Please register to access reviews:

Username: anneh
First Name: Anne
Last Name: Hathaway
Email: anneh@b0t0msup.com
Favorite Genre: Drama
Favorite Movie: Fatal Attraction
Describe your movie tastes: Adventure, suspense, lots of drama, and an ending that surprises me!

Register

showUsernameStatus()

window...

urlHeader=....

validation.js

请求对象的readyState为4时，showUsernameStatus()回调函数使用服务器的响应更新页面。

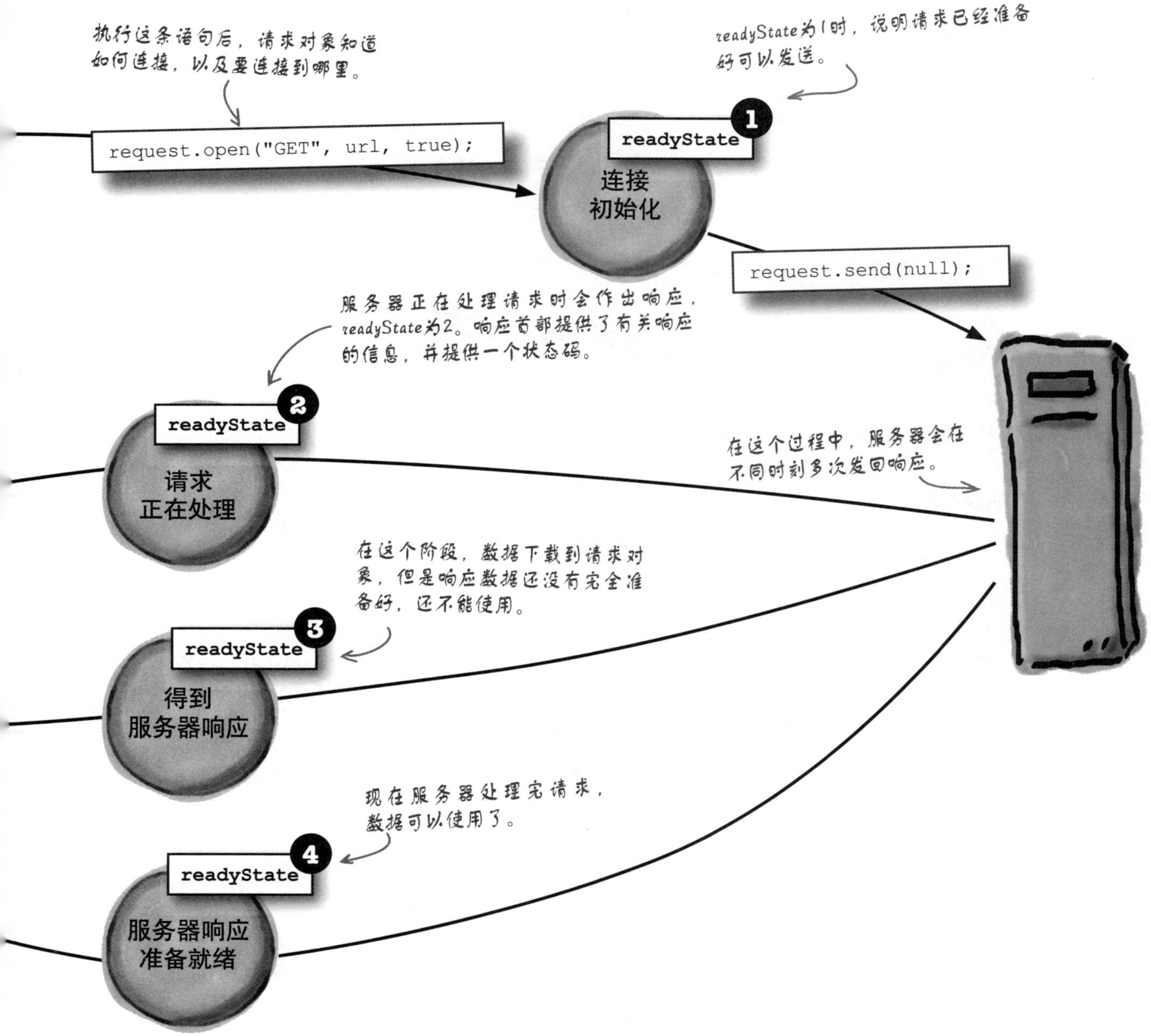

执行这条语句后，请求对象知道
如何连接，以及要连接到哪里。

readyState为1时，说明请求已经准备
好可以发送。

```
request.open("GET", url, true);
```

readyState ①

连接
初始化

```
request.send(null);
```

服务器正在处理请求时会作出响应，
readyState为2。响应首部提供了有关响应
的信息，并提供一个状态码。

readyState ②

请求
正在处理

在这个过程中，服务器会在
不同时刻多次发回响应。

在这个阶段，数据下载到请求对
象，但是响应数据还没有完全准
备好，还不能使用。

readyState ③

得到
服务器响应

现在服务器处理完请求，
数据可以使用了。

readyState ④

服务器响应
准备就绪

浏览器基于服务器的响应回调你的函数

每次请求对象的readyState属性改变时，浏览器都必须采取某些行动。它会做什么呢? 它会运行请求对象onreadystatechange属性指定的函数。

> 每次响应的准备状态改变时——也就是每次服务器根据所处理的请求更新浏览器时——浏览器会调用这个函数。

```
function checkUsername() {
  request = createRequest();
  ...
  request.onreadystatechange = showUsernameStatus;
  ...
}
```

> **validation.js**

在你的回调函数中，需要确保响应已经准备就绪可供使用。可以检查readyState属性和服务器状态，然后根据服务器的响应采取行动。

> 这是指定给onreadystatechange属性的函数名。如果函数名不能完全匹配，就不会调用这个函数。

> 这个if语句确保除非readyState为"4"，否则不会执行余下的代码，这说明服务器处理结束。

```
function showUsernameStatus() {
  if (request.readyState == 4) {
    if (request.status == 200) {
      if (request.responseText == "okay") {
        // if it's okay, no error message to show
      }
      else {
        // if there's a problem, we'll tell the user
        alert("Sorry, that username is taken.");
      }
    }
  }
}
```

> responseText是服务器发回的文本值。如果为"okay"，说明用户名可以接受。

> 如果一切正常，服务器发送一个状态码"200"。

> 这个代码也要放在validation.js中。

> **validation.js**

运行测试

将showUsernameStatus()函数增加到validation.js，然后在浏览器中加载注册页面。

尝试输入非"bill"或"ted"的任何其他用户名。浏览器会显示前面为测试initPage()和checkUsername()函数增加的所有提示。

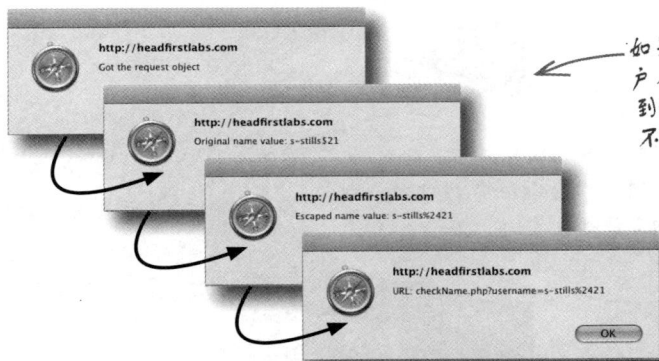

> http://headfirstlabs.com
> Got the request object

> http://headfirstlabs.com
> Original name value: s-stills$21

> http://headfirstlabs.com
> Escaped name value: s-stills%2421

> http://headfirstlabs.com
> URL: checkName.php?username=s-stills%2421
> OK

如果输入一个合法的用户名，将从调试代码得到这些提示，但这些并不表示错误。

现在尝试输入"bill"或"ted"作为用户名，会得到showUsernameStatus()显示的错误消息。

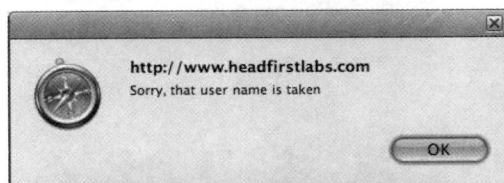

> http://www.headfirstlabs.com
> Sorry, that user name is taken
> OK

如果输入"bill"或"ted"，然后离开用户名域，就会显示这个消息。已经有人用这个用户名注册过。

确保一切正常后，接下来去掉checkUsername()中用来测试代码所增加的所有alert()语句。只留下checkUsername()中报告无法创建请求的alert()语句，以及showUsernameStatus()中用来报告用户名已经被占用的alert()语句。

既然可以确保代码与服务器之间的交互能正常工作，所以不再需要这些alert()调试语句。

向Mike展示Ajax注册页面……

一切顺利。不过，当把所有代码交给Mike时，尽管他接受
了这个改进后的新注册页面，但还存在一些问题。

> 我想像原来那样输入我的信息，还是会发生同样的事情。按下 "Register" 按钮时，浏览器把我所有的工作都丢了！

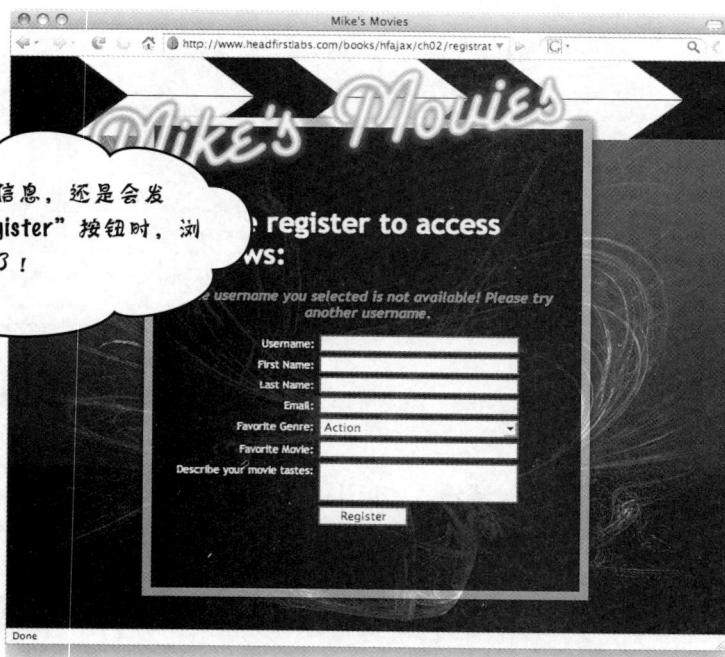

Mike's Movies

...e register to access
...ws:

...e username you selected is not available! Please try
another username.

Username:
First Name:
Last Name:
Email:
Favorite Genre: Action
Favorite Movie:
Describe your movie tastes:

Register

发生了什么？注册页面里做的所有工作都没了吗？被忽略了吗？

你是怎么考虑的？

现在，Web表单向服务器发送请求有<u>两种</u>方式

假设一个用户按你预想的做法工作：输入一个用户名，当异步请求发送到服务器并得到处理时，你的回调函数在运行，而且用户能继续填写表单上的其他信息。一切都很棒，都在你的计划之中。

不过，假设用户实在太急于得到Mike对电影《Iron Man》的评论，他们只是填入了用户名，而忽略了表单上的其他域，然后点击"Register"。此时会发生什么？

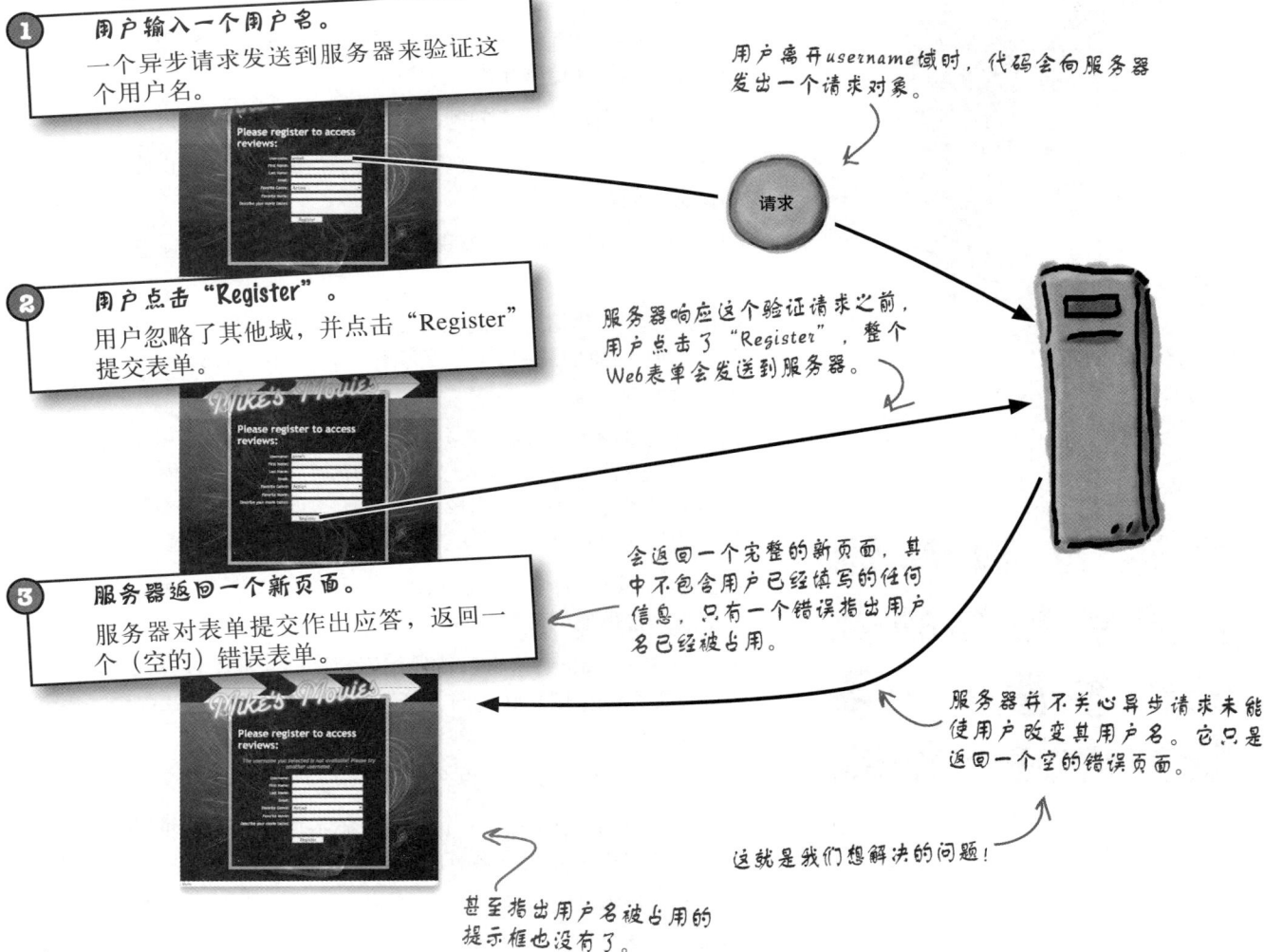

1 **用户输入一个用户名。**
一个异步请求发送到服务器来验证这个用户名。

用户离开username域时，代码会向服务器发出一个请求对象。

请求

2 **用户点击"Register"。**
用户忽略了其他域，并点击"Register"提交表单。

服务器响应这个验证请求之前，用户点击了"Register"，整个Web表单会发送到服务器。

会返回一个完整的新页面，其中不包含用户已经填写的任何信息，只有一个错误指出用户名已经被占用。

3 **服务器返回一个新页面。**
服务器对表单提交作出应答，返回一个（空的）错误表单。

服务器并不关心异步请求未能使用户改变其用户名。它只是返回一个空的错误页面。

甚至指出用户名被占用的提示框也没有了。

这就是我们想解决的问题！

> 但是我们没有考虑过用户可能忽略所有其他输入域。怎样避免用户这样做呢？

永远也别假设用户会按你的想法做事情……要提前做好一切规划！

Frank：嗯，我们无法避免用户忽略某些输入域，不过也许可以避免他们走在请求的前面。

Jill：你的意思是说验证用户名？对，那很好，但是怎样才能做到呢？

Frank：能不能简单地禁用"Register"按钮，直到服务器对用户名验证请求作出响应为止。

Jill：这样可以解决这个问题，但是看起来还需要些别的。

Frank：比如说，他们提交表单太快了，所以只要禁止他们提交，问题就能解决。

Jill：是这样的，你不认为我们需要让用户知道发生了什么吗？

Frank：我们禁用这个按钮时他们自然会知道发生了什么。那时，他们就应当填写完表单，而不是直接去点击"Register"。

Jill：但是你不觉得这可能会让人有些糊涂吗？如果用户填写完表单，或者根本不想努力去填写这些域，那他们只能呆呆地坐在那里，什么也做不了，而且他们根本不知道为什么会这样。

Frank：那好，需要让他们知道应用正在做工作。显示一个消息来告诉他们怎么样？

Jill：又来一个alert?这也会让他们不高兴的，只不过方式不同。显示一个图片呢？向浏览器发出请求时可以显示一个图像……

Frank：……而在验证用户名时再显示另一个图像。

Jill：嘿，如果我们使用一个图像来显示用户名是否可以接受，还可以去除用户名有问题时显示的alert提示。

Frank：太棒了!既有视觉反馈，而且**不会**出现烦人的弹出窗口。这种做法我喜欢!

getElementById看上去可能很熟悉。利用这个函数可以访问XHTML页面上的一个元素。

☐ **验证请求时显示一个"正在处理"图片。**

向服务器发出一个请求来验证用户名时，我们将在用户名域旁边显示一个图片，告诉用户正在做什么。这样一来，他们就能知道在填写表单的过程中发生了什么。

对你自己的代码做以下修改，每做完一步打一个勾。

```
function checkUsername() {
    document.getElementById("status").src = "images/inProcess.png";
    request = createRequest();
    ...
}
```

显示这个图像能告诉用户正在完成某个处理。

window.onload = initPage;
urlHeader=....

validation.js

☐ **完成验证后显示一个状态消息。**

一旦请求对象返回，可以在回调函数中显示另一个图片。如果用户名可以接受，这个图片就能指出这一点；否则，我们将显示一个错误图标。

```
function showUsernameStatus() {
    ...
        if (request.responseText == 'okay') {
            document.getElementById('status').src = 'images/okay.png';
        }
        else {
            alert('Sorry, that user name is taken.');
            document.getElementById('status').src = 'images/inUse.png';
            ...
        }
    ...
}
```

如果服务器认为这个用户名可以接受则显示这个图片。

这样一来可以摆脱alert弹出窗口，而由一个更漂亮的图标取而代之。

如果用户名已经被占用就要显示这个图片。

window.onload = initPage;
urlHeader=....

validation.js

> 如果在 **JavaScript** 中改变了图像，是不是就把表示与行为混在一起了？

一定要保证将表示放在CSS中，而行为放在JavaScript中。

XHTML存储结构和内容，而CSS应当处理表示部分，如图像、颜色和字体样式。JavaScript所处理的应当是页面完成的工作：也就是页面的行为。将这些混在一起意味着设计人员无法修改图像，因为它在你的代码内部。另外程序员必须处理页面创作人员使用的结构，这绝对不是件好事。

尽管并非总能如此，但只要允许，就应该把表示部分放在CSS中，使用JavaScript与CSS交互，而不是直接改变页面的表示部分。

下面为处理中的各个状态分别创建CSS类……

并非直接改变一个图像，下面把所有图像详细信息都放在CSS中。打开movies.css，并增加以下CSS选择器。

第一个类只是为这些图标建立位置……

……另外3个类用来改变该位置上的图像。

在CSS中增加这4行代码。

```
... existing CSS ...
#username { padding: 0 20px 0 2px; width: 198px; }
#username.thinking { background: url("../images/inProcess.png"); }
#username.approved { background: url("../images/okay.png"); }
#username.denied { background: url("../images/inUse.png"); }
```

```
#detail {
......
}
```

movies.css

这些正是原来JavaScript中使用的图像，但是现在它们连同其他表示部分都放在CSS中。

……并用JavaScript修改 CSS类

现在JavaScript不再需要知道图像名、路径或有关**如何**显示处理图标的任何信息。相反，我们只需知道3个CSS类分别表示处理中的各个阶段。

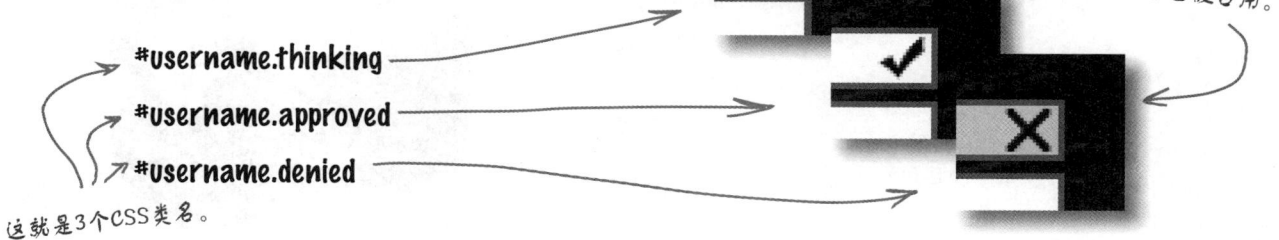

正在处理……

用户名可以接受。

用户名已被占用。

> **#username.thinking**
> **#username.approved**
> **#username.denied**

这就是3个CSS类名。

现在可以（再一次）更新JavaScript。这一次我们只改变CSS类而不是直接改变图像。

可以使用元素的*className*属性改变CSS类。

```
function checkUsername() {
  document.getElementById("status").src = "images/inProcess.png";
  document.getElementById("username").className = "thinking";
  request = createRequest();
  ...
```

window.onload = initPage;
urlHeader=……

validation.js

记住要去掉直接改变图像的代码行。

```
function showUsernameStatus() {
    ...
    if (request.responseText == "okay") {
      document.getElementById("status").src = "images/okay.png";
      document.getElementById("username").className = "approved";
    }
    else {
      alert("Sorry, that user name is taken.");
      document.getElementById("status").src = "images/inUse.png";
      document.getElementById("username").className = "denied";
    }
    ...
}
```

> 听着。我打算只用一个图像表示过程指示器。这样一来，在CSS中只需设置不同的类来显示这个图像的不同部分。这意味着可以更少地加载图像，而且可以更快地完成改变。听上去很不错，对不对？那么请对代码做必要的修改来达到这个目的，好吗？

Mike的Web设计人员总是满脑子奇思妙想。

所有这些CSS都做了修改，现在CSS中只有一个图像。

```
... existing CSS ...
#username {
  background: #fff url('../images/status.gif') 202px 0 no-repeat;
  padding: 0 20px 0 2px; width: 198px; }
#username.thinking { background-position: 202px -19px; }
#username.approved { background-position: 202px -35px; }
#username.denied { background-color:#FF8282;
  background-position: 202px -52px; }
```

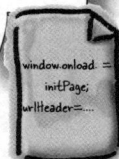

```
window.onload =
  initPage;
urlHeader =...
```
validation.js

改变？我们不需要讨厌的改变！

Mike的Web设计人员做了很多改变……但是他们没有改变表示各处理阶段的CSS类名。这说明，**你的所有JavaScript代码仍能正常工作**，无须任何更新！通过将内容与表示分离，另外将这二者与行为分离，改变Web应用就能容易得多。

实际上，CSS任何时候都可以改变，我们甚至不需要知道这一点，只要CSS类名保持不变，我们的代码就能继续顺利地运行。

很好地分离内容、表示和行为，这样可以使你的应用更为灵活。

只在**适当**的时候允许注册

有了过程指示器后，余下的只是在页面加载时禁用"Register"按钮，当用户名可以接受时，再启用这个按钮。

为此只需再对validation.js做几处修改。

☐ **禁用"Register"按钮。**
用户首次加载页面时，用户名尚未检查。所以可以在初始化代码中立即禁用"Register"按钮。

通过将disabled属性设置为"true"用户可以填写输入域，但是在准备就绪之前无法点击提交按钮。

```
function initPage(){
  document.getElementById("username").onblur = checkUsername;
  document.getElementById("register").disabled = true;
}
```

window.onload = initPage; urlHeader=...
validation.js

☐ **启用"Register"按钮。**
如果用户名可以接受，用户准备注册，需要先启用"Register"按钮。但是如果用户名有问题，则需要重试，此时应当保持"Register"按钮禁用。为了更方便用户操作，如果用户名被拒绝，就再把输入焦点移回到用户名域。

```
function showUsernameStatus() {
  ...
    if (request.responseText == "okay") {
      document.getElementById("username").className = "approved";
      document.getElementById("register").disabled = false;
    }
    else {
      document.getElementById("username").className = "denied";
      document.getElementById("username").focus();
      document.getElementById("username").select();
      document.getElementById("register").disabled = true;
      ...
    }
  ...
}
```

如果用户名可以接受，则启用"Register"按钮。

这会把用户的输入焦点移回到用户名域。

如果用户名已经被占用，确保"Register"按钮仍禁用。

window.onload = initPage; urlHeader=...
validation.js

运行测试

确保已经更新了validation.js和movies.css，然后加载Mike的注册页面，看看是不是有如期的表现。

输入一个用户名时，应当显示这个正在处理图片。

提交按钮禁用。

这个图片告诉你这个用户名可以接受。

现在可以提交页面了。

Watch it!

CSS中引用的图像文件在Head First Labs的download文件夹中。

一定要从Head First Labs得到完整的示例文件夹，包括过程指示器图像。

这才是我想要的…… 用户满意，注册页面也更酷。

Mike's Movies

//www.headfirstlabs.com/books/hfajax/ch02/registration.html

Please register to access reviews:

Username: anneh
First Name: Anne
Last Name: Hathaway
Email: anneh@o0tt0msup.com
Favorite Genre: Drama
Favorite Movie: Fatal Attraction
Describe your movie tastes: Adventure, suspense, lots of drama, and an ending that surprises me!

Register

太好了……
看了这个评论
我就不会去看那个电影了，可以节省20块钱。

不错!和看上去一样棒……

Mike很满意……

……现在他的粉丝可以浏览他的影评了。

现在Mike的页面……

✳ ……Mike的服务器验证用户请求的用户名时，允许用户继续工作。

✳ ……通过禁用不安全或不应使用的按钮，可以避免用户犯错误，并在确实需要使用这些按钮时将其启用。

✳ ……不会用烦人的弹出窗口惹恼用户，但仍能提供有用的视觉反馈。

在这个过程中，你开始以一种全新的方式考虑应用设计……不再是一个传统的请求/等待/响应模型。

查词游戏

现在花点时间坐下来，让你的右脑活动活动。这是一个标准的查词游戏，所有答案都可以在这一章中找到。

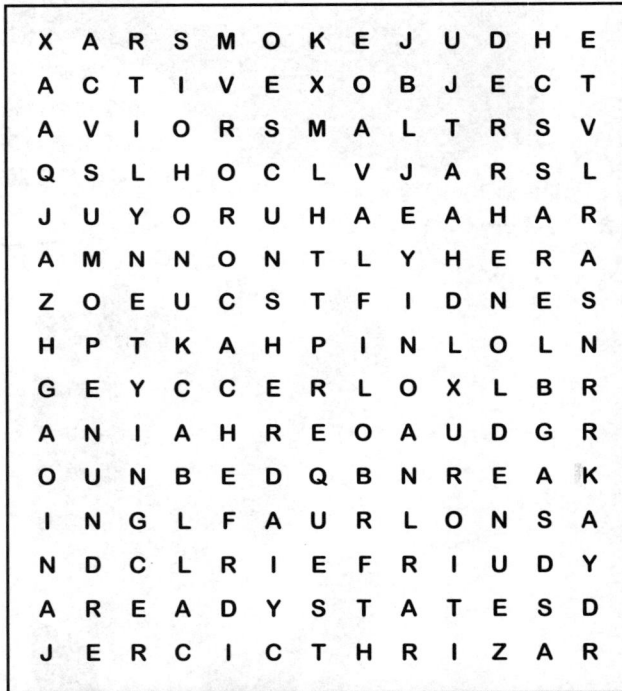

```
X A R S M O K E J U D H E
A C T I V E X O B J E C T
A V I O R S M A L T R S V
Q S L H O C L V J A R S L
J U Y O R U H A E A H A R
A M N N O N T L Y H E R A
Z O E U C S T F I D N E S
H P T K A H P I N L O L N
G E Y C C E R L O X L B R
A N I A H R E O A U D G R
O U N B E D Q B N R E A K
I N G L F A U R L O N S A
N D C L R I E F R I U D Y
A R E A D Y S T A T E S D
J E R C I C T H R I Z A R
```

词汇表

ActiveXObject
Asynchronous
Ajax
Cache
Callback
Null
Open
Readystate
Send
URL
XMLHttpRequest

标签贴

以下标签描述了改进后的新注册页面中发生的情况，所有这些标签都掉到地上了。你能把这些标签放在图中正确的位置上吗？

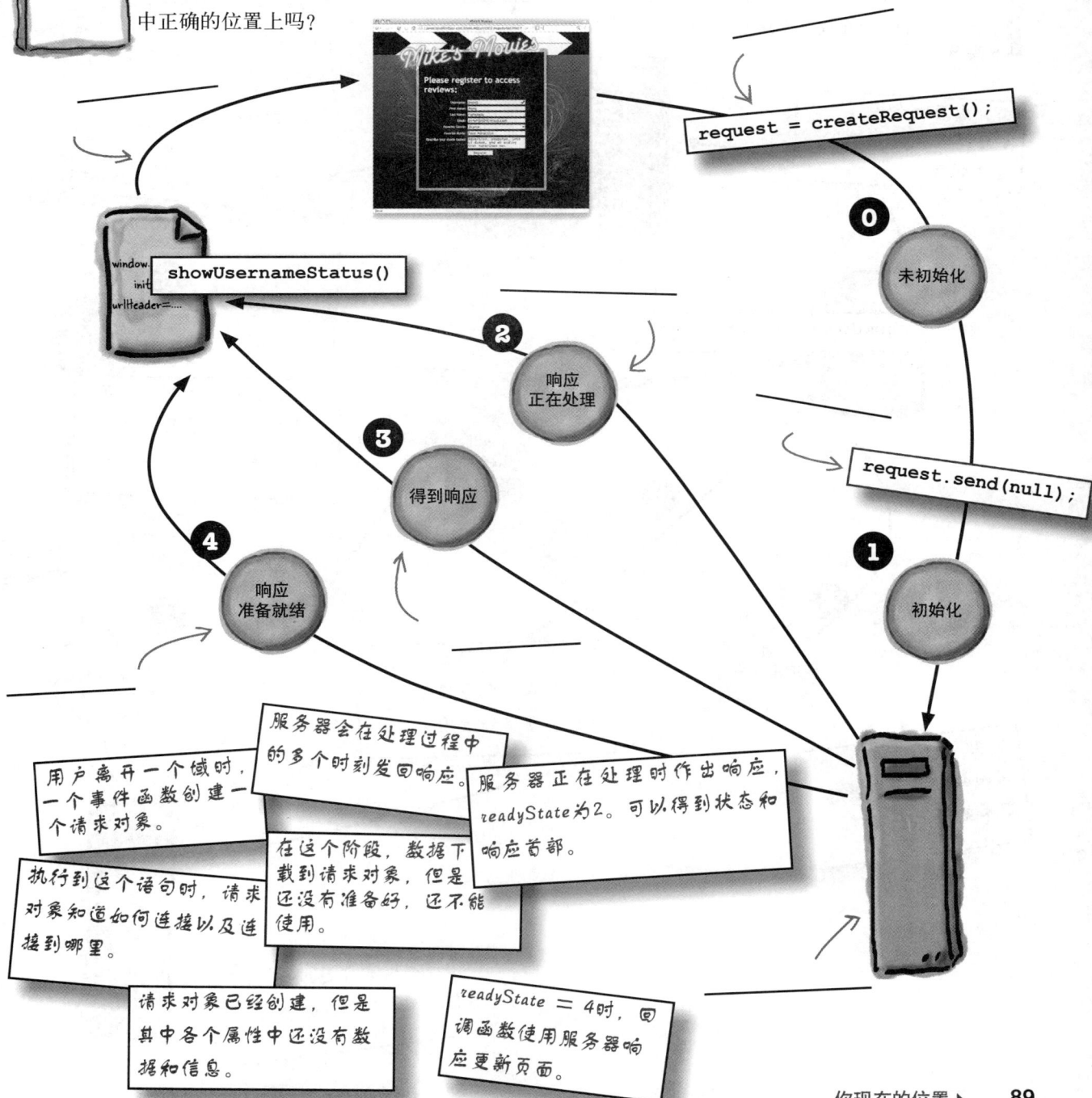

request = createRequest();

0 未初始化

request.send(null);

1 初始化

2 响应正在处理

3 得到响应

4 响应准备就绪

showUsernameStatus()

window.
init
urlHeader=....

服务器会在处理过程中的多个时刻发回响应。

用户离开一个域时，一个事件函数创建一个请求对象。

服务器正在处理时作出响应，readyState为2。可以得到状态和响应首部。

执行到这个语句时，请求对象知道如何连接以及连接到哪里。

在这个阶段，数据下载到请求对象，但是还没有准备好，还不能使用。

请求对象已经创建，但是其中各个属性中还没有数据和信息。

readyState ＝ 4时，回调函数使用服务器响应更新页面。

标签贴答案

以下标签描述了改进后的新注册页面中发生的情况，所有这些标签都掉到地上了。你能把这些标签放在图中正确的位置上吗？

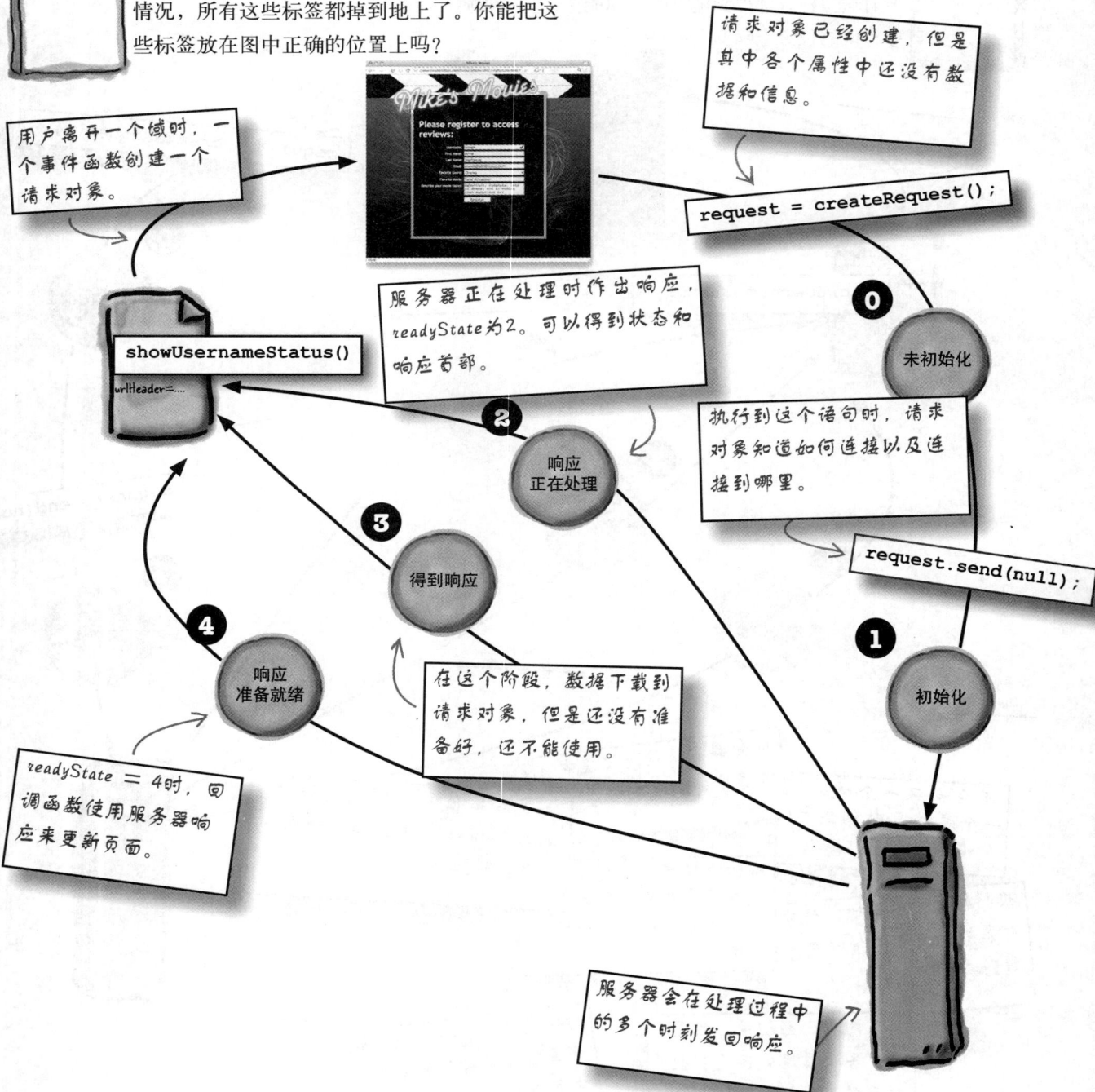

请求对象已经创建，但是其中各个属性中还没有数据和信息。

用户离开一个域时，一个事件函数创建一个请求对象。

`request = createRequest();`

0 未初始化

执行到这个语句时，请求对象知道如何连接以及连接到哪里。

服务器正在处理时作出响应，readyState为2。可以得到状态和响应首部。

showUsernameStatus()

urlHeader=....

2 响应正在处理

`request.send(null);`

3 得到响应

4 响应准备就绪

在这个阶段，数据下载到请求对象，但是还没有准备好，还不能使用。

1 初始化

readyState = 4时，回调函数使用服务器响应来更新页面。

服务器会在处理过程中的多个时刻发回响应。

查词游戏

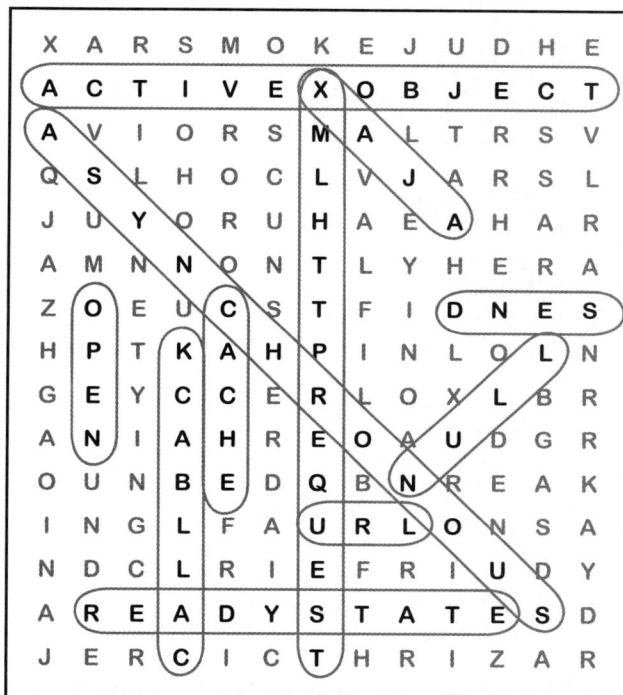

词汇表:

~~ActiveXObject~~
~~Asynchronous~~
~~Ajax~~
~~Cache~~
~~Callback~~
~~Null~~
~~Open~~
~~Readystate~~
~~Send~~
~~URL~~
~~XMLHttpRequest~~

3 JavaScript事件

回应你的用户

他说："嘿！"然后我说："嗨！"他又说"嘿"，接下来我再说……，你应该知道这多有趣。跟他这么一问一答真让我充满活力……

有时需要让你的代码对Web应用中发生的事件作出回应…… 这就引入了**事件**。事件是指在页面上、浏览器中甚至Web服务器上发生的某个事情。不过只知道事件还不够…… 有时你还希望对事件作出响应。通过创建代码并注册为**事件处理程序**，就可以在每次发生一个特定事件时让浏览器运行你的事件处理程序。通过结合事件和事件处理程序，你就能得到**交互式Web应用**。

一切从瑜珈开始……

Marcy刚刚开办了一个新的瑜珈健身会所，特别面向程序员和技术人员。她希望能有一个网站展示她开设的不同级别课程和上课时间，还希望这个网站能够提供某种途径允许新客户登记课程…… 所有这些要做得很酷，而且要简单明了。但是她一点也不知道该如何构建这样一个网站……所以该你来大显身手了。

为了让你对所要达到的目标有所认识，Marcy简略地画出了要在网站上显示给客户的页面的草图。

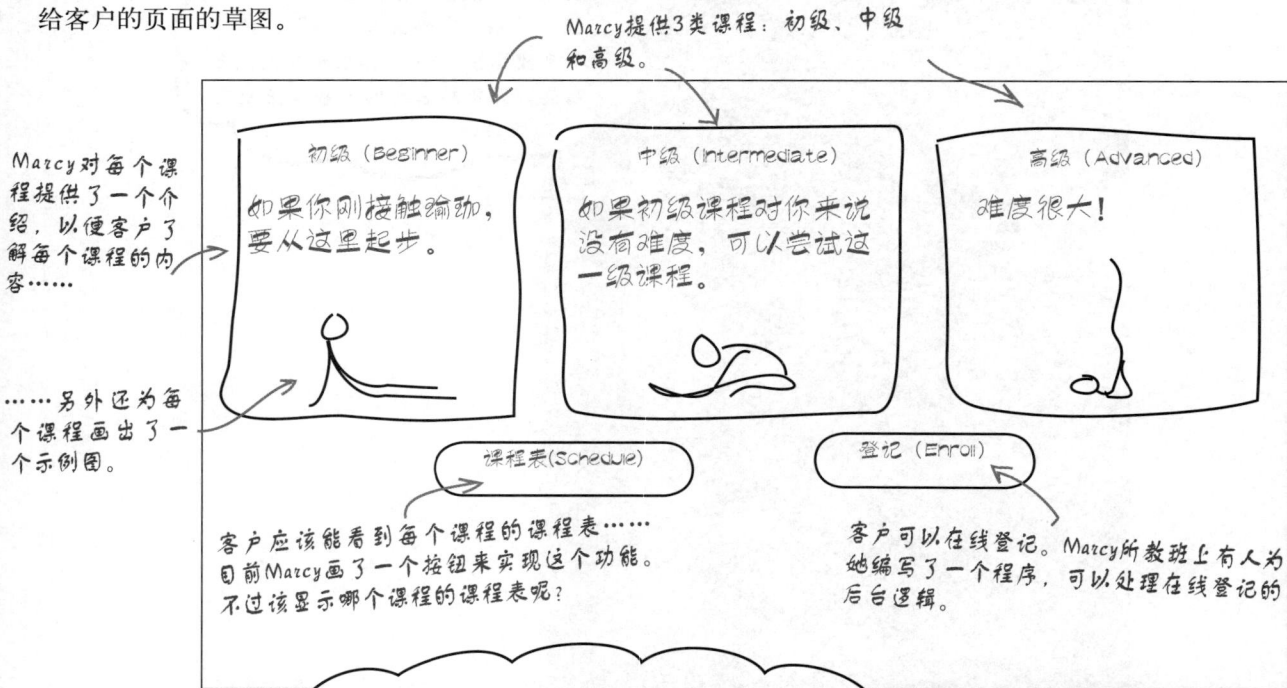

Marcy提供3类课程：初级、中级和高级。

Marcy对每个课程提供了一个介绍，以便客户了解每个课程的内容……

初级（Beginner）
如果你刚接触瑜珈，要从这里起步。

中级（Intermediate）
如果初级课程对你来说没有难度，可以尝试这一级课程。

高级（Advanced）
难度很大！

……另外还为每个课程画出了一个示例图。

课程表(Schedule)

登记（Enroll）

客户应该能看到每个课程的课程表……目前Marcy画了一个按钮来实现这个功能。不过该显示哪个课程的课程表呢？

客户可以在线登记。Marcy所教班上有人为她编写了一个程序，可以处理在线登记的后台逻辑。

你见过程序员吗？他们可不是有耐心的人……我画了这个小草图，不过我想把它变成一个能快速反应的高科技网站。你能帮忙吗？

Marcy了解她的客户，但是不知道怎样为他们构建一个网站……看起来要应对那些做事节奏快、要求高的程序员客户，她所需要的正是Ajax。

设计贴

现在把Marcy的粗略设计变成希望在你的Web浏览器中看到的页面（还记得吧？你也是一个程序员）。在这一页最下面有很多磁贴，分别表示一个Web页面的不同部分。你的任务是在Web浏览器中摆放这些磁贴，组成一个看起来很棒的页面。另外，看看能不能适当地设计这个网站，使得客户点击某一级课程时只显示*所选课程*的介绍和图片。

本章的余下部分就是要构建这个网站，所以请考虑Ajax允许你做哪些事情：实时地改变页面中的某些部分，异步地与服务器通信，等。

Beginner

Beginner

Intermediate

Yoga FOR PROGRAMMERS

是不是厌倦了让人头昏眼花的节食？瑜珈课程正是你最好的选择。

	Mon	Tue	Wed	Thu	Fri
5pm-6pm	X		X		X
6pm-7pm		X			
8pm-9pm				X	

Advanced

Enroll

Intermediate

Welcome

瑜珈介绍

Advanced

我们的设计贴答案

你的任务是在Web浏览器中摆放这些磁贴，组成一个看起来很棒的页面。另外，要适当地设计这个网站，使得客户点击某一级课程时只显示*所选课程*的课程表、介绍和图片。

这里要用到Ajax…… 能不能改变页面的某些部分而不会导致页面重载？当然可以……

用户把鼠标移到这些图像上时会显示相应课程的一个介绍。

这些"标签页"包含课程表。我们将使用一个请求对象根据需要得到这个课程表。

……这里会显示课程的一个介绍。

瑜珈介绍

是不是厌倦了让人头昏眼花的节食？瑜珈课程正是你最好的选择。

	Mon	Tue	Wed	Thu	Fri
5pm-6pm	X		X		X
6pm-7pm		X			
8pm-9pm				X	

Welcome　Beginner　Intermediate　Advanced

Beginner

Intermediate

Advanced

Enroll

显示课程表时，点击Enroll按钮将使用户进入一个新页面。

* 如果你设计的页面与此稍有不同（甚至差别很大）也没有关系…… 只要你提出的是一个动态设计，不要求通过页面重载来显示每个课程的课程表。

这一章将实现这里所示的设计，不过你完全可以做些改变，实现你自己的设计……

我很喜欢，特别是那些图像和标签页！网站就要这么做。

假设你想构建96页上所示的网站。你认为客户点击不同按钮时会发生什么，另外Marcy的Web页面与服务器之间需要哪些交互，把你的想法写在下面空白的地方。

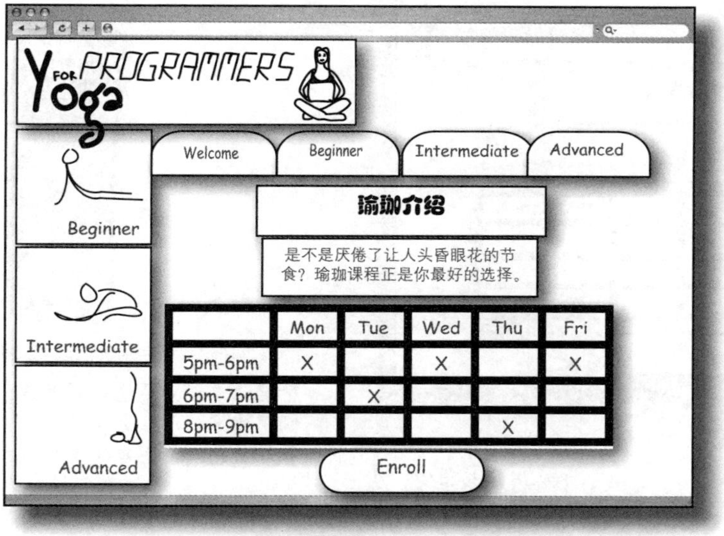

Web页面

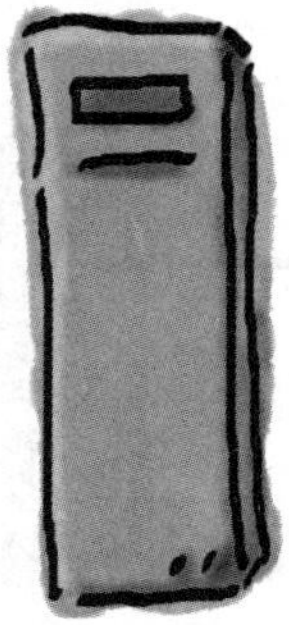

Web服务器

Marcy所教班上有一些服务器端程序员，他们能构建我们需要的程序……
但是必须告诉他们到底要构建什么，需要什么样的服务器端程序？

....
....
....
....
....

Exercise Solution

你认为客户点击不同按钮时会发生什么，另外Marcy的Web页面与服务器之间需要哪些交互，你的任务就是把你的想法记下来。

对应每个课程有一个标签页。用户点击一个标签页时，会显示这个课程的介绍和课程表。

我们需要为此与服务器通信吗？

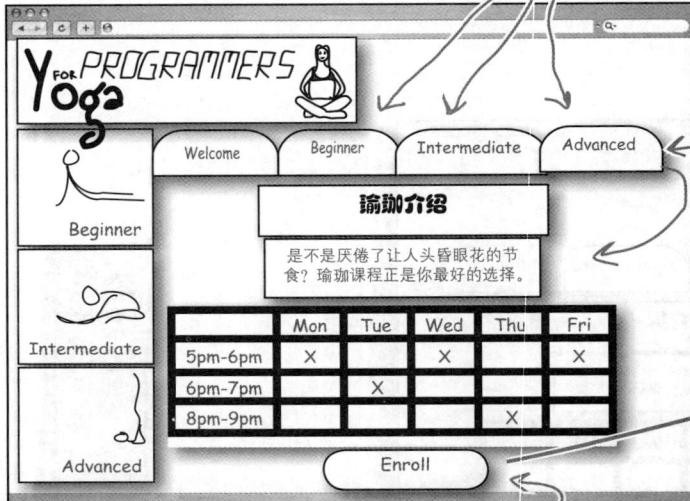

每个标签页要更新页面的内容部分。

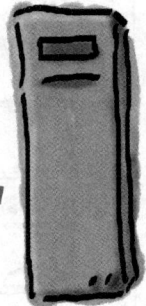

瑜珈介绍

是不是厌倦了让人头昏眼花的节食？瑜珈课程正是你最好的选择。

	Mon	Tue	Wed	Thu	Fri
5pm-6pm	X		X		X
6pm-7pm		X			
8pm-9pm				X	

Enroll

Web页面

Web服务器

登记请求必须发送给服务器。不过我们不需要Ajax来实现这一点。这个请求可以是一个正常的同步请求。

这些应当显示相应课程的一个介绍。它们也要改变所选课程的内容吗？

这可能只是一个普通的按钮……不过它必须明确选择了哪个课程，从而把正确的课程发送给服务器端程序。

如果你不确定怎样工作，没有关系。我们会不断向Marcy提问，把问题搞清楚。

Marcy所教班上有一些服务器端程序员，他们能构建我们需要的程序……但是必须告诉他们到底要构建什么，需要什么样的服务器端程序？我们需要这样一个程序：它取得一个课程名，然后提供某种登记表。好像Marcy已经有这样一个登记表单，所以用户点击一个按钮时，会向服务器发出一个请求来登记所选的课程。那么不同的课程页面呢？可能需要从服务器请求这些页面。但是这里好像有些不对劲……不过我还不能完全确定有什么问题……

there are no
Dumb Questions

问： 我的想法与你的答案完全不同，可以吗？

答： 只要能明确需要向服务器发出一个请求来登记各个不同的瑜珈课，而且能认识到每个标签页应当提供一个课程表和课程介绍，这就可以了。不过有些细节还是很模糊。左边的这些按钮是做什么的？另外需要一个异步请求得到各个课程的信息吗？

问： 图中摆在上面的是不是标签页？

答： 当然是。标签页是一种很好的方法，可以让用户不仅能看到不同的选择，而且可以轻松地点击各个选择来了解更多内容。

问： XHTML没有标签页控件。我们是不是得买一个第三方工具之类的控件？

答： 不需要，我们将完全使用图片、一些漂亮的客户端JavaScript和一个请求对象从服务器得到课程表。

问： 但是确实有一些工具包可以提供这个功能，不是吗？为什么不直接使用这样一个工具包呢？

答： 工具包很不错，但是最好知道script.aculo.us或mootools之类的工具包在底层做了什么。在这一章中，我们将完全独立地构建一个简单的标签页控件……这样一来，以后当你希望使用一个工具包时，就会知道底层到底发生了什么，而不会完全依赖于别人为你编写JavaScript。

script.aculo.us和mootools是两个流行的JavaScript工具包，可以提供视觉效果等功能。

当然，如果你用的工具包不能满足你的需要，还能加以修改或者编写你自己的控件。

问： 看起来并不是什么新内容…… 前面对电影评论网站是不是已经做过类似的工作？

答： 没错，确实如此。不过在电影评论网站中，Web页面的交互性要弱得多。用户注册后，页面和代码就会完成所有工作。而在这个网站上，我们会有更多的交互：要处理多个不同的按钮点击，明确按下了哪个按钮…… 这里有很多新的交互性问题。这正是这一章强调的重点：事件和交互性。

尽量不要依赖于任何工具包，除非你已经理解了工具包的底层代码。这样一来，如果事情没有按预期的方向发展，你就能靠自己解决问题。

请等一下……这里一半都是Web设计和普通的 **JavaScript**。我认为我们是来学**Ajax**的，而不是一大堆事件和烦人的脚本。

Ajax确实大部分都是JavaScript、事件和大量烦人的脚本！

大多数使用异步请求的应用中，处理Web页面和页面上对象的代码以及完成基本JavaScript任务的代码会比请求对象代码**多得多**。具体的请求对象代码可能只是一个回调函数和事件处理程序中的几行代码。

不过确实不能把一个应用简单地划分为"JavaScript"、"Ajax"和"CSS"。它们会相互结合协同工作。所以即使这一章大部分时间都在与XHTML、CSS和事件处理程序打交道，但你确实在构建Ajax应用：能够快速响应而且用户友好的现代Web应用。

对JavaScript、XHTML和CSS了解得更多，你的Ajax应用就更有效、更有用。

Ajax应用不只是各组成技术的简单堆积

Ajax实际上是很多相当简单的技术结合在一起：XHTML、CSS、JavaScript和DOM等技术（DOM将在后面的章节中讨论）。实际上，如果仔细看Marcy的应用，其中**大部分**工作并不是特别针对Ajax的。这里有XHTML、CSS和JavaScript……以及需要时才增加的异步请求。

组装Marcy的页面要涉及到XHTML和CSS……有时需要一些相当复杂的CSS，特别是对于页面上的元素定位。

Web页面

Web 服务器

按钮和标签页上的大多数事件处理都由JavaScript完成，这里不需要请求对象。

对应每个课程的主内容面板由XHTML实现。我们将利用一个异步请求得到这个XHTML，不过服务器的响应只是一些XHTML。

向服务器发送请求涉及到一个JavaScript事件处理程序和一个请求对象。

XHTML利用CSS设置样式，所以表示部分有更多内容需要处理。

Marcy的XHTML……

以下是Marcy页面的XHTML……其中已经有所需JavaScript文件的一些引用，还包括表示页面不同部分的一些\<div\>。可以从Head   First Labs网站下载这个页面以及第3章示例的其他代码。

utils.js是第2章中创建的工具文件，其中包含createRequest()。

这一章将为utils.js增加一些新函数。

```
<html>
<head>
  <title>Yoga for Programmers</title>
  <link rel="stylesheet" href="css/yoga.css" type="text/css" />
  <script src="scripts/utils.js" type="text/javascript"></script>
  <script src="scripts/schedule.js" type="text/javascript"></script>
</head>
```

schedule.js将存放针对这个应用的JavaScript。

页面中完成工作的部分包含在"schedulePane" div中。

```
<body>
  <div id="schedulePane">
    <img id="logo" alt="Yoga for Programmers" src="images/logo.png" />
    <div id="navigation">
      <img src="images/beginnersBtn.png" alt="Beginners Yoga"
        title="beginners" class="nav" />
      <img src="images/intermediateBtn.png" alt=I"ntermediate Yoga"
        title="intermediate" class="nav"/>
      <img src="images/advancedBtn.png" alt="Advanced Yoga"
        title="advanced" class="nav"/>
    </div>

    <div id="tabs">
      <img src="images/welcomeTabActive.png" title="welcome" class="tab" />
      <img src="images/beginnersTabInactive.png" title="beginners" class="tab" />
      <img src="images/intermediateTabInactive.png"
          title="intermediate" class="tab"      />
      <img src="images/advancedTabInactive.png" title="advanced" class="tab" />
    </div>

    <div id="content">
      <h3>Click a tab to display the course schedule for the selected class</h3>
    </div>
  </div>
</body>
</html>
```

这个div包含页面左边的图像。

这个div包含表示"标签页"的4个图片。

需要在这里更新课程信息，并为每个课程显示一个课程表。

classes.html、yoga.css以及Yoga Web页面使用的图像都可以从Head First Labs网站下载。

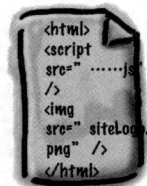

```
<html>
<script
src=" ......js
/>
<img
src=" siteLog
png" />
</html>
```

classes.html

运行测试

看看使用Ajax之前Marcy的页面是什么样子。

从Head First Labs网站下载第3章的示例。打开classes.html，看看Marcy的页面是什么样。现在还没有交互性，你可能会看到一个消息，告诉你无法找到schedule.js。没关系，我们很快就要建立这个文件。

这些只是看上去像标签页的图像。它们都只是XHTML和CSS。

这些看上去确实很像是按钮……必须确保它们按用户期望的方式作出反应。

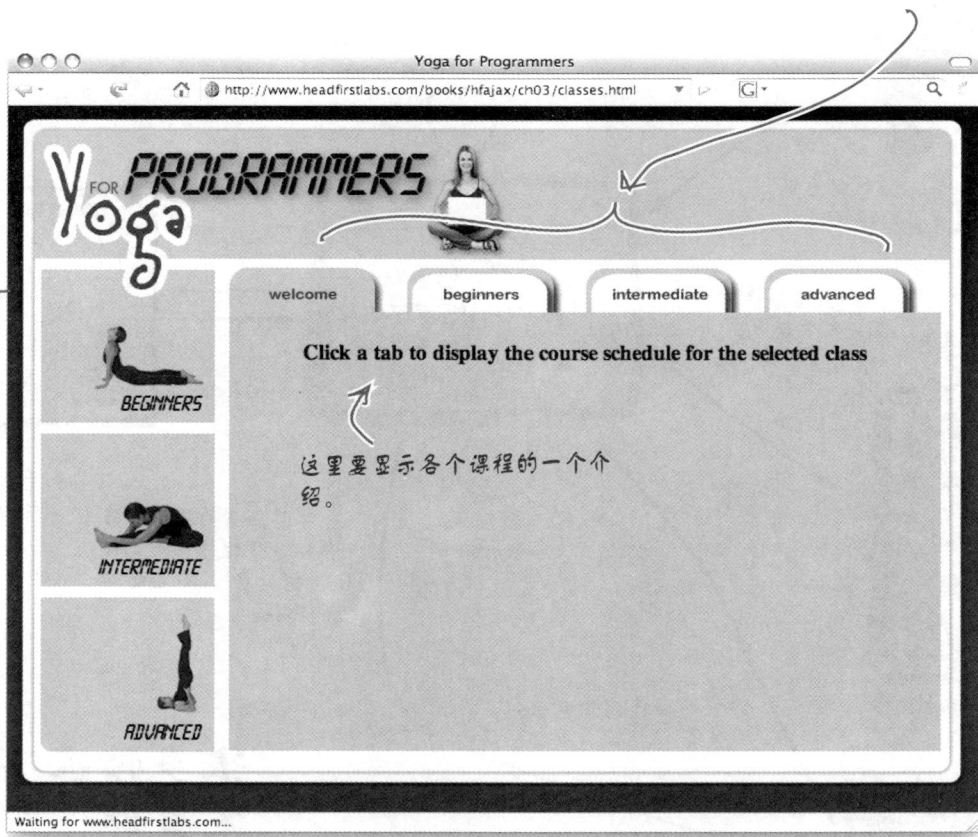

Yoga for Programmers

http://www.headfirstlabs.com/books/hfajax/ch03/classes.html

welcome   beginners   intermediate   advanced

Click a tab to display the course schedule for the selected class

这里要显示各个课程的一个介绍。

BEGINNERS
INTERMEDIATE
ADVANCED

Waiting for www.headfirstlabs.com...

这看上去非常像96页上的草图，现在只需考虑交互性问题。

事件是交互性的关键

Marcy的页面需要对客户作出反应。她希望当客户点击一个课程时，会显示一个不同的课程表和课程介绍，甚至可以使用上下文特定图片来强调一个菜单项。

所有这些就构成了一个交互式Web页面。按编程术语来讲，"交互式"表示你的页面能够响应特定的事件，而事件就是发生的事情。这些事情可能由用户、代码、浏览器甚至服务器触发。

上下文特定图片（Context-specific graphics）是我们构造的一个术语，表示客户将鼠标移到一个菜单项上时会改变一个图片。

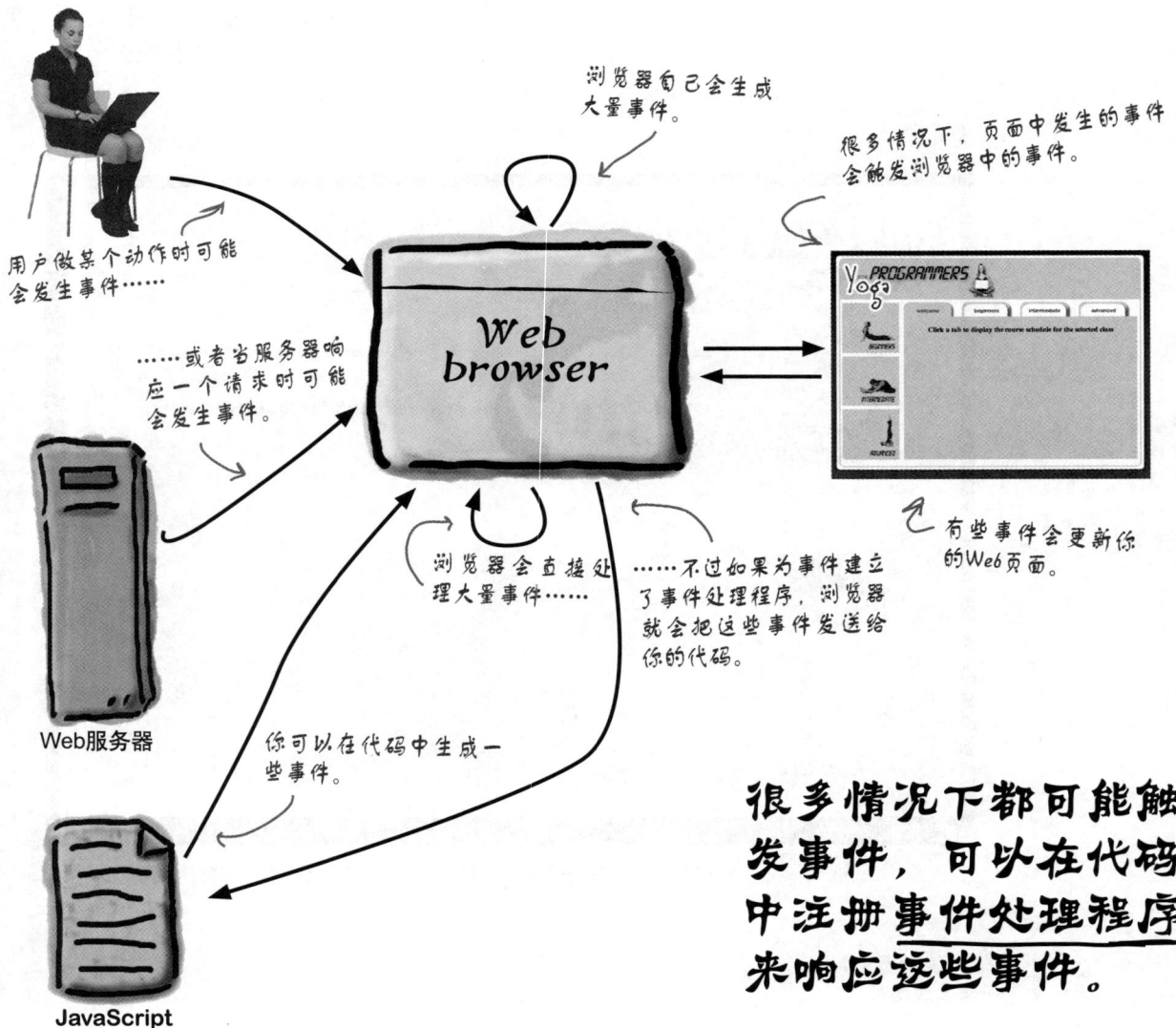

浏览器自己会生成大量事件。

很多情况下，页面中发生的事件会触发浏览器中的事件。

用户做某个动作时可能会发生事件……

……或者当服务器响应一个请求时可能会发生事件。

Web browser

有些事件会更新你的Web页面。

浏览器会直接处理大量事件……

……不过如果为事件建立了事件处理程序，浏览器就会把这些事件发送给你的代码。

Web服务器

你可以在代码中生成一些事件。

JavaScript

很多情况下都可能触发事件，可以在代码中注册事件处理程序来响应这些事件。

WHO DOES WHAT?

大多数事件名都做到顾名思义，从事件名就可以很好地了解事件的
作用。你能将以下事件与它们的用途对应起来吗？

onclick

如果希望在服务器端程序处理表单内容之前先验证表单，可以使用这个事件。

onfocus

如果希望在用户禁用了图像时提供声音反馈，可以使用这个事件。

onblur

如果希望在用户点击图像中的某一点时放大显示图像的某一部分，可以使用这个事件。

onload

如果希望让用户知道增大浏览器窗口的宽度会影响他们的视觉体验，可以使用这个事件。

onmouseover

如果希望在用户移出一个菜单项时隐藏子菜单，可以使用这个事件。

onmouseout

如果希望让用户知道所选文本域的输入格式，可以使用这个事件。

onsubmit

如果希望在用户将鼠标移到某个菜单项时改变这个菜单项的颜色，可以使用这个事件。

onresize

如果希望在用户开始使用表单之前以弹出窗口形式给出表单的一些提示信息，可以使用这个事件。

onerror

如果希望每次在一个特定域中输入数据时都对这个域进行验证，可以使用这个事件。

WHO DOES WHAT?
答案

大多数事件名都做到顾名思义,从事件名就可以很好地了解事件的
作用。你的任务是将以下事件与它们的用途对应起来。

onclick

onfocus

onblur

onload

onmouseover

onmouseout

onsubmit

onresize

onerror

如果希望在服务器端程序处理表单内容之
前先验证表单,可以使用这个事件。

如果希望在用户禁用了图像时提供声音反
馈,可以使用这个事件。

如果希望在用户点击图像中的某一点时放大
显示图像的某一部分,可以使用这个事件。

如果希望让用户知道增大浏览器窗口的宽
度会影响他们的视觉体验,可以使用这个
事件。

如果希望在用户移出一个菜单项时隐藏子
菜单,可以使用这个事件。

如果希望让用户知道所选文本域的输入格
式,可以使用这个事件。

如果希望在用户将鼠标移到某个菜单项时
改变这个菜单项的颜色,可以使用这个事
件。

如果希望在用户开始使用表单之前以弹出
窗口形式给出表单的一些提示信息,可以
使用这个事件。

如果希望每次在一个特定域中输入数据时
都对这个域进行验证,可以使用这个事件。

将Web页面上的事件连接到
JavaScript中的事件处理程序

你已经用过window.onload事件来触发Web页面上的大量初始化工作，而
且曾经使用onclick事件来处理用户点击图像的动作。我们可以使用这些事
件以及onmouseover事件将Marcy瑜珈页面中的不同部分连接到我们将
编写的JavaScript函数。

所有这些函数都将放
在我们的*schedule.js*脚
本中……后面几页就
会编写这个脚本文件。

利用window.onload事件，可以在用户具体
使用页面之前初始化页面，并指定其他事
件处理程序。

```
window.onload = initPage;
```

initPage()

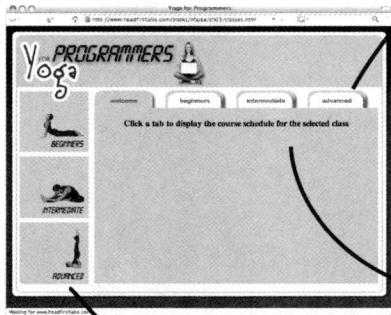

由于每个标签页实际上是一个图
像，所以可以通过为各标签页图
像的onclick事件关联一个事件处
理程序来模拟选择标签页的行
为。

```
tab.onclick = showTab;
```

showTab()

指定到事件的函数称为**事件
处理程序**。

```
image.onmouseover = showHint;
```

showHint()

用户将鼠标移到Web页面中的
某个元素上时，如一个图像，
会触发onmouseover事件。

在Marcy的页面上，用户将鼠标移到页
面左边的一个课程图标上时，将显示一
条帮助消息或提示。

使用window.onload事件初始化Web页面的其余交互性（事件）

你已经两次使用window.onload来初始化一个页面。在Marcy的瑜珈页面中也要做同样的工作，因为……

因为我们希望保证行为和内容分离，是吗？我们不希望XHTML中混杂着onclick=showTab()之类的东西，对不对？

通过编程方式指定事件处理程序也是一种实现内容与行为分离的方法。

要尽可能保证JavaScript与XHTML分离。对于XHTML和CSS也是如此：要保证它们分离。

指定事件处理程序最好的方法是使用XHTML页面中元素的属性，并在一个函数中完成属性赋值，这个函数要在用户控制页面之前运行。对此，window.onload就是最合适的事件。

there are no Dumb Questions

问： 再问一次，什么时候会调用window.onload？

答： 实际上window.onload是一个事件。一旦XHTML页面由浏览器读入，而且该XHTML中引用的所有文件都已经加载，就会发生或触发这个事件。

问： 这么说，window.onload触发时，浏览器会运行这个事件的事件处理程序，对吗？

答： 完全正确。

问： 浏览器怎么知道要调用哪个函数呢？

答： 浏览器会调用你指定给window对象onload属性的函数。设置这个属性与设置任何其他JavaScript属性是一样的：要用等号来设置。只是要确保去掉函数名后面的括号：window.onload = initPage;

问： 那么在哪里对这个属性赋值呢？

答： 浏览器一旦遇到不在任何函数中的代码，就会立即运行这个代码。所以，只需把window.onload赋值语句放在JavaScript最前面，要在所有函数之外，这个赋值就会在用户与页面交互之前发生。

接下来，浏览器会触发onload，并运行你指定的函数。你可以利用这个机会设置Web页面的其他事件。

JavaScript贴

你需要初始化Marcy的瑜珈页面。鼠标移到左边的各个图像或上面的标签页时，它们都要显示相应课程的相关信息。另外，点击一个标签页就会选择所点击的课程。看看能不能使用以下磁贴建立initPage()函数，并为所引用的其他函数建立占位函数。对现在来说，这些占位函数只是显示提示框。

提示：这里要有一个磁贴，
要放在*initPage()*函数前面。

function initPage()   {

* 对现在来说，Marcy只希望标签
页图像是可点击的。用户把鼠标
移到左边的图像上时应当显示一
个提示，不过还不会做其他工作。

function initPage()

initPage

for (var i=0; i<images.length; i++)

function showHint()

" currentImage.onmouseover =

window.onload

function hideHint()

"
"

var currentImage = images[i];

currentImage.onclick =

;
;

alert(

alert(

currentImage.onmouseout =

;

=

in showHint()

} }

} } } {   {

in hideHint()

{

} } } {

{

var images = document.getElementById("schedulePane").getElementsByTagName("img");

showTab

alert(

function showTab()

if (currentImage.className == "tab")

in showTab()

;

hideHint

"   "

showHint

;   ;

;

JavaScript贴答案

利用第16页上的步骤以及JavaScript中事件如何工作的有关知识, 能不能
重新创建Marcy页面的初始化代码?

这一行设置了initPage()函数, 一旦完全加载
XHTML页面就会调用这个函数。

```
window.onload = initPage ;
```

先不用太担心这一行代码。我们将在第5章
和第6章详细讨论所有这些getElement方法。

```
function initPage() {
```

循环处理各个
<img>元素,
并分别为之关
联事件。

```
var images = document.getElementById("schedulePane").getElementsByTagName("img");
```

记得这个开始大括号吗?

```
for (var i=0; i<images.length; i++) {
```

得到当前<img>的一
个引用。

```
var currentImage = images[i];
```

这些事件会在用户将鼠标移到某个
课程缩略图或标签页上时发生。

鼠标移到图像上时,
显示一个提示……

```
currentImage.onmouseover = showHint ;
```

……用户将鼠标移出
图像时则隐藏提示。

```
currentImage.onmouseout = hideHint ;
```

记住, 不要加括号。
你要做的是引用函数,
而不是运行函数。

```
if (currentImage.className == "tab") {
```

没忘记这些结束大
括号吧?

```
}
}
}
```

```
currentImage.onclick = showTab ;
```

现在Marcy只希望标签页图
像是可点击的。

这些函数可以按任意的顺序声
明, 只需要声明这些函数来避
免JavaScript错误。

```
function showHint()
    alert( " in showHint() " ) ;
}
```

```
function showTab()
    alert( " in showTab() " ) ;
}
```

```
function hideHint()
    alert( " in hideHint() " ) ;
}
```

运行测试

创建schedule.js，增加上一页所示的函数。另外，不要忘记为window.onload事件指定 initPage()函数，然后在Web浏览器中测试这个页面。

把鼠标移到一个标签页上。应该能看到对应showHint()的一个提示，然后会显示对应 hideHint()的提示。再尝试点击一个标签页。能得到一个showTab()提示吗？点击左边的一 个图像呢？目前什么也不会发生。

点击一个标签页（如果所有这 些提示框都显示出来，这会有 些烦人）。应该能得到一个提 示，指出已运行showTab()函数。

Yoga for Programmers

The page at http://www.headfirstlabs.com says:

in showHint()

鼠标移到一个标签页或左边的一个 图像上时就会运行showHint()。

Yoga for Programmers

The page at http://www.headfirstlabs.com says:

in showTab()

OK

BRAIN POWER

你喜欢这个用户界面吗？还能在哪里做些修改？

你看，你只顾自己说，不过我还是认为左边的那些图像看上去像按钮，导航几乎都放在左边。难道你打算全然不顾大家沿用多年的**Web**设计吗？

如果一个Web页面连你都感到困惑，那几乎肯定也会让你的用户困惑。

设计并实现一个网站时，你知道这个网站要做什么。如果网站让你都感到困惑，那么用户——比你更糟，他们甚至没有你掌握的信息——很可能会更困惑。

即使并不是由你完全控制网站的设计，比如说Marcy的瑜珈页面，也应该尽可能让网站清楚明白。如果这意味着需要把图像转换为按钮，以避免用户无休止地点击这些图像，那就放手去做！

但是难道这就不让人困惑了吗？如果图像是可点击的，那就有了两种导航方式：标签页和图像。

甚至当您设计客户喜欢的一个网站时也可能出现这种情况。尽管你随后认识到存在一些问题，但是客户不希望做任何改变，因为他们就喜欢已经看到的东西。

有时必须在"可以"和"更好"之间作出选择。

如果并非完全由你来控制一个网站的设计，往往要基于现有布局作出最佳决策。对于Marcy的网站，她就喜欢这种有标签页和图像的设计。

因此，你的任务就是根据现有的基础来作最佳决策。在这种情况下，这意味着存在两种导航形式来避免用户困惑。否则，就会把左边不可点击的图像误以为是按钮。

把左边的图像改为可点击

要把Marcy页面左边的图像改为可点击的图像，这相当容易。实际上，我们所要做的只是删除一些代码。

```
function initPage() {
  var images =
    document.getElementById("schedulePane").getElementsByTagName("img");
  for (var i=0; i<images.length; i++) {
    var currentImage = images[i];
    currentImage.onmouseover = showHint;
    currentImage.onmouseout = hideHint;
    if (currentImage.className=="tab") {
      currentImage.onclick = showTab;
    }
  }
}
```

我们不只是希望标签页可点击……还希望所有图像（包括左边的图像）也是可点击的。

不要忘记去掉结束大括号。

schedule.js

window.onload = initPage;
urlHeader = …

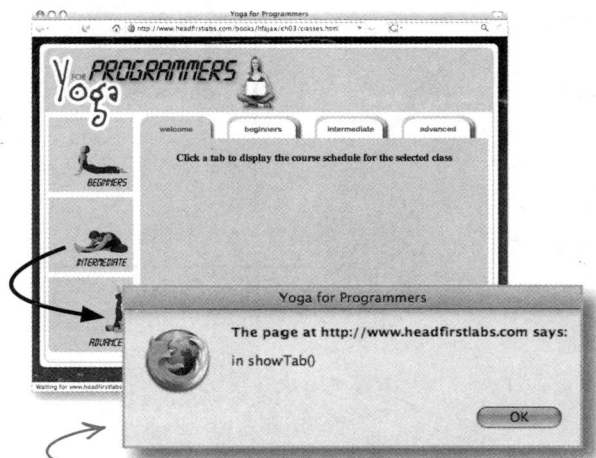

试试看……现在每个图像都应该会调用showTab()。

好的Web页面不会让人困惑

一个好的Web页面要尽可能直观。如果一个元素看上去像个按钮，那就把它做成一个按钮。如果网站的某一部分让你（Web程序员）都感到困惑，那么对用户来说很可能会更困惑。

使用XHTML的内容和结构

用户把鼠标移到一个标签页或图像上时会调用showHint()。但是如何知道
鼠标在哪个标签页或图像上呢？为此，需要再来查看Marcy的XHTML。

```
... XHTML for page head and body...
  <div id="schedulePane">
    <img id="logo" alt="logo" src="images/logo.png" />
    <div id="navigation">
      <img src="images/beginnersBtn.png" alt="Beginners Yoga"
        title="beginners" class="nav" />
      <img src="images/intermediateBtn.png" alt=I"ntermediate Yoga"
        title="intermediate" class="nav"/>
      <img src="images/advancedBtn.png" alt="Advanced Yoga"
        title="advanced" class="nav"/>
    </div>

    <div id="tabs">
      <img src="images/welcomeTabActive.png" title="welcome" class="tab" />
      <img src="images/beginnersTabInactive.png" title="beginners" class="tab" />
      <img src="images/intermediateTabInactive.png"
           title="intermediate" class="tab" />
      <img src="images/advancedTabInactive.png" title="advanced" class="tab" />
    </div>
```

每个图像都有一个*title*属性，
指出课程级别。

标签页图片使用同样
的*title*属性。

classes.html

每个XHTML元素在JavaScript代码中都可以作为一个对象访问

你一直在使用getElementById()访问Marcy的XHTML页面中的图
像。这样是可行的，因为XHTML中的各个元素都由浏览器表示为一
个对象，可以在JavaScript中加以处理。

更棒的是，元素的所有属性都存储为表示该元素的JavaScript对象的
属性。由于Marcy的图像有标题，所以可以使用这些标题来确定选择
了哪个图像或标签页，并显示适当的提示。

<img>

title = "advanced"

*title*属性成为表示该<img>元
素的JavaScript对象的一个属性。

Sharpen your pencil

用户把鼠标移到一个图像上时，showHint() 应当显示关于各课程的一个简短的提示消息。不过只有选择了欢迎标签页时才应显示这个提示。如果选择了某个课程，则要禁用提示。你的任务是完成以下 showHint() 的代码。

```
var welcomePaneShowing = ................. ;
```

← 这是一个全局变量，它在所有函数之外。这个变量指示是否正在显示欢迎面板。只有当前显示欢迎面板时我们才希望显示提示。

```
function showHint() {
  alert("in showHint()");

  if (! ................................ ) {
    return;
  }


  switch (this. ..................... ) {
    case " ............................... ":
      var hintText = "Just getting started? Come join us!";
      break;
    case " ................................ ":
      var ............... = "Take your flexibility to the next level!";
      break;
    case " ................................ ":
      var hintText =
         "Perfectly join your body and mind with these intensive workouts.";

        .....................

    ............... :
      var ............... = "Click a tab to display the course schedule for the class";
  }
  var contentPane = ....................................... ("content");
  ................. .innerHTML = "<h3>" + ............... + "</h3>";
}
```

Sharpen your pencil
Solution

你的任务是完成showHint()函数，根据图像的标题来显示一个提示。

```
var welcomePaneShowing = true ;
```

加载页面时会显示欢迎面板。所以首先将它设置为"true"。

确保这个变量要在initPage()、showHint()或任何其他函数之外声明。

```
function showHint() {
    alert(in showHint());
    if (! welcomePaneShowing ) {
        return;
    }
```

如果不在欢迎面板上，什么也不做，只是简单地返回。

"this"指示调用这个函数的对象，也就是说用户把鼠标移到了该图像上。

"title"是我们想检查的一个XHTML页面属性……所以使用图像的"title"属性来访问。

```
    switch (this. title ) {
        case " beginners ":
            var hintText = "Just getting started? Come join us!;"
            break;
        case " intermediate ":
            var hintText = "Take your flexibility to the next level!";
            break;
        case " advanced ":
            var hintText =
                "Perfectly join your body and mind with these intensive workouts.";
            break;
        default :
            var hintText = "Click a tab to display the course schedule for the class";
    }
    var contentPane = getElementById ("content");
    contentPane.innerHTML = "<h3>" + hintText + "</h3>";
}
```

对于各个不同的课程级别，希望设置一些提示文本。

switch语句中要有一个default，这往往是一个很好的编程实践。我们的default子句中可能只是一个通用提示消息。

接下来只需得到显示内容的<div>，并显示提示文本。

window.onload = initPage; wrlHeader=...

schedule.js

再为hideHint()增加代码

一旦完成showHint()，hideHint()的代码就很简单了，只需得到内容面板，将提示文本设置为默认文本。

```
function hideHint() {
  alert("in hideHint()");
  if (welcomePaneShowing) {
    var contentPane = document.getElementById("content");
    contentPane.innerHTML =
      "<h3>Click a tab to display the course schedule for the class</h3> ";
  }
}
```

这实际上与showHint()正相反。这个函数得到content <div>，并把文本设置为默认消息。

schedule.js

运行测试

更新schedule.js。增加一个welcomePaneShowing变量，并更新showHint()和hideHint()函数，然后尝试运行。

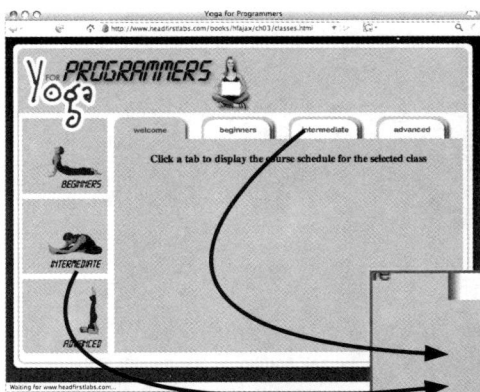

把鼠标移到标签页或左边的一个图像上……应该能看到主内容面板中出现一条帮助提示。

Take your flexibility to the next level!

标签页：一种视觉（图形化）印象

Marcy很喜欢瑜珈页面上标签页的外观。由于已经有大量很好的工具
包可以用来创建标签页，所以我们只需要一个简单的图形化小技巧。

在这个瑜珈页面上，有一个深绿色的主内容面板。所以这种颜色实际
上就成为"活动"色。Welcome标签页开始时就是这种颜色，其他标
签页则是一种较浅的颜色，即"不活动"色。

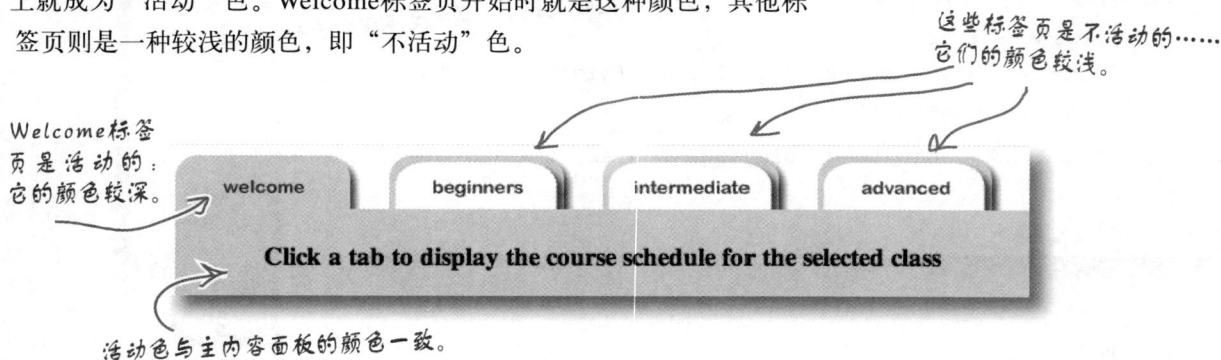

这些标签页是不活动的……
它们的颜色较浅。

Welcome标签
页是活动的：
它的颜色较深。

| welcome | beginners | intermediate | advanced |

Click a tab to display the course schedule for the selected class

活动色与主内容面板的颜色一致。

要激活一个标签页，需要将该标签页的背景改为"活动"色

要激活另一个标签页，所要做的就是把它改为活动色。然后把
原来的活动标签页改为不活动色，使之作为不活动的标签页。

所以假设对应每个标签页有两个图片：一个是有活动背景的标
签页，另一个是有不活动背景的标签页。

这是不
活动的
标签页。

beginners

不活动

这是同一个标签页的
活动版本。

beginners

活动

我们已经有了一个showTab()函数。所以这个函数
首先要做的就是改变这些可点击标签页的标签页
图像。

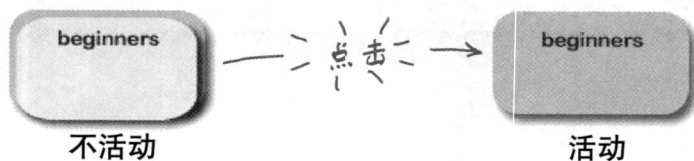

beginners

不活动

点击

beginners

活动

使用一个for……循环处理所有图像

前面已经在showHint()中使用了图像对象的title属性来改变提示文本。在
showTab()中也需要做类似的工作：确定哪个标签页是活动的，并把该标签页
改为相应的活动图像。所有其他标签页则设置为不活动图像。

```
function showTab() {
  alert("in showTab()");
  var selectedTab = this.title;

  var images = document.getElementById("tabs").getElementsByTagName("img");
  for (var i=0; i<images.length; i++) {
    var currentImage = images[i];
    if (currentImage.title == selectedTab) {
      currentImage.src = "images"/ + currentImage.title + "Top.png";
    } else {
      currentImage.src = "images"/ + currentImage.title + "Down.png";
    }
  }
}
```

你是开玩笑吧？这样一来，怎么能做到
行为与表示分离呢？

**这个事件处理程序中包含大量与表示相关的详
细信息。**

showTab()现在会直接处理图像名，而且它实际
上在动态地构建这些图像名！所以showTab()不
仅把行为和表示（图像）混在了一起，而且还依
赖于XHTML页面的内容——各图像的标题——
才能明确使用什么表示（图像）。

这里确实存在一个大问题。**你会怎样做来解决这
个问题呢？翻开下一页之前**，先考虑一下如何实
现内容、表示和行为的分离。

你现在的位置 ▶　　**119**

CSS类是关键（再一次）

Marcy很喜欢瑜珈页面上标签页的外观。由于已经有大量很好的工具包可以用来创建标签页，所以我们只需要一个简单的图形化小技巧。

对于每个标签页有两种可能的状态：活动状态（与内容面板一致的深色）和不活动状态（较浅的颜色，表示未选中）。所以可以分别为每个标签页建立两个CSS类：一个表示活动，另一个表示不活动。

打开应用css/目录中的yoga.css，增加以下代码。

每个标签页中有两个类。

每个标签页都有一个active类，带有活动图像……

```
#tabs a#welcome.active {
    background:url('../images/welcomeTabActive.png') no-repeat;
}
#tabs a#welcome.inactive {
    background:url('../images/welcomeTabInactive.png') no-repeat;
}
```

……和一个inactive类，带有不活动标签页图像。

```
#tabs a#beginners.active {
    background:url('../images/beginnersTabActive.png') no-repeat;
}
#tabs a#beginners.inactive {
    background:url('../images/beginnersTabInactive.png') no-repeat;
}
#tabs a#intermediate.active {
    background:url('../images/intermediateTabActive.png') no-repeat;
}
#tabs a#intermediate.inactive {
    background:url('../images/intermediateTabInactive.png') no-repeat;
}
#tabs a#advanced.active {
    background:url('../images/advancedTabActive.png') no-repeat;
}
#tabs a#advanced.inactive {
    background:url('../images/advancedTabInactive.png') no-repeat;
}
```

这些CSS代码可以放在yoga.css中的任意位置，完全由你决定。

```
#tabs {
    ......
}
```

yoga.css

嗯……但是标签页不是⟨a⟩!

你注意到CSS指定哪个元素的样式吗？#tab指示一个id为"tab"的
<div>。这里没有问题。但是接下来，CSS指出要对<a>标记指定样式，
其id分别为"welcome"、"beginners"等等。这与Marcy的XHTML页
面不一致。

但这不算大问题…… 我们可以把XHTML页面中的所有图像改为<a>标
记，在表示层之外再分离出一个内容层。

```
... XHTML for page head, body, and schedulePane <div> ...

        <div id=tabs>

            <a id="welcome" title="welcome" class="active" href="#">Welcome</a>

            <a id="beginners" title="beginners" class="inactive" href="#">Beginners</a>

            <a id="intermediate" title="intermediate" class="inactive"
               href="#">Intermediate</a>

            <a id="advanced" title="advanced" class="inactive" href="#">Advanced</a>

            <img src="images/welcomeTabActive.png" title="welcome" class="tab" />
            <img src="images/beginnersTabInactive.png" title="beginners" class="tab"
            <img src="images/intermediateTab Inactive.png"
                 title="intermediate" class="tab"      />
            <img src="images/advancedTabInactive.png" title="advanced" class="tab" />
        </div>
```

现在可以指示哪些标签页是
活动的，哪些是不活动的。

元素仍然有一个title和一个id。

每个标签页现在
都由一个
⟨a⟩元素
表示。

去掉XHTML中图像的直接引用。

classes.html

```
<html>
<script
src=……js />
<img
src=siteLogo.
png />
</html>
```

there are no Dumb Questions

问： 为什么href设置为"#"？

答： #表示引用当前页。我们不希望标签页把用户带
到别的页面，不过后面会编写一些代码使得点击一个标签
页时会显示所选课程的课程表。

问： 既然不把用户带到别的地方，为什么要使用
<a>元素呢？

答： 因为标签页实际上都是链接。它们会链接到各个
课程的课程表，尽管这里采用了一种不太传统的方式。所
以对于链接来说最适合的XHTML元素就是<a>。

另一方面，在Web上完成一项工作通常至少有两到三种方
法。可以使用<span>元素、<div>甚至图像映射，这完全
取决于你。只要能够将事件处理程序关联到元素，这些方
法都是可以的。

这也会破坏我们的JavaScript，是不是？

我们有了一个很漂亮、很简洁的XHTML页面，还有一些CSS可以真正控制页面的表示。但是现在所有依赖于<img>元素的JavaScript都将无法工作。不过这也没有关系，因为即使从前那些代码能工作，也是将图像（表示）与行为混杂在一起……这是一个严重的问题。

下面来调整我们的脚本，将瑜伽页面的所有表示与行为分离。

```javascript
window.onload = initPage;
var welcomePaneShowing = true;

function initPage() {
  var tabs =
    document.getElementById("tabs").getElementsByTagName("a");
  for (var i=0; i<tabs.length; i++) {
    var currentTab = tabs[i];
    currentTab.onmouseover = showHint;
    currentTab.onmouseout = hideHint;
    currentTab.onclick = showTab;
  }

  var images =
    document.getElementById("schedulePane").getElementsByTagName("img");
  for (var i=0; i<images.length; i++) {
    var currentImage = images[i];
    currentImage.onmouseover = showHint;
    currentImage.onmouseout = hideHint;
    currentImage.onclick = showTab;
  }
}


function showHint() {
  // showHint() stays the same
}
function hideHint() {
  // hideHint() stays the same
}
```

得到tabs <div>，并迭代处理<a>元素。

这里并没有太大差别——与原先标签页作为图像时一样，事件和事件处理程序并没有变化。

这里我们需要一个新的代码块，因为迭代处理图像不会得到标签页……现在它们是<a>元素。

这个代码看起来与上面的代码非常类似，我们已经知道存在重复代码很可能就说明存在问题。后面可能还要讨论这个内容。

```
function showTab() {
  var selectedTab = this.title;

  var tabs = document.getElementById("tabs").getElementsByTagName("a");
  for (var i=0; i<tabs.length; i++) {
    var currentTab = tabs[i];
    if (currentTab.title == selectedTab) {
      currentTab.className = active;
    } else {
      currentTab.className = "inactive";
    }
  }
}
```

这与initPage()中的循环是一样的。我
们希望处理tabs <div>中的所有<a>
标签页。

没有图像名。现在只需要改变
CSS类，这样就好得多了！

schedule.js

window.onload =
initPage;
urlHeader=....

运行测试

前面已经做了很多修改。要更新classes.html、yoga.css和schedule.js。接下来看看这些
标签页能不能正常工作…… 试着点击各个标签页。

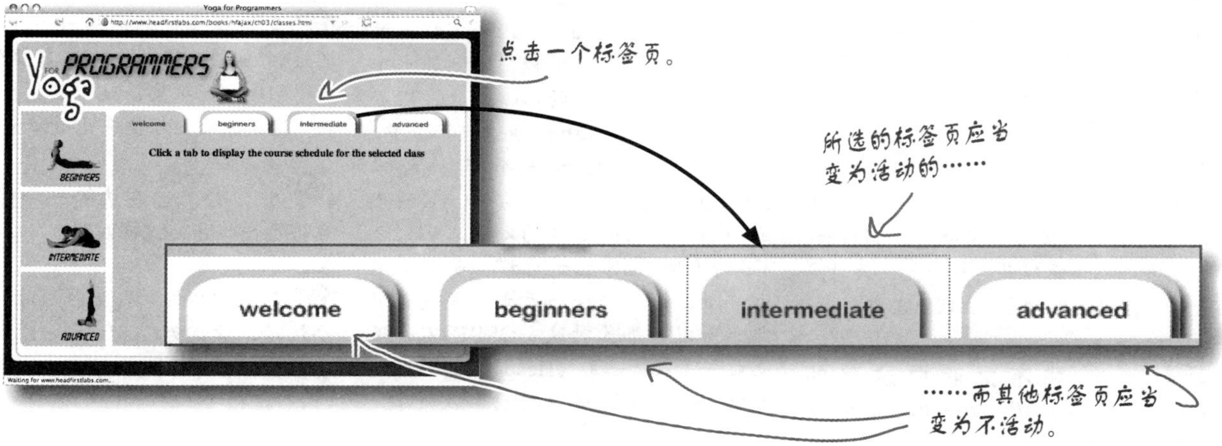

点击一个标签页。

所选的标签页应当
变为活动的……

……而其他标签页应当
变为不活动。

> 哇，将内容与表示和行为分离要做这么多工作，特别是如果刚开始时没有采用这种思路，要做的修改实在太多了。

越早将内容与表示和行为分离，分离就越容易。

对于Marcy的网站，我们开始时并没有考虑到内容或表示，只有当行为（JavaScript）中增加了几个函数时才发现问题。如果能从一开始就规划好，保证代码中不直接涉及图像，而由CSS处理所有表示部分，对JavaScript的修改就能更少一些。

另外，即使到后期才发现问题，还是有必要做些工作将内容、表示和行为真正分离，通常这比不做任何工作更合适。你的应用会变得更棒，与为完成分离所做的工作相比，这绝对是值得的。

there are no Dumb Questions

问： 那么是不是XHTML中根本不能有图像？实际上标签页就使用了图像，对不对？需要把<img>元素从XHTML中取出来吗？

答： 这只是一方面。更重要的是，我们使用了CSS来控制按钮是否是活动的。一个按钮从活动状态变为不活动状态时的外观属于表示部分，所以放在CSS中。

XHTML中完全可以有图像，只是要确保一点：如果这些图像关联到行为，就会把CSS和代码混杂在一起，此时应当把图像的这些细节从XHTML中取出。

问： 我不太明白这里的CSS。"#tabs a#advanced.inactive"是什么意思？

答： #号指示一个id。所以#tabs表示"id为'tabs'的某个元素"。在XHTML中，这就是id为"tabs"的<div>。

接下来，a#advanced表示"对于一个id为'advanced'的<a>元素"。所以这就是一个id为"advanced"的<a>元素，它嵌套在一个id为"tabs"的<div>中。最后，"."指示一个类。所以a#advanced.inactive表示（id为"tabs"的<div>之下）id为"advanced"而且类名为"inactive"的<a>元素。真是很复杂，所以如果你对这个CSS还不是很明白，可以找一本《Head First HTML with CSS & XHTML》帮你解决疑难。

问： 左边的所有按钮都是图像，而所有标签页都是<a>元素，这不是有些奇怪吗？为什么不对按钮也使用<a>元素呢？

答： 这个问题问得好，我们后面还会讨论这个问题，不过只要你注意到哪些地方不对劲，就可以自己先记下来。这些方面往往值得更详细地分析。

问： 我点击左边的一个按钮时，标签页也改变，这样对吗？

答： 你认为呢？选择"advanced"按钮时，你认为"advanced"标签页应当变成活动的，是吗？

Sharpen your pencil

我们已经做了很多工作，不过showTab()还没有完成。点击一个标签页时必须显示所选课程的课程表。假设课程表是一个HTML描述和一个表格，其中显示了一周七天中什么时间会有所选的这个课程。可能还要有一个"Enroll"（登记）按钮。

怎样存储每个课程的详细信息和课程表？存储在一个HTML文件中，还是存储在JavaScript中？你选择哪一种格式，为什么选择这种格式？...........................

....

....

....

怎样把主内容面板替换为所选课程的课程表和详细信息？...........................

....

....

....

你的解决方案能够：

☐　将页面内容与其表示分离？

☐　将页面内容与其行为分离？

☐　将页面行为与其表示分离？

Ajax的核心就是交互。你的页面要能够与服务器端程序、页面本身的元素甚至其他页面交互。

嗯，第一个问题很容易。如果课程表和描述是HTML，应当把它们存储为一个HTML页面。

Jill：你的意思是XHTML，对吗？

Joe：对，没错。

Frank：作为一个完整的页面？这样可不太好…… 我们不希望为每个课程重新创建所有标签页和相关的内容，不是吗？

Joe：哦，那存储为一个XHTML片段怎么样？比如说，只是表示具体课程表和课程描述的元素和文本。

Jill：对，因为我们根本不希望所有这些内容出现在JavaScript中。如果使用XHTML，就可以像主页面中一样使用同样的CSS样式。

Frank：但是怎么加载那些……叫什么来着？XHTML片段？

Joe：说对了。

Frank：那好，那么怎么加载呢？

Joe：是这样的，标签页都是 <a>元素。也许可以把片段放在href属性中而不是那些#符号？

Frank：但是这会替换整个页面。这样不好。另外，看上去有点慢……

Jill：伙计们，使用一个请求对象怎么样？

Joe：什么意思？

Jill：能不能使用一个请求对象得到XHTML片段，然后只是将内容面板的innerHTML设置为返回的页面？

Frank：能这样做吗？

Jill：怎么不能？我们不再请求一个服务器端程序，而只需请求我们想要的XHTML片段。

Joe：而且可以异步地请求，这样就不用等待页面刷新了！

使用请求对象从服务器获取课程详细信息

服务器不需要对Marcy的页面做任何处理，不过我们仍然可以使用一个请求对象来获取每个课程的XHTML片段。这是对服务器的一个请求，但是只请求一个页面而不是一个程序。不过，详细信息与你之前看到的是一样的。

仍然采用以往的方法构建代码，使用utils.js中的createRequest()函数，另外使用一个回调函数在内容面板中显示结果。我们需要的代码如下。

schedule.js

```
function showTab() {
    var selectedTab = this.title;        ← 这是前面编写的部分
                                           showTab()函数。
    // set each tab's CSS class

    var request = createRequest();       ← 类似于与服务器端程序通信时的做
    if (request==null) {                   法，这里的请求创建代码与前面完
      alert(Unable to create request);     全相同。
      return;
    }
    request.onreadystatechange = showSchedule;
    request.open("GET", selectedTab + ".html", true);
    request.send(null);
}                                         ← 这一次将请求对象发送到一个页面URL。所以需
                                            要将片段命名为beginner.html、intermediate.html和
                                            advanced.html。

function showSchedule() {
    if (request.readyState == 4) {
      if (request.status == 200) {       ← 文件中的XHTML可以从responseText
        document.getElementById(content).innerHTML =    中得到。可以使用content面板的
          request.responseText;          innerHTML属性显示这个XHTML。
      }
    }
}
```

showSchedule()回调函数会在请求返回时调用。

BRAIN POWER

对schedule.js做上述修改后，尝试访问改进后的Web页面。一切正常吗？还有没有什么需要修改的？

两个函数修改Web页面中相同的部分时要当心

这里有一个bug! 课程表可以正常显示，但是鼠标移到另一个标签页或按钮图像上时会隐藏课程表，并把内容面板替换为提示文本。这看起来有些让人不明所以……

可以很好地从XHTML片段加载课程表和详细信息。

点击一个按钮或标签页可以很好地工作：获取到课程表，并放在内容面板中。

但是接下来把鼠标移到一个按钮或标签页上时，会把课程表替换为一个提示。这是不对的！

Get it! 确保已经得到各个课程的XHTML片段。

各个课程的XHTML片段包含在从Head First Labs网站下载的示例中。要确保它们分别命名为`beginner.html`、`intermediate.html`和`advanced.html`。这些片段应当与主页面**classes.html**在同一个目录下。

Sharpen your pencil

现在来完成Marcy的页面。需要修改JavaScript，使得只有当欢迎标签页处于活动状态时才会显示提示。如果选择了某个课程，就不应显示提示。可以对以下的代码做记号、划掉或增加一些代码来完成schedule.js。为了对你有所帮助，我们只显示了脚本中需要修改或补充的部分，以及与这些修改相关的部分。祝你好运！

```javascript
var welcomePaneShowing = true;

function showHint() {
  if (!welcomePaneShowing) {
    return;
  }
  // code to show hints based on which tab is selected
}

function showTab() {
  var selectedTab = this.title;

  var tabs = document.getElementById("tabs").getElementsByTagName("a");
  for (var i=0; i<tabs.length; i++) {
    var currentTab = tabs[i];
    if (currentTab.title == 'selectedTab') {
      currentTab.className = 'active';
    } else {
      currentTab.className = 'inactive';
    }
  }
  var request = createRequest();
  if (request == null) {
    alert("Unable to create request");
    return;
  }
  request.onreadystatechange = showSchedule;
  request.open("GET", selectedTab + .html, true);
  request.send(null);
}
```

Sharpen your pencil
Solution

你的任务是完成这个代码，从而在标签页中显示所选课程而不是显示提示。只有当活动标签页是Welcome标签页时才显示提示。

```
var welcomePaneShowing = true;
```
这是最关键的变量。它指示是否正在显示欢迎面板。如果不是，则不显示任何提示。

```
function showHint() {
  if (!welcomePaneShowing) {
    return;
  }
  // code to show hints based on which tab is selected
}
```
在showHint()中已经有对欢迎面板的检查……所以只需确保正确地设置这个变量。

```
function showTab() {
  var selectedTab = this.title;
```
这里是新增的代码。首先，需要查看所选标签页是否是Welcome标签页。

```
  if (selectedTab == "welcome") {
```
如果是，则应更新welcomePaneShowing变量。

```
    welcomePaneShowing = true;
    document.getElementById(content).innerHTML =
```
如果你能想到这一点，可以额外加分。如果选择了欢迎面板，需要用欢迎消息覆盖课程表……

```
    "<h3>Click a tab to display the course schedule for the class</h3>";
```
……否则，欢迎面板上将出现一个课程表，而且不清楚在显示哪个课程的信息！

```
  } else {
    welcomePaneShowing = false;
  }
```
如果选择了任何其他标签页，则把welcomePaneShowing更新为balse。这样一来，由于showHint()中有if语句，将不会显示任何提示。

这里实际上有问题……我们在JavaScript中混杂了表示！第5章和第6章介绍DOM时你会了解一种避免这个问题的方法。

```
  // everything else stayed the same!
}
```

---

there are no
Dumb Questions

问： 如果我没有想到选择Welcome标签页时要把内容面板改回为欢迎消息，那该怎么办?

答： 没关系。不过，一定要把这个代码增加到你的schedule.js中。将来要想避免出现这样的遗漏，一种方法就是一定要测试你的代码。加载瑜珈课程页面，在页面上点击和移动鼠标…… 有没有什么看上去很滑稽？如果有，就要做必要的修改来解决那个问题。

运行测试

确保你已经有了XHTML片段、更新后的CSS、简洁的XHTML课程页面（不包含表示！）以及完整的schedule.js。加载Marcy的Web页面，自己试一试。

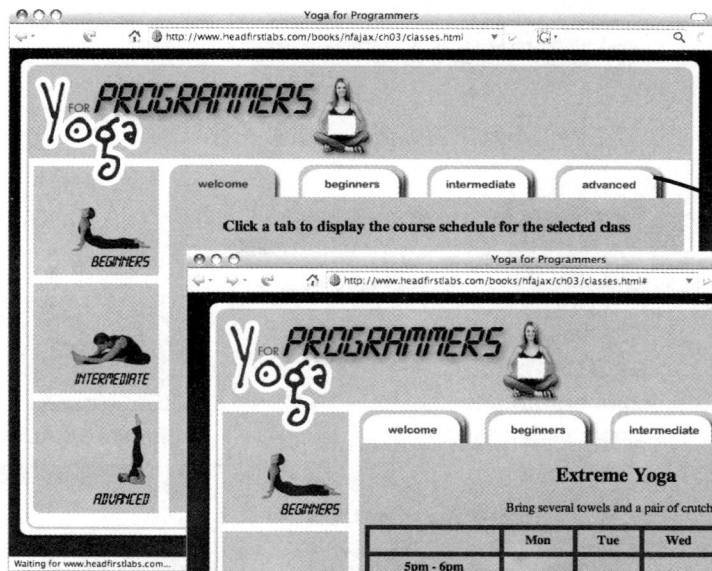

点击一个标签页或按钮会选择适当的课程表和介绍……

……而且提示不再覆盖课程特定的信息。

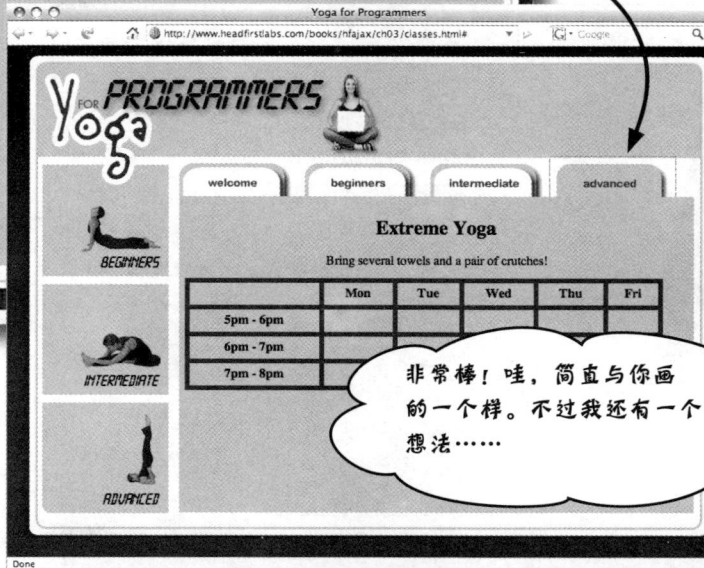

非常棒！哇，简直与你画的一个样。不过我还有一个想法……

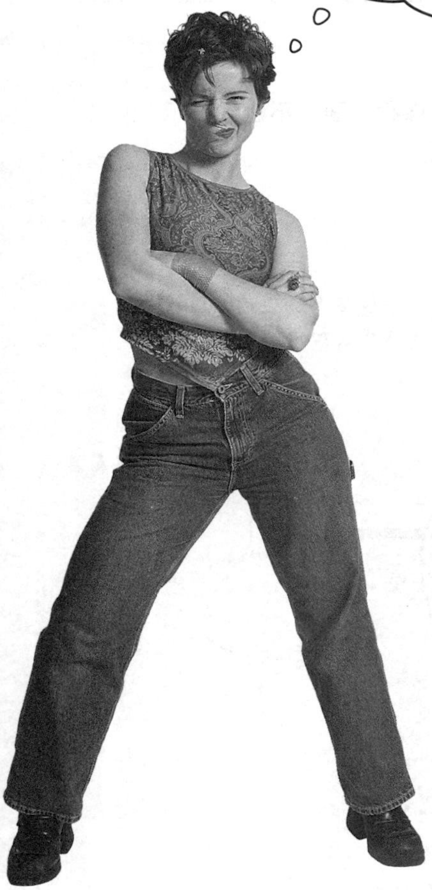

我还有更多不同瑜珈课的图片。如果把鼠标移到左边的某个图像上时图像能改变，这样是不是更酷？

Marcy希望当用户把鼠标移到左边的图像上时图像能改变

Marcy没有尽早地让我们知道这一点，这真是太糟糕了，不过解决这个问题也不会太困难。页面加载时，图像看上去是一种样子；但是每次用户把鼠标移到按钮上时，图像应该改变，变成另一种样子。

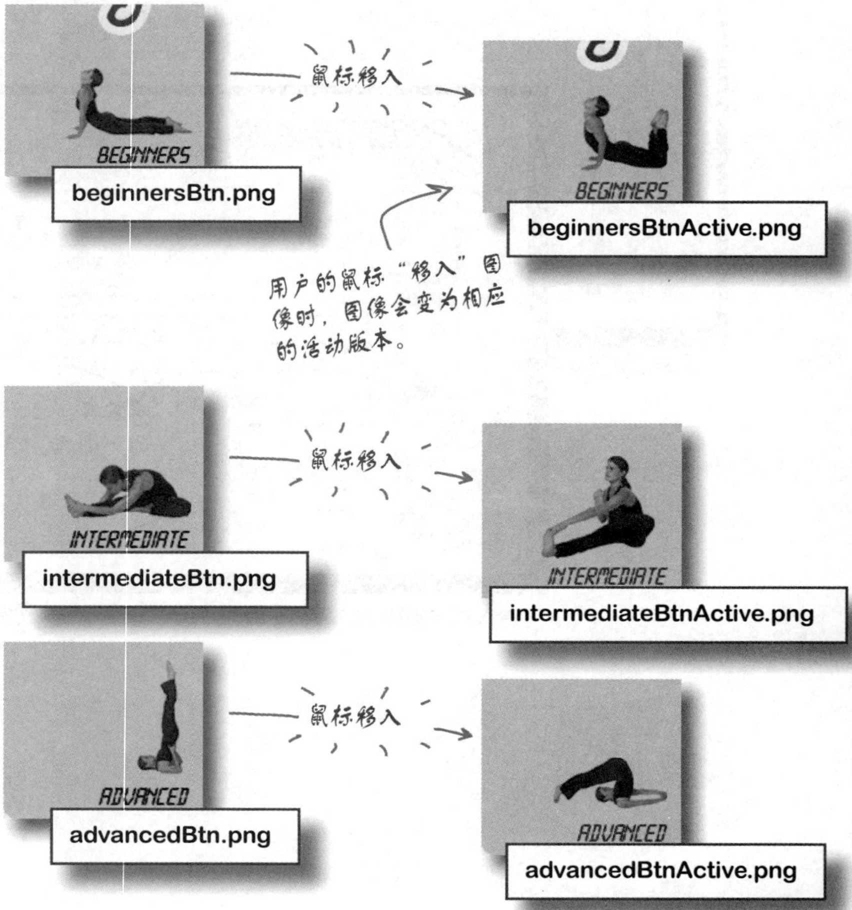

BEGINNERS
beginnersBtn.png
鼠标移入
BEGINNERS
beginnersBtnActive.png
用户的鼠标“移入”图像时，图像会变为相应的活动版本。
INTERMEDIATE
intermediateBtn.png
鼠标移入
INTERMEDIATE
intermediateBtnActive.png
ADVANCED
advancedBtn.png
鼠标移入
ADVANCED
advancedBtnActive.png

需要改变脚本中的图像时，应当考虑"改变CSS类"

这里也要特别强调表示与行为分离。在修改任何代码之前，要这样来考虑："这种情况下我是不是要把行为（代码）与表示（如图像）混在一起？"

如果是，那就应该完成一些重构工作。图像按钮确实很像标签页，但它们看上去像按钮而不是标签页。所以下面为两个按钮状态增加一些新的CSS类：正常按钮和活动按钮。

```css
#navigation a {
  display: block;  float: left;
  height: 0;   margin: 0 0 10px 0;
  overflow: hidden;   padding: 140px 0 0 0;
  width: 155px;   z-index: 200;
}
```

这些规则适用于所有<a>，可以处理元素的定位和大小调整。

```css
#navigation a#beginners {
  background: url('../images/beginnersBtn.png') no-repeat;
}
```

默认地，按钮使用一个图像……

```css
#navigation a#beginners.active {
  background: url('../images/beginnersBtnActive.png') no-repeat;
}
```

……当按钮处于活动状态时，它使用另一个图像。

```css
#navigation a#intermediate {
  background: url('../images/intermediateBtn.png') no-repeat;
}
#navigation a#intermediate.active {
  background: url('../images/intermediateBtnActive.png') no-repeat;
}
#navigation a#advanced {
  background: url('../images/advancedBtn.png') no-repeat;
}
#navigation a#advanced.active {
  background: url('../images/advancedBtnActive.png') no-repeat;
}
```

与标签页的相应类一样，这些可以放在CSS中的任意位置。

yoga.css

XHTML中的链接表示为 <a>元素

在这里还可以对XHTML做一些改进。目前，图像都表示为
<img>标记，但是实际上它们的功能就相当于链接按钮：可以点
击某个图像来得到一个课程表。

下面把各个按钮改为<a>，这样能更好地表示能点击这个元素到达
一个不同的目标，在这里目标就是一个课程表和课程介绍。

```
... XHTML for page head, body, etc ...

    <div id="navigation">                                          确保使用正确的id和title。
    <a id="beginners" title="beginners" href="#">Beginners</a>
    <a id="intermediate" title="intermediate" href="#">Intermediate</a>
    <a id="advanced" title="advanced" href="#">Advanced</a>
    <img src="images/beginnersBtn.png" alt="Beginners Yoga"
        title="beginners" class="nav" />                        这个文本会被按钮图
    <img src="images/intermediateBtn.png" alt="Intermediate Yoga"  像覆盖。
        title="intermediate" class="nav"/>
    <img src="images/advancedBtn.png" alt=Advanced "Yoga"
        title="advanced" class="nav"/>
    </div>
```

classes.html

there are no Dumb Questions

问： 对于标签页，我们有一个inactive类和一个active类。但是对于按钮，XHTML中这些按钮并没有类（class属性），另外CSS中只有包含活动图像的active类，为什么这些按钮没有一个inactive CSS类呢？

答： 问得好。对于标签页，有两个不同的状态：活动（处于前台）和不活动（处于后台），不过，按钮实际上有一个正常状态（正常显示）和活动状态（按钮高亮显示）。所以一般情况下只是一个按钮（而没有类），然后在鼠标移入该按钮时再为按钮指定active类，这样做会更合适。不过，统一性总不是坏事，所以如果你坚持认为那样更合适，也可以使用inactive和active类。

还需要一个函数显示活动按钮和隐藏按钮

对schedule.js做任何修改之前，先来增加两个我们需要的函数。首先，需要一个buttonOver()函数显示一个按钮的活动图像。为此需改变一个CSS类。

```
function buttonOver() {
    this.className = "active";
}
```

鼠标移到一个按钮上进，使它变为活动的。

用户鼠标移出按钮区域时可以做完全相反的工作，只需把它改回为默认状态，也就是没有任何CSS类。

```
function buttonOut() {
    this.className = "";
}
```

鼠标移出一个按钮时，回到默认状态。

初始化页面时，需要指定新的事件处理程序

现在需要为适当的事件指定新的函数，buttonOver()应当指定到按钮的onmouseover事件，buttonOut()应当指定到按钮的onmouseout事件。

还可以更新代码，使用表示按钮的新的<a>元素而不是原来的<img>元素。

在JavaScript中，元素表示为一个对象。这个对象对于在所表示元素上发生的每个事件都有一个属性。

```
function initPage() {
    // code to deal with tabs

    var buttons =
        document.getElementById("navigation").getElementsByTagName("a");
    for (var i=0; i<buttons.length; i++) {
        var currentBtn = buttons[i];
        currentBtn.onmouseover = showHint;
        currentBtn.onmouseout = hideHint;
        currentBtn.onclick = showTab;
        currentBtn.onmouseover = buttonOver;
        currentBtn.onmouseout = buttonOut;
    }
}
```

在更新后的XHTML中，需要得到嵌套在navigation <div>中的所有<a>元素。

我们将原来名为images的数组改名为buttons。

这里是新的事件处理程序。

运行测试（终结篇）

一切都应该能正常工作了！完成以上对XHTML、CSS和JavaScript所做的修改，让
Marcy感受一下这个一流的交互式课程表页面。

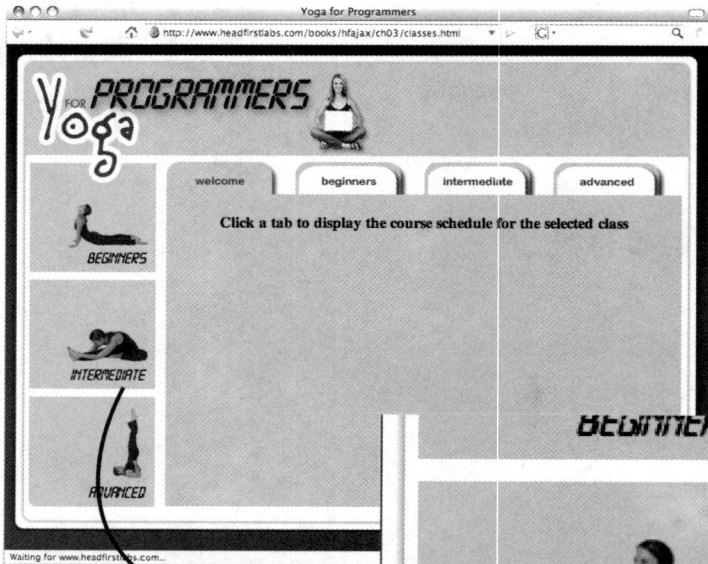

移动鼠标，会得到按钮的活动
版本，显示一个新图像。

别那么快下结论…… 你试过这个页面吗？图像确实是变了，但是鼠标移到按钮上时那些有用的提示会怎么样呢？它们都不见了！

关联到按钮onmouseover和onmouseout事件的提示会有什么变化？

你会怎样做来确保Marcy的客户既得到很酷的交互式按钮<u>又</u>能得到有用的提示？

如果你已经有了想法，翻开第4章，看看如何把你的事件处理水平（确确实实）提高到一个新的层次。

4 多个事件处理程序

两人成伴

你没来之前我简直不知如何是好。我是说，虽然我很擅长 onclick，但是要不是你做的一些验证，我肯定没有那么自信。

一个事件处理程序往往还不够。

有时一个事件需要调用多个事件处理程序。也许你要做一些特定事件的动作，另外还有一些通用代码，把所有这些内容都塞到一个事件处理函数中是不合适的。或许你力图创建简洁、可重用的代码，而且同一个事件要触发两个不同的功能，很幸运地，你可以使用一些DOM Level 2方法为单个事件指定多个事件处理函数。

一个事件只能有一个事件处理程序与之关联（或者看上去如此）

Marcy的页面有一个问题。我们为图像按钮的onmouseover属性
指定了如下两个事件处理程序。

```
function initPage() {
  // code to deal with tabs

  var buttons =
    document.getElementById("navigation").getElementsByTagName("a");
  for (var i=0; i<buttons.length; i++) {
    var currentBtn = buttons[i];
    currentBtn.onmouseover = showHint;
    currentBtn.onmouseout = hideHint;
    currentBtn.onclick = showTab;
    currentBtn.onmouseover = buttonOver;
    currentBtn.onmouseout = buttonOut;
  }
}
```

这是同一个事件：currentBtn的onmouseover。不
过这里为它指定了showHint()处理函数……

……以及buttonOver()处理函数。

只会运行所指定的最后一个事件处理程序

为同一个事件指定两个事件处理程序时，只有所指定的最后一个事
件处理程序得以运行。所以在Marcy的页面上，当鼠标移到一个按
钮上时会触发onmouseover。然后，这个事件会运行为其指定的
最后一个事件处理程序：buttonOver()。

鼠标移到一个按钮上时图像会改变，
说明调用了buttonOver()。

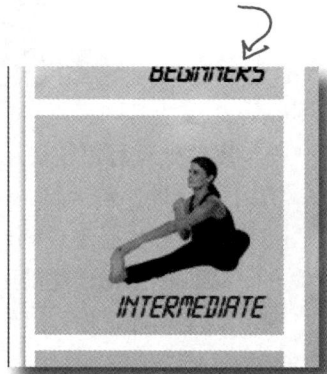

但是不再显示提示。说明
showHint()没有运行。

事件处理程序只是属性

为XHTML元素上的一个事件指定事件处理程序时，这个事件处理程序会
成为该元素的一个属性，就像<a>元素的id或title属性一样。

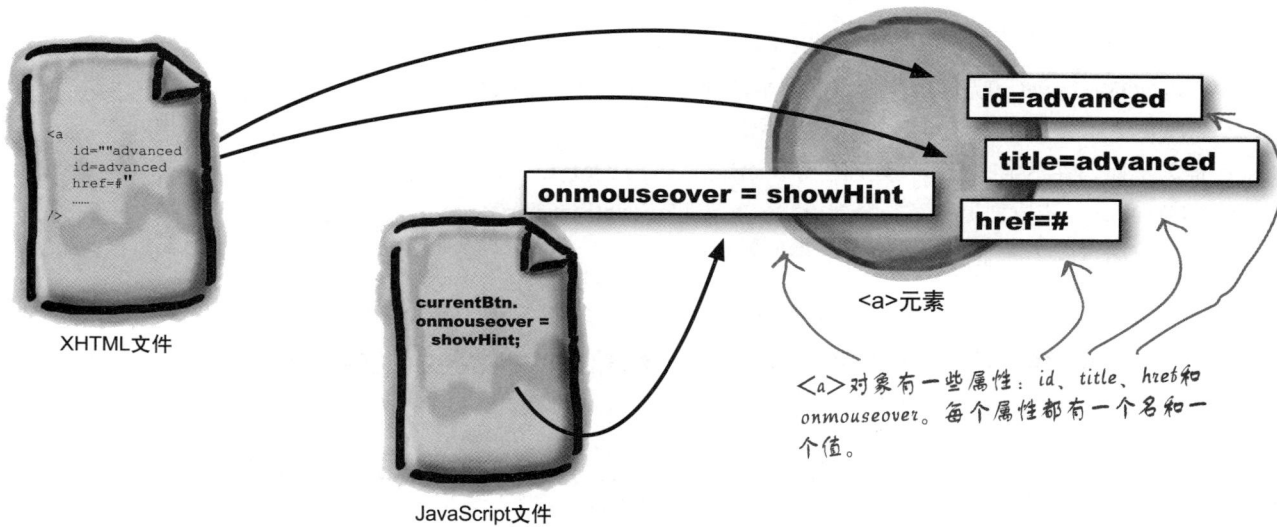

id=advanced

title=advanced

onmouseover = showHint

href=#

XHTML文件

```
<a
  id=""advanced
  id=advanced
  href=#"
  ...
/>
```

```
currentBtn.
onmouseover =
  showHint;
```

JavaScript文件

<a>元素

<a>对象有一些属性：*id、title、href和
onmouseover*。每个属性都有一个名和一
个值。

一个属性只能有一个值

如果为一个属性赋值，这个属性就将有这一个值。那么对这个属性再赋
另外一个值时会发生什么呢？该属性会有那个*新值*，原来的值就没有了。

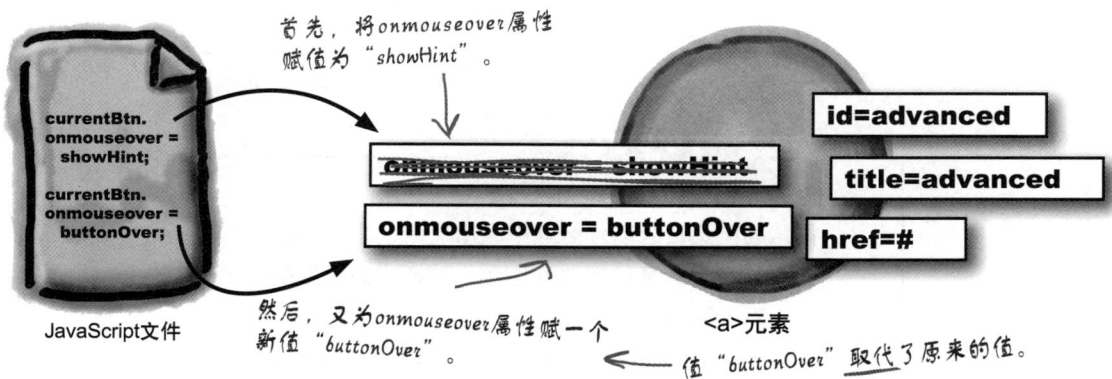

首先，将*onmouseover*属性
赋值为"*showHint*"。

```
currentBtn.
onmouseover =
  showHint;

currentBtn.
onmouseover =
  buttonOver;
```

JavaScript文件

~~onmouseover = showHint~~

onmouseover = buttonOver

然后，又为*onmouseover*属性赋一个
新值"*buttonOver*"。

id=advanced

title=advanced

href=#

<a>元素

值"*buttonOver*"取代了原来的值。

用addEventListener()指定多个事件处理程序

到目前为止，我们都是通过直接设置事件属性为元素增加事件处理程序。这称为DOM Level 0模型。DOM代表**文档对象模型**（Document Object Model），Web页面上的元素就是利用DOM模型转换为能够在JavaScript代码中处理的对象。

不过DOM Level 0无法解决指定多个事件处理程序的问题。我们需要一种方法能够为一个事件指定多个事件处理程序，这意味着不能简单地为事件属性指定一个事件处理程序。这就引入了DOM Level 2模型。DOM Level 2模型提供了一个新方法，名为addEventListener()，利用这个方法可以为一个事件指定多个事件处理程序。

以下给出了addEventListener()方法。

```
currentBtn.addEventListener("mouseover", showHint, false);
```

这就是这个新方法。可以在对象所表示的任何元素上调用这个方法。

对于第一个参数，要使用事件名，但前面不加"on"。

第二个参数是事件处理程序。这应当是脚本中的一个函数，或者可以内联地声明一个函数。

现在先忽略这个参数。

```
currentBtn.addEventListener("mouseover", buttonOver, false);
```

使用addEventListener()再增加第二个事件处理程序，两个事件处理程序都会在指定事件发生时得到调用。

BRAIN POWER

你认为浏览器会以什么顺序调用这两个事件处理程序？你觉得事件处理程序运行的顺序会对你编写代码有影响吗？

there are no Dumb Questions

问： DOM? 那是什么?

答： DOM代表文档对象模型（Document Object Model）。这是一个规范，定义了Web页面上的各个部分（如元素和属性）如何表示为代码能够处理的对象。

问： 那么Level 0是什么意思?

答： Level 0实际上是DOM规范化之前发布的一个DOM解释。所以它与DOM并存，但并不是其中的一部分。

不过对于你来说，浏览器就是使用DOM Level 0为Web页面上的各个元素提供基本对象和属性的。为一个元素的onmouseover属性指定事件处理程序时，就是在使用DOM Level 0。

问： 那么DOM Level 1呢? 需要考虑这个模型吗?

答： 目前还不用考虑。DOM Level 1处理的是如何在文档中转移。例如利用DOM Level 1可以查找到一个元素的父元素，或者它的第二个子元素。我们将在第6章详细介绍DOM导航。

不过，你不必太担心使用哪个级别的DOM，但是无论使用哪一级DOM，都要确保你的浏览器支持那个级别。所有主流浏览器都支持DOM Level 0和Level 1，正是因为这个原因，可以通过编程方式使用onclick和onmouseover等事件属性指定事件处理程序。

问： addEventListener()属于DOM Level 2，是吗?

答： 完全正确。DOM Level 2增加了很多有关事件如何工作以及如何处理一些XML问题的规范（这些问题我们暂且不用考虑）。

问： 这么说，我可以使用addEventListener()增加多个事件，它适用于所有浏览器，对吗?

答： 只要这些浏览器支持DOM Level 2。但是确实有一个主流浏览器不支持 DOM Level 2……稍后我们就会介绍这个内容。

问： 我可以为事件属性指定一个数组，这样一来就可以为属性指定多个值了，难道这样做不行吗?

答： 这个想法很好，但是要由浏览器把事件连接到事件处理程序。如果你为一个事件属性指定了包含事件处理程序名的一个数组，Web浏览器并不知道该如何处理这个数组。

正是因为这个原因，DOM Level 2得以引入：它提供了一种标准方法，允许浏览器处理多个事件。一般地，规范往往能实现过程的标准化，消除所有可能的不确定性。

问： 为什么事件属性名与传入addEventListener()的事件名不一样?

答： 这也是一个非常好的问题。这只是DOM作者们的决定，他们认为要以这种方式处理事件名。所以，如果为一个事件属性赋值，要使用onclick或onmouseover。但对于addEventListener()，则要使用click和mouseover。

问： 发送给addEventListener()的最后一个参数是什么? 为什么你把它设置为false?

答： 最后这个参数指示希望完成事件浮升(false)还是事件捕获(true)。稍后会更详细地讨论事件捕获（event capturing）和事件浮升（event bubbling），所以先不用太担心。对现在来说，我们总是向addEventListener()传入false表示希望采用事件浮升方式。

使用addEventListener()可以根据需要为事件指定多个事件处理程序。

addEventListener()适用于所有支持DOM Level 2的Web浏览器。

DOM Level 2中对象可以为单个事件指定多个事件处理程序

DOM Level 2为事件增加的最重要的一点是：一个事件能够注册多个事件处理程序。下面讲的就是addEventListener()如何为一个事件增加事件处理程序。

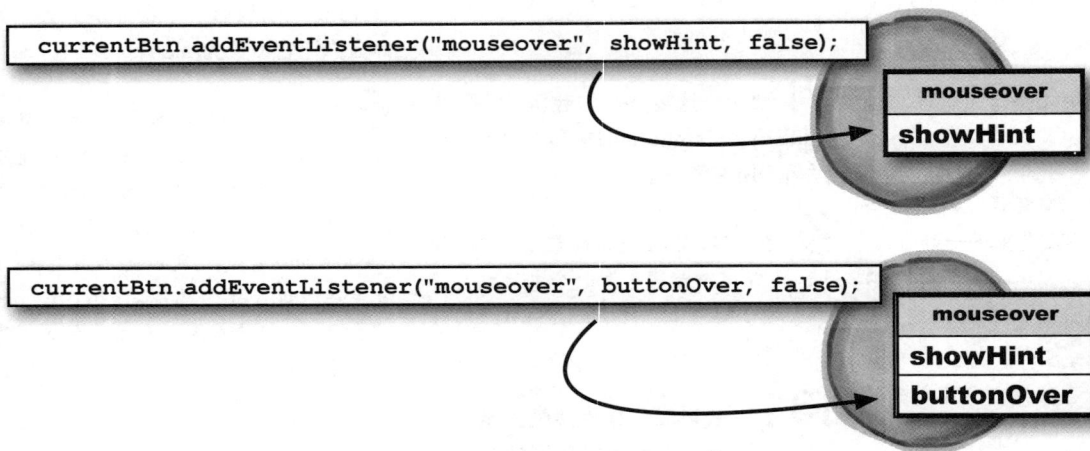

```
currentBtn.addEventListener("mouseover", showHint, false);
```

mouseover
showHint

```
currentBtn.addEventListener("mouseover", buttonOver, false);
```

mouseover
showHint
buttonOver

触发事件时，浏览器会运行该事件的每一个事件处理程序

鼠标移动触发一个事件时，浏览器会查找适当的事件。然后，浏览器会运行为该事件注册的每一个事件处理函数。

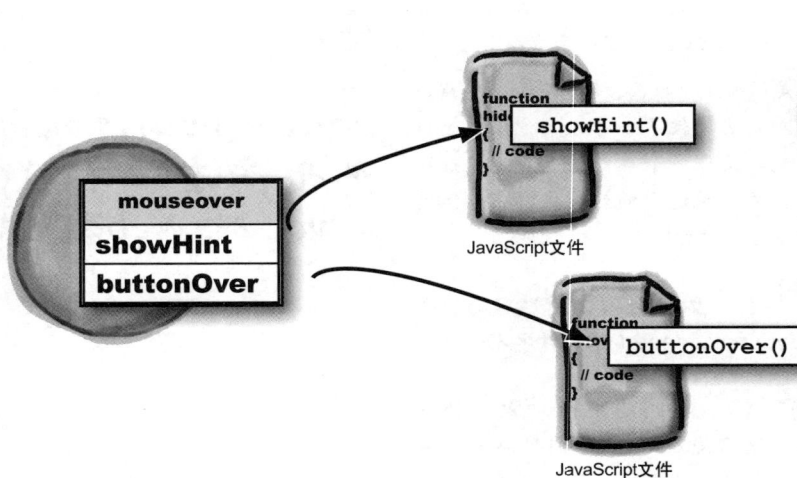

mouseover
showHint
buttonOver

```
function
hide
  // code
}
```
showHint()

JavaScript文件

```
function
  over
  // code
}
```
buttonOver()

JavaScript文件

Watch it!

事件监听者不会以某种特定的顺序调用。

你可能认为浏览器会以原先增加事件处理程序的顺序来进行调用，但这一点并不能保证。要确保事件处理程序不能依赖于所调用的顺序。

Sharpen your pencil

现在对Marcy的瑜珈页面做一些改进。以下是目前的 initPage()代码,你的任务是划掉其中不应出现的代码,并增加一些你认为必要的代码,使图像按钮鼠标事件能够正常工作。

schedule.js

```
function initPage() {

  var tabs =

    document.getElementById("tabs").getElementsByTagName("a");

  for (var i=0; i<tabs.length; i++) {

    var currentTab = tabs[i];

    currentTab.onmouseover = showHint;

    currentTab.onmouseout = hideHint;

    currentTab.onclick = showTab;

  }


  var buttons =

    document.getElementById("navigation").getElementsByTagName("a");

  for (var i=0; i<buttons.length; i++) {

    var currentBtn = buttons[i];

    currentBtn.onmouseover = showHint;

    currentBtn.onmouseout = hideHint;

    currentBtn.onclick = showTab;

    currentBtn.onmouseover = buttonOver;

    currentBtn.onmouseout = buttonOut;

  }

}
```

Sharpen your pencil
Solution

你的任务是划掉其中不应出现的代码，并增加一些你认为必
要的代码，使图像按钮鼠标事件能够正常工作。

schedule.js

window.onload. =
initPage;
urlHeader=.....

```
function initPage() {

  var tabs =

    document.getElementById("tabs").getElementsByTagName("a");

  for (var i=0; i<tabs.length; i++) {

    var currentTab = tabs[i];

    currentTab.onmouseover = showHint;

    currentTab.onmouseout = hideHint;

    currentTab.onclick = showTab;

  }


  var buttons =

    document.getElementById("navigation").getElementsByTagName("a");

  for (var i=0; i<buttons.length; i++) {

    var currentBtn = buttons[i];

    currentBtn.onmouseover = showHint;
      currentBtn.addEventListener("mouseover", showHint, false);
    currentBtn.onmouseout = hideHint;
      currentBtn.addEventListener("mouseout", hideHint, false);
    currentBtn.onclick = showTab;

    currentBtn.onmouseover = buttonOver;
      currentBtn.addEventListener("mouseover", buttonOver, false);
    currentBtn.onmouseout = buttonOut;
      currentBtn.addEventListener("mouseout", buttonOut, false);
  }

}
```

可以把这些改为使用addEventListener()，不过没有必要那么做。它们现在能很好地工作。

要记住，事件名是一样的，但是名字前没有"on"。

mouseover和mouseout事件各自都需要两个事件处理程序。

现在每个调用中这个参数都使用false…… 后面还会详细讨论事件浮升和事件捕获。

运行测试

修改你的schedule.js。打开Web浏览器,试试现在使用addEventListener()的图像按钮。一切正常吗?

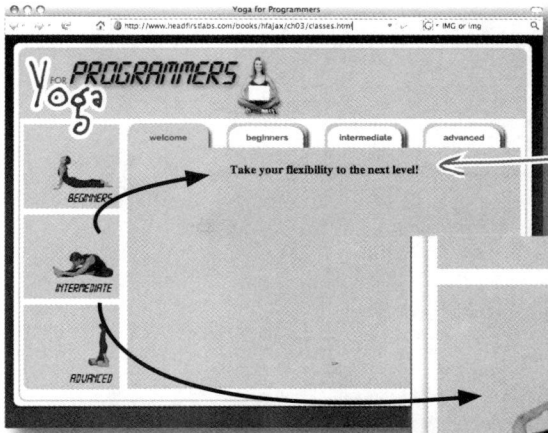

把鼠标移到中级 (intermediate) 图像上时会改变提示文本……

……并更新页面上的按钮图像。

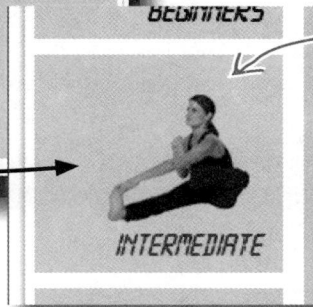

一切正常!下面让Marcy来看看。

一切正常吗?开玩笑吧? 现在提示没有显示, 而且图像也没有变。到底怎么回事?

Marcy的浏览器到底怎么了?

你认为Marcy的问题出在哪里? 为什么这个瑜珈应用不能正常工作?

提示:试试其他浏览器。

Internet Explorer怎么了？

这个瑜珈页面在Firefox、Safari和很多其他浏览器上都表现得很好……
不过在Internet Explorer上却完全不能工作。

IE在最下面的状态栏中显示了一个
小三角图标。双击那个小三角可以
看到这个错误消息。

```
Internet Explorer                                    X

 ⚠   Problems with this Web page might prevent it from being displayed properly
     or functioning properly. In the future, you can display this message by
     double-clicking the warning icon displayed in the status bar.

     ☐ Always display this message when a page contains errors.

                              [   OK   ]   [ Hide Details << ]

     Line: 7
     Char: 3
     Error: Object doesn't support this property or method
     Code: 0
     URL: http://headfirstlabs.com/books/hfajax/ch04/classes.html

                              [ Previous ]   [  Next  ]
```

鼠标移到图像上时出现了一个问题。
IE报告了一个错误…… 好像是不支持
某个属性或方法？

你无法控制用户使用
哪个浏览器。
你的任务是构建跨浏
览器的应用……一定
要在很多不同的浏览
器中测试你的代码。

Internet Explorer使用一个完全不同的事件模型

还记得addEventListener()只适用于支持DOM Level 2的浏览器吗？没错，Internet Explorer不属于这一类浏览器。IE有自己的事件模型，不支持addEventListener()。正是因为这个原因，Marcy在IE上尝试瑜珈页面时会得到一个错误。

幸运的是，IE也提供了一个方法可以完成与addEventListener()同样的工作，这就是attachEvent()。

currentBtn.attachEvent("onmouseover", showHint);

这是Internet Explorer中增加事件处理程序所用的方法。

这一次事件名前面要保留"on"……

还要为attachEvent()函数提供事件发生时所运行事件处理程序的函数名。

attachEvent()中不再有神秘的"false"。

attachEvent()和addEventListener()在功能上是等价的

尽管语法不同，但这两个函数**完成的功能都一样**。所以只需针对用户的浏览器使用适当的函数。

currentBtn.attachEvent("onmouseover", showHint);

对Internet Explorer浏览器使用attachEvent()。

Internet Explorer 7

currentBtn.addEventListener("mouseover", showHint, false);

对于Firefox……

……Opera……

……以及Safari和大多数其他现代浏览器，要使用addEventListener()。

这些都是支持DOM Level 2的浏览器。

抱歉打断一下，但这确实太傻了。IE的人是怎么想的？两个函数完成完全相同的功能？

浏览器之争一直是Web开发的发展历程中不可避免的一部分。

不论你是否接受，确实并非所有浏览器都一样。另外，在Microsoft提出他们的事件模型时，还看不出日后DOM Level 2会有如此蓬勃的发展。

不论怎样，总之写代码时不能只针对使用IE的人…… 也不能特定于不使用IE的用户。

there are no Dumb Questions

问： 这是说哪一个浏览器更好一些吗？

答： 不，我们的意思只是并非所有浏览器都采用同样的方法开发。直到不久以前DOM都还不是很明确，Microsoft只是决定朝另一个方向发展。并不是说IE比其他浏览器更好，也不是说它更不好，只是有所不同而已。

问： 我懂了，不过所有人都知道IE让人很头疼。我的意思是说……

答： 确实，大多数Web开发人员认为IE处理很困难，这只是因为它使用了一种不同的语法。不过，从另一个角度来看：如果你一直都在IE上编写代码，那么反而是Firefox、Safari和Opera会让你头疼了。

不论怎样，都应该编写适用于所有主流浏览器的Web应用，否则你会失去很多用户。

问： 为什么attachEvent()中事件名前面又有了"on"？

答： 这只是IE实现这个方法时所采用的做法。

问： addEventListener()的最后一个参数呢？在attachEvent()中这个参数到哪里去了？

答： 你应该记得，addEvent-Listener()的最后一个参数指示你希望采用事件浮升(false)还是事件捕获(true)方式。IE只支持事件浮升，所以不需要这个参数。

等我们完成了Marcy的应用，能够用于所有主流浏览器之后就会再来讨论事件捕获和事件浮升。

问： 那么我该用哪一个方法呢？addEventListener()还是attachEvent()？

答： 问得好。如果你仔细考虑，并且再翻回去看看createReque-st()函数，可能就已经知道答案了……

在IE中，事件名前面有"on"，例如，"onclick"和"onmouseover"。

在Firefox、Safari和Opera中，事件名前面没有"on"，如"click"和"mouseover"。

工具函数贴

与createRequest()一样，我们希望事件处理代码适用于多个浏览器。你的任务是使用下面的磁贴建立一个工具函数，用于为事件增加事件处理程序。

---

function   document   attachEvent   handler

(eventName   )   addEventHandler

{   obj   ;   obj   ;

addEventListener   {   if   else   +   )   .

.   }   if   eventName   {

obj   handler   )   document   ,

eventName   on   ,   ;   }

((,   handler   .

addEventListener   }   )   attachEvent

false

提示： 如果浏览器支持运行someFunction()，表达式(document.someFunction)将返回true，如果不支持这个函数则返回false。

工具函数贴答案

你的任务是想办法使事件处理代码能够在多个浏览器上运行，并要
建立一个工具函数为事件增加事件处理程序。

这个函数取得发生此事件的一个对象……

……事件名，如 "click"
或 "mouseover" ……

……以及事件处理函数。

```
function addEventHandler ( obj , eventName , handler ) {

    if ( document . attachEvent ) {
```

这是 Internet Explorer 使用的语法。

这个表达式只在 IE 上为 true。

```
        obj . attachEvent ( on + eventName , handler ) ;

    } else if ( document . addEventListener ) {
```

这是 DOM Level 2 语法。

```
        obj . addEventListener ( eventName , handler , false ) ;

    }
}
```

还可以先检查 addEventListener …… if/else-if 的顺序并不重要。

addEventHandler()适用于所有应用，而不只是Marcy的瑜珈页面

那么addEventHandler()的代码放在哪里呢?我们将在Marcy的瑜珈页面中使用这个函数，不过这实际上是一个工具函数。它适用于所有应用，而且可以用于任何浏览器。因此，可以把这个新代码增加到utils.js，这样在以后构建的Web应用中就可以重用这个工具函数了。

```
function createRequest() {
  try {
    request = new XMLHttpRequest();
  } catch (tryMS) {
    try {
      request = new ActiveXObject("Msxml2.XMLHTTP");
    } catch (otherMS) {
      try {
        request = new ActiveXObject("Microsoft.XMLHTTP");
      } catch (failed) {
        request = null;
      }
    }
  }
  return request;
}
```

类似于*createRequest()*, *addEventHandler()*
可以用于所有应用。

```
function addEventHandler(obj, eventName, handler) {
  if (document.attachEvent) {
    obj.attachEvent("on" + eventName, handler);
  } else if (document.addEventListener) {
    obj.addEventListener(eventName, handler, false);
  }
}
```

utils.js

如果构建跨浏览器的工具函数，就要将那些方法存放在可以在其他Web应用中轻松重用的脚本中。

下面更新initPage()来使用 新的工具函数

现在需要修改schedule.js中的initPage()，这里将使用 addEventHandler()，而不是addEventListener()。可以对你 的schedule.js做以下修改。

```
function initPage() {
  var tabs =
    document.getElementById("tabs").getElementsByTagName("a");
  for (var i=0; i<tabs.length; i++) {
    var currentTab = tabs[i];
    currentTab.onmouseover = showHint;
    currentTab.onmouseout = hideHint;
    currentTab.onclick = showTab;
  }

  var buttons =
    document.getElementById("navigation").getElementsByTagName("a");
  for (var i=0; i<buttons.length; i++) {
    var currentBtn = buttons[i];
    addEventHandler(currentBtn, "mouseover", showHint);
    currentBtn.addEventListener("mouseover", showHint, false);
    addEventHandler(currentBtn, "mouseout", hideHint);
    currentBtn.addEventListener("mouseout", hideHint, false);
    currentBtn.onclick = showTab;
    addEventHandler(currentBtn, "mouseover", buttonOver);
    currentBtn.addEventListener("mouseover", buttonOver, false);
    addEventHandler(currentBtn, "mouseout", buttonOut);
    currentBtn.addEventListener("mouseout", buttonOut, false);
  }
}
```

schedule.js

window.onload = initPage; urlHeader=....

addEventHandler()必须取得这个按钮 参数，因为这不是按钮本身的方法。

删除所有这些 addEventListener() 调用，因为它们只 适用于DOM Level 2 浏览器。

运行测试

现在已经有了utils.js中的addEventHandler()，另外schedule.js中也有了更新后的initPage()。完成这些修改后，可以在Internet Explorer和一个DOM Level 2浏览器中（如Firefox或Safari）尝试浏览这个瑜珈页面。

在DOM Level 2浏览器中一切正常。这说明addEventHandler()工具函数确实适用于这些浏览器。

唉呀……IE还是有麻烦。

但是这一次没有报告错误……

……尽管既没有显示提示，也没有因鼠标移动而改变图像。

使用alert()查错

由于没有任何错误消息，因此很难准确地知道InternetExplorer到底发生了什么。不过，可以在事件处理程序中增加一些alert()语句，你会看到事件处理程序确实正确地得到了调用。

```
function buttonOver() {
    alert(buttonOver() called.);
    this.className = active;
}


function buttonOut() {
    alert(buttonOut() called.);
    this.className = "";
}
```

那么还有什么会出问题呢？

事件处理程序确实得到了调用，这说明addEventHandler()确实像我们预期的那样完成了工作。在增加随鼠标移动改变图像的功能之前，我们已经看到原来事件处理程序中的代码能够正常工作。那么到底问题出在哪里？

```
function buttonOver() {
    this.className = "active";
}


function buttonOut() {
    this.className = "";
}
```

我们知道这些类名是正确的……
那么还有什么会出问题呢？

你认为可能是什么问题？
你能看出为什么代码没有按预想的那样工作？

> 我们知道CSS能正常工作，而且 showHint()和hideHint()函数中再没有其他内容了。那么应该就是这个"**this**"引用有问题，对不对？

"this"是指当前执行的函数的所有者。

JavaScript中的"this"关键字总是指示正在执行的这个函数的所有者。所以，如果方法bark()由一个名为Dog的对象调用，那么bark()中的this就会指向这个Dog对象。

使用DOM Level 0指定事件处理程序时，发生事件的元素就是所有者。所以，如果指定tab.onclick = showTab;，那么showTab()中的"this"就会指向tab元素。这就是上一章中showHint()和hideHint()能正常工作的原因。

> "所有者"和"调用者"并不相同。在一个Web环境中，浏览器会调用所有函数，不过表示页面上元素的对象才是这些函数的所有者。

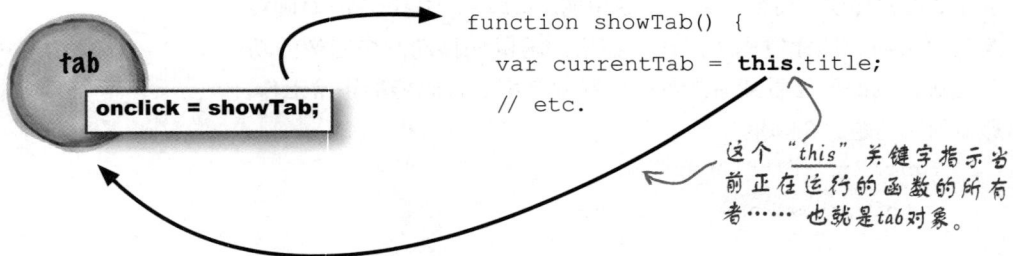

```
tab
onclick = showTab;
```

```
function showTab() {
    var currentTab = this.title;
    // etc.
```

> 这个"*this*"关键字指示当前正在运行的函数的所有者……也就是tab对象。

在DOM Level 2中，发生事件的对象仍是其事件处理程序的所有者。

使用DOM Level 2浏览器时（如Firefox、Safari或Opera），事件处理框架将事件处理程序的所有者设置为发生了该事件处理程序所对应事件的对象。所以会有DOM Level 0同样的行为。正是基于这个原因，我们的事件处理程序对于DOM Level 2浏览器仍能正常工作。

但是IE呢？

IE中事件处理程序的所有者是IE的事件框架，而<u>不是</u>当前活动的页面对象

你已经知道，IE没有实现DOM Level 2。IE有自己的事件处理框架。所以在IE中，**事件处理函数为这个事件框架所有**，而不属于XHTML页面上通过点击事件或鼠标移动事件激活的一个对象。也就是说，showTab()中的"this"是指IE事件框架，而不是Marcy的瑜珈Web页面上的一个tab元素。

框架是指完成某个任务的一组对象或代码，如Web页面中的事件处理。

```
function showTab() {
    var currentTab = this.title;
    // etc.
```

tab

onclick = showTab;

在IE中，事件处理程序中的"*this*"是指事件处理框架中的一个对象。

在IE中，使用"*this*"无法得到页面上触发该事件的对象。

IE事件处理框架

there are no
Dumb Questions

问： 那么"this"到底指示IE框架中的哪个对象呢？

答： "this"总是指向当前运行的函数的所有者。所以，在IE事件框架中，事件处理程序中的this会指向框架的某个对象。

这个对象到底是什么并不特别重要，因为它没有多大用处。我们需要的只是能有办法得到发生了事件的那个元素的有关信息。

问： 但是如果IE采用这种方式处理事件，我们在第3章编写的代码在Internet Explorer上又怎么能正常工作呢？

答： 前面编写的代码在IE中之所以能正常工作，这是因为我们只使用了DOM Level 0语法。只要是为属性指定一个事件处理程序，如 currentBtn.onmouseover = showTab，这就是DOM Level 0语法。

不过现在的代码使用了addEvent-Listener()和attachEvent()。这不是DOM Level 0，现在this与前面代码中表示的对象并不一样。

问： 那好。这么说，这个页面在Internet Explorer中还是不能正常工作，现在该怎么办？

答： 嗯，先花点时间考虑一下你到底需要什么。"this"关键字本身并不重要，而是这个关键字允许我们访问的信息相当重要。

事件处理函数中到底需要些什么呢？

attachEvent()和addEventListener()为事件处理程序提供了另一个参数

JavaScript很酷的一点是：声明函数时不需要列出那些函数的所有参数。所以即使你的函数声明是showTab()，但调用这个函数时还可以为它传入参数。

```
function showTab() {
    var currentTab = this.title;
    // etc.
```

尽管这里没有列出任何对象，showTab()在调用时仍然可以获取额外的信息。

必须把"this"替换为另一个引用，它要指向Web页面上触发这个事件的对象。

对此也有不好的一面，有时会遗漏或忽视传入函数的参数。

事件处理程序会从attachEvent()和addEventListener()得到一个Event对象

使用DOM   Level   2和addEventListener()或者使用attachEvent()和IE注册一个事件处理程序时，这两个框架都会向事件处理程序传入一个Event类型的对象。

事件处理程序可以再使用这个对象来确定页面上哪个对象被一个事件激活，以及具体触发了哪个事件。

具体来讲，我们需要知道两个特别有用的属性。第一个是"type"，这会提供所触发事件的事件名，如"mouseover"或"click"。第二个是"target"，这会提供事件的目标，即页面上被激活的对象。

Event对象知道哪个对象触发了事件，也知道事件的类型是什么。

所以需要在事件处理函数中访问这个Event对象。

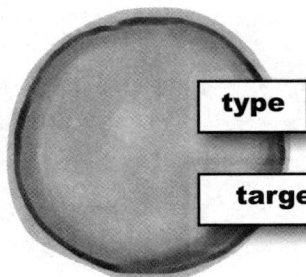

type

这是所发生事件的名。这与传入addEventListener()的串相同，如"mouseover"或"onload"。

target

这是发生了事件的对象，如Web页面上的一个标签页或一个图像。

Event对象

Event对象的target等价于DOM Level 2浏览器中通过"this"关键字得到的对象。

需要为Event参数命名，以便事件处理程序处理

不必列出JavaScript函数需要的所有参数。但是，如果确实希望在函数中使用这些参数，则必须将其列出。首先，我们需要在事件处理程序中访问Event对象，从而确定页面上的哪个对象触发了事件处理程序调用。然后，需要列出对应这个Event对象的参数。

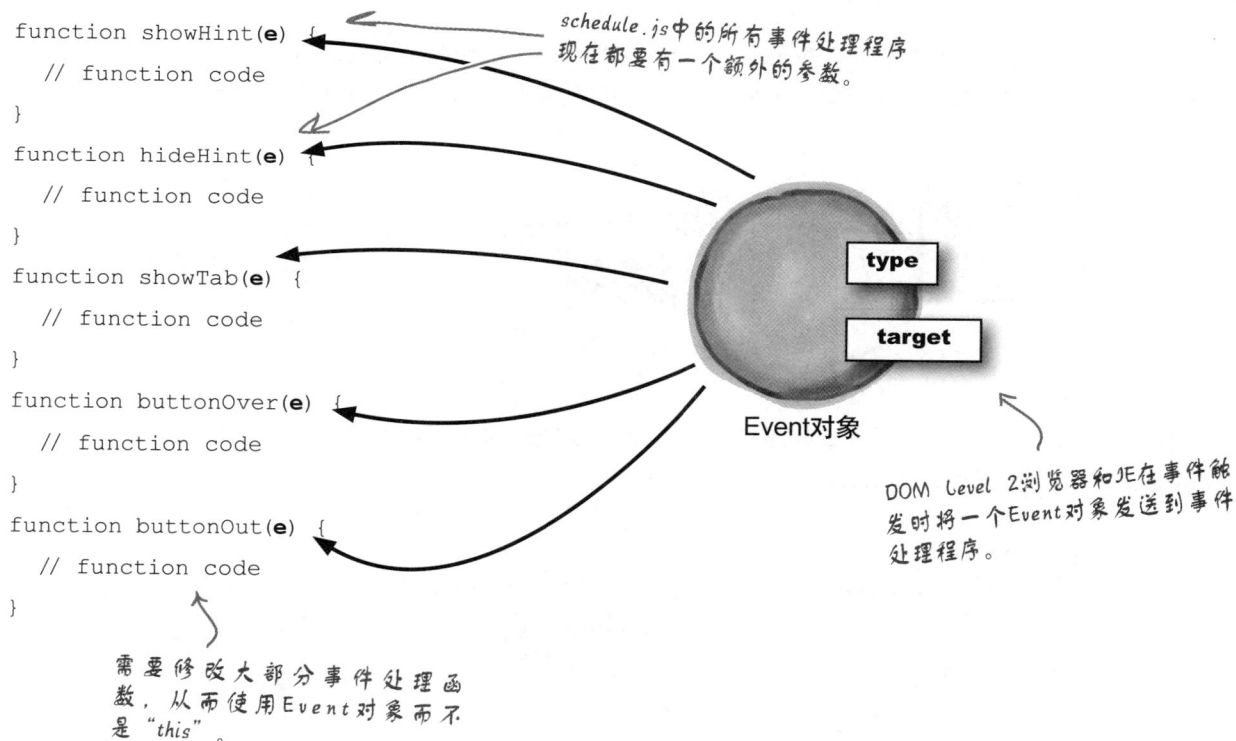

```
function showHint(e) {
    // function code
}
function hideHint(e) {
    // function code
}
function showTab(e) {
    // function code
}
function buttonOver(e) {
    // function code
}
function buttonOut(e) {
    // function code
}
```

schedule.js中的所有事件处理程序现在都要有一个额外的参数。

type

target

Event对象

DOM Level 2浏览器和IE在事件触发时将一个Event对象发送到事件处理程序。

需要修改大部分事件处理函数，从而使用Event对象而不是"this"。

BRAIN POWER

对于DOM Level 2浏览器，可以使用"this"或者传入事件处理程序的Event对象来得出哪个元素被激活。你认为这两种方法有优劣之分吗？为什么？

target还是srcElement?

target
你说的是~~tomato~~, 我说的是~~tomato~~……
         srcElement

IE和DOM Level 2浏览器都可以提供触发了事件的对象，这一点很好。不好的是，DOM Level 2和IE使用了不同版本的Event对象，它们分别有不同的属性。

有些情况下，Event对象的属性指示的是同一个东西，但是属性名不同。更糟糕的是，IE的现代版本会传入一个Event对象，而较早版本的IE则通过window对象的一个属性来提供Event对象。

支持DOM Level 2的浏览器，如Firefox、Safari和Opera，都会向事件处理程序传入一个Event对象。这个Event对象有一个名为"target"的属性，指示触发了事件的对象。

target指示被激活的对象。

myScript.js

Internet Explorer 7向事件处理程序传入一个Event对象。这个Event对象有一个名为"srcElement"的属性，指示触发了事件的对象。

myScript.js

较早版本的Internet Explorer通过window对象的一个名为"srcElement"的属性来提供触发了事件的对象。

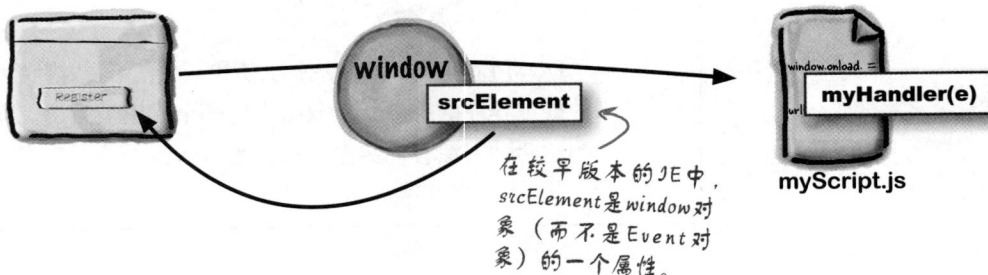

在较早版本的IE中，srcElement是window对象（而不是Event对象）的一个属性。

myScript.js

WHO DOES WHAT?

你认为自己确实了解浏览器吗？下面这个小测验可以帮助你检查自己的了解程度。哪些浏览器支持左边的各个属性、方法或行为？在相应浏览器下的框中打勾。祝你好运！

	Firefox	IE 7	Safari	Opera	IE 5
addEventListener()	☐	☐	☐	☐	☐
srcElement	☐	☐	☐	☐	☐
DOM Level 2	☐	☐	☐	☐	☐
target	☐	☐	☐	☐	☐
addEventHandler()	☐	☐	☐	☐	☐
var currentTab = this.title;	☐	☐	☐	☐	☐
DOM Level 0	☐	☐	☐	☐	☐
window.srcElement	☐	☐	☐	☐	☐
attachEvent()	☐	☐	☐	☐	☐

WHO DOES WHAT?

你认为自己确实了解浏览器吗？下面这个小测验可以帮助你检查自己的了解程度。哪些浏览器支持左边的各个属性、方法或行为？在相应浏览器下的框中打勾。

这是一个DOM level 2函数，所以IE不支持。

srcElement ← IE的所有版本都有这个属性，但所属的对象不同。

只有DOM level 2浏览器支持"target"。

这是我们的工具函数，所以在所有浏览器上都能用。

"this"有些麻烦。对于DOM level 0事件，这在所有浏览器上都能正常工作，但是如果使用了attachEvent()，在IE上这就达不到目的了。

老版本的IE将srcElement提供为window对象的一个属性。

	Firefox	IE 7	Safari	Opera	IE 5
addEventListener()	✓	□	✓	✓	□
srcElement	□	✓	□	□	✓
DOM Level 2	✓	□	✓	✓	□
target	✓	□	✓	✓	□
addEventHandler()	✓	✓	✓	✓	✓
var currentTab = this.title;	✓	?	✓	✓	?
DOM Level 0	✓	✓	✓	✓	✓
window.srcElement	□	□	□	□	✓
attachEvent()	□	✓	□	□	✓

there are no
Dumb Questions

问： 那么"this"总是指调用函数的那个函数了？

答： 不对，"this"指示函数的所有者。有时这是另外一段代码，但也有可能是一个对象，如被点击的一个标签页或表单。

问： 但在Internet Explorer中不是这样，对吗？

答： 在IE中，"this"仍然指示函数的所有者。区别在于，使用attachEvent()时，函数的所有者是IE事件处理框架中的一个对象，而不是Web页面上的一个对象。

问： 这么说，在Internet Explorer中是不是不该使用"this"？

答： 实际上，"this"一直是JavaScript中非常有用的一个内容，不论你使用IE还是DOM Level 2浏览器。但是如果在编写一个事件处理函数，可能最好要避开"this"。如果你在编写一个事件处理程序，而且将使用IE事件处理框架通过attachEvent()来调用这个函数，那就该避免使用"this"。

DOM为Web页面提供了一个基于对象的模型，以便代码进行处理。

getElementById()、document对象和onclick属性都是在代码中使用DOM的例子。

问： 我还是不太清楚有关DOM的内容。你能再解释一次吗？

答： DOM或文档对象模型（Document Object Model）是浏览器将页面表示为对象所采用的模型。JavaScript使用DOM来处理一个Web页面。所以每次改变一个元素的属性或用getElementById()得到一个元素时，就是在使用DOM。对目前来说，你只需要知道这些就足够了，不过在后面几章中将会更深入地讨论DOM。

问： 不过，只要使用addEventHandler()，我就不必操心所有这些DOM问题，对吗？

答： 嗯，你不用操心应该使用attachEvent()还是addEvent-Listener()。但是在第6章中会看到，还是有很多DOM工作要做。

addEventHandler()负责以一种浏览器中立的方式向一个事件注册事件处理程序。换句话说，addEventHandler()适用于所有现代浏览器。

问： 就因为这一点才把它放在utils.js中，对吗？因为它是一个工具函数，是不是？

答： 没错。addEventHandler()适用于所有浏览器和很多不同类型的应用，而不只是Marcy的瑜珈页面。所以最好把它放在一个可重用的脚本中，如utils.js。

问： 但是即使我们使用了addEventHandler()，还是存在target和srcElement的问题，对不对？

答： 对。IE 7通过srcElement属性向事件处理程序传入一个Event对象，它指向触发了事件的对象。较早版本的IE则通过window.srcElement属性提供同一个对象。另外DOM Level 2浏览器利用一个tartget属性来提供Event对象指向触发了事件的对象。

问： 我以前听说过这个对象被称做"激活对象"，是同一个东西吗？

答： 没错。激活对象就表示Web页面上发生了一个事件的对象。所以如果点击了一个图像，表示这个图像的JavaScript对象就是激活对象。

问： 既然addEventHandler()能够负责在所有浏览器上增加事件处理程序，为什么不干脆再建立一个工具函数处理这个target/srcElement问题呢？

答： 真是个好主意！

那么具体该怎样<u>得到</u>触发事件的对象呢?

IE和DOM Level 2浏览器处理事件的方式不同,要处理这种差异性,最好的方法是建立另一个工具函数。我们的事件处理函数现在会得到Event对象,但我们真正需要的是**激活对象**:这个对象表示页面上发生了事件的元素。

下面建立一个工具函数,获取从浏览器得到的事件参数,确定并返回激活对象。

```
function getActivatedObject(e) {

    var obj;

    if (!e) {

        // early version of IE

        obj = window.event.srcElement;

    } else if (e.srcElement) {

        // IE 7 or later

        obj = e.srcElement;

    } else {

        // DOM Level 2 browser

        obj = e.target;

    }

    return obj;

}
```

事件处理程序得到一个Event对象,所以把这个对象传递到这个工具函数。

较早版本的IE实际上不会发送这样一个对象……

……由此说明需要检查window对象的srcElement属性。

IE 7有一个srcElement属性,这正是我们想要的。

DOM Level 2浏览器通过所传入事件的target属性提供激活对象。

这个函数与createRequest()和addEventHandler()都放在utils.js中。

function createRe { …… }

utils.js

需要再次更新Marcy的代码。在所有事件处理程序中，需要使用getActivatedObject()得到激活对象，还需要修改其余的方法来使用这个函数返回的对象而不是"this"。另外，有些修改前面已经做过。每完成一个任务就打勾以示完成。

✳ **更新utils.js。**

在文件中增加addEventHandler()和getActivatedObject()。

　□ addEventHandler()　　　　□ getActivatedObject()

✳ **使用addEventHandler()，而不是addEventListener()。**

使用通用addEventHandler()抽取出DOM Level 2和IE事件处理模型的差别。

　□ 更新initPage()，从而只使用addEventHandler()

✳ **使用getActivatedObject()而不是"this"。**

更新所有事件处理函数，使用getActivatedObject()而不是"this"关键字，还需要对其他函数进行修改，使之能正常工作。

　□ showHint()　　　　　　□ hideHint()

　□ buttonOver()　　　　　□ buttonOut()

　□ showTab()

如果你认为任务已经完成，可以自己先试着运行应用。然后翻开下一页，看看我们在schedule.js和utils.js中是如何更新代码的。

你的任务是完成schedule.js的修改，使得所有事件处理程序都要取一个Event参数，并使用utils.js中的getActivatedObject()工具函数得到激活对象，还要删除事件处理函数中的所有"this"引用。

```
window.onload = initPage;
var welcomePaneShowing = true;

function initPage() {
  var tabs =
    document.getElementById("tabs").getElementsByTagName("a");
  for (var i=0; i<tabs.length; i++) {
    var currentTab = tabs[i];
    currentTab.onmouseover = showHint;
    currentTab.onmouseout = hideHint;
    currentTab.onclick = showTab;
  }

  var buttons =
    document.getElementById("navigation").getElementsByTagName("a");
  for (var i=0; i<buttons.length; i++) {
    var currentBtn = buttons[i];
    addEventHandler(currentBtn, "mouseover", showHint);
    addEventHandler(currentBtn, "mouseout", hideHint);
    currentBtn.onclick = showTab;
    addEventHandler(currentBtn, "mouseover", buttonOver);
    addEventHandler(currentBtn, "mouseout", buttonOut);
  }
}

function showHint(e) {
  if (!welcomePaneShowing) {
    return;
  }
  var me = getActivatedObject(e);
  switch (me.title) {
    case "beginners":
      var hintText = "Just getting started? Come join us"!;
      break;
    case "intermediate":
      var hintText = Take your flexibility to the next level!;
      break;
    case "advanced":
      var hintText = "Perfectly join your body and mind" +
                     "with these intensive workouts.";
      break;
    default:
```

因为这些事件只有一个事件处理程序，所以使用DOM Level 0就可以了。

这一步可能以前已经做过。现在只要是需要多个事件处理程序，都应当使用addEventHandler()。

确保为所有事件处理函数增加这个额外的参数，从而可以处理发送给这些事件处理程序的事件对象。

```
            var hintText = "Click a tab to display the course"  +
                             "schedule for the class";
   }
   var contentPane = document.getElementById("content");
   contentPane.innerHTML = "<h3> + hintText + </h3>";
}

function hideHint(e) {
   if (welcomePaneShowing) {
     var contentPane = document.getElementById("content");
     contentPane.innerHTML =
       "<h3>Click a tab to display the course schedule for the class</h3>";
   }
}

function showTab(e) {
   var selectedTab = this.title;
   var me = getActivatedObject(e);
   var selectedTab = me.title;
   if (selectedTab == "welcome") {
     welcomePaneShowing = true;
     document.getElementById("content").innerHTML =
       "<h3>Click a tab to display the course schedule for the class</h3>";
   } else {
     welcomePaneShowing = false;
   }

   // everything else is the same……
}

function buttonOver(e) {
   var me = getObject(e);
   me.classNameActivated = "active";
   this.className = "active";
}
function buttonOut(e) {
   var me = getActivatedObject(e);
   me.className = "";
   this.className = "";
}
```

schedule.js

通常都把getActivatedObject()
返回的对象称为"me"。

"me"变量代表"this"，代码
几乎不变。

运行测试

这个过程真是很漫长，不过最后再一次测试Marcy的瑜珈页面了。看看在IE和DOM Level 2浏览器中是否都能一切正常。

有了这些新的修改后，Firebox仍表现出色。

太好了！现在IE使用它自己的事件处理框架也能正常工作了。

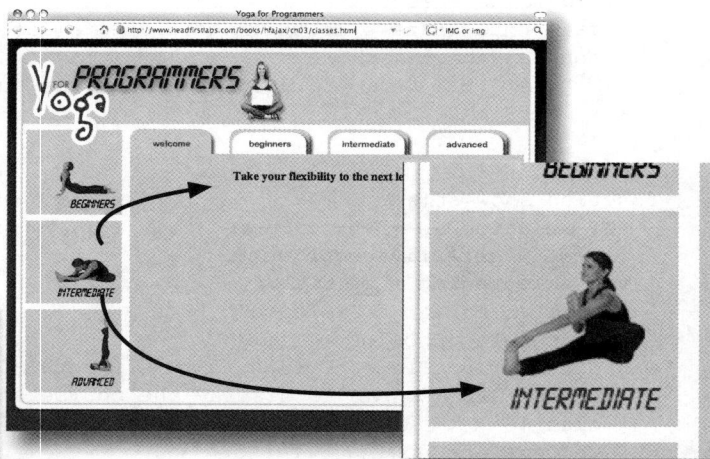

intermediate

真棒！已经有更多的人登记我的瑜珈课了。干得不错。

最后这个课程表页面终于能让Marcy满意了。

事件填字游戏

花点时间坐下来，让你的右脑活动活动。回答下面提出的问题，然后使用所填的字母按指定的数字顺序得出密信。

这个模型使用object.event = handler语法。

1	2	3	4	5	6	7	8	9

DOM Level 2中使用这个函数注册事件。

10	11	12	13	14	15	16	17	18	19	20	21	22	23	24	25

这是Marcy所教的课程。

26	27	28	29

Internet Explorer中使用这个函数注册事件。

30	31	32	33	34	35	36	37	38	39	40

这是触发事件的对象。

41	42	43	44	45	46

用户按下一个按键时会发生这个事件。

47	48	49	50	51	52	53	54	55

22	6	13	39	31		35	10	55	1	18	19	16	28
	19	20		32	35	5		49	15	26		17	2
19	23	40	7	25	29	34	21	19	37	19	41	51	

事件填字游戏

你能发现密信吗？你同意这个观点吗？

这个模型使用object.event = handler语法。

D	O	M		L	E	V	E	L	O
1	2	3		4	5	6	7	8	9

DOM Level 2中使用这个函数注册事件。

A	D	D	E	V	E	N	T	L	I	S	T	E	N	E	R
10	11	12	13	14	15	16	17	18	19	20	21	22	23	24	25

这是Marcy所教的课程。

Y	O	G	A
26	27	28	29

Internet Explorer中使用这个函数注册事件。

A	T	T	A	C	H	E	V	E	N	T
30	31	32	33	34	35	36	37	38	39	40

这是触发事件的对象。

T	A	R	G	E	T
41	42	43	44	45	46

用户按下一个按键时会发生这个事件。

O	N	K	E	Y	D	O	W	N
47	48	49	50	51	52	53	54	55

E	V	E	N	T		H	A	N	D	L	I	N	G
22	6	13	39	31		35	10	55	1	18	19	16	28

I	S		T	H	E		K	E	Y		T	O
19	20		32	35	5		49	15	26		17	2

I	N	T	E	R	A	C	T	I	V	I	T	Y
19	23	40	7	25	29	34	21	19	37	19	41	51

5 异步应用

这就像重新申请驾照

耐心点，亲爱的，就快到你了。

唉，我可不想再坐在这里等了。

你是不是等烦了？是不是很厌恶这种长久的等待？可以利用异步解决这个问题！

前面已经通过创建过几个页面对服务器发出异步请求来避免用户等待页面刷新。这一章中，我们还会更深入地讨论构建异步应用的详细内容。你将了解**异步到底是什么意思**，学习如何使用**多个异步请求**，甚至还可以建立一个**监视器函数**，从而避免这种异步性把你和你的用户搞糊涂。

异步<u>到底</u>是什么意思？

异步请求是指Web服务器对请求作出响应时不要求你**等待**。这说明，你不会僵在那里动弹不得：你可以继续做你想做的事情，并让服务器在处理完请求时通知你。下面来深入了解这个内容，首先看看同步请求是什么，再与异步请求进行比较。

对可乐的同步请求

我太想要一罐Head First可乐了……嘿，Rufus,你能不能去商店给我拿一罐Head First可乐来？

要拿可乐，

要拿可乐……

这是你的请求：你让你信赖的狗Rufus去给你拿一罐可乐。

你发出请求……

对可乐的异步请求

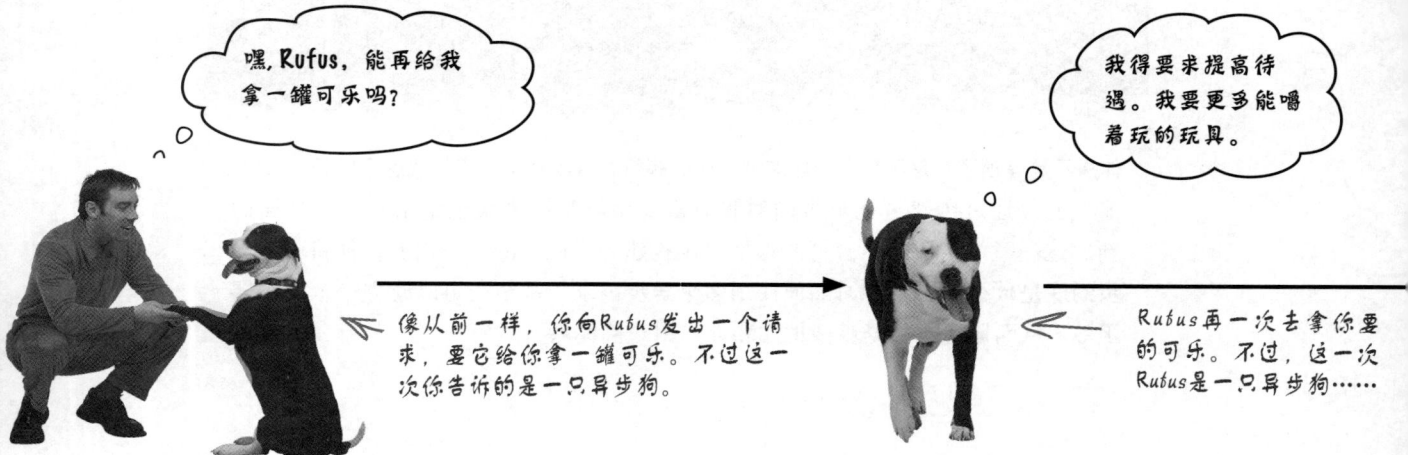

嘿, Rufus，能再给我拿一罐可乐吗?

我得要求提高待遇。我要更多能嚼着玩的玩具。

像从前一样，你向Rubus发出一个请求，要它给你拿一罐可乐。不过这一次你告诉的是一只异步狗。

Rubus再一次去拿你要的可乐。不过，这一次Rubus是一只异步狗……

好样的，Rufus! 不过我得把你做成一个异步狗……噢哟，我的背再也受不了了！

噢，我的背！

Rubus终于带着可乐往回返了……

……但是，因为这是一个同步请求，在响应返回之前你完全动弹不得。

一旦得到响应，你就能动了。

这说明它拿可乐回来之前你可以做你想做的任何事情。不会再像同步时那样不能动弹。

Rubus回来时，你打到第17个球洞，正好可以休息一下！

结果是一样的：你拿到了可乐。不过区别在于：在等待的过程中你不再是动弹不得。

異步應用

你一直都在构建异步应用

再来看看第2章为Mike's Movies影评网站构建的应用。用户键入用户名后离开这个域时，这个值会立即发送到服务器进行验证。不过，完成这个验证的同时用户还可以继续填写表单的其余内容。这是因为我们在以**异步方式**向服务器发出请求。

用户离开username域时会调用checkUsername()。

```
function checkUsername() {
  document.getElementById("username").className = "thinking";
  request = createRequest();
  if (request == null)
    alert("Unable to create request");
  else {
    var theName = document.getElementById("username").value;
    var username = escape(theName);
    var url= "checkName.php?username=" + username;
    request.onreadystatechange = showUsernameStatus;
    request.open("GET", url, true);
    request.send(null);
  }
}
```

在这里向服务器发送一个请求。

还记得request.open()的最后这个参数吗？这表示"这要作为一个异步请求。不要让用户等待服务器的响应"。

验证用户名

服务器发回响应数据，如readyState、状态码以及最后的响应本身。

响应数据

```
function showUsernameStatus() {
  if (request.readyState == 4) {
    if (request.status == 200) {
      if (request.responseText == "okay") {
        document.getElementById(username).className = "approved";
        document.getElementById("register").disabled = false;
      } else {
        document.getElementById("username").className = "denied";
        document.getElementById("username").focus();
        document.getElementById("username").select();
        document.getElementById("register").disabled = true;
      }
    }
  }
}
```

每次服务器响应新数据时都会运行这个回调函数。

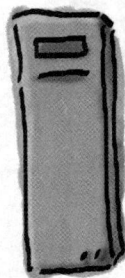

服务器的所有处理以及回调都是在用户继续填写表单的同时发生的……这里没有等待。

176 第5章

不过，有时你甚至很少注意到……

构建Mike's Movies影评网站时，你可能很少注意到这种异步性。应用与服务器之间传递的请求，特别是在开发阶段，此时没有太大的网络流量，可能根本不会花费多少时间。

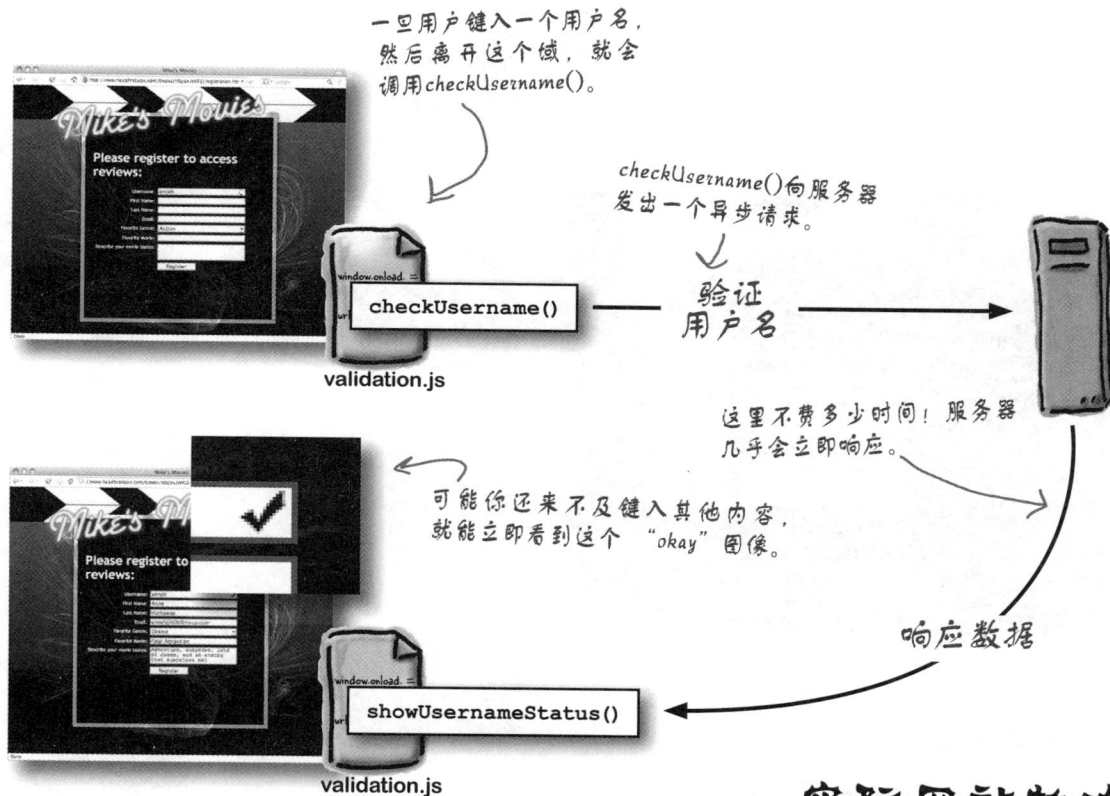

一旦用户键入一个用户名，
然后离开这个域，就会
调用checkUsername()。

checkUsername()向服务器
发出一个异步请求。

验证
用户名

checkUsername()

validation.js

这里不费多少时间！服务器
几乎会立即响应。

可能你还来不及键入其他内容，
就能立即看到这个 "okay" 图像。

响应数据

showUsernameStatus()

validation.js

但是一个实际网站的响应时间往往会**比较慢**。会有更多的人在竞争服务器资源，而且用户的机器和连接在能力和速度上可能都比不上你用于作程序开发的机器。这甚至还没有考虑到服务器作出响应所需的时间。如果服务器在请求连接一个很大的数据库，或者必须完成大量服务器端处理，这也会使请求和响应周期变慢。

实际网站的响应时间几乎总是比测试网站要慢。
要明确应用的表现，唯一的办法就是在实际网站上测试你的应用。

既然谈到更多的服务器端处理……

Mike非常喜欢你为他构建的网页，不过还有一些新的想法。他的网站越来越火，但有些人借用其他人的用户名发了一些冒名评论。Mike需要你在注册表单上增加一个口令域，异步地验证用户名和口令，把那些不受欢迎的用户永远挡在他的系统之外。

Mike有一个服务器端程序，可以用检查口令的方式来确保口令至少包含6个字符，而且其中至少有一个字母。对于一个影评网站来说这应该足够了。

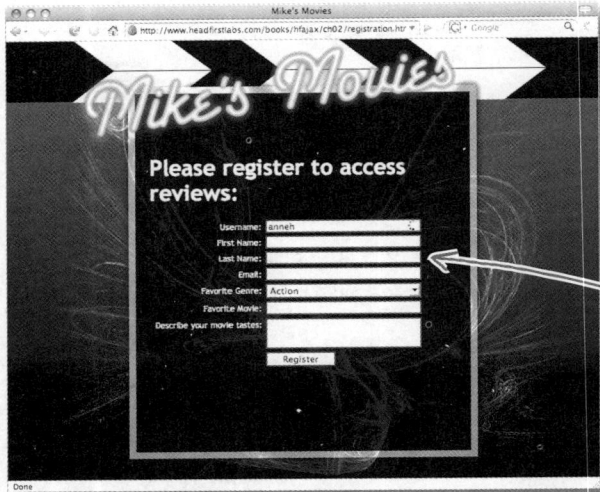

应该不太麻烦吧，对吗？

Mike希望为注册页面增加口令检验。

噢，要增加口令检验……

Mike实际上希望有两个口令域。第一个口令值发送到服务器来完成验证。第二个域用于重输口令。这两个口令域中的值必须一致。我们将在客户浏览器上处理这个问题。

另外……是不是还要有些视觉效果？

用户点击"Register"按钮时，在请求得到处理之前可能要等待很长时间，Mike不希望这样。由于我们要求用户在注册之前不允许进入网站，所以Mike另外想出了一个办法：提交和处理表单时，他希望能滚动播放他收集的电影和海报图片，这样能把用户的胃口吊起来，使他们迫切地想看到这些电影的评论。

爱提要求的Mike's Movies影评网站所有者——Mike。

Sharpen your pencil

Mike的网站还需要做很多工作。以下给出了这个应用最终版本的一个
截屏图。下面请你指出增加Mike要求的所有行为需要完成哪些交互。

在页面与你的JavaScript之间以
及JavaScript与服务器之间应当
进行什么交互？

有两个新的
口令域。需
要向Mike的
XHTML增加
这两个域。

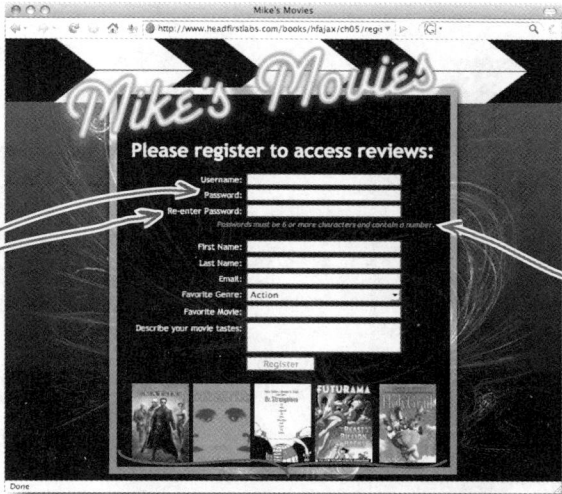

Mike还用红色文本标出
有关口令的需求。对此
只需要增加更多XHTML。

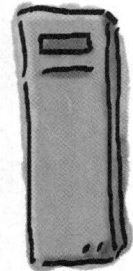

Web服务器

Mike希望所评论电影的图
片显示在页面下方。

不要忘记服务器端需求！对于Mike应用的这个版本，需要两个不同
的服务器端进程。在以下箭头上加上标签，指出向服务器发送什么，
另外你认为响应中会发回什么。

应该向服务器发送什么？

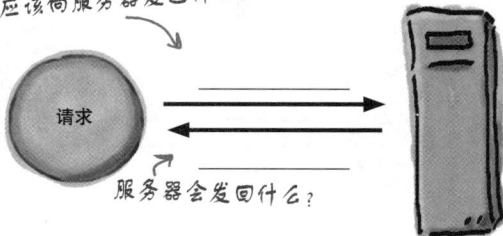

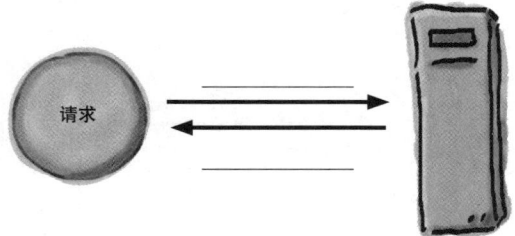

请求

服务器会发回什么？

请求

我们需要做什么?

Sharpen your pencil
Solution

对于Mike的网站还需要做很多工作。你的任务是明确实现所要求的这些行为需要发生哪些交互。

我们希望仍保留先前已做的工作,所以输入一个用户名仍然会触发验证。

用户输入一个口令时,需要调用一个JavaScript函数……

……它向服务器发送一个请求要求完成口令验证。

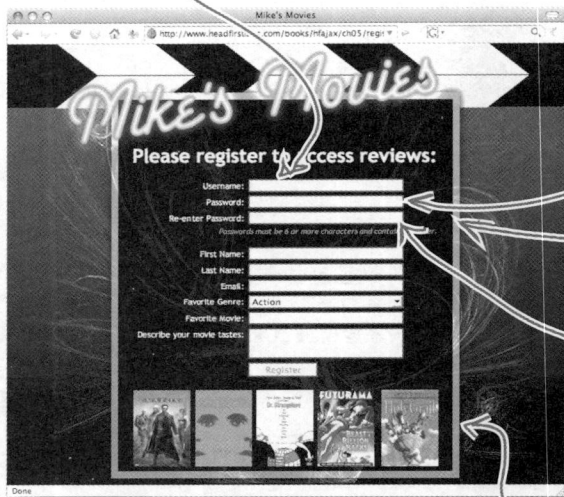

Please register to access reviews:

Username:
Password:
Re-enter Password:
Passwords must be 6 or more characters and contain a number.
First Name:
Last Name:
Email:
Favorite Genre: Action
Favorite Movie:
Describe your movie tastes:

Register

如果口令不合法,要求用户重新输入口令。

在用户提交表单之前可以使用JavaScript确保两个口令域一致。

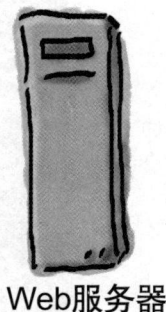

Web服务器

一旦用户点击“Register”按钮,需要完成这些图像的动画…… 所以也许需要使用JavaScript提交表单吧?

你能得出JavaScript需要向Mike的服务器发送什么吗?另外服务器端程序应当发回什么?

仍然需要检查用户名。所以这与第2章中的做法完全相同。

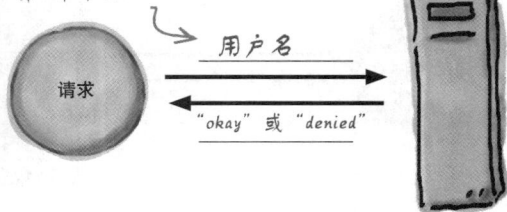

请求 → 用户名 →
← “okay” 或 “denied”

还需要向Mike的服务器发送口令来完成验证。

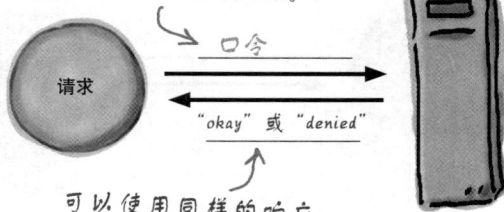

请求 → 口令 →
← “okay” 或 “denied”

可以使用同样的响应:“okay” 或 “denied”。

180 第5章

只需3个简单步骤，实现（更多）异步性

需要完成Mike的Web页面，然后增加他希望的所有额外交互。接下来，我们要想办法提交他的表单并在页面下方完成那些图像的动画。

本章中我们将通过以下步骤实现Mike's Movies影评网站的改进版本。

❶ **更新XHTML页面。**
需要再增加两个口令域：一个用于输入口令，另一个用于检验该口令。我们还需要一个区域放置那些电影图片。

❷ **验证用户的口令。**
接下来需要处理用户的口令。必须建立一个事件处理函数，它取一个口令作为参数，把口令发送给服务器，并建立一个回调来查看口令是否合法。然后类似于用户名域，可以使用同样的图标让用户知道他们的口令是否合法。

还要在这里确保两个口令域一致。

❸ **提交表单。**
最后，必须建立提交表单的代码，并在页面下方完成图像的动画。可以把这个代码关联到"Register"按钮的click事件，而不是通过一个正常的"XHTML Submit"按钮来提交表单。

需要编写代码来提交表单，同时我们必须完成图像动画。

① 更新XHTML页面

② 验证口令

③ 提交表单

需要两个口令域和一个放置封面图片的<div>

必须为表单增加两个口令域，然后还需要在页面下方增加一个<div>放置所有封面图片。以下显示了应当对registration.html做哪些修改。

```html
<html xmlns="http://www.w3.org/1999/xhtml">
<head>
  <title>Mike's Movies</title>
  <link rel="stylesheet" href="css/movies.css" />
  <script src="scripts/utils.js" type="text/javascript"></script>
  <script src="scripts/validation.js" type="text/javascript"></script>
</head>
<body>
<div id="wrapper">
  <h1>Please register to access reviews:</h1>
  <form action="register.php" method="POST">
    <ul>
      <li><label for="username">Username:</label><input id="username"
              type="text" name="username" /></li>
      <li><label for="password1">Password:</label><input id="password1"
              type="password" name="password1" /></li>
      <li><label for="password2">Re-enter Password:</label><input id="password2"
              type="password" name="password2" /></li>
      <li class="tip">Passwords must be 6 or more characters and
              contain a number.</li>
      <li><label for="firstname">First Name:</label><input id="firstname"
              type="text" name="firstname" /></li>
      <li><label for="lastname">Last Name:</label><input id="lastname"
              type="text" name="lastname" /></li>
      <li><label for="email">Email:</label><input id="email"
              type="text" name="email" /></li>
      <li>
        <label for="genre">Favorite Genre:</label>
        <select name="genre" id="genre">
          <option value="Action">Action</option>
          <option value="Comedy">Comedy</option>
          <option value="Crime">Crime</option>
          <option value="Documentary">Documentary</option>
          <option value="Drama">Drama</option>
          <option value="Horror">Horror</option>
          <option value="Musical">Musical</option>
          <option value="Romance">Romance</option>
          <option value="SciFi">Sci-Fi/Fantasy</option>
```

仍然使用前面的脚本。只需为validation.js增加一些新代码。

需要两个域，一个用于输入初始口令，另一个用于检验这个口令。

设置这些口令域的类型为"password"，使别人看不到用户输入的内容。

这个标签指出Mike的口令需求，CSS指定其样式为红色。

```
        <option value="Suspense">Suspense</option>
        <option value="Western">Western</option>
      </select>
    </li>
    <li><label for="favorite">Favorite Movie:</label><input id="favorite"
            type="text" name="favorite" /></li>
    <li><label for="tastes">Describe your movie tastes:</label><textarea
            name="tastes" cols="60" rows="2" id="tastes"></textarea></li>
    <li><label for="register"></label><input id="register"
            type="submit" value="Register" name="register" /></li>
  </ul>
</form>
```

这里相当简单。我们增加了一个有 id 的<div>……

……然后是Mike所评论电影的一组封面图片。

```
<div id="coverBar">
  <img src="images/coverMatrix.jpg" width="82" height="115"
      style="left: 0px"; />
  <img src="images/coverDeadRingers.jpg" width="82" height="115"
      style="left: 88px"; />
  <img src="images/coverDrStrangelove.jpg" width="82" height="115"
      style="left: 176px"; />
  <img src="images/coverFuturama.jpg" width="82" height="115"
      style="left: 264px"; />
  <img src="images/coverHolyGrail.jpg" width="82" height="115"
      style="left: 356px"; />
  <img src="images/coverRaisingArizona.jpg" width="82" height="115"
      style="left: 444px"; />
  <img src="images/coverRobotChicken.jpg" width="82" height="115"
      style="left: 532px"; />
</div>
```
```
</div>
</body>
</html>
```

Run it!

从 Head First Labs 网站下载CSS和图片。

在 Head First Labs 网站下载第5章示例。你会看到一些封面图片，以及对应这个XHTML的新版本 regist-ration.html，另外还有一个与这个新XHTML对应的新版本 movies.css。

there are no
Dumb Questions

问： 为什么在这些封面图片上使用style属性？把样式与XHTML混在一起不是不好吗？

答： 没错。但是除此以外唯一的选择是：对于<div>中的每一个图像分别有一个不同的类。尽量使内容与表示分离固然很好，但是如果这样做会使你的XHTML和CSS很麻烦，那么有时就得打破常规，保证XHTML和CSS更可管理。谁会愿意维护10个或15个不同的CSS类呢（每个CSS类分别对应一个电影图片）？

运行测试

试一试Mike's Movies影评网站……现在增加了口令和图像。

一旦完成registration.html的所有修改，或者如果已经下载了示例，就可在你的Web浏览器中打开这个页面。确保所有封面图片正常显示，而且有两个口令域。还要检查用户名域是否仍会向服务器发送请求来完成验证用户名，另外页面首次加载时 "Register" 按钮是禁用的。

应该有两个口令域。另外还要确保在这些域中键入内容时只会显示星号。

用户名域仍应正常工作。应该能够输入一个用户名，得到一个 "正在处理" 图标，然后显示一个对勾或一个×。

"Register" 按钮要立即禁用。

这里是Mike的所有电影图片……后面将实现动画，滚动这些图像。

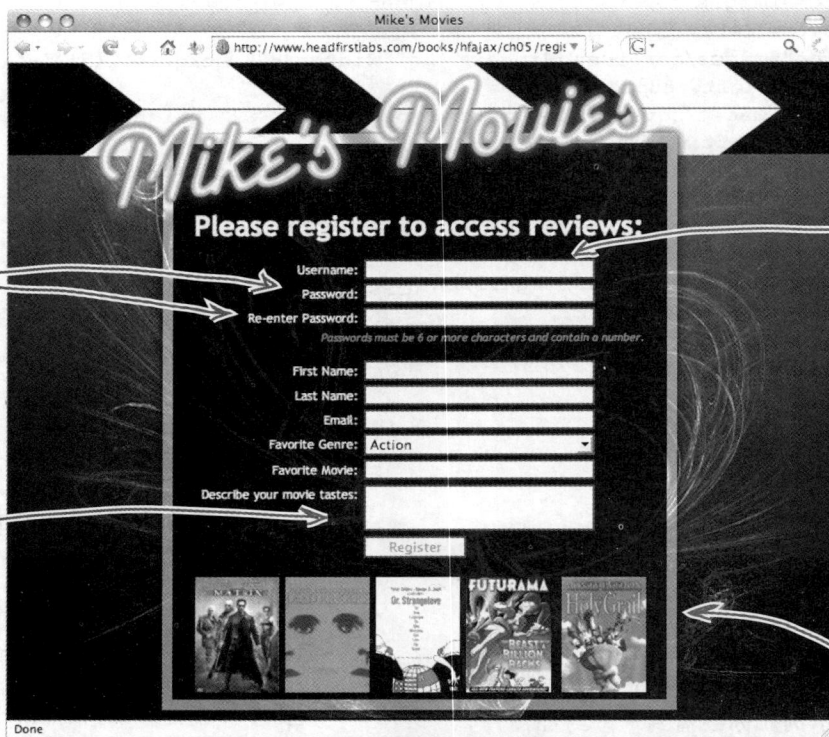

过程贴

目前，你应该已经很清楚如何把页面上的一个事件与要求一个服务器端程序处理某些数据的请求绑定。把以下磁贴放在适当的任务下面。大多数情况下这些步骤的顺序并不重要，所以只需明确这些磁贴能帮助你完成什么任务，并相应地放置磁贴。

修改完XHTML之后，可以完成下一步：验证口令。

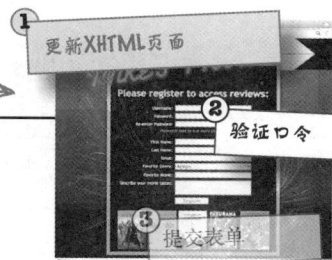

① 更新XHTML页面

② 验证口令

③ 提交表单

处理事件：

向服务器发送一个请求对象：

向适当的事件注册各个事件处理函数。

创建一个回调函数，它将在服务器响应请求时得到调用。

得到请求对象的一个实例。

发送请求对象。

在用户使用Web页面之前触发事件注册函数。

配置请求对象。

创建一个函数为事件注册事件处理程序。

为希望完成某个行为的各个事件编写事件处理程序。

过程贴答案

你的任务是建立一个过程，将Web页面上的一
个事件与一个服务器端程序关联。

会在这里发生事件特定的行为。如果
没有事件处理程序，什么也不会做。

处理事件：

这些步骤可以采用
任意的顺序。只要
确保在代码工作之
前这4步都已完成。

为希望完成某个行为的各个事件编写事件处理程序。

我们一直把这个函数
命名为initPage()。

创建一个函数为事件注册事件处理程序。

向适当的事件注册各个事件处理函数。

得到对象的一个引用，
然后为其事件属性指定
事件处理程序或者使用
addEventHandler()为该对
象的一个事件注册事件
处理程序。

在用户使用**Web**页面之前触发事件注册函数。

"window.onload = initPage()" 语句确保用户
使用页面之前设置了事件处理程序。

向服务器发送一个请求对象：

这个任务由utils.js中的
createRequest()处理。

得到请求对象的一个实例。

这些步骤必须按这
种特定顺序完成。

配置请求对象。

需要为请求指定一个URL，从而将信息发送
到这个URL，另外要指定用户响应时浏览器
所调用的回调函数。

发送请求对象。

为此要使用request.send()。

创建一个回调函数，它将在服务器响应请求时得到调用。

这会取得服务器的响应，并利用
这个响应完成某些工作。

如果需要新的行为，可能需要一个新的事件处理函数

一旦用户在表单的口令域中输入了内容，就必须验证口令。所以需要一个新的事件处理程序来验证口令。还需要为适当的口令域注册一个onblur事件处理程序。

在validation.js中，已经在initPage()中设置了事件处理程序，所以只需再增加一个新的事件处理程序赋值。

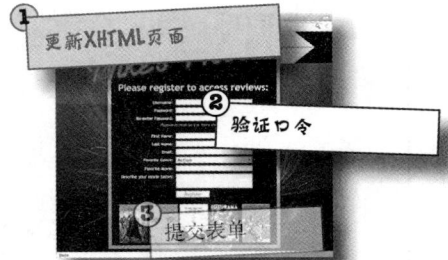

```
window.onload = initPage;

function initPage() {
  document.getElementById("username").onblur = checkUsername;
  document.getElementById("password2").onblur = checkPassword;
  document.getElementById("register").disabled = true;
}

function checkPassword() {
  // We'll write this code next
}
```

我们只需再指定另一个事件处理程序，这一次是为password2域指定事件处理程序。

validation.js

window.onload = initPage; urlHeader=....

---

there are no Dumb Questions

问 ： 为什么不使用addEventHandler()来注册checkPassword()事件处理程序呢？

答 ： 因为我们只向password2域指定一个事件处理程序。如果这个域需要多个事件处理程序，那就该使用DOM Level 2或者IE的attachEvent()了。如果是这样，你可能希望使用addEvent-Handler()。不过，由于这里的事件只有一个事件处理程序，所以我们还是使用DOM Level 0。

Sharpen your pencil

为什么checkPassword()要注册到password2域而不是password1域，你认为原因是什么？

....
....
....
....

两个口令?

Sharpen your pencil
Solution

为什么checkPassword()要注册到password2域而不是
password1域，你认为原因是什么？

向服务器发送口令来完成验证之前
需要检查两个口令彼此是否一致。
所以在用户为两个口令域都输入口
令之前什么也不能做。

不要求你的答案与此完全相同，
不过应该非常接近。

Mike's Movies

http://www.headfirstlabs.com/books/hfajax/ch05/regis

Mike's Movies

Please register to access reviews:

Username:

Password:

Re-enter Password:

Passwords must be 6 or more characters and contain a number.

First Name:

Last Name:

Email:

Favorite Genre: Action

Favorite Movie:

Describe your movie tastes:

Register

Done

如果第一个口令
域中有一个值，可
以向服务器发送一
个请求……

……但是如果第二
个口令域与之不一
致会怎么样呢？之
前的请求将毫无
意义。

确实需要首先查看两个域是否一致，然后再向服务
器发送口令来完成验证。

现在来编写一些代码。使用前面得出的结论，再加上下面的提示，应该能够写出
checkPassword()事件处理程序和showPasswordStatus()回调函数的代码。别紧张…… 你
能做得到。

EXERCISE

回调函数会在服务器为
请求返回一个响应时运
行。而事件处理程序是
在页面上发生某个事件
时运行。

提示：

● 有一个名为"thinking"的CSS类，可以用这个类设置某个口令域，从
而得到一个"正在处理"的图标。另外有一个"approved"类显示对勾
图标，以及一个"denied"类显示×图标。

● 服务器上验证口令的程序位于URL"checkPass.php"。这个程序取一
个口令，如果口令是合法的将返回"okay"，如果口令不合法则返
回"denied"。这个程序的参数名应当是"password"。

在这里编写checkPassword()和回调函数
showPasswordStatus()的代码。

EXERCISE SOLUTION

你的任务是编写checkPassword()事件处理程序和showPasswordStatus()回调函数的代码。
看看你的答案与我们的答案是否接近。

```javascript
function checkPassword() {

  var password1 = document.getElementById("password1");

  var password2 = document.getElementById("password2");

  password1.className = "thinking";


  // First compare the two passwords

  if ((password1.value == "") || (password1.value != password2.value)) {

    password1.className = "denied";

    return;

  }


  // Passwords match, so send request to server

  var request = createRequest();

  if (request == null) {

    alert("Unable to create request");

  } else {

    var password = escape(password1.value);

    var url = "checkPass.php?password=" + password;

    request.onreadystatechange = showPasswordStatus;

    request.open("GET", url, true);

    request.send(null);

  }

}
```

由于我们会大量使用这些输入域元素，所以把它们放在变量中比较合适。

一旦开始，需要显示"正在处理"图标。

首先，确保password1域不为空。

然后，需要比较两个域的值。

如果非空的口令不一致，则显示一个错误并停止处理。

这部分代码很标准。得到一个请求对象，并确保这个对象可以使用。

可以使用任何一个口令域的值…… 现在我们知道这两个口令域是相同的。

设置回调函数。

使这个请求成为一个异步请求。后面会看到，这一点非常重要……

确保这个函数名与请求对象 onreadystatechange属性的值一致。

```
function showPasswordStatus() {
    if (request.readyState == 4) {
        if (request.status == 200) {
            var password1 = document.getElementById(password1);
            if (request.responseText == "okay") {
                password1.className = "approved";
                document.getElementById("register").disabled = false;
            } else {
                password1.className = "denied";
                password1.focus();
                password1.select();
                document.getElementById("register").disabled = true;
            }
        }
    }
}
```

如果得到响应"okay"，则为 password1域显示一个对句图标。

如果口令不合法，改变CSS类……

记住要禁用"Register"按钮！

……移到password1域……

……并加亮显示password1域。

因为口令不合法，不允许用户注册，因此禁用这个按钮。

there are no Dumb Questions

问： 口令要作为GET请求的一部分发送吗？这样做安全吗？

答： 这个问题问得好！我们将在第12章更详细地讨论GET以及它是否安全。对于现在来说，我们只强调异步的有关内容，稍后会讨论如何更好地保障Mike用户口令的安全性。

问： 我试过了，可是我觉得还有一些问题……

答： 真的吗？什么问题？你认为是什么导致出现这些问题？试试我们的代码，看看能得到什么，在哪些方面可以修改或改进。试着只输入一个用户名或者只输入合法的口令，看看会发生什么？

运行测试

Mike的页面外观和表现如何?

完成对validation.js的修改,或者使用你自己的版本(只要它的基本功能相同)。然后试着运行这个页面。会发生什么?你认为我们的代码能运行吗?或者存在问题吗?

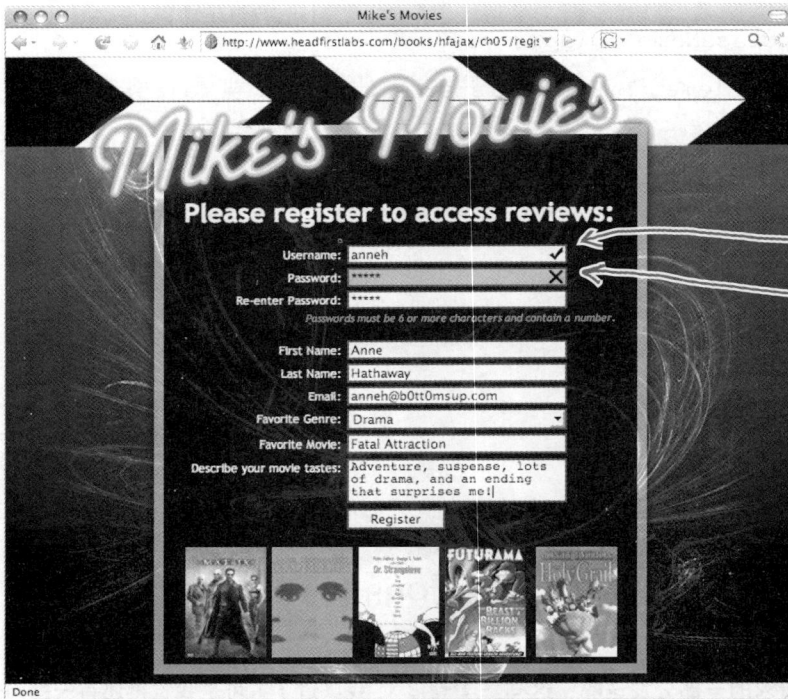

用户名域仍能正常工作……这很好。

嗯……第一个口令域有一个×。这是什么意思?用户明白吗?稍后会讨论这个问题。

动作相当快的

作为用户

你的任务是把自己当成是Mike的一个客户…… 而且录入速度相当快。可以试一试，看看先键入一个用户名，然后很快在两个口令域中键入口令时会发生什么。

键入一个用户名……

……然后很快地键入口令，一次……

……再键入一次。

最后，通过进格（tab）键离开第二个口令域，从而触发checkPassword()事件处理程序。

Please register to access reviews:

Username:
Password:
Re-enter Password:

Passwords must be 6 or more characters and contain a number.

First Name:
Last Name:
Email:
Favorite Genre: Action
Favorite Movie:
Describe your movie tastes:

Register

发生了奇怪的事情吗？到底怎么了？
你认为可能是什么导致了这个问题？

动作相当快的

作为用户答案

你的任务是把自己当成是Mike的一个客户…… 而且录入速度相当快。可以试一试，看看键入一个用户名然后很快在两个口令域中键入口令时会发生什么。

你的步骤

结果

键入一个用户名……

用户名域显示"正在处理"图标。到目前为止还一切正常。

……然后很快地键入口令，一次……

……再键入一次。

一旦两个口令都已输入，这个口令域变成"正在处理"图标。这也是对的。

最后，通过进格（tab）键离开第二个口令域从而能发checkPassword()事件处理程序。

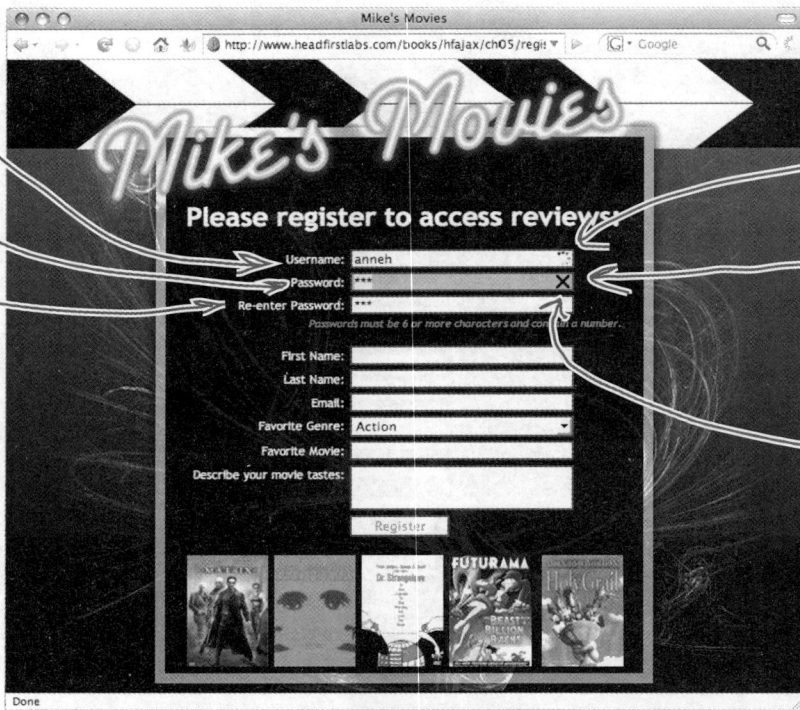

Mike's Movies

http://www.headfirstlabs.com/books/hfajax/ch05/regis

Google

Mike's Movies

Please register to access reviews!

Username: anneh

Password: ***

Re-enter Password: ***

Passwords must be 6 or more characters and contain a number.

First Name:

Last Name:

Email:

Favorite Genre: Action

Favorite Movie:

Describe your movie tastes:

Register

FUTURAMA

Done

口令状态变成"okay"或"denied"，所以这没错，但是……

用户名请求根本没有返回！这个域仍然显示"正在处理"图标。

Sharpen your pencil

现在来分析我们的异步请求到底怎么了。以下显示了一个名为"request"的请求变量以及一个服务器。你的任务是画出并标出checkUsername()、showUsernameStatus()、checkPassword()和showPasswordStatus()函数之间进行的交互。

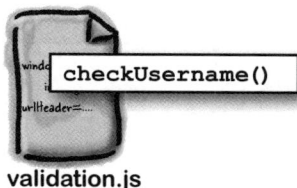

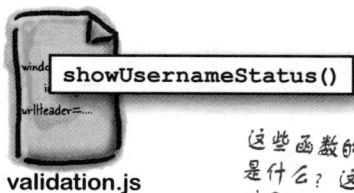

checkUsername()

validation.js

request

```
onreadystatechange =
_____ ;
```

showUsernameStatus()

validation.js

这些函数的调用顺序是什么？这会对请求对象有什么影响？

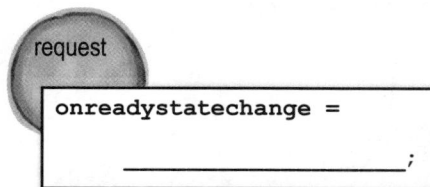

checkPassword()

validation.js

Web服务器

request

```
onreadystatechange =
_____ ;
```

showPasswordStatus()

validation.js

在JavaScript中，两个同名对象的所有一切都会共享，包括属性值。

利用一个请求对象，可以安全地发送和接收二个异步请求

checkUsername()和checkPassword()使用同一个请求对象。因为这两个函数都使用变量名"request"，所以它们使用同一个对象。下面来仔细分析建立一个请求时发生了什么，这里不涉及口令验证。

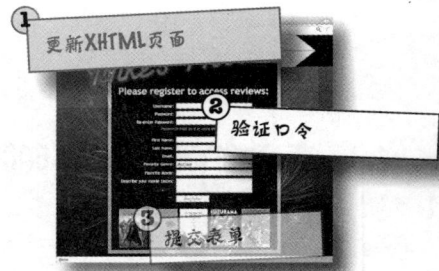

1 更新XHTML页面

2 验证口令

3 提交表单

记住，试图验证用户口令时所有这些问题都会出现。

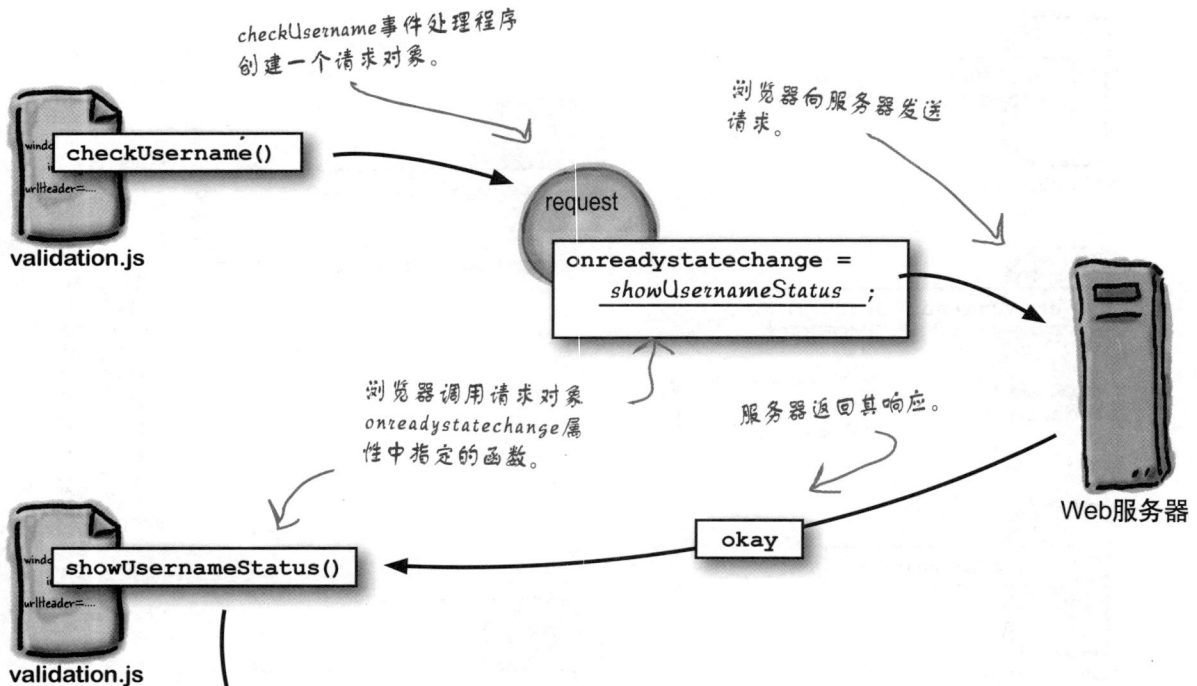

checkUsername事件处理程序创建一个请求对象。

浏览器向服务器发送请求。

checkUsername()

validation.js

request

onreadystatechange = showUsernameStatus ;

浏览器调用请求对象onreadystatechange属性中指定的函数。

服务器返回其响应。

Web服务器

showUsernameStatus()

validation.js

okay

showUsernameStatus()回调查找"okay"，从而正确地更新页面。

用户名得到验证，并显示正确的图标。

异步请求不做任何等待……甚至包括它们自己！

但是如果两个请求共享同一个请求对象会发生什么呢？这个对象只能存放一个回调函数来处理服务器响应。这说明，可能有两个完全不同的服务器响应由同一个回调函数处理……而这可能并不是正确的回调。

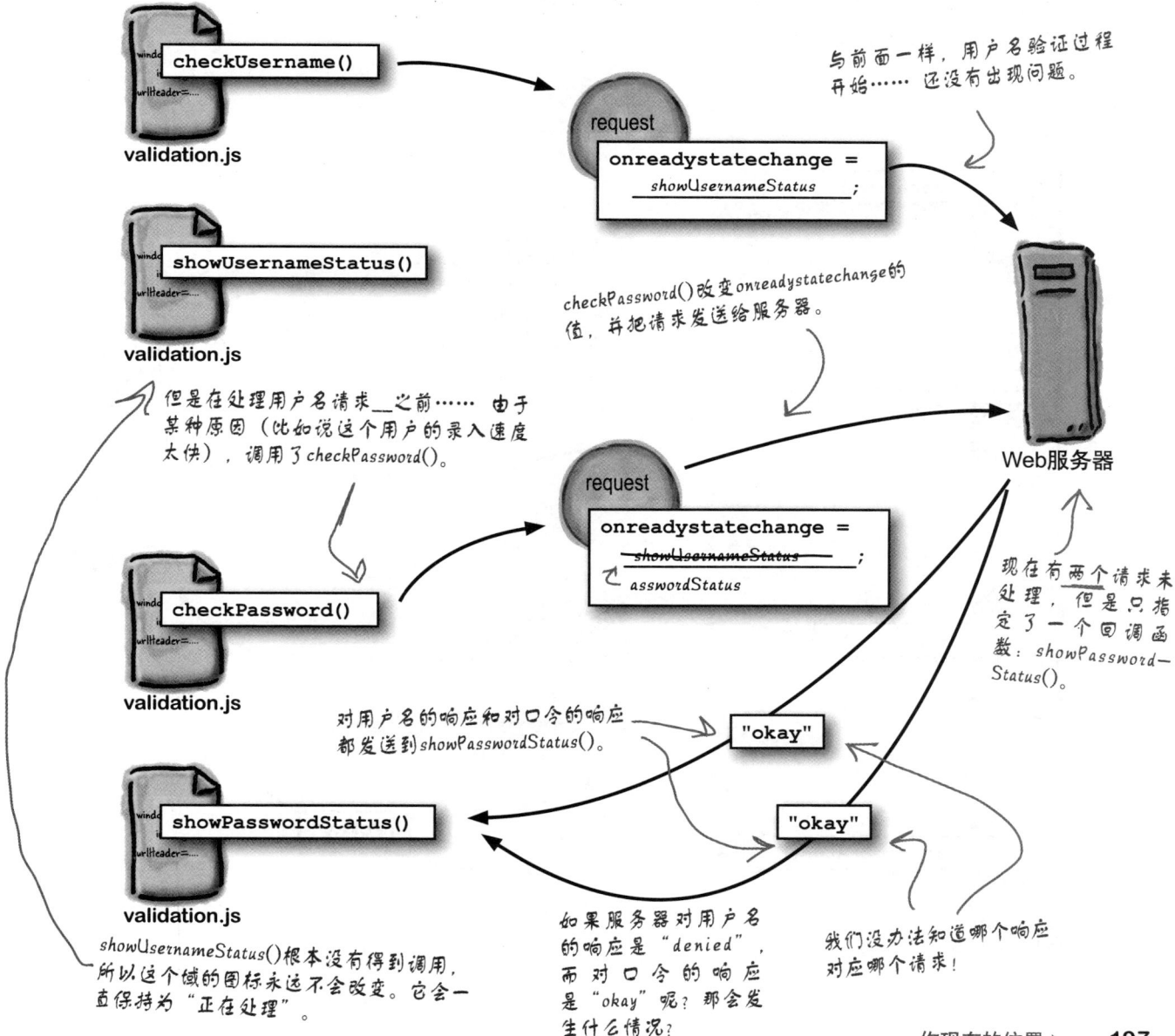

checkUsername()

validation.js

与前面一样，用户名验证过程开始……还没有出现问题。

request

onreadystatechange = *showUsernameStatus* ;

showUsernameStatus()

validation.js

checkPassword()改变onreadystatechange的值，并把请求发送给服务器。

但是在处理用户名请求__之前…… 由于某种原因（比如说这个用户的录入速度太快），调用了checkPassword()。

checkPassword()

validation.js

request

onreadystatechange = ~~showUsernameStatus~~ ; *PasswordStatus*

Web服务器

现在有两个请求未处理，但是只指定了一个回调函数：showPassword-Status()。

对用户名的响应和对口令的响应都发送到showPasswordStatus()。

"okay"

"okay"

showPasswordStatus()

validation.js

showUsernameStatus()根本没有得到调用，所以这个域的图标永远不会改变。它会一直保持为"正在处理"。

如果服务器对用户名的响应是"denied"，而对口令的响应是"okay"呢？那会发生什么情况？

我们没办法知道哪个响应对应哪个请求！

如果建立两个不同的请求，使用两个不同的请求对象

问题出在我们使用了一个请求对象来建立两个异步请求。异步的含义是什么？异步是指这两个请求不会等待浏览器或服务器的下一步动作。所以最后会用一个请求的数据覆盖另一个请求的数据。

但是，如果有两个异步请求怎么办？这两个请求不会相互等待，也不会让用户等待，每个请求对象都有自己的数据，而不是共享数据。

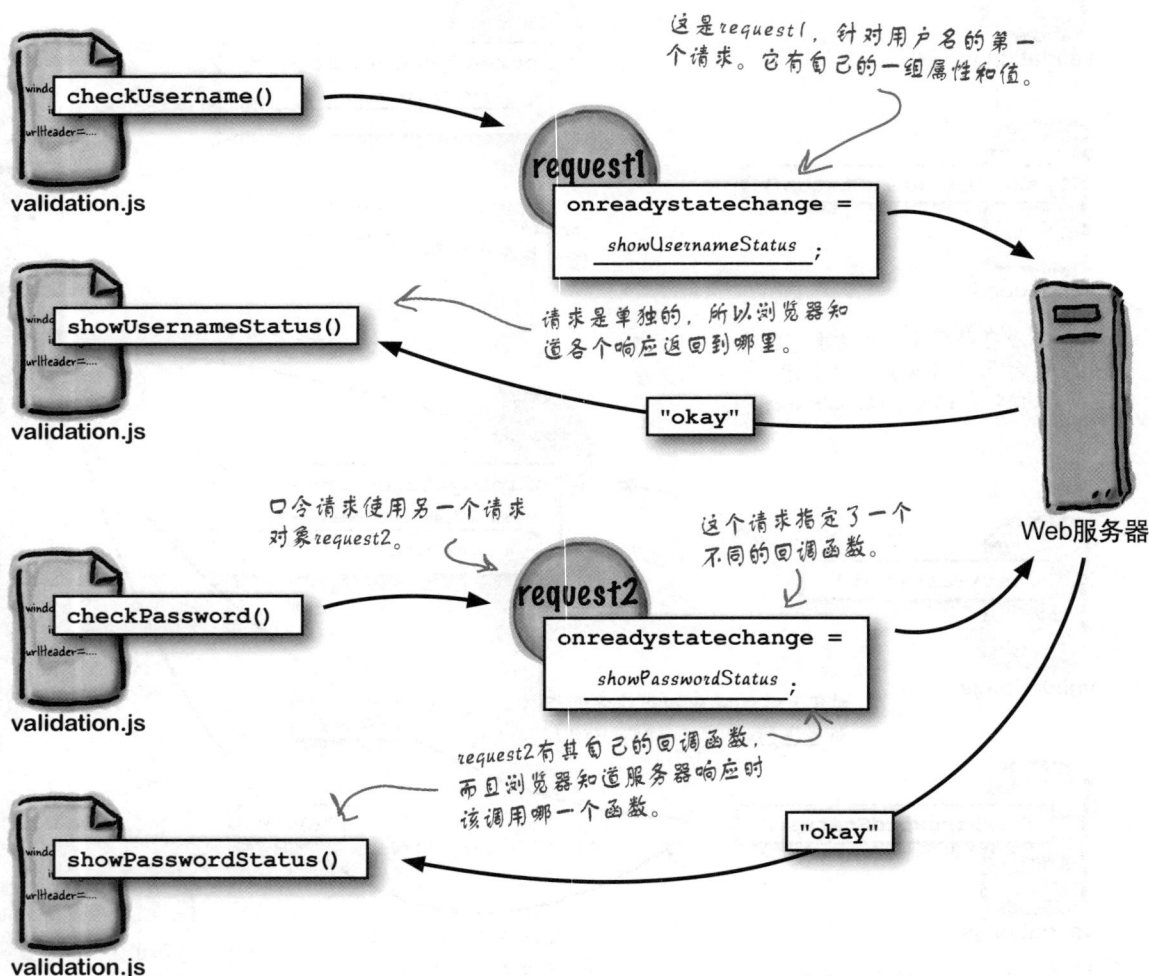

这是request1，针对用户名的第一个请求。它有自己的一组属性和值。

```
checkUsername()
```
validation.js

request1

```
onreadystatechange =
    showUsernameStatus ;
```

请求是单独的，所以浏览器知道各个响应返回到哪里。

```
showUsernameStatus()
```
validation.js

"okay"

Web服务器

口令请求使用另一个请求对象request2。

```
checkPassword()
```
validation.js

request2

```
onreadystatechange =
    showPasswordStatus ;
```

这个请求指定了一个不同的回调函数。

request2有其自己的回调函数，而且浏览器知道服务器响应时该调用哪一个函数。

```
showPasswordStatus()
```
validation.js

"okay"

更新你的代码来使用两个请求对象。必须修改validation.js中的多处代码。看看你能不能把要修改的地方都找出来。对于与用户名相关的请求使用变量名usernameRequest，与口令相关的请求则使用变量名passwordRequest。你认为已经完全考虑好之后，再翻开下一页。

there are no Dumb Questions

问： 这些与异步有什么关系？

答： 嗯，可以这样来考虑：如果验证用户名的请求不是异步请求会怎么样？这样一来，在用户名请求完成之前就不可能发送口令请求。所以这个问题在同步环境中是不存在的。

问： 那么干脆让用户名请求作为一个同步请求不是更容易吗？

答： 这样做确实会更容易，不过这样能得到最好的应用吗？如此一来，用户就必须等待用户名处理完，然后（而且只能在此之后）他们才能移到口令域。有时最简单的技术方案实际上是可用性最差的方案。

问： 为什么两个请求变量会共享同样的属性值呢？它们不是各自在不同的函数中声明为局部变量吗？

答： 看起来是这样，但是实际上request最早是在createRequest()函数中定义的。不仅如此，request在createRequest()中定义时没有加var关键字。JavaScript中在函数内部声明的变量如果没有var关键字都会成为一个全局变量。

问： 那么为什么不直接在createRequest()中使用var关键字来修正这个问题呢？这样不就能使request成为局部变量了吗？

答： 问得好，不过这会导致另外一些问题。如果request是局部变量，那么回调函数如何访问请求对象呢？回调函数要求request是全局的，这样它们才能访问这个变量和它的属性值。

问： 那么把请求赋至两个变量名有什么帮助？

答： 在JavaScript中，赋值采用**复制方式**处理，而不是按引用处理。所以将一个变量赋为另一个值时，新变量会得到所赋值变量的一个副本。考虑以下代码：

```
var a = 1;
var b = a;
b = 2;
alert("a = " + a);
alert("b = " + b);
```

你可能认为两个值都是2，对吗？但实际上并非如此。JavaScript解释var b = a;时，它会创建一个新的变量，名为b，并把a的一个副本放在这个变量中。所以不论你对b做什么处理，都不会改变a。

对于请求对象，如果创建两个变量，并把request赋值到这两个变量，就会得到原请求对象的两个副本。这两个独立的请求对象不会相互影响。这正是我们想要的。

问： 哇，这么麻烦。我还是不明白……我该怎么做？

答： 你可能需要找一本好的JavaScript书，比如《Head First JavaScript》或者《JavaScript: The Definitive Guide》，来了解JavaScript中有关变量作用域和赋值的更多内容。或者你也可以继续读下去，逐步把问题弄清楚。

JavaScript认为函数之外声明的所有变量以及声明时没有加var关键字的变量都是<u>全局</u>的。这些变量可以在任何地方由任何函数访问。

从一个请求对象变成两个

修改registration.js文件中checkUserName()、showUsernameStatus()、
checkPassword()和showPasswordStatus()函数中的所有变量名。

去掉这个var很重要……我们要求usernameRequest是一个全局变量，这样回调函数才能引用这个变量。

我们将使用usernameRequest表示与用户名检查有关的请求对象。

```
function checkUsername() {
    document.getElementById("username").className = "thinking";
    var usernameRequest = createRequest();
    if (usernameRequest == null)
        alert("Unable to create request");
    else {
        var theName = document.getElementById("username").value;
        var username = escape(theName);
        var url= "checkName.php?username=" + username;
        usernameRequest.onreadystatechange = showUsernameStatus;
        usernameRequest.open("GET", url, true);
        usernameRequest.send(null);
    }
}
```

设置属性和发送请求与以前一样。

正是因为这里的操作，所以要求usernameRequest是全局变量：这个回调函数必须访问这个对象。

```
function showUsernameStatus() {
    if (usernameRequest.readyState == 4) {
        if (usernameRequest.status == 200) {
            if (usernameRequest.responseText == "okay") {
                document.getElementById("username").className = "approved";
                document.getElementById("register").disabled = false;
            } else {
                document.getElementById("username").className = "denied";
                document.getElementById("username").focus();
                document.getElementById("username").select();
                document.getElementById("register").disabled = true;
            }
        }
    }
}
function checkPassword() {
    var password1 = document.getElementById("password1");
    var password2 = document.getElementById("password2");
    password1.className = "thinking";
```

```
// First compare the two passwords
if ((password1.value == "") || (password1.value != password2.value)) {
  password1.className = "denied";
  return;
}

// Passwords match, so send request to server
var passwordRequest = createRequest();
if (passwordRequest == null) {
  alert("Unable to create request");
} else {
  var password = escape(password1.value);
  var url = "checkPass.php?password=" + password;
  passwordRequest.onreadystatechange = showPasswordStatus;
  passwordRequest.open("GET", url, true);
  passwordRequest.send(null);
}
}
function showPasswordStatus() {
  if (passwordRequest.readyState == 4) {
    if (passwordRequest.status == 200) {
      var password1 = document.getElementById("password1");
      if (passwordRequest.responseText == "okay") {
        password1.className = "approved";
        document.getElementById("register").disabled = false;
      } else {
        password1.className = "denied";
        password1.focus();
        password1.select();
        document.getElementById("register").disabled = true;
      }
    }
  }
}
```

与一个请求变量一样，不要使用 var 关键字。

passwordRequest 用于所有与口令相关的请求。

现在这个代码不会再覆盖用户名请求对象的属性了。

BRAIN POWER

这个注册页面还存在一个问题，你能发现这个问题吗？

一旦输入一个合法的用户名，就可以点击"Register"……即使口令被拒绝。

验证既要求检验又要求限制。

检验是确保某个数据能够让系统接受。**限制**是指在完成检验之前不允许用户做某个动作。好的验证要结合这两个方面。

编写 Mike 页面的第一个版本时，我们在 initPage() 函数中禁用了"Register"按钮，一旦服务器验证了用户的用户名，则将其再次启用。所以这里不仅检验了用户名，还限制了"Register"按钮。

但是现在又有了另外一层验证：必须确保用户的口令是合法的。不过，好像出了点问题……尽管口令被拒绝，还是会启用"Register"按钮，以至于用户能够点击这个按钮。

验证要求检验和限制两方面。

在异步应用中，只检验用户输入的数据还不够。尽管会进行检验，你还必须对用户作出限制，如果未能通过检验，则不允许做只有通过检验后才能完成的动作。

there are no
Dumb Questions

问： 启用"Register"按钮怎么是限制的一部分呢？这不合逻辑……

答： 限制是指在检验完成之前不允许用户做某个动作的一个过程。所以启用一个按钮或激活一个表单是限制过程的一部分。实际上，每个限制过程的最后都是解除这个限制。

现在，我们在initPage()中禁用 "Register" 按钮……

影评页面开始时能正常工作。加载页面时，"Register" 按钮被禁用。

```
function initPage() {
    document.getElementById("username").onblur = checkUsername;
    document.getElementById("password2").onblur = checkPassword;
    document.getElementById("register").disabled = true;
}
```

这个按钮被禁用…… 我们要确保用户在得到合法的用户名和口令之前不能做任何事情（这是合理的）。

Register

……并在回调函数中启用这个按钮

我们在两个回调函数showUsernameStatus()和showPasswordStatus()中启用 "Register" 按钮。不过，表单上还有一些不正确的动作。

showUsernameStatus()

```
if (usernameRequest.responseText == okay) {
    document.getElementById("username").className = "approved";
    document.getElementById("register").disabled = false;
} else {
    // code to reject username and keep Register disabled
}
```

showPasswordStatus()

```
if (passwordRequest.responseText == "okay") {
    password1.className = "approved";
    document.getElementById("register").disabled = false;
} else {
    // code to reject username and keep Register disabled
}
```

这两个回调函数都只是在其检验成功完成时才启用 "Register" 按钮。

Register

但是当用户名合法而口令不合法时 "Register" 按钮也会启用。这是怎么回事？

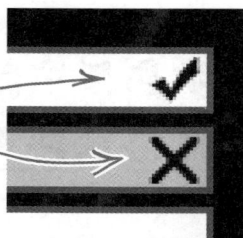

异步意味着不能依赖于请求和响应的顺序

发送异步请求时，不能确定服务器会以什么顺序对这些请求作出响应。假设验证
用户名的一个请求发送到服务器。然后又发送了另一个请求，这一次是要验证一
个口令。哪一个会先返回呢？我们无从得知！

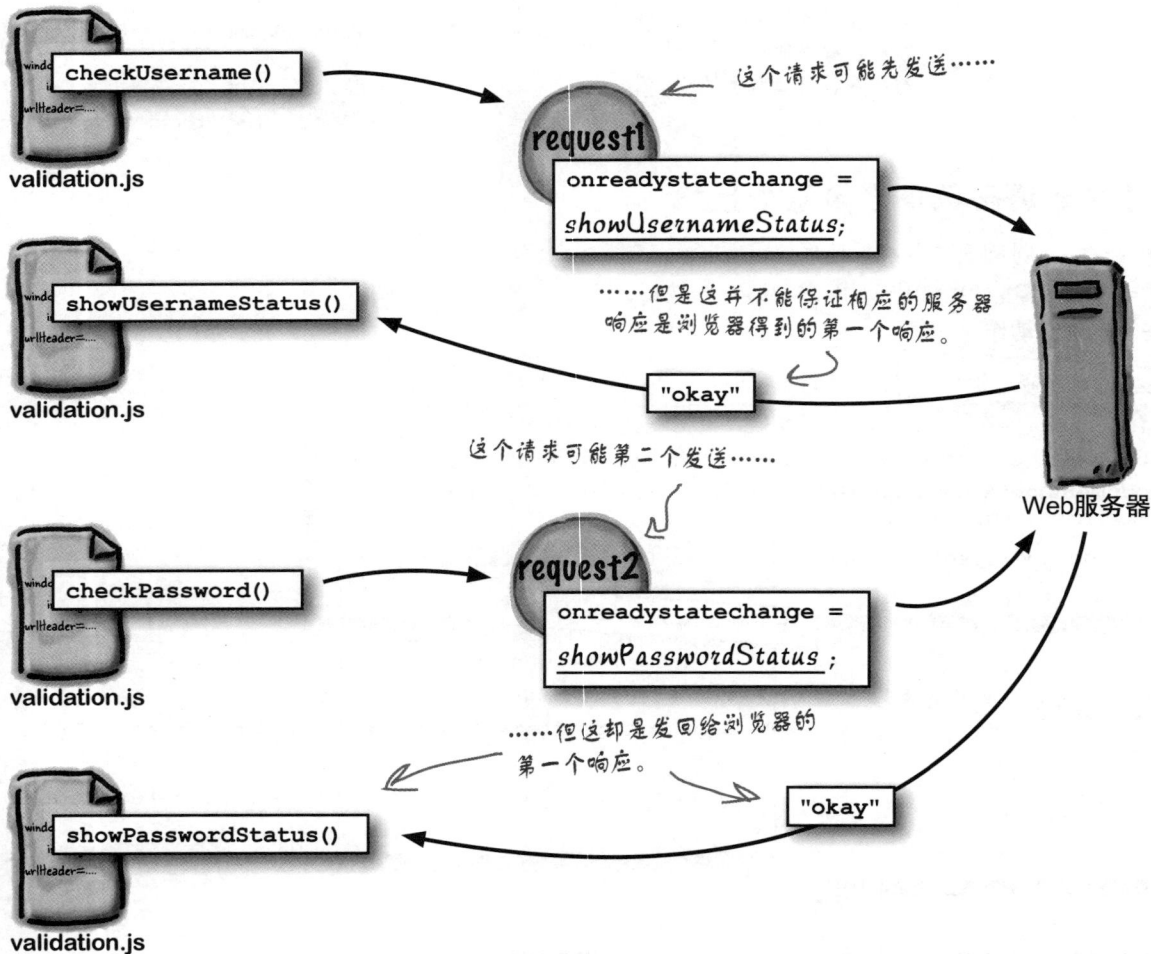

checkUsername()

validation.js

request1

这个请求可能先发送……

onreadystatechange =
showUsernameStatus;

Web服务器

……但是这并不能保证相应的服务器
响应是浏览器得到的第一个响应。

showUsernameStatus()

validation.js

"okay"

这个请求可能第二个发送……

checkPassword()

validation.js

request2

onreadystatechange =
showPasswordStatus;

……但这却是发回给浏览器的
第一个响应。

showPasswordStatus()

validation.js

"okay"

异步应用中绝对不要依赖于请求和响应的顺序或序列。

Sharpen your pencil

如果用户名或口令中有一个不合法，至少有一个请求和响应序列会导致"Register"按钮被启用，你能找出这些序列吗？画出或列出导致发生这种情况的步骤。

用户名还是口令？

Sharpen your pencil
Solution

以下两个不同序列都会导致不正确地启用"Register"按钮。
你是否得出了这里的某一个序列？或者与之类似的某种顺
序？

"Register"按钮
开始时总是禁
用的。

1 用户输入一个合法的用户名。

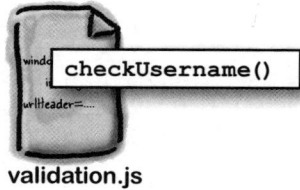

checkUsername()

validation.js

2 用户输入两个不一致的口令。

checkPassword()

validation.js

如果两个口令不一致，就没
有发送到服务器的请求……
所以几乎会立即得到拒绝结
果。

Web服务器

3 口令域显示"denied"（表示拒绝）的×图标。

服务器在已经拒绝口令
之后返回其响应。

4 用户名回调得到一个"okay"响应，设置用户名域
显示"approved"（表示批准）的对勾图标……并启
用"Register"按钮。

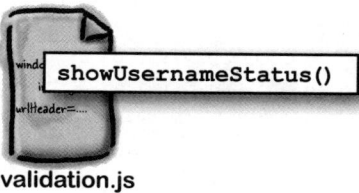

showUsernameStatus()

validation.js

最终结果是有一个
合法的用户名，非
法的口令，而且
"Register"按钮启
用。

1 用户输入一个不合法的用户名。

"Register" 按钮
开始时总是禁用
的。

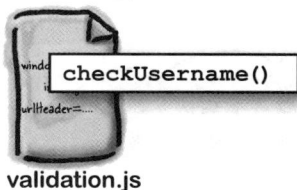

Register

checkUsername()

validation.js

2 用户名回调得到一个 "denied" 响应，并设置
用户名域显示 "denied" × 图标。

这个请求和响
应序列在口令
请求开始之前
就结束了。

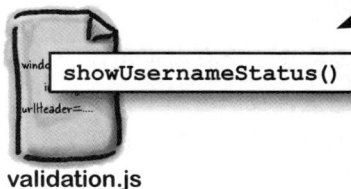

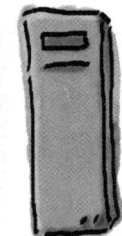

showUsernameStatus()

validation.js

×

Web服务器

3 用户输入两个匹配的口令，而且根据Mike的标准，这个口
令是合法的。

checkPassword()

validation.js

4 口令回调得到一个 "okay" 响应，设置password1域显
示 "approved" 对号标记……并启用 "Register" 按钮。

这一次会得到一个
不合法的用户名，一
个合法的口令，而
且 "Register" 按钮会
启用。

showPasswordStatus()

validation.js

×

✓

这么说，现在这两个函数都不能安全地启用这个按钮。我们现在该怎么做？再退回到同步请求吗？那多痛苦……

实现好的可用性会很困难。

不论采用何种方法，要构建一个有高可用性的应用都绝非易事。在这里，我们增加了异步性以使Mike的注册页面有更好的可用性。在服务器验证用户名和口令的同时，用户可以继续键入他们的信息。

但是现在这些异步性也带来了一些问题。我们需要的是一种能知道用户名和口令都合法的方法。然后——**只有此时**——才可以启用"Register"按钮。我们需要一个途径来监视各个域的状态，并确保只有两个域都合法时才发生某个动作。

监视器函数……从局外监视你的应用

我们需要一个监视器函数。这是一个能监视某些变量或应用中某些部分的函数，它能根据监视到的情况采取行动。

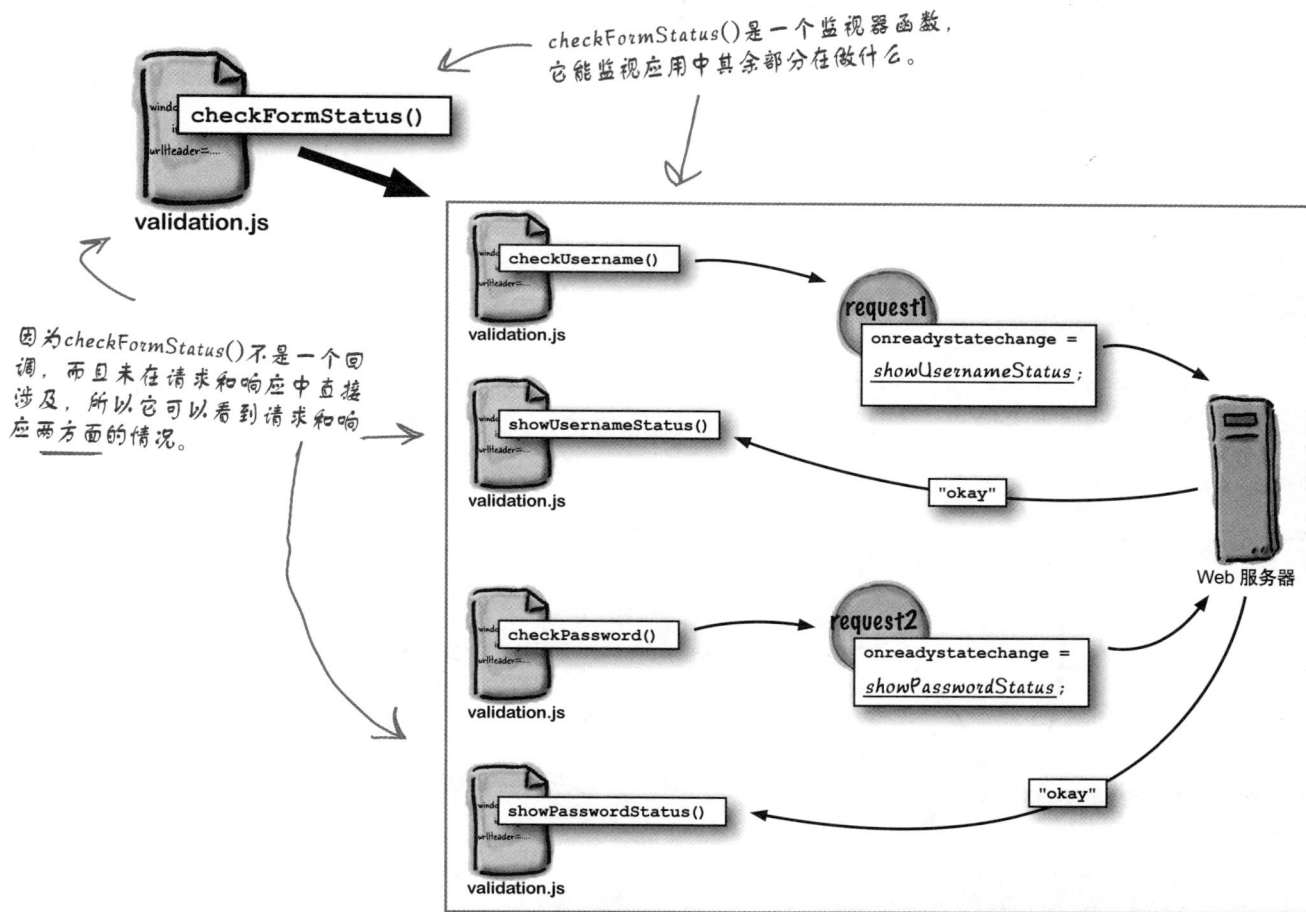

checkFormStatus()是一个监视器函数，它能监视应用中其余部分在做什么。

checkFormStatus()

validation.js

因为checkFormStatus()不是一个回调，而且未在请求和响应中直接涉及，所以它可以看到请求和响应两方面的情况。

checkUsername()

validation.js

request1

onreadystatechange = *showUsernameStatus* ;

showUsernameStatus()

validation.js

"okay"

Web 服务器

checkPassword()

validation.js

request2

onreadystatechange = *showPasswordStatus* ;

showPasswordStatus()

validation.js

"okay"

Exercise

你能看出checkFormStatus()监视器函数应该做什么吗？另外还需要调用这个函数。应该在代码中的哪个位置调用这个函数呢？如果你不确定，可以先自己考虑一下……然后翻开下一页，其中提供了一些有帮助的提示。

可能需要采取行动时调用监视器函数

监视器函数通常用于根据多个变量更新应用或页面的某一部分。所以如果你认为**可能**需要更新一个页面时……比如说用户名或口令通过了验证并返回时,就可以调用监视器函数。

现在的做法:用户名和口令回调直接更新 "Register" 按钮的状态

现在的问题在于:我们在 s h o w U s e r n a m e S t a t u s ( ) 和 showPasswordStatus()中直接更新 "Register" 按钮。不过这两个函数都没有更新该按钮所需的全部信息。

showUsernameStatus()

```
if (usernameRequest.responseText == "okay") {
  document.getElementById("username").className = "approved";
  document.getElementById("register").disabled = false;
} else {
  // code to reject username and keep Register disabled
}
```

showPasswordStatus()

```
if (passwordRequest.responseText == "okay") {
  password1.className = "approved";
  document.getElementById("register").disabled = false;
} else {
  // code to reject password and keep Register disabled
}
```

Register

这里的启用是基于不完整的信息完成的!用户名回调没有查看口令是否合法,而口令回调也没有查看用户名是否合法。其结果就是:按钮在不应启用的情况下被启用。

下面让回调运行监视器函数……

所以不要直接修改按钮状态，我们可以修改回调函数，让它们运行监视
器函数。这样一来就不会由其中某一个回调出数来确定"Register"按钮
应有的状态了。

showUsernameStatus()

```
if (usernameRequest.responseText == "okay") {
  document.getElementById("username").className = "approved";
  document.getElementById("register").disabled = false;
  checkFormStatus();
} else {
  // code to reject username and keep Register disabled
}
```

删除两个回调函数中
更新 "Register" 按钮
状态的代码。

showPasswordStatus()

```
if (passwordRequest.responseText == "okay") {
  password1.className = "approved";
  document.getElementById("register").disabled = false;
  checkFormStatus();
} else {
  // code to reject username and keep Register disabled
}
```

现在两个回调函数
都应调用监视器函
数checkFormStatus()。

……并让监视器函数更新 "Register" 按钮

由于监视器函数与用户名或口令检查是分离的，它可以得到所需的全部
信息。这个监视器函数可以检查用户名和口令域，并作出正确的决定，
确定应当把"Register"按钮设置为什么状态。

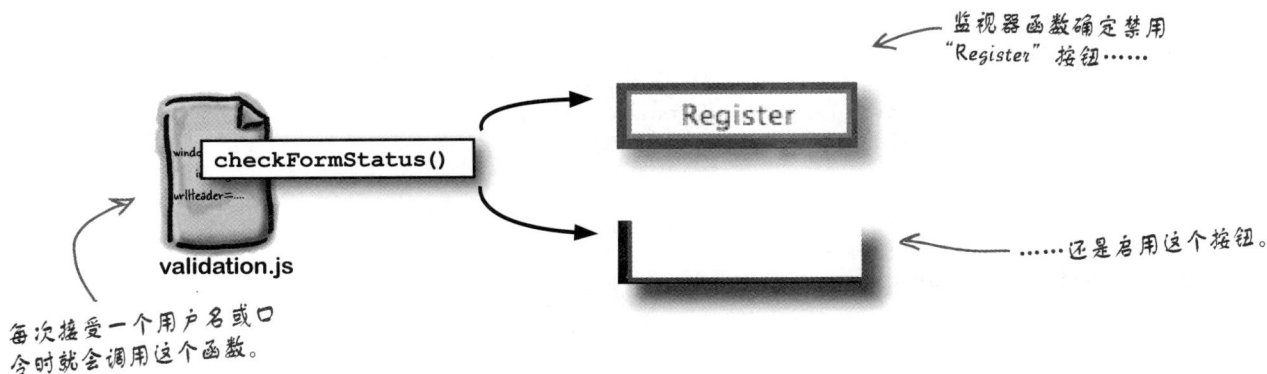

监视器函数确定禁用
"Register" 按钮……

checkFormStatus()

Register

validation.js

每次接受一个用户名或口
令时就会调用这个函数。

……还是启用这个按钮。

监视器通过状态变量了解发生了什么

我们已经做好准备编写一个监视器函数来设置"Register"按钮
disabled属性的状态。现在两个回调函数都会调用这个监视器函数，
接下来只需让这些回调函数设置一些状态变量，指示用户名和口令是
否合法。调用监视器函数可以使用这些变量来确定该做什么。

以下是Mike应用的完整代码，这里增加了一个新的监视器函数。

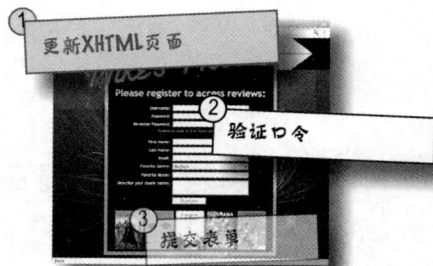

```
window.onload = initPage;
var usernameValid = false;
var passwordValid = false;

function initPage() { // initPage stays the same }
function checkUsername() { // checkUsername stays the same }

function showUsernameStatus() {
  if (usernameRequest.readyState == 4) {
    if (usernameRequest.status == 200) {
      if (usernameRequest.responseText == "okay") {
        document.getElementById("username").className = "approved";
        document.getElementById("register").disabled = false;
        usernameValid = true;
      } else {
        document.getElementById("username").className = "denied";
        document.getElementById("username").focus();
        document.getElementById("username").select();
        document.getElementById("register").disabled = true;
        usernameValid = false;
      }
      checkFormStatus();
    }
  }
}

function checkPassword() {
  var password1 = document.getElementById("password1");
  var password2 = document.getElementById("password2");
  password1.className = "thinking";

  // First compare the two passwords
  if ((password1.value == "") || (password1.value != password2.value)) {
    password1.className = "denied";
    passwordValid = false;
```

需要两个新的全局变量。usernameValid是用户名的
当前状态，passwordValid是口令的当前状态。

我们使用了var，不过由
于这些变量在函数之外
声明，说明它们都是全
局变量。

需要对应两
个可能的服
务器响应更新
usernameValid。

我们不希望
在 if / else 的
任何一个分支中改
变 "Register" 按钮
的状态。

由于这两种情况下都需要调用监视器函数，所以
把它放在if/else语句之外会更容易。

这一点很容易忘记，不过，如果口令不匹
配，就需要更新passwordValid状态变量。

除了监视器函数以外，
其他代码都不应设置
"Register" 按钮的状态。

window.onload =
initPage;
urlHeader=....

validation.js

```
    checkFormStatus();
    return;
  }

  // Passwords match, so send request to server
  passwordRequest = createRequest();
  if (passwordRequest == null) {
    alert("Unable to create request");
  } else {
    var password = escape(password1.value);
    var url = "checkPass.php?password=" + password;
    passwordRequest.onreadystatechange = showPasswordStatus;
    passwordRequest.open("GET", url, true);
    passwordRequest.send(null);
  }
}

function showPasswordStatus() {
  if (passwordRequest.readyState == 4) {
    if (passwordRequest.status == 200) {
      var password1 = document.getElementById("password1");
      if (passwordRequest.responseText == "okay") {
        password1.className = "approved";
        document.getElementById("register").disabled = false;
        passwordValid = true;
      } else {
        password1.className = "denied";
        password1.focus();
        password1.select();
        document.getElementById("register").disabled = true;
        passwordValid = false;
      }
      checkFormStatus();
    }
  }
}
```

这与用户名回调函数类似，更新
对应口令的全局状态变量……

…… 然后调用
监视器函数。

这个函数所要做的就是检
查两个状态变量……

```
function checkFormStatus() {
  if (usernameValid && passwordValid) {
    document.getElementById("register").disabled = false;
  } else {
    document.getElementById("register").disabled = true;
  }
}
```

…… 并相应地设置
"Register" 按钮的
状态。

显式地设置按钮禁用，以备出现这样一种情况：
原来有一个合法的用户名或口令，但是现在对
其中一个做了修改使其中一个不合法。

运行测试

终于可以测试了!不过所有这些能正常工作吗?

确保你的validation.js与前两页所示的版本一致。现在应当有2个新的全局变量,还有1个更新后的checkPassword()、2个已更新的回调函数,另外有1个新的监视器函数checkFormStatus()。

加载应用,尝试205页上练习得出的几种情况。在这些情况下页面仍然不能正常工作吗?如果表现正常,说明你已经解决了Mike的异步问题!

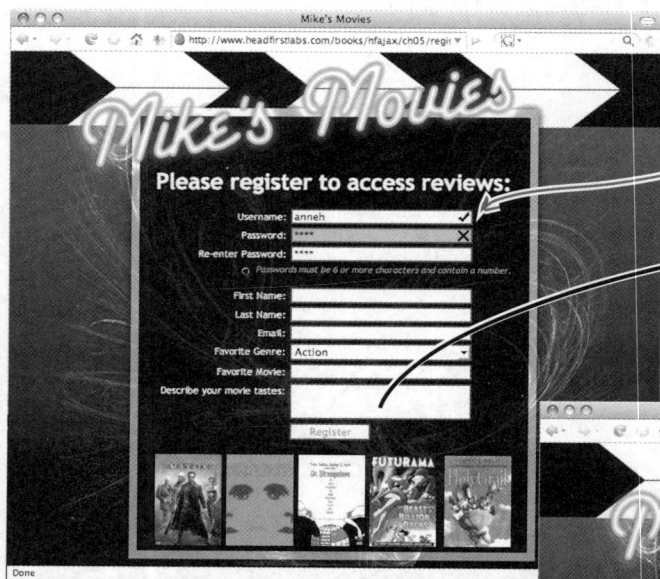

对于一个合法的用户名和一个非法的口令,"Register"会禁用。

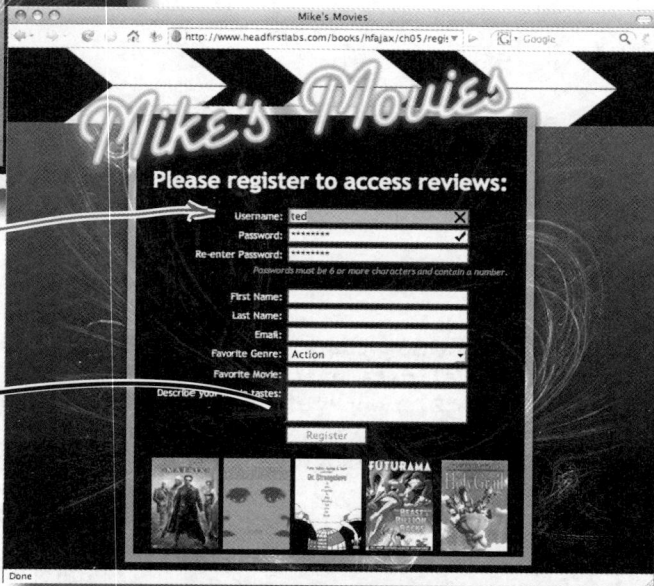

用户名不合法而口令合法时,也会得到一个禁用的"Register"按钮。太完美了!

问： 你能再解释一下监视器函数是什么吗？

答： 当然可以。监视器函数就是一个监视应用的函数。所以，对于Mike的注册页面，监视器函数就要监视用户名和口令变量的状态，它会修改表单，从而与当前状态一致。

问： 我认为监视器函数通常会自动运行，比如说以一个固定的间隔运行。

答： 有时候确实如此。在更强调多线程功能的系统中——多线程功能是指能够在后台运行的一个进程——通常会有一个监视器函数按一定周期执行。这样一来就不必像用户名和口令回调中那样显式地调用监视器函数。

重构代码是指抽取出代码中共同的部分，并把这些部分放在一个易于维护的函数或方法中。重构可以使代码更易于更新和维护。

问： 为什么不在initPage()中声明usernameValid和passwordValid呢？

答： 也可以这么做。不过，如果确实在initPage()中声明这两个变量，一定要确保不要使用var关键字。usernameValid和password-Valid必须是全局变量。

在所有函数之外声明的变量（有或没有var）都是全局变量。在函数内部声明但是没有使用var关键字的变量也是全局的。在函数内部声明而且有var的变量则是局部变量。这确实有点绕。

实际上，正是因为这个原因，我们才将这两个变量放在所有函数之外声明：这样可以更清楚地看出这两个变量是全局的，而不是任何特定函数内的局部变量。

问： 那么为什么不同样在函数之外声明usernameRequest和passwordRequest呢？

答： 这确实是一个很好的想法，而且你可能希望做此修改。在我们的代码中，这两个变量仍留在checkUsername()和checkPass-word()中，因为原来这些变量（原先名为request）就是在这些函数中创建的。

问： 难道不能在监视器函数中同时设置用户名和password1域的状态吗？

答： 当然可以。实际上，这也许是一个很好的想法。这说明代码中发生的CSS类修改会更少。大多数显示逻辑都由监视器函数处理，目前它已经在处理"Register"按钮的显示。

只要能够重构代码而不会导致太多不好的后果，那往往就是一个好的想法。更清晰的代码将更易于修改和维护。

问： 只是增加一个口令域就把问题搞得这么复杂。这正常吗？

答： 在异步应用中，增加一个额外的异步请求往往相当麻烦。并不是这些额外的口令域增加了Mike应用的复杂性，而是处理这些域所需的额外请求导致了复杂性。

问： 所有这些工作只是为了让用户继续录入信息而不用等待吗？

答： 确实如此。你会惊讶地发现Web用户是多么没有耐心（也许对于你可以另当别论）。键入一个用户名，等待用户名得到验证，再键入一个口令，然后等待口令得到验证……这里有太多的等待。而且更糟糕的是，在所有这些等待之后，用户还必须填写余下的表单。

如果能在这里或那里节省几秒钟，累积起来你的Web应用就会有很大不同。实际上，究竟能留住客户还是会失去客户，差别可能就在这里。

问： 那么表单提交呢？提交表单时也要等待，对不对？

答： 现在你已经走在前面了！不过这正是Mike要求滚动图像时所考虑的……

視覚効果

现在来看最后一招……

Mike还有最后一个请求。用户点击"Register"按钮时，页面下方的图片应当在处理表单的同时开始滚动。这样一来，在用户等待Mike注册逻辑完成的同时，可以提供一些有意思的内容供他们观看。

幸运的是，这一点不难完成。要实现这个功能只需做到如下几点。

现在我们已经知道"Register"按钮能正常工作。

1 更新XHTML页面
2 验证口令
3 提交表单

并不是通过一个"submit"按钮提交表单。下面为"Register"按钮指定一个click事件处理程序。

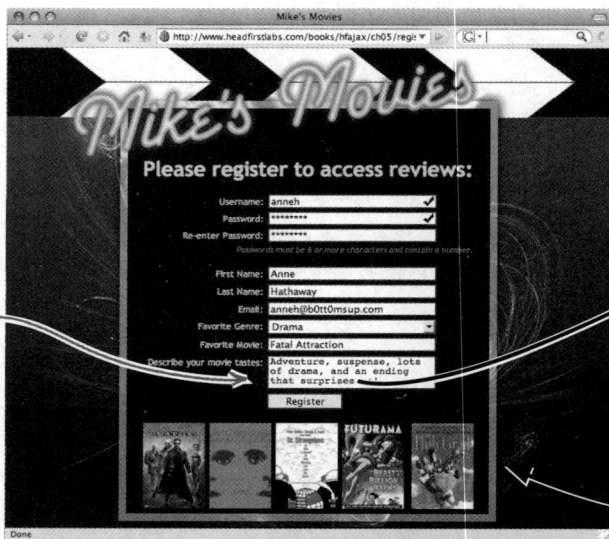

下面创建一个新函数registerUser()来调用scrollImages()并提交表单。

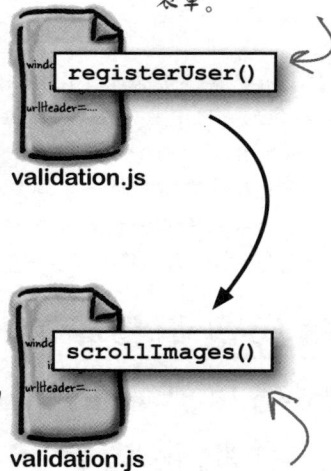

registerUser()

validation.js

scrollImages()

validation.js

可以把实现图像动画的代码抽出到另外一个函数scrollImages()中，并在需要滚动图像时调用这个函数。

216 第5章

Sharpen your pencil

你认为向Mike的服务器提交表单的请求应当是同步请求还是异步请求?

☐ 同步   ☐ 异步

为什么? ....
....
....

你的上述选择会对页面下方图像的滚动产生影响吗?
....
....
....
....

这些问题将在本章后面展开讨论,所以只需
继续读下去,看看能不能搞清楚。

同步请求会阻塞所有代码的工作

发送一个完整的表单进行处理时，通常希望这个请求是**同步**的。这是因为，你不希望用户在服务器正在处理数据时修改这些数据。

不过Mike希望用户等待服务器时能够滚动播放图像。这说明，需要在服务器处理请求来作出响应的同时运行你的代码。所以尽管这个请求作为同步请求更合适，但这里还是要把它建立为一个**异步**请求，以满足酷爱图片的Mike的需求。

这并不是一个十全十美的解决方案，但是大多数情况下你都得作出这种选择：要满足客户的需要，尽管结果可能不是太理想。Mike打算允许用户在其请求正在处理期间修改表单（如果他们确实想这么做）。不过他发现客户并不会这样做，**因为**这些滚动图像吸引了他们的注意力。他们会忙于考虑登录之后打算看哪一个影评，而顾不上调整表单。

首先，不再需要一个"submit"按钮

XHTML中的"submit"按钮会提交一个表单。由于我们不再需要"Register"按钮来提交表单，所以可以使它成为一个普通的按钮，然后在我们的JavaScript中提交表单。

```
    <li><label for="favorite">Favorite Movie:</label><input id="favorite"
            type="text" name="favorite" /></li>
    <li><label for="tastes">Describe your movie tastes:</label><textarea
            name="tastes" cols="60" rows="2" id="tastes"></textarea></li>
    <li><label for="register"></label><input id="register"
            type="button" value="Register" name="register" /></li>
  </ul>
  </form>

  <!-- Cover images -->
</div>
</body>
</html>
```

现在我们需要一个常规的按钮，
而不是一个提交按钮。

之前XHTML版本见182页。

registration.html

其次，需要为按钮的onclick事件注册一个新的事件处理程序

现在需要将一个事件处理程序关联到这个按钮。我们将把所要运行的函数命名为registerUser()，然后在initPage()中完成这个赋值。

```
function initPage() {
  document.getElementById("username").onblur = checkUsername;
  document.getElementById("password2").onblur = checkPassword;
  document.getElementById("register").disabled = true;
  document.getElementById("register").onclick = registerUser;
}
```

为"Register"按钮的onclick事件指定将要编写的新的事件处理函数。

window.onload = initPage; urlHeader=....

validation.js

第三，需要向服务器发送一个 <u>异步请求</u>

最后，需要有一个新的事件处理函数。这个函数需要得到一个新的请求对象，并把它发送到服务器。这应当是一个异步请求，从而当用户等待时可以完成动画滚动这些图像。

下面改变按钮上的文本，为用户提供一点信息。

```
function registerUser() {
  document.getElementById("register").value = "Processing……";
  registerRequest = createRequest();
  if (registerRequest == null) {
    alert("Unable to create request.");
  } else {
    var url = "register.php?username=" +
      escape(document.getElementById("username).value") + "&password=" +
      escape(document.getElementById("password1").value) + "&firstname=" +
      escape(document.getElementById("firstname).value") + "&lastname=" +
      escape(document.getElementById("lastname").value) + "&email=" +
      escape(document.getElementById("email").value) + "&genre=" +
      escape(document.getElementById("genre").value) + "&favorite=" +
      escape(document.getElementById("favorite").value) + "&tastes=" +
      escape(document.getElementById("tastes").value);
    registerRequest.onreadystatechange = registrationProcessed;
    registerRequest.open(GET, url, true);
    registerRequest.send(null);
  }
}
```

创建另一个请求对象……

……并配置这个对象的属性

这些都是新代码。

通常可能希望把它设置为同步请求，不过这会阻塞图像的滚动（后面几页将增加这个特性）。

window.onload = initPage; urlHeader=....

validation.js

等一下。我们一直在努力让表单更为可用，
现在只是因为Mike的要求为了在屏幕上滚动
几个封面图片就把这些全都舍弃吗？你简直是
开玩笑！

**可用性要由旁观者——……嗯，更确切地讲……要
由客户来下结论。**

有时客户做的事情你可能觉得很没道理，而这正
是为什么他们付账你来收钱的原因。你可以向客
户建议一些候选方案，但是在最后，还是要按客
户的要求来构建应用，这样你会好过得多。

在Mike的这个应用中，他想吸引用户去看他在
网站上提供的影评，所以希望在用户等待处理注
册请求时能够让图片滚动播放。不过，这会影响
表单的可用性。这样一来，用户不再是只能等待
响应，他们现在确实能够在表单上键入信息。这
可能会让人摸不着头脑，不清楚Mike的系统为用
户注册的信息到底是什么（译者注：这是因为服
务器处理的信息与用户目前在表单上填入的信息
不一致）。

不过Mike以后可能会自己认识到这一点，那时
也许会再找你解决问题……这不是件坏事，对不
对？

你可以向客户建
议候选方案，但
是最终几乎总是
要构建客户所要
的应用……尽
管你并不同意他
们的决定。

there are no
Dumb Questions

问：图像滚动时我能禁用所有域吗？

答：这是个好主意！你为什么不现在就花
点时间试试看。Mike会喜欢的，这样做既实现
了他提出的图像滚动，而且仍能保留目前注册页
面的可用性。不过，我们不会展示这个代码，可
以把这作为一个额外加分的小练习。

使用setInterval()让JavaScript运行你的进程，而不是由你自己的代码来运行

setInterval()是一个很简便的方法。你可以传入一个函数，而让JavaScript解释器反复地定期运行你的代码。由于解释器会运行你的代码，所以即使你的代码正忙于做其他事情，比如说注册一个用户，仍会运行传入setInterval()的函数。

要使用setInterval()，需要传入一个要执行的函数以及一个时间间隔（单位为ms），该函数将按这个间隔定期调用。这个方法返回一个token，可以用这个token修改或取消进程。

ls等于1000ms。

以下是setInterval()的具体做法。

```
t = setInterval("scrollImages()", 50);
```

这个token可以用来取消间隔

这就是setInterval()方法本身。

setInterval()的第一个参数是所要执行的语句。在这里，我们希望它调用一个名为scrollImages的函数。这里要有括号，这样JavaScript会具体运行这个函数，而不只是引用。

这会告诉JavaScript多久执行一次这个语句。我们选择了50ms，对于滚动动画的速度来说这是一个很合适的平衡速度。

这里可以使用任何合法的JavaScript代码，包括匿名函数。

there are no Dumb Questions

问： 传入setInterval()的函数是一个回调函数吗？

答： 没错。每次经过所设置的时间间隔后，就会由浏览器回调这里传入的函数。

问： 那么这个函数的编写与请求对象的回调函数一样吗？

答： 嗯，这里不涉及请求对象，所以不需要检查任何readyState或status属性。另外，这里没有要处理的服务器响应。所以只需一个每次调用时要完成某个工作的JavaScript函数。

问： 这么说，在JavaScript中能做的事情在setInterval()回调中都可以做，对吗？

答： 对，你说得没错。对于这个函数中能够做什么没有任何限制。

问： 为什么指定函数时要使用括号？

答： 因为不像原来指定事件处理程序那样，这里不是在设置一个属性。你要具体将代码传递给JavaScript解释器。解释器会在经过指定间隔后执行这些代码。

问： 这个回调会发生多少次？

答： 在取消这个定时器之前会一直定期执行这个回调。可以利用clearInterval()取消定时器（间隔）。

可以向setInterval()传入任何JavaScript函数，以预定的时间间隔自动运行。

这么说，这并不是更异步的行为，对吗？

setInterval()实际上是JavaScript版本的多线程。

有些编程语言，如C#和Java，允许你指定在一个单独的线程中执行一个函数。如果计算机有多个CPU，那么两个不同的线程就可以同时执行。在大多数计算机上，操作系统会在一段时间内执行一个线程，然后切换到另一个线程，然后再回来执行前一个线程。这就有些像开车时打手机（不过,先不要考虑可能撞到你左边那辆SUV的危险）。

对我们来说，JavaScript解释器能够同时做两件事：一方面保证每隔几秒执行一次scrollImages()，另一方面处理我们的代码对Mike的Web服务器作出的异步请求。

EXERCISE

现在到了最后关头。还有几个工作结束后就可以完成Mike的注册页面了…… 现在你要处理所有这些剩下的工作。以下列出了翻开下一页之前需要考虑的几个问题。

☐ 向validation.js增加以下成品代码，完成封面图像的滚动。

```
function scrollImages() {
  var coverBarDiv = document.getElementById("coverBar");      ← 查找所有
  var images = coverBarDiv.getElementsByTagName("img");          图像。
  for (var i = 0; i < images.length; i++) {
    var left = images[i].style.left.substr(0,
                  images[i].style.left.length - 2);         ← 对于每个图像，使用其
    if (left <=  -86) {                                        style属性的 "left" 性质
      left = 532;                                             确定其当前位置……
    }
    images[i].style.left = (left - 1) + "px";
  }
}
```

成品代码

……然后将图像稍稍向左移（或者使之循环）。

☐ 向"Register"按钮的事件处理程序增加一行代码，告诉JavaScript解释器每隔50ms运行一次scrollImages()。

我们不打算解释以上代码，因为这是标准JavaScript代码。你可以安全地使用…… 不过，如果要了解更多详细内容，可以参考Head First JavaScript。

☐ 为异步注册请求编写一个回调函数。这个回调从服务器得到一个响应时，它要把"wrapper" <div>的内容替换为服务器的响应。可以假设服务器返回一个适合显示的XHTML片段。

☐ 翻开下一页之前先测试你的代码。你肯定能做得到！

你应该已经有了第5章示例的CSS。先前版本的CSS中没有关于封面图像的样式。

练习答案

你的任务是完成Mike的注册页面。所有问题你都解决了吗？我们的做法如下。

```javascript
function registerUser() {
  t = setInterval("scrollImages()", 50);
  document.getElementById("register").value = "Processing……";
  registerRequest = createRequest();
  if (registerRequest == null) {
    alert("Unable to create request.");
  } else {
    var url = "register.php";
    registerRequest.onreadystatechange = registrationProcessed;
    registerRequest.open("GET", url, true);
    registerRequest.send(null);
  }
}
```

在这里开始动画。

```javascript
function registrationProcessed() {
  if (registerRequest.readyState == 4) {
    if (registerRequest.status == 200) {
      document.getElementById('wrapper').innerHTML =
        registerRequest.responseText;
    }
  }
}
```

这个回调相当简单。它得到一个响应，并把页面上主 `<div>` 的内容替换为这个响应。

```javascript
function scrollImages() {
  var coverBarDiv = document.getElementById('coverBar');
  var images = coverBarDiv.getElementsByTagName('img');
  for (var i = 0; i < images.length; i++) {
    var left = images[i].style.left.substr(0, images[i].style.left.length - 2);
    if (left <= -86) {
      left = 532;
    }
    images[i].style.left = (left - 1) + 'px';
  }
}
```

这是上一页的成品代码，它会处理图像的滚动。

```
window.onload =
    initPage;
urlHeader=……
```

validation.js

运行测试

下面向Mike展示我们的成果。

这是一个漫长的旅程，因为Mike所关心的只是验证用户名。我们增加了很多内容…… 下面向他展示我们的成果。

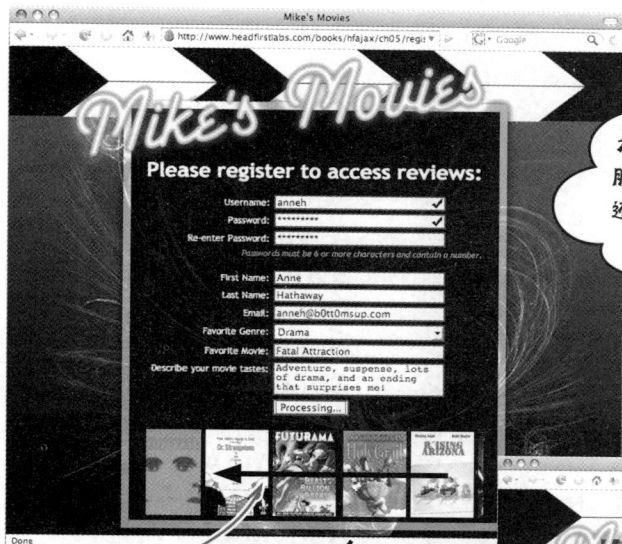

> 太棒了！我最喜欢的是从服务器得到链接时，图像还在一直滚动。

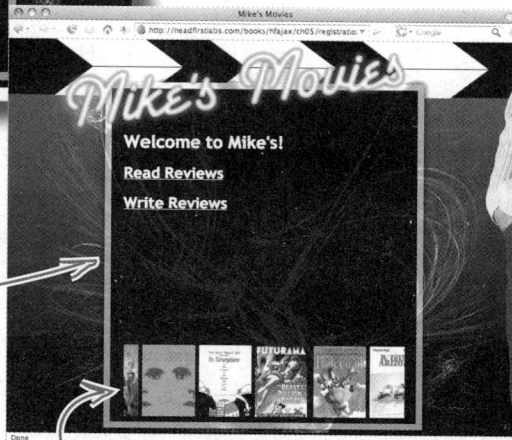

用户等待时图像向左滚动……

……另外服务器的响应适当地显示在这里。

图像仍在一直滚动，因为我们没有取消定时器或改变页面。干得漂亮！

查词游戏

花点时间坐下来，让你的右脑活动活动。看看能不能从这堆乱七八糟的字母中找出以下关键词。祝你好运！

```
X  P  R  S  M  O  K  E  J  U  D  H  E
A  A  L  A  V  R  E  T  N  I  T  E  S
A  S  I  O  R  E  M  A  L  T  R  T  V
Q  S  L  X  H  A  N  D  L  E  R  S  L
C  W  Y  O  R  U  H  A  E  A  Y  E  R
A  O  N  N  O  N  T  L  B  N  E  U  A
L  R  E  U  C  S  T  F  C  L  N  Q  S
L  D  T  K  A  H  P  H  N  L  E  E  N
B  E  Y  C  C  E  R  L  R  X  L  R  R
A  N  I  T  H  O  E  O  A  E  D  G  R
C  U  N  B  N  D  Q  B  N  R  A  A  K
K  N  G  O  F  E  U  R  L  O  N  D  A
N  D  U  L  R  I  V  F  R  I  U  D  Y
A  S  E  A  D  I  V  E  A  T  E  S  D
J  E  R  C  I  C  T  H  R  I  Z  A  R
```

单词表：

setInterval
Asynchronous
Synchronous
DIV
Handlers
Callback
Thread
Password
Event
Request
Enable

Fireside Chats

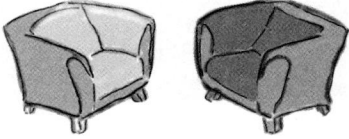

今晚话题：**异步和同步应用的交锋**

同步：

嘿，好久没聊了。

我是个大忙人，你不知道吗？而且我会专注于我服务的用户，不会让任何事情打扰我。

他们也会轮到的。有时这样会更好一些，也就是一次只处理一件事，然后再去处理下一个任务。尽管比较慢，但很稳定……

因为我在工作时不会让别人打断我 ——

狭隘？我只是要确保任务一旦开始就要完成。

我听到的抱怨好像不多。

嘿，享受你的短暂人生吧，朋友。我见过像你一样性急的家伙来来去去几百万次了。

异步：

别开玩笑了。每次我给你打电话都是忙音。

但是你的所有其他用户呢？他们只是在一边干等着吗？

又是这一套！

嘿，我可以边听边说，所有这些都同时进行。你太狭隘了。

没错，但是如果需要10s的时间才能完成呢？或者10min呢？再或者是1h呢？你真的以为人们喜欢看到这个小沙漏在那里转来转去吗？

是呀，我倒是喜欢整天这样坐着，但是我们的用户可不愿意一直等着我。那是你的风格，对不对？

我敢打赌你肯定认为U2也是难得一见的奇迹。我哪儿也不会去——我只是让Web更有人气。回头见……

查词游戏答案

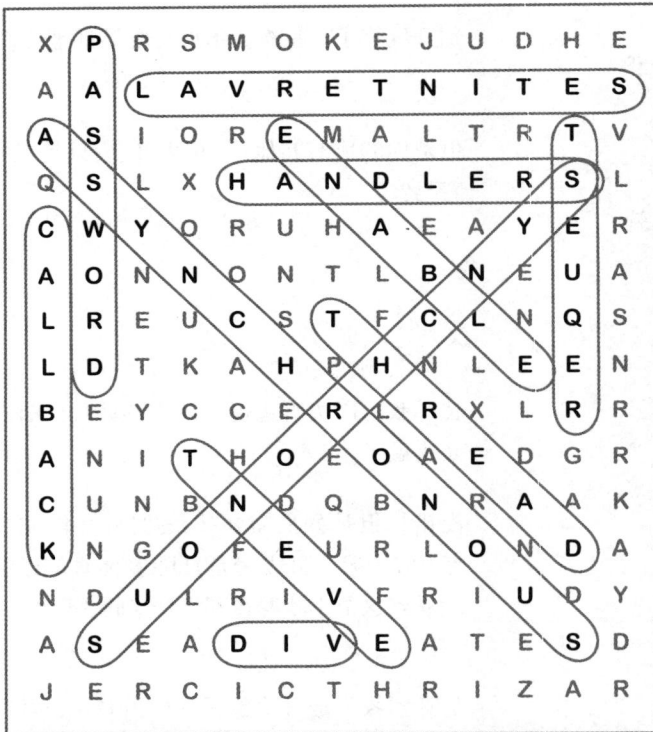

```
X  P  R  S  M  O  K  E  J  U  D  H  E
A  A  L  A  V  R  E  T  N  I  T  E  S
A  S  I  O  R  E  M  A  L  T  R  T  V
Q  S  L  X  H  A  N  D  L  E  R  S  L
C  W  Y  O  R  U  H  A  E  A  Y  E  R
A  O  N  N  O  N  T  L  B  N  E  U  A
L  R  E  U  C  S  T  F  C  L  N  Q  S
L  D  T  K  A  H  P  H  N  L  E  E  N
B  E  Y  C  C  E  R  L  R  X  L  R  R
A  N  I  T  H  O  E  O  A  E  D  G  R
C  U  N  B  N  D  Q  B  N  R  A  A  K
K  N  G  O  F  E  U  R  L  O  N  D  A
N  D  U  L  R  I  V  F  R  I  U  D  Y
A  S  E  A  D  I  V  E  A  T  E  S  D
J  E  R  C  I  C  T  H  R  I  Z  A  R
```

单词表：

setInterval
Asynchronous
Synchronous
DIV
Handlers
Callback
Thread
Password
Event
Request
Enable

6 文档对象模型

Web页面森林

> 孩子，很快你就要成大人了，我们来简单谈谈小鸟和树吧。

> 他是说树吗？我想正好可以在这里学学如何像其他人那样管理Web页面。

迫切需要：易于更新的Web页面。 现在该你自己动手编写一些代码来动态地更新Web页面了。通过使用**文档对象模型**，你的页面会焕发新的生命，能够响应用户的动作，而且能永远摆脱不必要的页面重载。读完这一章之后，你将能查找、移动和更新Web页面中几乎任何位置上的内容。所以请翻开下一页，我们去Webville Tree Farm走一走。

你可以改变页面的内容……

到目前为止,我们构建的大多数应用都是先发送请求,得到一个响应,然后使用这个响应更新页面中的部分内容。

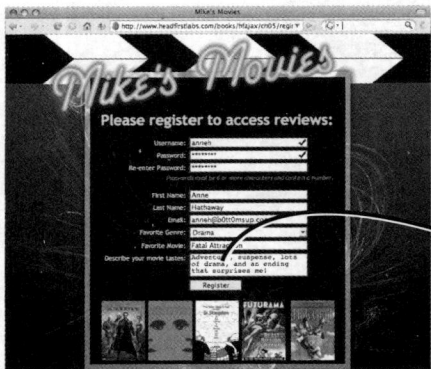

在这个应用中,我们改变了这个<div>的内容。

尽管内容有变化,但这个页面的结构没有改变。

我们还更换了几个CSS类……不过仍采用页面XHTML的现有结构。

这个也是如此,我们改变了一个<div>的innerHTML属性。

这里改变的是内容,而不是页面的结构。

……或者也可以改变页面的结构

但是如果不只是改变一个<div>的内容或替换一个按钮上的标签文本呢？如果需要在页面上真正移动一个图像呢？这该如何实现？

> 真可笑，你不能改变页面的结构！如果有人能够移动页面上的元素，刚开始又何必那么麻烦地编写XHTML呢？

用户不能改变你的XHTML。

页面的结构在XHTML中定义，访问页面的人确实无法修改这个结构。否则，你在页面中所做的全部工作都将白费，完全是浪费时间。

> 但是浏览器呢？如果是浏览器完成这种移动你可能还可以接受……因为我们可以用JavaScript加以控制，对不对？

浏览器可以改变Web页面的结构。

你已经看到，浏览器允许你与一个服务器端程序交互，获取页面上的元素，甚至可以改变这些元素的属性。那么页面的结构呢？

嗯，浏览器也能改变结构。实际上，可以这样来考虑：从很多方面来讲，页面的结构其实就是页面本身的一个属性。而且你已经知道如何改变一个对象的属性……

浏览器使用文档对象模型表示你的页面

大多数人都把这简称为DOM。

浏览器并不是把XHTML看做是一个包含大堆字母和尖括号的文本文件。通过使用文档对象模型（Document Object Model，DOM），浏览器把页面看做是一组对象。

DOM中所有一切的起点都是document对象，这个对象表示页面的最"顶层"。

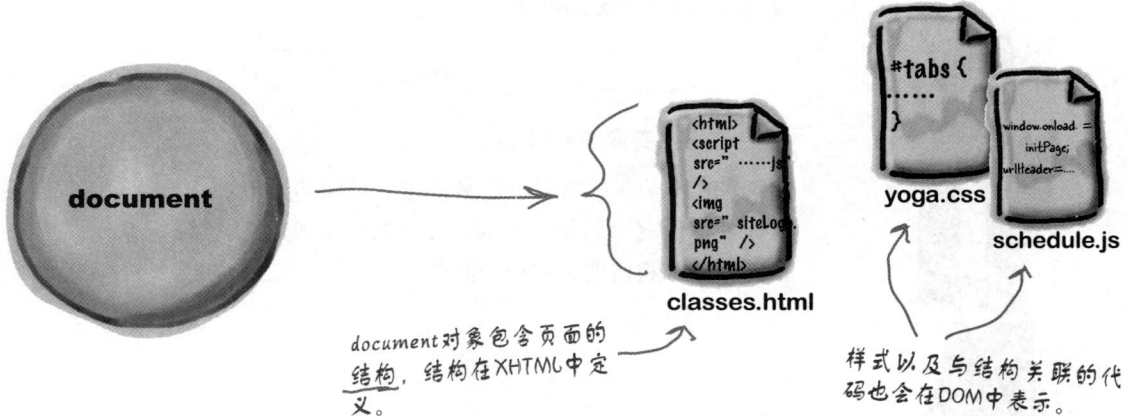

document

```
<html>
<script
src=" ......js
/>
<img
src=" siteLogo.
png" />
</html>
```
classes.html

document对象包含页面的结构，结构在XHTML中定义。

```
#tabs {
......
}
```
yoga.css

```
window.onload. =
initPage;
urlHeader=....
```
schedule.js

样式以及与结构关联的代码也会在DOM中表示。

document对象只是一个对象

你已经多次用过DOM，特别是document对象。每次查找一个元素时，都是在使用document。

```
var tabs =
   document.getElementById("tabs").getElementsByTagName("a");
```

document对象

getElementById()是document对象的一个方法。

实际上，每次把页面上的一个元素处理为对象并设置该对象的属性时，就是在使用DOM。这是因为浏览器要使用DOM来表示Web页面中的各个部分。

```
currentTab.onmouseover = showHint;
currentTab.onmouseout = hideHint;
currentTab.onclick = showTab;
```

正是利用DOM使得浏览器可以将页面的不同部分处理为带属性的JavaScript对象。

document对象深入剖析

在Web浏览器的页面模型中，所有内容都可以使用JavaScript document对象来访问。你已经见过getElementById()和getElementsByTagName()方法，不过利用document对象还可以做更多事情。

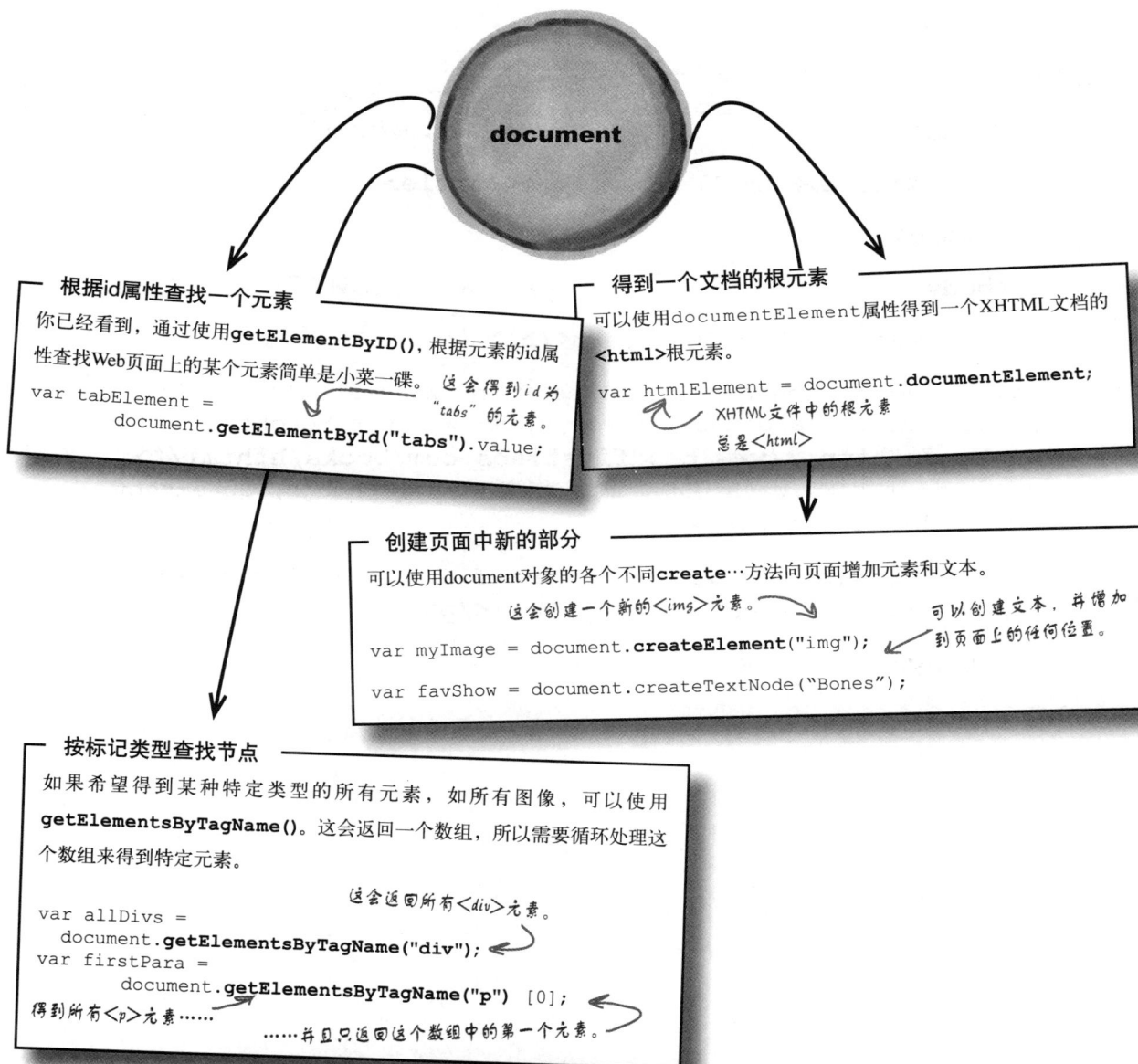

document

根据id属性查找一个元素

你已经看到，通过使用**getElementByID()**，根据元素的id属性查找Web页面上的某个元素简单是小菜一碟。*这会得到id为"tabs"的元素。*

```
var tabElement =
        document.getElementById("tabs").value;
```

得到一个文档的根元素

可以使用documentElement属性得到一个XHTML文档的**<html>**根元素。

```
var htmlElement = document.documentElement;
```

XHTML文件中的根元素 总是<html>

创建页面中新的部分

可以使用document对象的各个不同**create**…方法向页面增加元素和文本。

这会创建一个新的<img>元素。

可以创建文本，并增加到页面上的任何位置。

```
var myImage = document.createElement("img");

var favShow = document.createTextNode("Bones");
```

按标记类型查找节点

如果希望得到某种特定类型的所有元素，如所有图像，可以使用**getElementsByTagName()**。这会返回一个数组，所以需要循环处理这个数组来得到特定元素。

这会返回所有<div>元素。

```
var allDivs =
   document.getElementsByTagName("div");
var firstPara =
        document.getElementsByTagName("p") [0];
```

得到所有<p>元素……

……并且只返回这个数组中的第一个元素。

这是你编写的XHTML······

创建一个Web页面时，你会编写XHTML表示页面的结构和内容。然后将这个XHTML交给浏览器，浏览器会确定如何在屏幕上表示这个XHTML。不过，如果希望使用JavaScript修改Web页面，就需要准确地知道*浏览器*如何处理你的XHTML。

假设有以下简单的XHTML文档。

```
<html>

    <head>

        <title>Webville Tree Farm</title>

    </head>

    <body>

        <h1>Webville Tree Farm</h1>

<p>Welcome to the Webville Tree Farm. Were still learning
about CSS, so pardon our plain site. We just bought
<a href="http://www.headfirstlabs.com/books/hfhtml/">
Head First HTML with CSS &amp; XHTML</a>, though, so expect
great things soon.</p>

<p>You can visit us at the corner of Binary Boulevard and
DOM Drive. Come check us out today!</p>

    </body>

</html>
```

所有粗体显示的标记定义了文档的结构。

标记之间的文本是文档的内容。

······这是你的浏览器所看到的

浏览器必须理解所有这些标记，并以某种方式进行组织，从而允许浏览器——
以及你的JavaScript代码——处理页面。所以浏览器会把XHTML页面转换为一
个对象树。

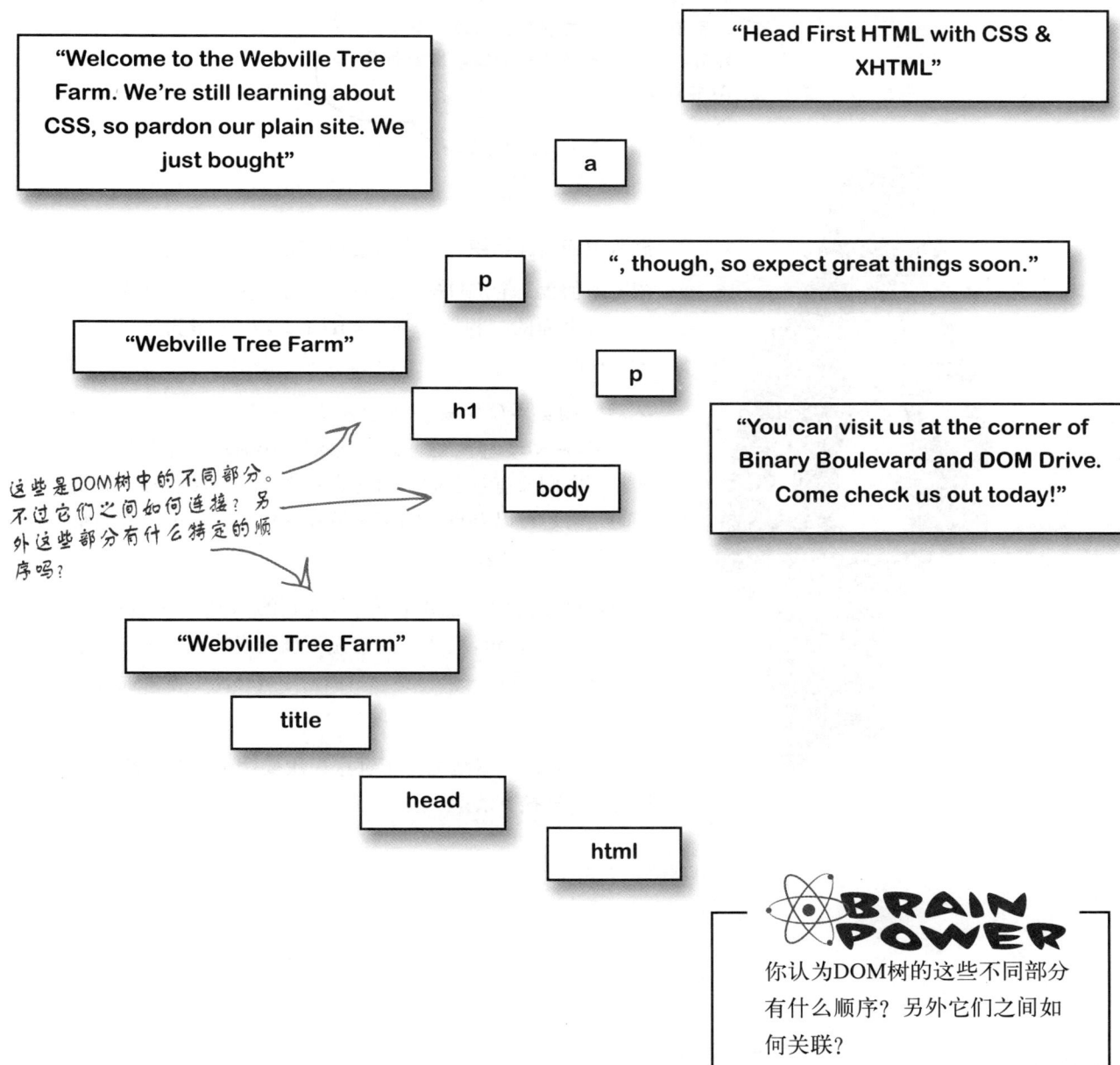

"Welcome to the Webville Tree
Farm. We're still learning about
CSS, so pardon our plain site. We
just bought"

"Head First HTML with CSS &
XHTML"

a

", though, so expect great things soon."

p

"Webville Tree Farm"

p

h1

"You can visit us at the corner of
Binary Boulevard and DOM Drive.
Come check us out today!"

body

这些是DOM树中的不同部分。
不过它们之间如何连接？另
外这些部分有什么特定的顺
序吗？

"Webville Tree Farm"

title

head

html

BRAIN POWER

你认为DOM树的这些不同部分
有什么顺序？另外它们之间如
何关联？

请等一下。浏览器只是把页面上的所有内容都转换为一些小的部分？那么树和这些小部分之间到底有什么关系？

浏览器把页面组织为一个树结构，带有根和分支。

浏览器加载一个XHTML页面时，首先是**<html>**元素。由于这是页面的"根"，所以**<html>**称为**根元素**（root element）。

然后，浏览器确定哪些元素直接嵌套在**<html>**中，如**<head>**和**<body>**。这些元素就像从**<html>**元素长出的分支，而它们又有自己的一组元素和文本。当然，每个分支中的元素还可以有自己的下一级分支和子元素……直到整个页面完全得到表示。

最后，浏览器会到达再无下一级元素的标记，如**<p>**元素中的文本或**<img>**元素。这些无下级元素的标记称为**叶子**（leaves）。这样一来，整个页面对于Web浏览器来说就表示为一棵大树。

下面再来看这个树结构，不过这一次要增加一些连线使标记之间的连接更清楚一些。

页面就是一组相互<u>关联</u>的对象

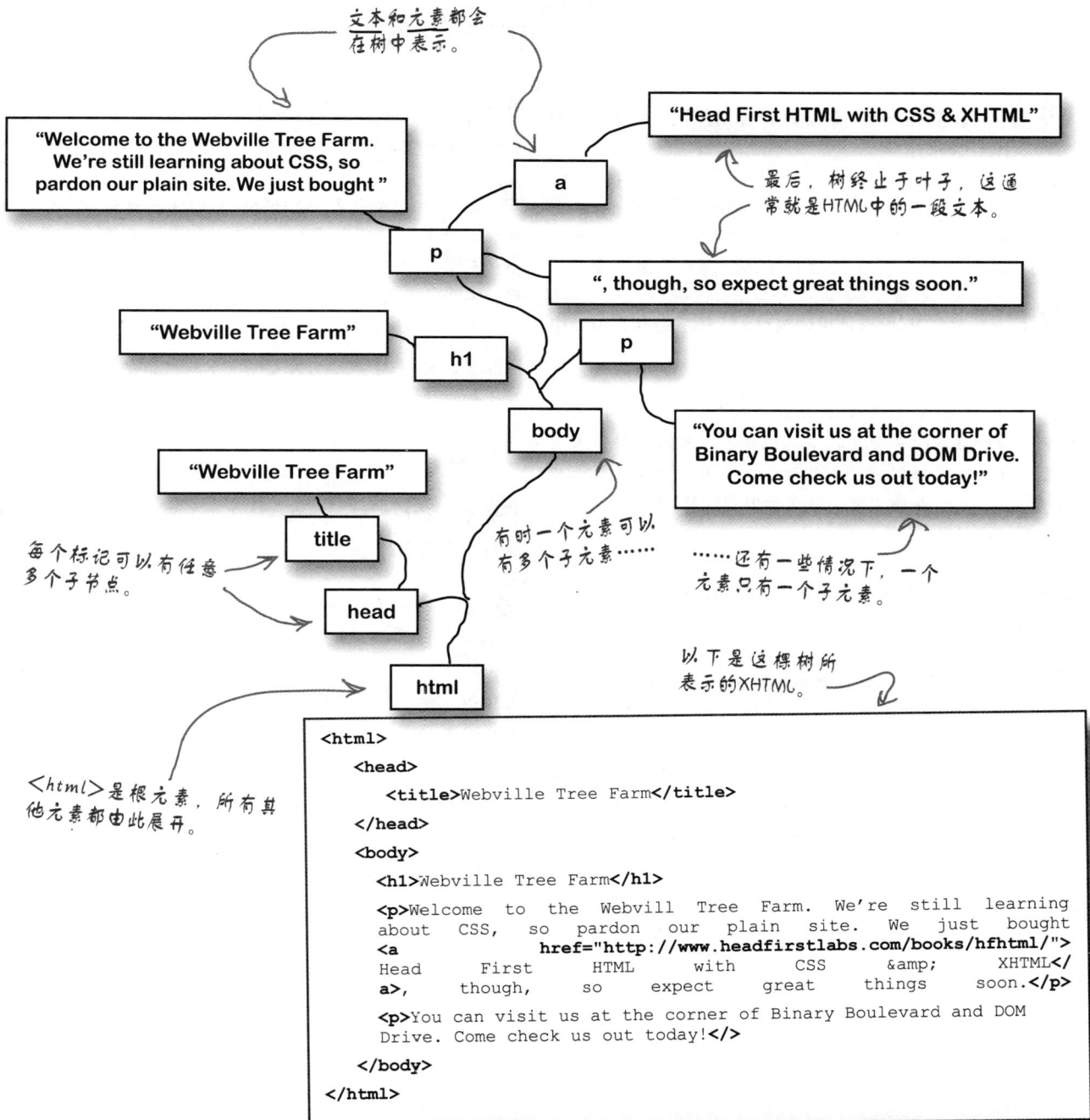

文本和元素都会在树中表示。

"Welcome to the Webville Tree Farm. We're still learning about CSS, so pardon our plain site. We just bought "

"Head First HTML with CSS & XHTML"

a

最后，树终止于叶子，这通常就是HTML中的一段文本。

p

", though, so expect great things soon."

"Webville Tree Farm"

h1

p

body

"You can visit us at the corner of Binary Boulevard and DOM Drive. Come check us out today!"

"Webville Tree Farm"

title

每个标记可以有任意多个子节点。

有时一个元素可以有多个子元素……

……还有一些情况下，一个元素只有一个子元素。

head

html

以下是这棵树所表示的XHTML。

<html>是根元素，所有其他元素都由此展开。

```
<html>
  <head>
    <title>Webville Tree Farm</title>
  </head>
  <body>
    <h1>Webville Tree Farm</h1>
    <p>Welcome to the Webvill Tree Farm. We're still learning
    about CSS, so pardon our plain site. We just bought
    <a href="http://www.headfirstlabs.com/books/hfhtml/">
    Head First HTML with CSS &amp; XHTML</
    a>, though, so expect great things soon.</p>
    <p>You can visit us at the corner of Binary Boulevard and DOM
    Drive. Come check us out today!</p>
  </body>
</html>
```

there are no Dumb Questions

问： 需要用一个请求对象来编写使用DOM的JavaScript代码吗？

答： 不用。浏览器会自动处理DOM树的创建，并提供document对象的所有方法。实际上，即使你根本没有编写JavaScript代码，浏览器也会使用DOM来表示你的页面。

问： 既然DOM没有使用请求对象，那它确实是Ajax中的一部分吗？

答： 这要看对谁来讲。Ajax实际上只是一种考虑Web页面的方式，综合了很多其他技术，可以帮助你采用便于使用的方式得到交互式页面。所以DOM确实是Ajax中的一部分。在后面的几章中会大量用到DOM构建交互式和高可用性应用。

问： 那么DOM Level 0和DOM Level 2呢？Internet Explorer还会有麻烦吗？

答： 所有现代浏览器都与WWW协会（World Wide Web Consortium，W3C）的DOM规范兼容，不过这个规范留了一些问题让浏览器设计者做决定。与其他主流浏览器的设计者不同，IE的设计者在如何构建DOM树方面做了一个与众不同的决定。不过这不算一个严重的问题，只需一些工具函数，你的代码就能处理所有主流浏览器，包括Internet Explorer。

问： 你好像把标记中的某些部分称为"子元素"。这么说一个元素可以有"子元素"，是吗？

答： 对。浏览器把XHTML组织为一棵树时，它首先从根元素开始，这个元素包含了所有其他元素。接下来这个根元素内有一个元素，如 <head>或<body>。这些元素可以称为嵌套元素（nested element），不过在DOM中，我们称之为子元素（child element）。

实际上，可以认为DOM树是一个家族树，完全可以套用家族中的说法。例如，<head>元素是<title>元素的双亲（父元素），大多数<a>元素都有孩子（子元素）：如链接的文本标签。

问： 你提到了一大堆新的名词。我怎么才能掌握所有这些新术语呢？

答： 没有看上去那么难。只要心里想着一个家族树，就不会有问题了。多年来你一直都在使用像根、分支和叶之类的词。对于父元素和子元素，可以这样来考虑：只要从根向下移，就是在向子元素移动。对你来说可能只有一个名词是全新的，这就是"节点"，下面就来介绍这个概念。

编写你自己的Web字典

Exercise

只是看一大堆定义有什么用呢？这是一本Head First书，我们希望你的大脑能活动起来，而不只是光用眼睛看。以下是一个Web字典中的几个条目，每个定义中都少了一些词。你的任务是适当地填空，完成各个条目。

节点：任意_____段标记，如一个元素或文本。<a>元素是一个_____节点，而"Head First HTML with CSS & XHTML"文本是一个_____节点。

叶子：_____的标记如_____文本内容的元素（如<img>）或文本数据。也称为叶子节点。

"Head First HTML with CSS & XHTML"

孩子：由另一段标记_____的任意一段标记。文本"Head First HTML with CSS & XHTML"是<a>元素的_____，这个标记中的<p>是<body>元素的_____。也称为子节点。

a

"Webville Tree Farm"

p

h1

p

双亲：包含_____的任何一段标记。<h1>是文本"Webville Tree Farm"的双亲，<html>是_____元素的双亲。也称为父元素或父节点。

body

分支：分支是元素和内容的一个_____。所以"body"分支是在树中<body>元素_____的所有元素和文本。

html

根元素：_____中_____所有其他元素的一个元素。在XHTML中，根元素总是_____。

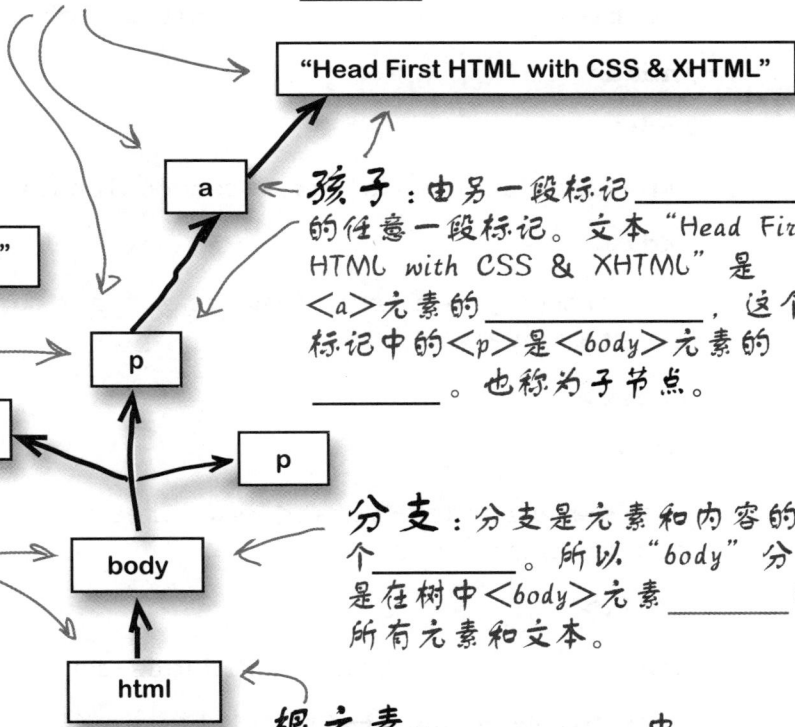

无子节点	子元素	子元素	之下	所包含
其他标记	文本	集合	一个	文档
元素	包含	<body>	无	<html>

要用这些词填空。

Sharpen your pencil

现在来把标记树牢牢记在脑子里。以下是一个XHTML文档，你的任务是明确Web浏览器如何把这个标记代码组织为一个树结构。右边给出了这棵树，请你填入它的分支以及各部分之间的关系。为了有助于你着手完成这个练习，我们已经给出了要填入各段标记的空白框；在向别人炫耀你的DOM树之前一定要确保已经在这里的所有空白框中填入了HTML标记中的元素或文本！

```
<html>
  <head>
    <title>Binary Tree Selection</title>
  </head>
  <body>
    <p>Below are two binary tree options:</p>
    <div>
    Our <em>depth-first</em> trees are great for folks who
    are far away.
    </div>
    <div>
    Our <em>breadth-first</em> trees are a favorite for
    nearby neighbors.
    </div>
    <p>You can view other products in the
      <a href="menu.html">Main Menu</a>. </p>
  </body>
</html>
```

请画线连接不同元素和文本。确保
所有家族关系是正确的！

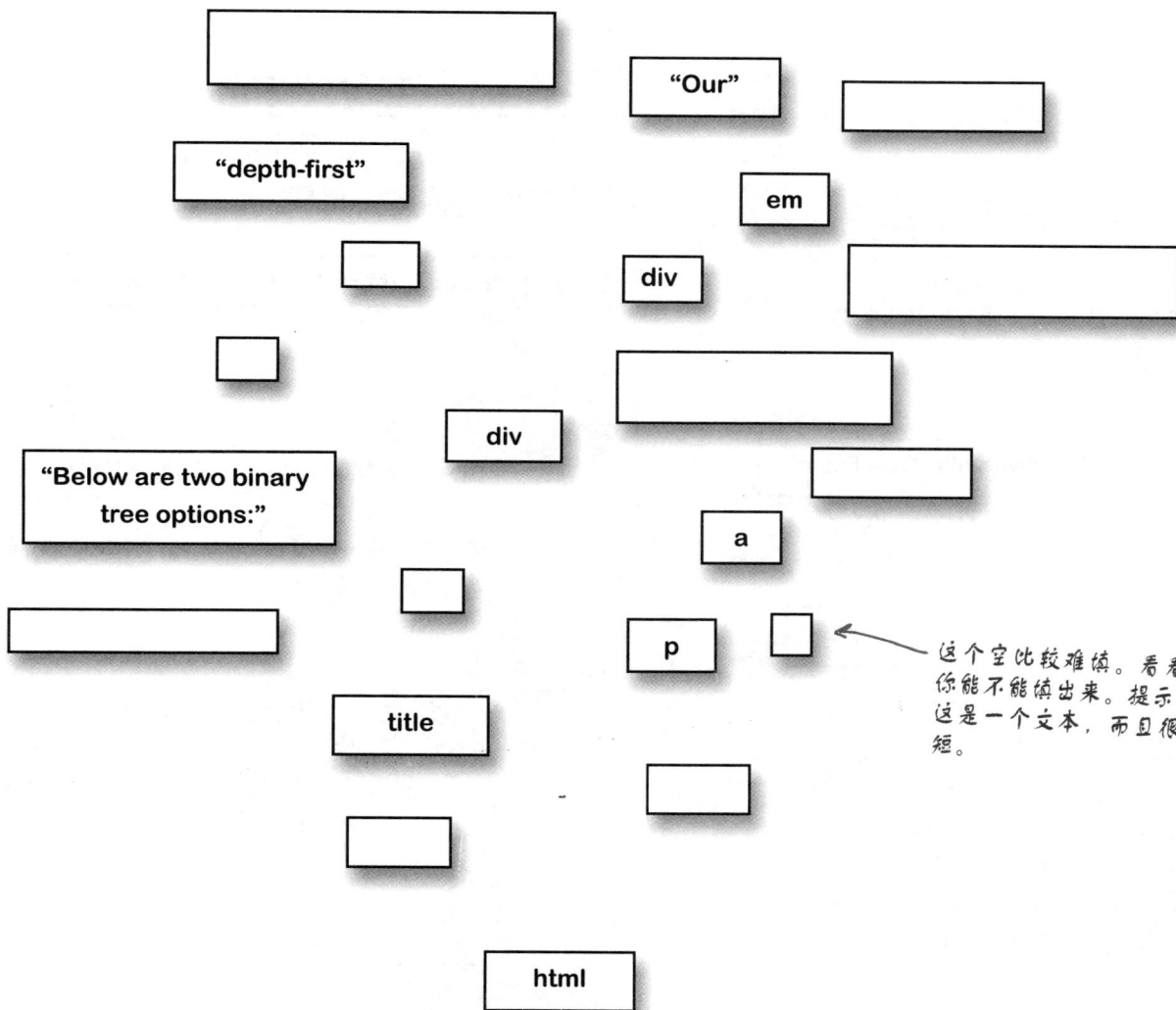

"Our"

"depth-first"

em

div

"Below are two binary
tree options:"

div

a

p

这个空比较难填。看看
你能不能填出来。提示：
这是一个文本，而且很
短。

title

html

答案见243页。

编写你自己的Web字典

以下是一个Web字典中的几个条目，每个定义中都少了一些词。你的任务是适当地填空完成各个条目。

节点：任意 _一_ 段标记，如一个元素或文本。<a>元素是一个 _元素_ 节点，而"Head First HTML with CSS & XHTML"文本是一个 _文本_ 节点。

叶子：_无子节点_ 的标记如 _无_ 文本内容的元素（如<img>）或文本数据。也称为叶子节点。

"Head First HTML with CSS & XHTML"

a

孩子：由另一段标记所包含的任意一段标记。文本"Head First HTML with CSS & XHTML"是<a>元素的 _子元素_ ，这个标记中的<p>是<body>元素的子元素。也称为子节点。

"Webville Tree Farm"

p

h1

p

body

html

双亲：包含其他标记的任何一段标记。<h1>是文本"Webville Tree Farm"的双亲，<html>是<body>元素的双亲。也称为父元素或父节点。

分支：分支是元素和内容的一个 _集合_ 。所以"body"分支是在树中<body>元素 _之下_ 的所有元素和文本。

根元素：_文档_ 中 _包含_ 所有其他元素的一个元素。在XHTML中，根元素总是 _<html>_ 。

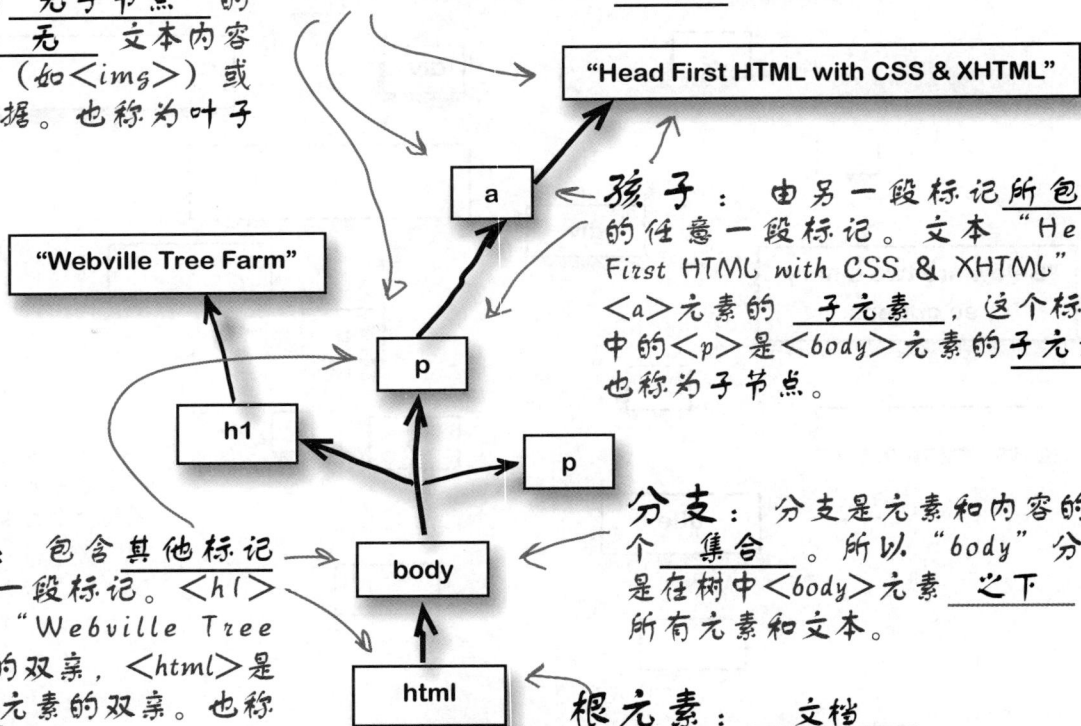

Sharpen your pencil
Solution

你的任务是利用240页上的XHTML建立一个DOM树，还要画出不同元素和文本之间的连接。你是怎么做的？

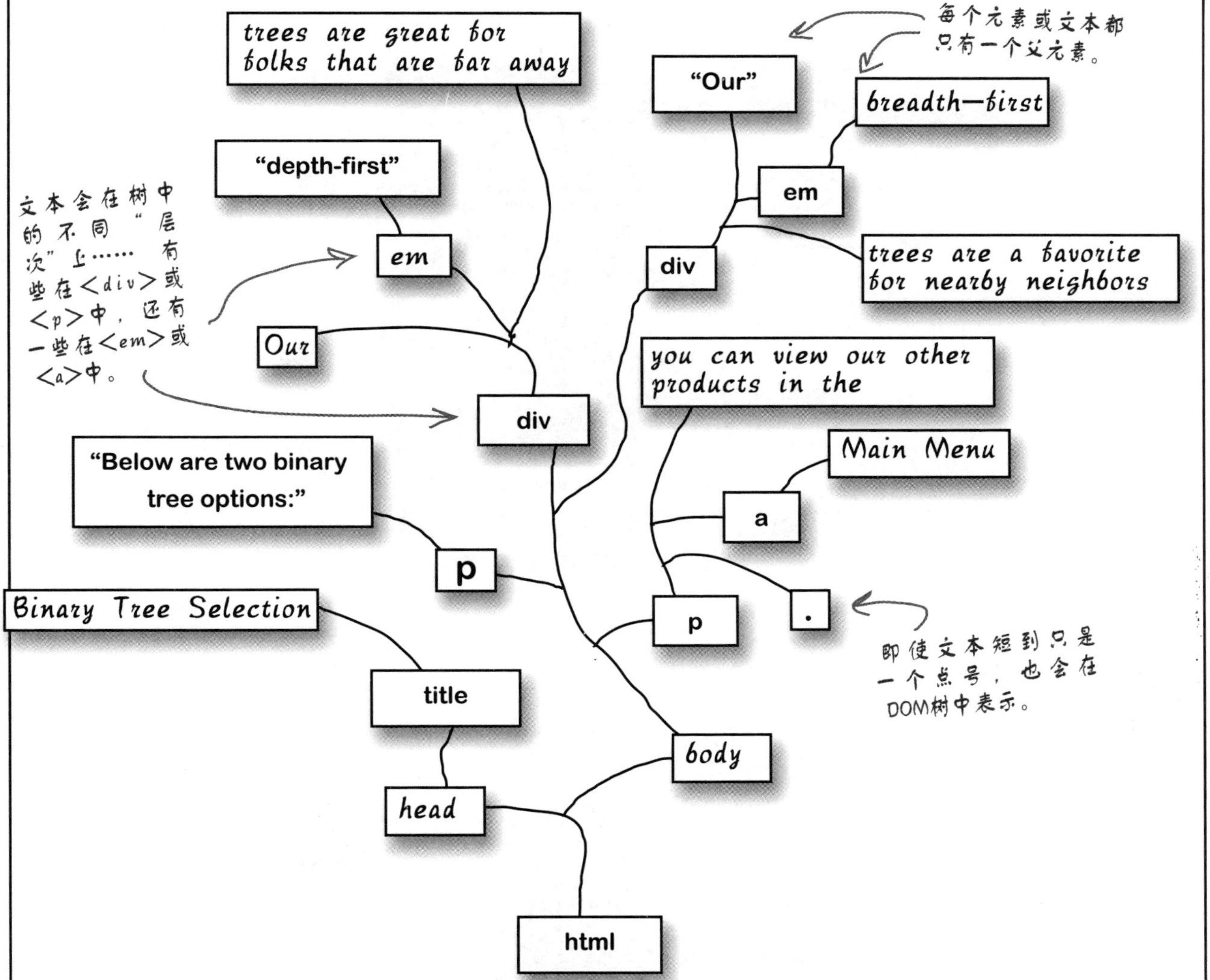

每个元素或文本都只有一个父元素。

trees are great for folks that are far away

"Our"

breadth—first

"depth-first"

em

文本会在树中的不同"层次"上……有些在<div>或<p>中，还有一些在<em>或<a>中。

em

div

trees are a favorite for nearby neighbors

Our

you can view our other products in the

div

Main Menu

"Below are two binary tree options:"

a

p

.

Binary Tree Selection

即使文本短到只是一个点号，也会在DOM树中表示。

title

head

body

html

动态智力题，有人想试试吗？

下面使用DOM构建一个动态应用

既然已经对DOM有所了解，下面使用这些知识让我们的应用做一些更有意思的事情。下面来看Webville Puzzle公司的一个项目。他们一直在开发一些基于Web的新游戏，现在他们的在线Fifteen Puzzle游戏需要你的帮助。

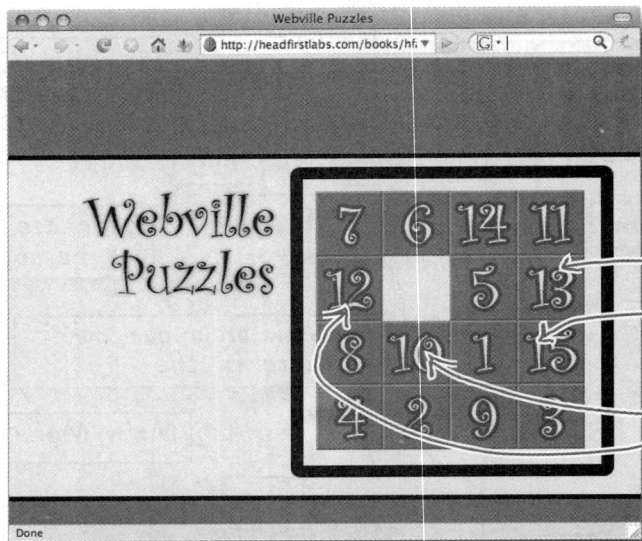

希望允许用户在这个智力题中移动这些标有数字的"贴块"。

点击一个空格旁的贴块将把这个贴块移到原来的空格位置。

我们不打算替换内容，而是要移动内容

在Fifteen Puzzle游戏中，可以把一个贴块**移动**到空格位置，这样又会产生一个新的空格。然后可以把另一个贴块**移到**这个新的空格，如此继续。总会有一个空格，我们的目标就是让所有数字按顺序排列，如下所示。

数字从1开始，按顺序一直到15。这就是一个获胜盘面。

空格可以在任意位置，只要数字按顺序排列即可。

> 刚开始你一直在大谈树如何如何，现在我们又来玩游戏，到底要干什么？所有这些与Ajax有什么关系？

我们需要移动这些贴块…… 这就需要DOM。

这是一个需要使用DOM的很好的例子。我们不打算改变一个表的内容，也不想替换按钮上或<p>中的文本。相反，我们需要移动表示贴块的图像。

Webville　Puzzles使用了一个包含4行4列的表格来表示他们的盘面，所以可能需要把第3行第4列中的一个图像移动到第3行、第3列上的一个空格中。不能只是修改<div>或<td>的innerHTML属性来做到这一点。

我们需要具体得到一个<img>，并在整个表格中移动这个元素，这方面DOM正好能大显身手。你很快就会看到，这实际上正是Ajax应用一直在做的事情：动态地改变页面。

所有Ajax应用需要动态地响应用户。DOM允许修改页面而不必重载页面。

BRAIN POWER

你认为将一个<img>从表的一个单元格移动到另一个单元格具体需要哪些步骤？

先从XHTML开始……

为了真正理解DOM有什么帮助，下面来看Webville Puzzles应用的XHTML，
并分析浏览器对这个XHTML做何处理，然后明确如何使用DOM让页面实现
我们希望的功能。

```
<html xmlns="http://www.w3.org/1999/xhtml">
<head>
  <title>Webville Puzzles</title>
  <link rel="stylesheet" href="css/puzzle.css" type="text/css" />
  <script src="scripts/fifteen.js" type="text/javascript"></script>
</head>
<body>
 <div id="puzzle">
  <h1 id="logo">Webville Puzzles</h1>
  <div id="puzzleGrid">
   <table cellspacing="0" cellpadding="0">
    <tr>
     <td id="cell11">
       <img src="images/07.png" alt="7" width="69" height="69" />
     </td>
     <td id="cell12">
       <img src="images/06.png" alt="6" width="69" height="69" />
     </td>
     <td id="cell13">
       <img src="images/14.png" alt="14" width="69" height="69" />
     </td>
     <td id="cell14">
       <img src="images/11.png" alt="11" width="69" height="69" />
     </td>
    </tr>
    <tr>
     <td id="cell21">
       <img src="images/12.png" alt="12" width="69" height="69" />
     </td>
     <td id="cell22">
       <img src="images/empty.png" alt="empty" width="69" height="69" />
     </td>
     <td id="cell23">
       <img src="images/05.png" alt="5" width="69" height="69" />
     </td>
     <td id="cell24">
       <img src="images/13.png" alt="13" width="69" height="69" />
     </td>
    </tr>
    ... etc ...
   </table>
  </div>
 </div>
</body>
</html>
```

现在还没有JavaScript，不过很快就会需要一些脚本增加fifteen.js的一个引用，这一章将逐步建立这个脚本文件。

这个智力题表示为一个<table>元素。

表中每个单元格都有一个id。

每个贴块是表单元格中的一个<img>。

空贴块也是一个图像。

这个智力题的XHTML存放在fifteenpuzzle.html中，可以从Head First Labs网站下载源代码。

fifteen-puzzle.html

Sharpen your pencil

你认为fifteen-puzzle.html的DOM树是什么样子，请画出来。
不过，这一次不必把根元素放在树的最下面，可以把它放在
你希望的任何位置：上面、下面、左边或右边。

there are no Dumb Questions

问： 这个智力题里没有做任何请求，是吗？

答： 没有，至少现在没有。这个程序完全在客户端。

问： 那么这根本不是Ajax，对吗？

答： 嗯，这又回到"什么是Ajax"问题上来了。如果你认为Ajax只是使用XMLHttpRequest做请求的应用，那么这就不是一个Ajax应用。但是如果你认为更合适的理解是：Ajax应用是具有高可用性、高响应性的JavaScript驱动应用，那么对这个应用则会另有看法，你会认为它确实是一个Ajax应用。

不论怎样，这个应用实际上都围绕着DOM的控制……DOM对于Ajax编程会很有帮助，而不论你如何理解Ajax应用的构成。

Sharpen your pencil Solution

你的任务是为fifteen-puzzle.html的XHTML结构和内容画出DOM树。以下是我们的做法……我们把根元素放在左上角，然后向右下角展开。你的做法与此类似吗？

这是文本节点对象。

<html>是DOM树的根元素。

html — **head** — **title** — "Webville Puzzles"

link

script

仍保留原来的顺序，因为元素和文本会以XHTML标记中出现的顺序出现。

body — **div**

尽管这看上去不再像一棵树，但你仍能看到根、分支和叶子……以及所有这些节点相互之间如何关联。

h1 — "Webville Puzzles"

div

table

所有这些对象都是元素节点，因为它们表示XHTML元素。

tr

td — **img**

td — **img**

td — **img**

td — **img**

这里实际上有4个<tr>。另外3个与此完全相同，都有4个<td>，每个<td>有一个<img>作为子元素。

每个<img>表示智力题中的一个贴块。

Sharpen your pencil

继续做这个练习！这一次要求你交换以下DOM树结构中的两个特定节点。你的任务是写出具体步骤。先不用担心方法名，只写出你要做什么就可以了。

可以采用你希望的任何方式画出DOM树……只要确保它清晰可读。

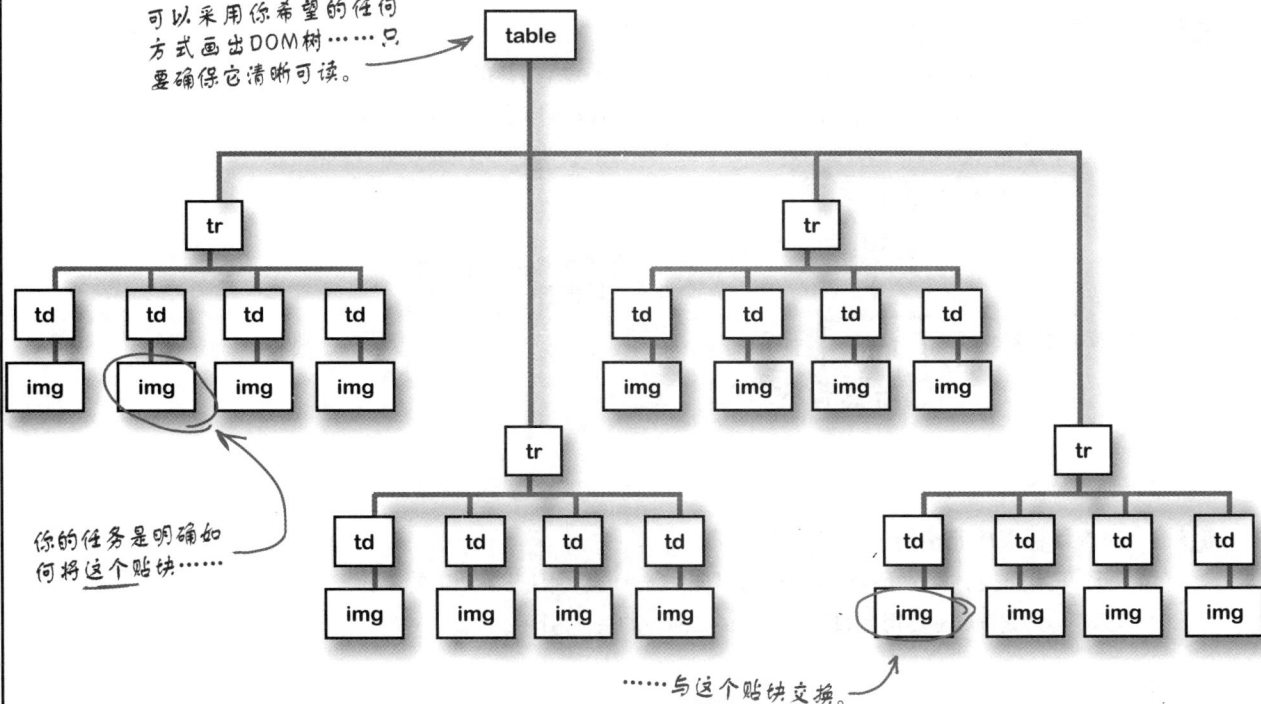

你的任务是明确如何将这个贴块……

……与这个贴块交换。

假设你知道点击了哪个**表单元格**，而且还知道目标表单元格。

你会怎样做？

1. ....
2. ....
3. ....
4. ....
5. ....

……等等……

根据你的需要可以有更多步骤。

可以写做"得到当前元素的第一个子元素"或者"查找所有名为'img'的元素"。

提示：看看能不能用一次"父元素"……也许会用两次！

Sharpen your pencil
Solution

你的任务是写出所要采取的步骤。假设你知道点击了哪个表单元格，另外还知道目标表单元格，你会怎样做？

❶ **得到所选表单元格的子元素。**

为此可以使用getElementsByTagName()，不过我们知道表示所点击贴块的<img>正是所选单元格的子元素，所以可以利用DOM来得到这个子元素。

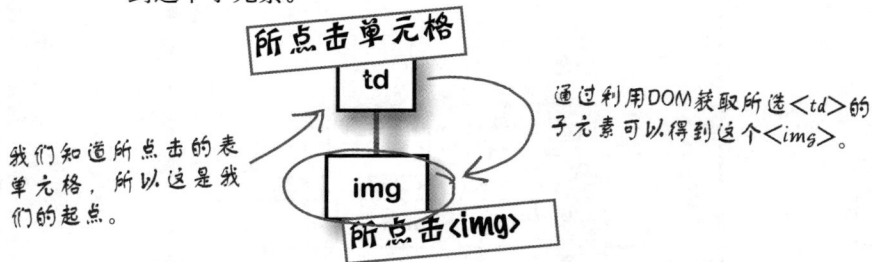

所点击单元格

td

通过利用DOM获取所选<td>的子元素可以得到这个<img>。

我们知道所点击的表单元格，所以这是我们的起点。

img

所点击<img>

❷ **得到目标表单元格的子元素。**

一旦开始交换，区别所选<img>与目标<img>会更困难，所以在开始移动元素之前，还要得到目标<td>中<img>的一个引用。

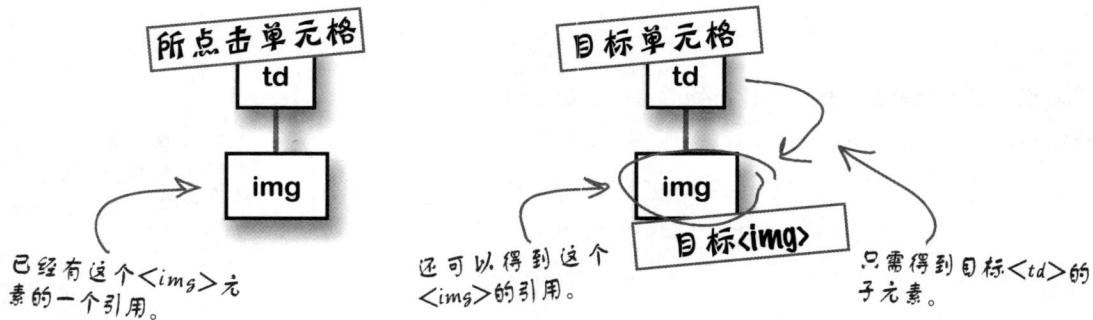

所点击单元格
td

目标单元格
td

img

img

目标<img>

已经有这个<img>元素的一个引用。

还可以得到这个<img>的引用。

只需得到目标<td>的子元素。

❸ 将所点击的\<img\>增加为新目标表单元格的一个子元素。
需要把所选单元格中的\<img\>移动到目标单元格。所以只需将所点击
的\<img\>增加到目标\<td\>的子元素列表中。

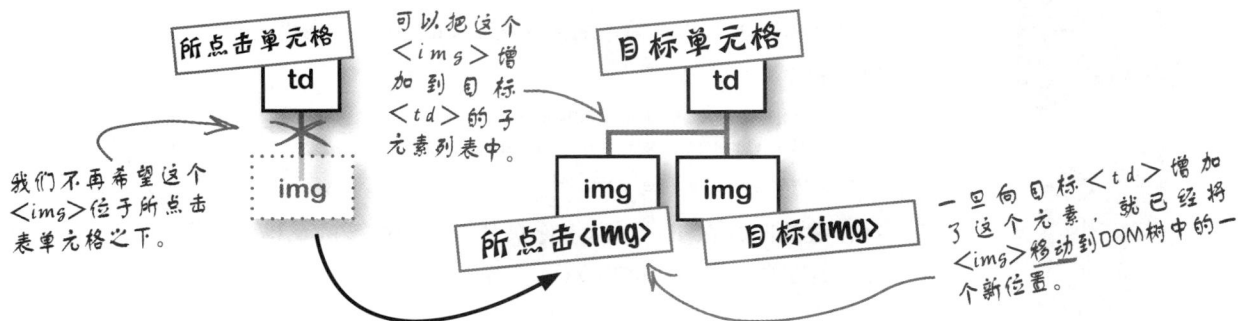

❹ 将目标单元格中的\<img\>增加为原来所点击表单元格的一个子元素。
现在来完成交换的另一部分。需要将目标\<img\>移动到原来点击的
\<td\>之下。正是因为这个原因,我们在第二步中先获取了这个\<img\>的
一个引用:因为现在目标\<td\>下有两个子\<img\>,先得到一个引用会使
这个工作更为容易。

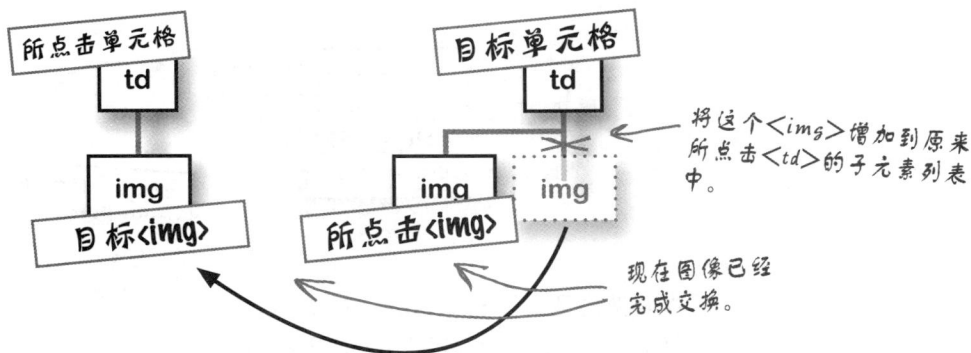

嘿,我有一个更好的办法,而且根本
不需要这些DOM方法!你只需要……

……得到第一个<img>的src属性，将它与第二个<img>的src属性交换。只需要增加一个临时字符串，你就大功告成了。没有DOM，没有新语法。这样不是很好吗？

你希望改变一个元素还是移动一个元素？这有很大区别。

你当然可以编写代码简单地交换两个<img>   src属性的值，如下所示。

```
var tmp = selectedImage.src;
selectedImage.src = destinationImage.src;
destinationImage.src = tmp;
```

这个代码会交换两个图像的src属性文本值。

这样做的问题在于：实际上你只是在修改图像的属性，而不是在页面上移动这些图像。

那么这有什么区别呢？想想看，每个图像的其他属性呢？还记得每个<img>都有一个alt属性吧？

```
<img src="images/14.png" alt="14"
     width="69" height="69" />
```

与src属性一样，alt、width和height都是图像的属性。

如果你改变了src属性，只是修改了<img>的一部分，其余的内容仍然没有改变…… 这样一来，alt属性就会与图像不一致！

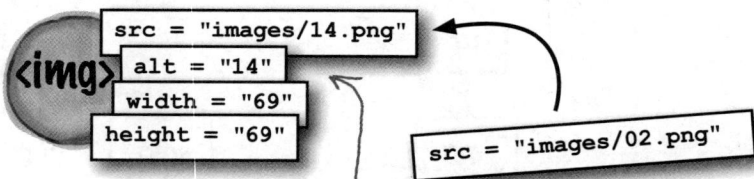

<img>
```
src = "images/14.png"
alt = "14"
width = "69"
height = "69"
```

```
src = "images/02.png"
```

如果改变了src属性，那么图像(tile #2)将与alt属性（"14"）不一致。

你要做的是交换整个<img>对象。这样一来，每个<img>会保持其属性不变。图像没有变，而是该<img>在DOM树中（相应地在页面的可视化表示中）的位置发生了变化。

JavaScript与DOM贴

你已经明确了交换两个贴块需要做什么，现在把这些一般性步骤转换成具体的代码。以下是一个新函数swapTiles()的骨架，不过所有代码都掉到地上了…… 你能看出如何完成这个函数吗？

```
function swapTiles(_____, _____) {

    _____ = _____._____;

    _____ = _____._____;

    _____._____(_____);

    _____._____(_____);

}
```

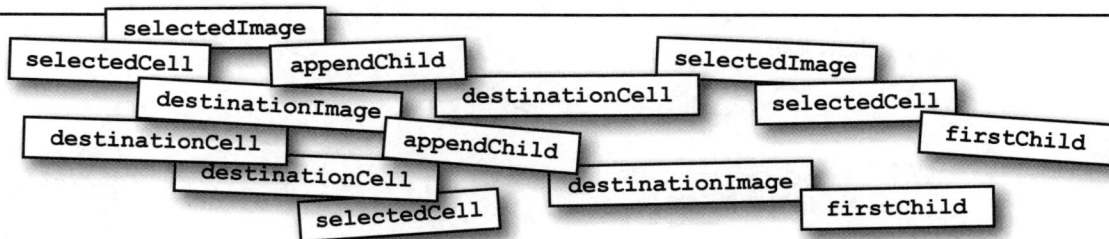

selectedImage

selectedCell   appendChild   selectedImage

destinationImage   destinationCell   selectedCell

destinationCell   appendChild   firstChild

destinationCell   destinationImage

selectedCell   firstChild

JavaScript与DOM贴答案

现在要把250页上那些一般性步骤转换成具体的代码。以下是一个新函数swapTiles()的骨架，你的任务是适当地组织各部分代码，构成一个可用的函数。

```
function swapTiles(  selectedCell  ,  destinationCell  ) {

   selectedImage  =  selectedCell . firstChild ;

   destinationImage  =  destinationCell . firstChild ;

   selectedCell . appendChild ( destinationImage );

   destinationCell . appendChild ( selectedImage );

}
```

这会得到要交换的两个图像的引用……

……这会完成两个图像的交换。

> 不是有父元素吗？难道对于每个元素或节点没有一个parent属性吗？我们可以把selectedImage的parent属性设置为destinationCell，反过来对destinationImage也是一样（将其parent属性设置为selectedCell）。

每个节点确实都有一个parentNode属性…… 但是这个parentNode属性是只读的。

DOM树中的每个节点——包括元素、文本甚至属性——都有一个名为"parentNode"的属性。通过这个属性可以得到当前节点的父节点。例如，一个表单元格中的<img>的父节点就是包含这个图像的<td>。

但是在DOM中这只是一个只读属性，所以尽管可以得到一个节点的父节点，但是无法设置其父节点。相反，必须使用appendChild()之类的方法。

appendChild()向节点增加一个新的子节点

appendChild()方法用于向一个元素增加一个新的子节点。所以如果运行 destinationCell.appendChild(selectedImage)，就会将selectedImage节点增加到destinationCell原有的子节点列表中。

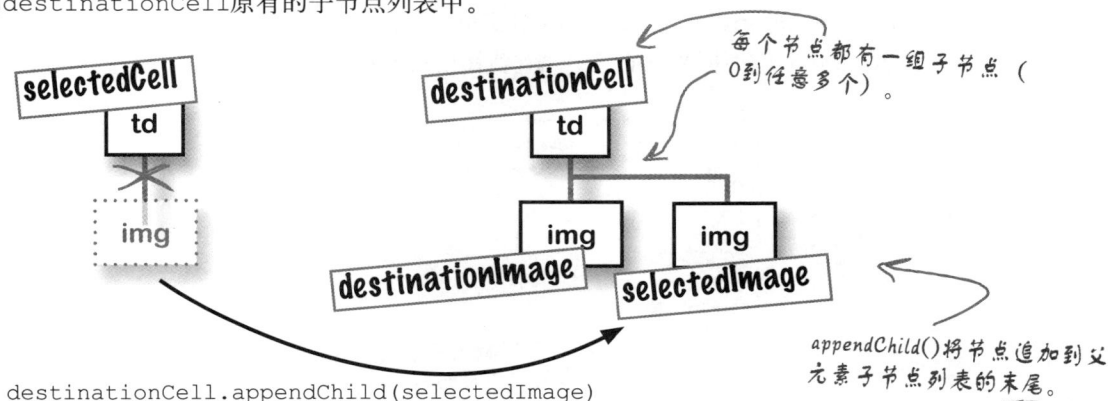

每个节点都有一组子节点（0到任意多个）。

appendChild()将节点追加到父元素子节点列表的末尾。

destinationCell.appendChild(selectedImage)

新的子节点会…… 自动地有一个新的父节点

为一个节点指定一个新的子节点时，这个新子节点的parentNode属性会自动更新，所以尽管无法直接改变parentNode属性，但是可以移动一个节点，从而让DOM和浏览器为你处理这些属性的改变。

there are no Dumb Questions

问：这么说我可以从JavaScript中自动地使用所有这些DOM方法了？

答：基本上是这样。但有几个例外，后面就会谈到，不过大多数情况下，你编写的任何JavaScript代码中都会使用DOM。

问：DOM树由节点组成，比如元素和文本，对吗？

答：没错，但不要忘记属性。节点实际上可以是能够出现在页面上的任何东西，不过大多数常见节点往往就是元素、属性和文本。

问：一个节点有一个父节点和一些子节点，对吗？

答：所有节点都有父节点，但是并非所有节点都有子节点。文本和属性节点就没有子节点，另外不包含内容的空元素也没有子节点。

问：根元素的父节点是什么？

答：document对象。正因如此，可以使用document对象查找Web页面上的任何元素。

问：还有没有其他方法像appendChild()那样增加子节点？

答：当然有。下一章就会介绍这些方法。

问：为什么这比直接改变<img>的src属性更好？

答：因为你不想修改所显示的图像，你只是想把这个图像移动到一个新的单元格。如果希望图像位置保持不动，保留其alt标签以及height和title，那么可以改变src属性。但是我们只是想移动这个图像，所以这里使用了DOM。

可以按名或id定位元素

如果把页面考虑成DOM树中节点的一个集合，`getElementById()`和
`getElementsByTagName()`等方法就会很有意义。

通过使用节点的id，可以用`getElementById()`查找树中任意位置的特定
节点。`getElementsByTagName()`则根据节点的标记名查找树中所有相
应的元素。

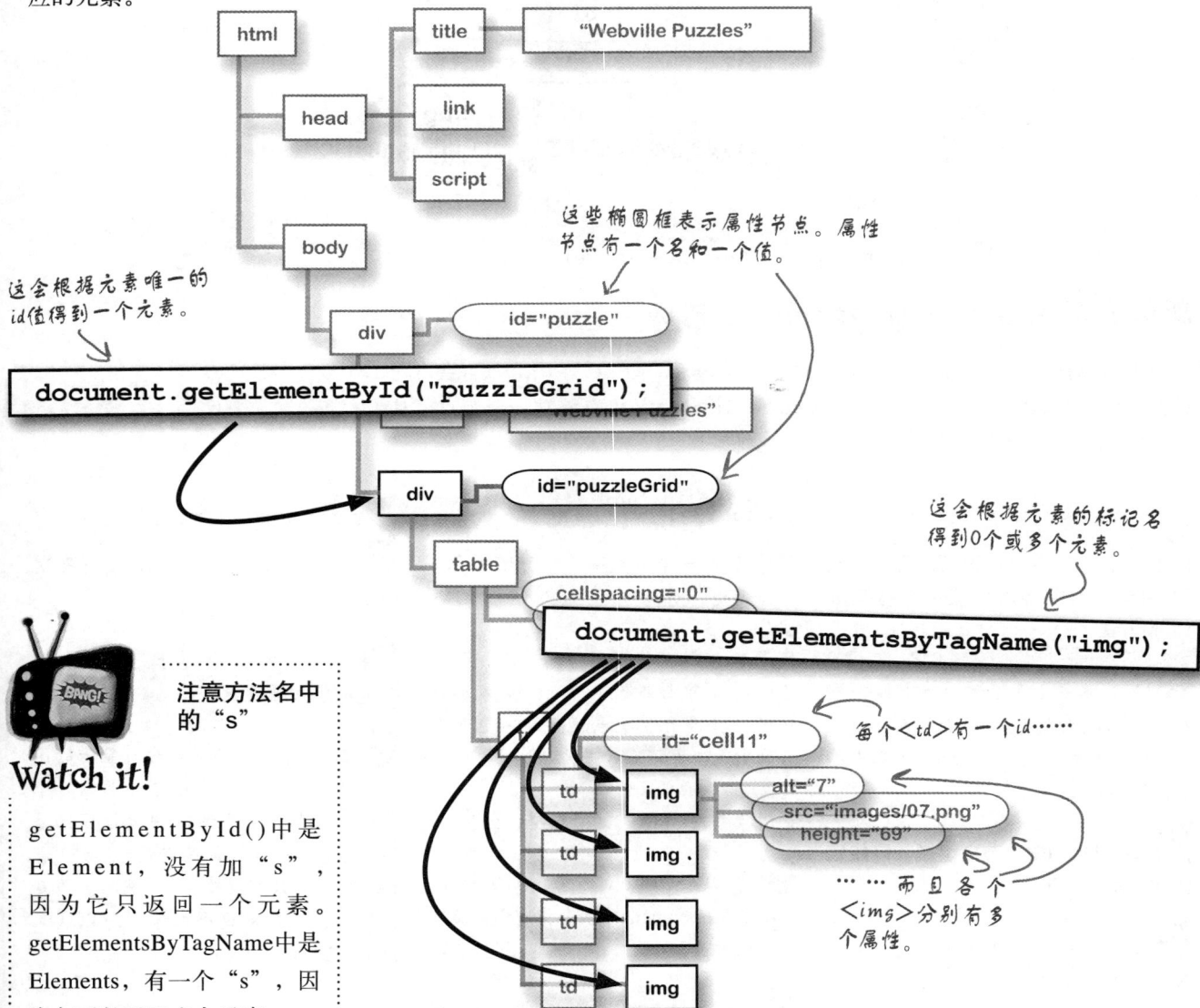

这些椭圆框表示属性节点。属性节点有一个名和一个值。

这会根据元素唯一的id值得到一个元素。

`document.getElementById("puzzleGrid");`

这会根据元素的标记名得到0个或多个元素。

`document.getElementsByTagName("img");`

每个`<td>`有一个id……

……而且各个`<img>`分别有多个属性。

注意方法名中的"s"

Watch it!

`getElementById()`中是Element，没有加"s"，因为它只返回一个元素。
`getElementsByTagName`中是Elements，有一个"s"，因为它可以返回多个元素。

Exercise

编写initPage()函数的代码。需要确保每次点击一个表单元格时会运行一个名为tileClick()的事件处理程序。我们后面将编写tileClick()的代码，不过，你可能希望先用alert()语句建立一个测试版本，在翻开下一页之前确保你的代码能正常工作。

答案见下一页。

Sharpen your pencil

这几个问题可以让你的左脑开动起来。翻开下一页之前先回答这里的各个问题……完成后，你可能还希望再仔细检查上面完成的initPage()代码。

1. 移动贴块的事件处理程序应该放在表单元格上还是该单元格中的图像上？

☐ 表单元格(`<td>`)   ☐ 图像 (`<img>`)

2. 你为什么作出以上选择？ ....

....

3. 如何确定是否点击了一个空的贴块？ ....

....

4. 如何确定一个贴块的目标单元格？ ....

....

答案见261页。

你的任务是编写一个initPage()函数，为Fifteen Puzzle设置事件处理程序。你的答案是什么？以下是我们的做法。

记住要把initPage()函数赋至 window.onload事件。

```
window.onload = initPage;

function initPage() {
  var table = document.getElementById("puzzleGrid");
  var cells = table.getElementsByTagName("td");
  for (var i=0; i<cells.length; i++) {
    var cell = cells[i];
    cell.onclick = tileClick;
  }
}

function tileClick() {
  alert("You clicked me!");
}
```

首先，得到<div>，我们要为其中的表和单元格关联事件处理程序。

要得到这个表中的每一个<td>。

对于每个单元格……

……将tileClick()指定到 onclick事件。

我们建立了一个简单的事件处理程序来进行测试。

运行测试

将initPage()、tileClick()和swapTiles()增加到一个名为fifteen.js的脚本中。确保在你的XHTML中引用这个文件，试着运行这个Fifteen Puzzle应用，看看各个表单元格上的事件处理程序表现如何。

点击一个单元格……

……应该能得到一个提示框。

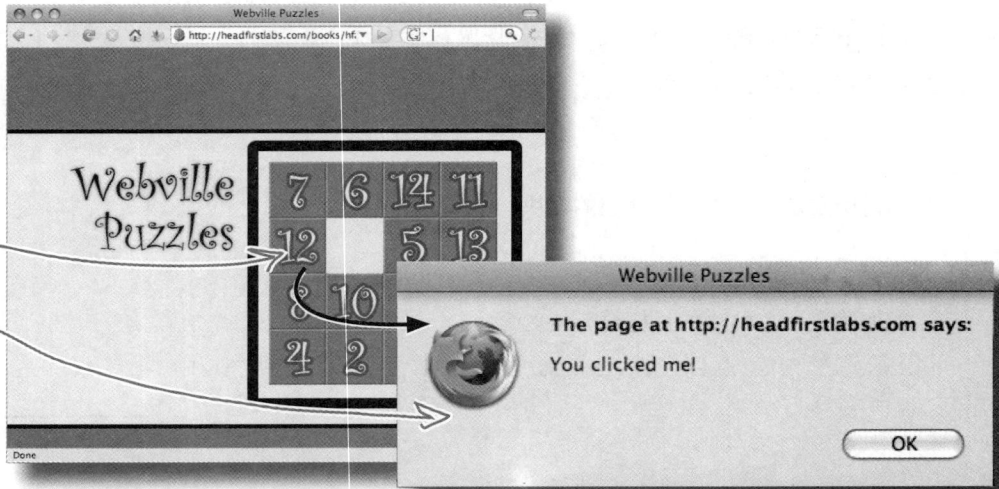

表单元格访谈

本周话题：
与一个新父元素的会谈

Head First：<td>，我听说你是一个新的父元素，是吗？

<td>：没错。我是让一个小可爱<img>自己办到的。

Head First：这么说，它是你的第一个孩子了？

<td>：嗯，要看你问谁了。有些浏览器说这个<img>是我的第一个孩子，但另外一些却认为我已经有很多空的子节点。

Head First：空的子节点？

<td>：对。你知道的，像空格、回车之类的。不用操心这些。

Head First：不用操心？这听起来很严重呀…… 你可能有多个子节点，这难道不是个大问题吗？

<td>：别紧张，这要看如何来处理。大多数人只是忽略所有这些空节点来得到我的小<img>。

Head First：这太让人糊涂了。你觉得我们的听众真的能理解你讲的是什么意思吗？

<td>：就算他们现在不知道，我敢打赌很快他们就会明白的。等着瞧吧。

Head First：嗯…… 是这样…… 我猜想…… 我猜想现在只能如此了。希望我们很快就能搞清楚，听众们请别走开，稍后回来。

there are no Dumb Questions

问： 为什么puzzleGrid id放在一个<div>上而不是在<table>本身？

答： DOM Level 2浏览器和Internet Explorer处理表的方式完全不同，对表应用CSS样式的方式也是迥异的。要让一个包含表格的页面在IE和Firefox、Safari等等浏览器上看上去一样，最容易的方法就是对包围<table>的<div>指定样式，而不是对<table>本身指定样式。

因为对有id的元素指定样式最为容易，所以我们把puzzleGrid id放在希望增加样式的<div>上，也就是包围<table>的<div>。

问： 这就是你使用getElementById()来查找这个<div>而不是具体<table>的原因，是吗？

答： 对。也可以在<table>上加一个id，但是没有这个必要。puzzleGrid <div>中只有我们想要的表，其中包含所有那些可点击的单元格，所以只是查找<div>然后查找其中的所有<td>会更容易一些。

BRAIN POWER

你觉得在前面的访谈中<td>所说的是什么意思？有没有一些已经编写或将要编写的函数可能需要考虑<td>提到的那些"空（nothing）"子节点呢？

空贴块在哪里？

能移动所点击的贴块吗？

既然已经有了基本结构，下面来完成这个智力题应用。由于贴块只能移动到一个空的方格中，首先要确定的是"空方格在哪里"。

对于所点击的任何贴块，可以在6个可能的位置上。假设用户点击以下盘面上的"10"贴块。

用户点击"10"贴块。

① 空方格可能在左边。
在这里，左边的贴块中是一个"8"。

② 空方格可能在下面。
空方格不在"10"下方。这里是一个"2"。

④ 空方格可能在上面。
在这里，空方格确实在"10"的上方。

③ 空方格可能在右边。
有一个"1"位于"10"的右边。

Sharpen your pencil

对于这个空贴块的位置还有两个可能的情况，你能得出这两种情况吗？

⑤ ....

⑥ ....

答案见265页。

Sharpen your pencil
Solution

这几个问题可以让你的左脑开动起来。翻开下一页之前先回答这里的各个问题…… 完成后，你可能还希望再仔细检查上面完成的initPage()代码。

1. 移动贴块的事件处理程序应该放在表单元格上还是该单元格中的图像上？

☑ 表单元格 (<td>)　　☐ 图像 (<img>)

2. 你为什么作出以上选择？

3. 如何确定是否点击了一个空的贴块？

4. 如何确定一个贴块的目标单元格？

> 首先，我想应该把事件处理程序放在表单元格上，而不是放在图像本身。

Joe：为什么？用户点击的是"7"，又不是第3行上的第2个贴块。

Frank：嗯，他们也在点击图像所在的表单元格。

Jill：那么，假设把事件处理程序放在图像上，然后当用户点击这个图像时……

Joe：……我们将这个图像与空方格交换……

Jill：对。但是事件处理程序会与*图像*关联，而不是表单元格。

Frank：哦，我懂了。

Joe：什么意思？我还不明白。

Frank：事件处理程序会随图像移动，所以每次图像移动时，事件处理程序就会随之移动。

Joe：那又怎样？

Frank：我们打算使用DOM得出空方格与所点击图像的相对位置，对吧？

Joe：我想是这样。这与图像上的事件处理程序有什么关系呢？

Frank：如果事件处理程序放在图像上，我们就得一直获取图像的父元素。如果事件处理程序在单元格上，就可以避免这额外的一步，可以只是检查所点击单元格周围的单元格。

Jill：对了!这就不需要在事件处理程序中移到图像的父单元格了。

Joe：所有这些都只是为了避免一行代码？只是要求得到图像的父元素而已？

Jill：对于*每个点击*事件都能避免这一行代码。可能会有成百上千次点击…… 甚至成千上万次！你做过这种智力题吗？你知道的，这确实要花一些时间。

Joe：哦。我还是不清楚开始时怎样找到空方格……

可以利用家族关系在DOM树中移动

假设你想找出一个<img>的父元素，或者想得到表格中下一个<td>的引用。DOM树是有关联性的，可以使用DOM的家族类型属性在树中移动。

parentNode可以在树中上移，childNodes可以提供一个元素的子节点，还可以利用nextSibling和previousSibling在节点之间移动。另外可以利用firstChild和lastChild得到一个元素的第一个子节点和最后一个子节点。请看以下说明。

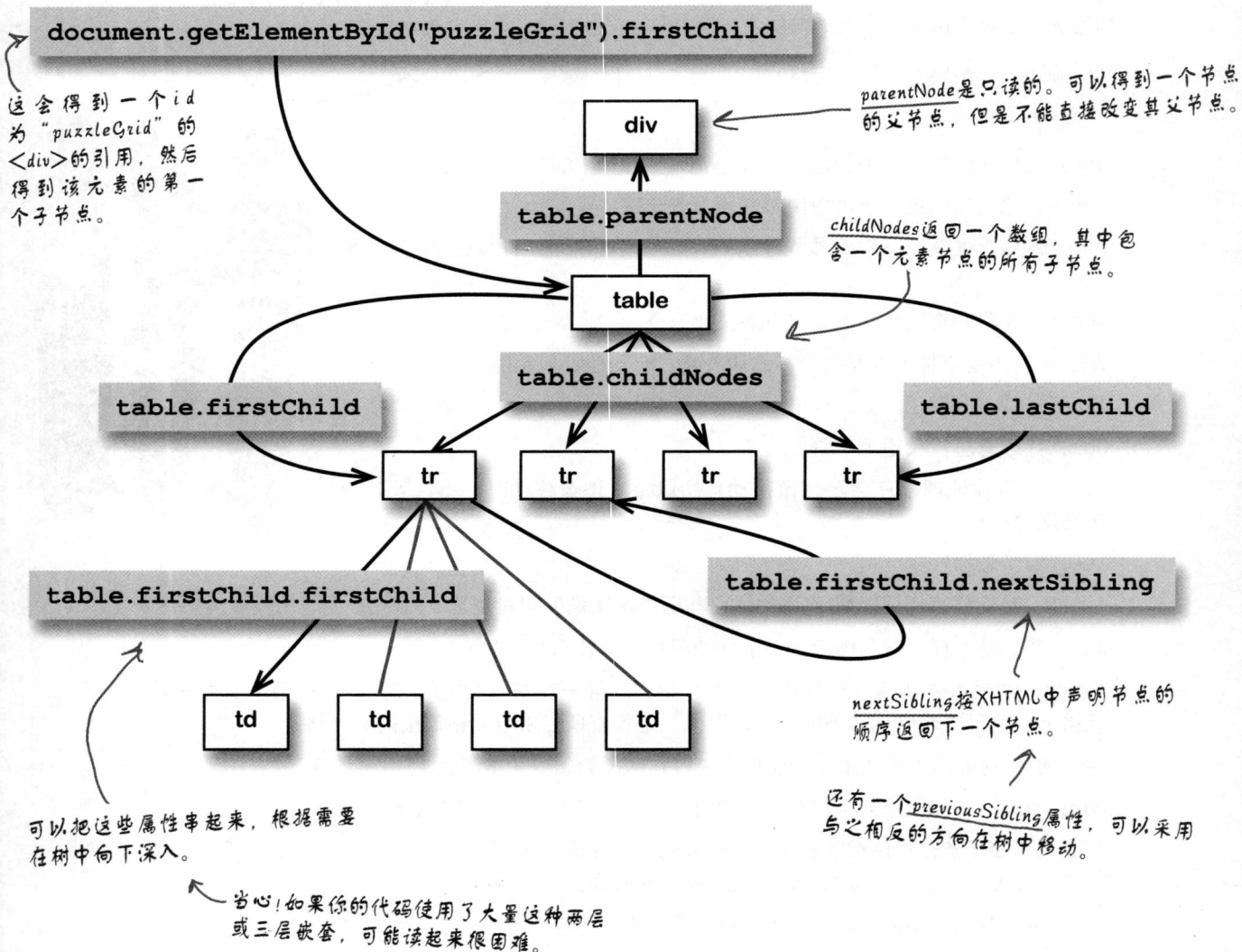

document.getElementById("puzzleGrid").firstChild

这会得到一个id为"puzzleGrid"的<div>的引用，然后得到该元素的第一个子节点。

*parentNode*是只读的。可以得到一个节点的父节点，但是不能直接改变其父节点。

div

table.parentNode

*childNodes*返回一个数组，其中包含一个元素节点的所有子节点。

table

table.childNodes

table.firstChild

table.lastChild

tr　**tr**　**tr**　**tr**

table.firstChild.firstChild

table.firstChild.nextSibling

td　**td**　**td**　**td**

*nextSibling*按XHTML中声明节点的顺序返回下一个节点。

还有一个*previousSibling*属性，与之相反的方向在树中移动。

可以把这些属性串起来，根据需要在树中向下深入。

当心！如果你的代码使用了大量这种两层或三层嵌套，可能读起来很困难。

Sharpen your pencil

以下是一个DOM树和一些JavaScript语句。在JavaScript中，各个字母分别是表示DOM树中相应节点的变量。你能知道各个语句指示哪个节点吗？

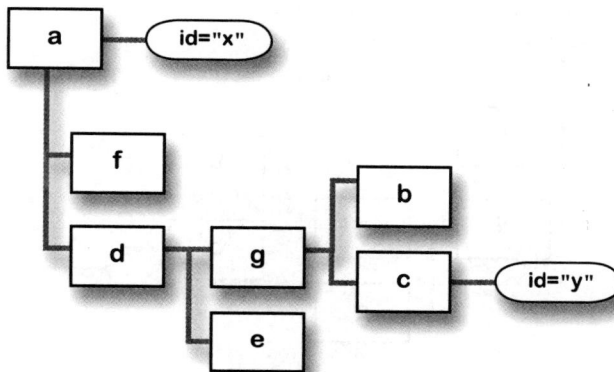

```
document.getElementById("y");
```
_____

```
g.parent;
```
_____

```
document.getElementById("y").nextSibling;
```
_____

```
a.firstChild;
```
_____

```
c.parent.parent;
```
_____

```
d.firstChild.lastChild;
```
_____

```
c.previousSibling;
```
_____

Sharpen your pencil
Solution

以下是一个DOM树和一些JavaScript语句。在JavaScript中，各个字母分别是表示DOM树中相应节点的变量。你能知道各个语句指示哪个节点吗？

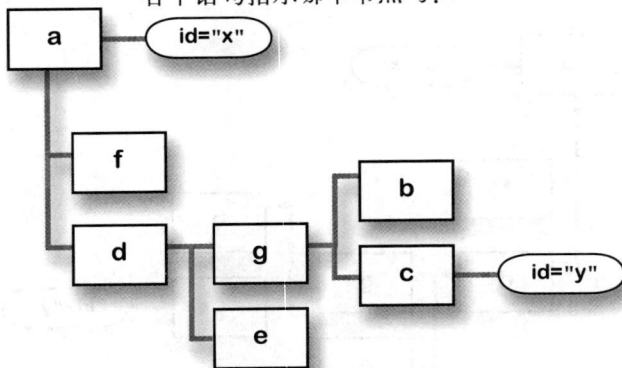

```
     ┌─────┐    ┌────────┐
     │  a  │────│ id="x" │
     └─────┘    └────────┘
        │
     ┌─────┐
     │  f  │                    ┌─────┐
     └─────┘                    │  b  │
        │                       └─────┘
     ┌─────┐   ┌─────┐
     │  d  │───│  g  │          ┌─────┐    ┌────────┐
     └─────┘   └─────┘          │  c  │────│ id="y" │
                │               └─────┘    └────────┘
             ┌─────┐
             │  e  │
             └─────┘
```

document.getElementById("y");   c

g.parent;   d

document.getElementById("y").nextSibling;   ───→   null

a.firstChild;   f

c.parent.parent;   这个空比较难填。要记住，DOM树中元   d
                                     素的顺序反映了这些元素在XHTML中声
d.firstChild.lastChild;   明的顺序。由于c下面没有兄弟节点，   c
                                     所以JavaScript返回一个null。
c.previousSibling;   b

这些作为元素名太糟糕了。到底为什么只用字母来命名你的节点呢？

要为元素和id属性使用描述性的名字。

编写XHTML时，元素名已经很清楚了。没有人会混淆<div>或<img>是什么意思。不过还需要使用有描述性的id，如"background"或"puzzleGrid"。你无法知道什么时候代码中会出现这些id，要让你的代码更易于理解…… 否则只会使代码更难读懂。

元素名和id越清楚，对于你和其他程序员来说代码也就越明了。

Sharpen your pencil
Solution

对于空贴块在图中的位置还有两种可能性。你能发现这两种
可能的情况吗？

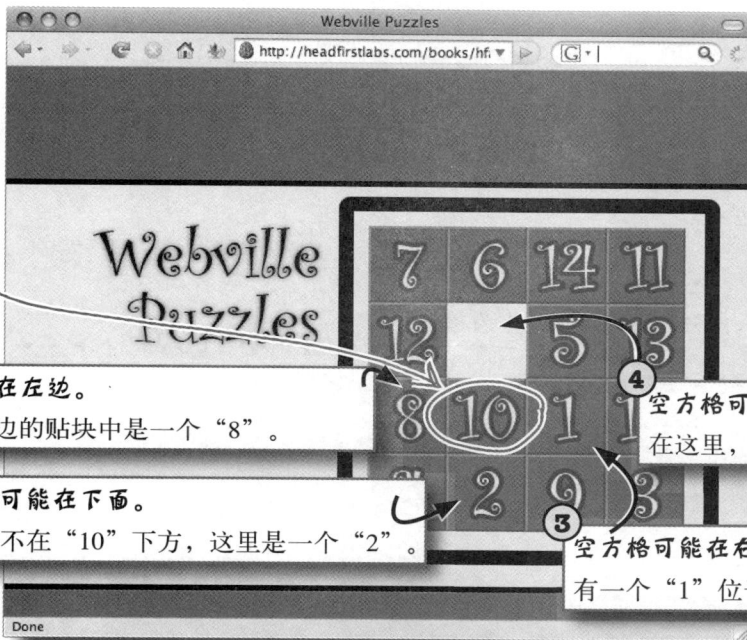

用户点击 "10"
贴块。

① 空方格可能在左边。
在这里，左边的贴块中是一个 "8"。

② 空方格可能在下面。
空方格不在 "10" 下方，这里是一个 "2"。

④ 空方格可能在上面。
在这里，空方格确实在 "10" 的上方。

③ 空方格可能在右边。
有一个 "1" 位于 "10" 的右边。

⑤ 空方格不在贴块的旁边。
只能交换与空方格相邻的贴块。

必须确保贴块不会被其他非空贴块
包围。如果确实如此，它会被围住
而不能移动。

⑥ 点击的是空方格。
在这种情况下，不会移动任何贴块。

有可能所点击的贴块正是空贴块。
这也不会导致交换发生。

Long Exercise

现在来建立其余的Fifteen Puzzle代码。下面是你的作业。

❶ **编写一个cellIsEmpty()函数。**

给定一个表示<td>的节点，得出该单元格中的图像是否是空图像。为了对你有帮助，下面给出空单元格的XHTML。

```
<td id="cell22">
  <img src="images/empty.png" alt="empty" width="69" height="69" />
</td>
```

以下是这个函数的一部分，你可以以此作为起点。

```
function cellIsEmpty(cell) {
  var image = .........................................
  if (...........................................)
    return true;
  else
    return false;
}
```

> cell是浏览器DOM树中表示一个<td>的节点。

❷ **在tileClick()事件处理程序中查找空单元格。**

下面开始建立tileClick()，这个事件处理程序要关联到各个表单元格。首先，需要检查空单元格。如果所点击单元格为空，则显示一个消息指示用户需要点击一个不同的贴块。

```
function tileClick() {
  if (cellIsEmpty(..........)) {
    alert("Please click on a numbered tile.");
    ....................................
  }
}
```

❸ **得出所点击的行和列。**

以下是这个智力题中一组单元格的XHTML。

```
<td id="cell13">
  <img src="images/14.png" alt="14" width="69" height="69" />
</td>
<td id="cell14">
  <img src="images/11.png" alt="11" width="69" height="69" />
</td>
</tr>
<tr>
<td id="cell21">
  <img src="images/12.png" alt="12" width="69" height="69" />
</td>
...... etc ......
```

给定这个XHTML（以及246页上其余的XHTML），你能知道如何得到
所点击贴块所在的行和列吗？

```
var currentRow = this.....................................;
var currentCol = this.....................................;
```

提示：需要至少使用一次 JavaScript的charAt(int position) 函数。

对于字符串 "cows gone wild"，charAt(2)会返回 "w"。

❹ **完成tileClick()事件处理程序。**

一旦确保没有点击空贴块，而且得到了当前行和列，所需的所有信息就
已经准备就绪。你的任务是处理空方格所在位置的其余5种可能的情况。
如果可以，则将所选贴块与空方格交换。

首先，以下给出检查所选贴块上方位置的代码。

只有不在第1行时才检查上方单元格。

Number将文本转换为一种数字格式。

将数与另一个字符串相加时，JavaScript自动将这些数转换为字符串。

```
// Check above
if (currentRow > 1) {
    var testRow = Number(currentRow) - 1;
    var testCellId = "cell" + testRow + currentCol;
    var testCell = document.getElementById(testCellId);
    if (cellIsEmpty(testCell)) {
        swapTiles(this, testCell);
        return;
    }
}
```

上方单元格的id为"cell"，然后是(currentRow −1)，再后面是当前列号。

如果交换了贴块，任务完成！

根据id得到测试单元格……

……查看这是否是空方格……

……然后交换当前单元格和空方格。

tileClick()的其余代码由你来完成。所要处理的各种不同可
能情况可以参考265页。祝你好运！

LONG EXERCISE SOLUTION

你的任务是建立cellIsEmpty()函数，然后完成clickTile()事件处理程序。你能得出答案吗? 以下是我们的做法。

```
function cellIsEmpty(cell) {
  var image = cell.firstChild;
  if (    image.alt == "empty"    )
    return true;
  else
    return false;
}
```

每个表单元格的第一个子元素是其<img>。

空图像的alt标签是"empty"。

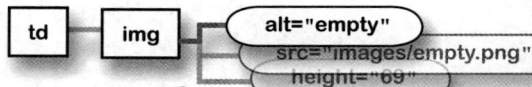

td — img — alt="empty" src="images/empty.png" height="69"

```
function tileClick() {
  if (cellIsEmpty( this )) {
    alert("Please click on a numbered tile.");
    return;
  }
```

tileClick()中的"this"是激活对象，也就是所点击的贴块。

如果点击的是空贴块，一定要返回。

```
  var currentRow = this.    id    .charAt(4) ;
  var currentCol = this.    id    .charAt(5) ;
```

td — id="cell21"

各表单元格的id提供了行和列。

```
  // Check above
  if (currentRow > 1) {
    var testRow = Number(currentRow) - 1;
    var testCellId = "cell" + testRow + currentCol;
    var testCell = document.getElementById(testCellId);
    if (cellIsEmpty(testCell)) {
      swapTiles(this, testCell);
      return;
    }
```

```
  }
  // Check below
  if (currentRow < 4) {
    var testRow = Number(currentRow) + 1;
    var testCellId = "cell" + testRow + currentCol;
    var testCell = document.getElementById(testCellId);
    if (cellIsEmpty(testCell)) {
      swapTiles(this, testCell);
      return;
    }
  }
  // Check to the left
  if (currentCol > 1) {
    var testCol = Number(currentCol) - 1;
    var testCellId = "cell" + currentRow + testCol;
    var testCell = document.getElementById(testCellId);
    if (cellIsEmpty(testCell)) {
      swapTiles(this, testCell);
      return;
    }
  }
  // Check to the right
  if (currentCol < 4) {
    var testCol = Number(currentCol) + 1;
    var testCellId = "cell" + currentRow + testCol;
    var testCell = document.getElementById(testCellId);
    if (cellIsEmpty(testCell)) {
      swapTiles(this, testCell);
      return;
    }
  }

  // The clicked-on cell is locked
  alert("Please click a tile next to an empty cell.");
}
```

确保不在最后一行上。

得到下一行同一列上的单元格。

如果目标单元格为空，则完成一次交换。

现在查看两边，确保不在最左列上。

查找同一行下一列的单元格。

查看这个单元格是否为空。如果是，则完成交换并返回。

对于下方、左边和右边等各个情况，都采用同样的处理模式。

如果到达这里，说明所点击贴块不为空，而且不与空方格相邻。

下面为用户提供一些反馈，让他们知道该做什么。

Dumb Questions

问： 哇呜，这么多代码。我得全部理解吗？

答： 确实有很多代码，不过如果你一步一步跟过来，所有这些对你来说应该不难理解。这里并没有太多新东西，不过比起前面的工作来说，确实有更多DOM和定位的内容。

问： 所有这些都是DOM代码吗？

答： 嗯，实际上并没有DOM代码之类的东西。这些都是JavaScript代码，其中大量使用了DOM。

问： 那么哪些部分使用了DOM呢？

答： 只要是使用一个属性在DOM树中移动，就是在以某种方式使用DOM。所以firstChild和previousSibling是DOM属性。但是使用getElementById()的代码也是在使用DOM，因为这是document对象的一个属性。document是浏览器DOM树的顶层对象。

DOM对于完成页面上节点的定位和移动来说是极好的工具。

问： 你假设表单元格的id中包含行和列，这样假设安全吗？

答： 如果你能像我们一样自己控制XHTML，这就是安全的。由于Webville Puzzles公司是这样建立XHTML的，表单元格中包含这些能提供很大方便的id，所以我们可以根据其id得出一个单元格的位置。如果你建立的XHTML不同，可能需要得出单元格相对于其他单元格和行的位置。

问： 也可以用DOM来做到这一点，对吗？

答： 答对了。你很可能会使用某种计数器以及previousSibling来得出有多少<td>，而且需要parentNode和类似的属性来查看在哪一行上。

问： 这么说，这里有关DOM的内容可能相当复杂，对不对？

答： 确实，也许很快就变得非常复杂。不过大多数情况下，可能只需要达到Fifteen Puzzle这种复杂程度。实际上，只使用前面学到的属性，你就差不多是半个DOM行家了！

问： 半个?那另一半呢?

答： 到目前为止，我们只是完成了DOM中节点的移动。下一章中，我们还会学习如何创建新节点，以及如何动态地将节点增加到树中。

问： 再来看代码…… 表单元格的firstChild总是单元格中的图像吗？

答： 不错，目前cellIsEmpty()是这样编写的。你能想到哪种情况下图像可能不是表单元格的第一个子元素？

问： 如果图像不是表单元格的第一个子元素，那就麻烦了，是不是？

答： 那当然。

问： 嗯，254页上的swapTiles()不也是这么做的吗？那里也假设图像是firstChild，对不对？

答： 完全正确。所以那个假设是不是也有问题？

问： 到底是谁在问问题呀？

答： 可能我们应该测试一下fifteen puzzle，看看会发生什么。

运行测试

打开fifteen.js的代码，增加cellIsEmpty()和tileClick()的代码。确保initPage()和
swapTiles()也正常工作。加载页面，这个智力题应用能正常运行吗？

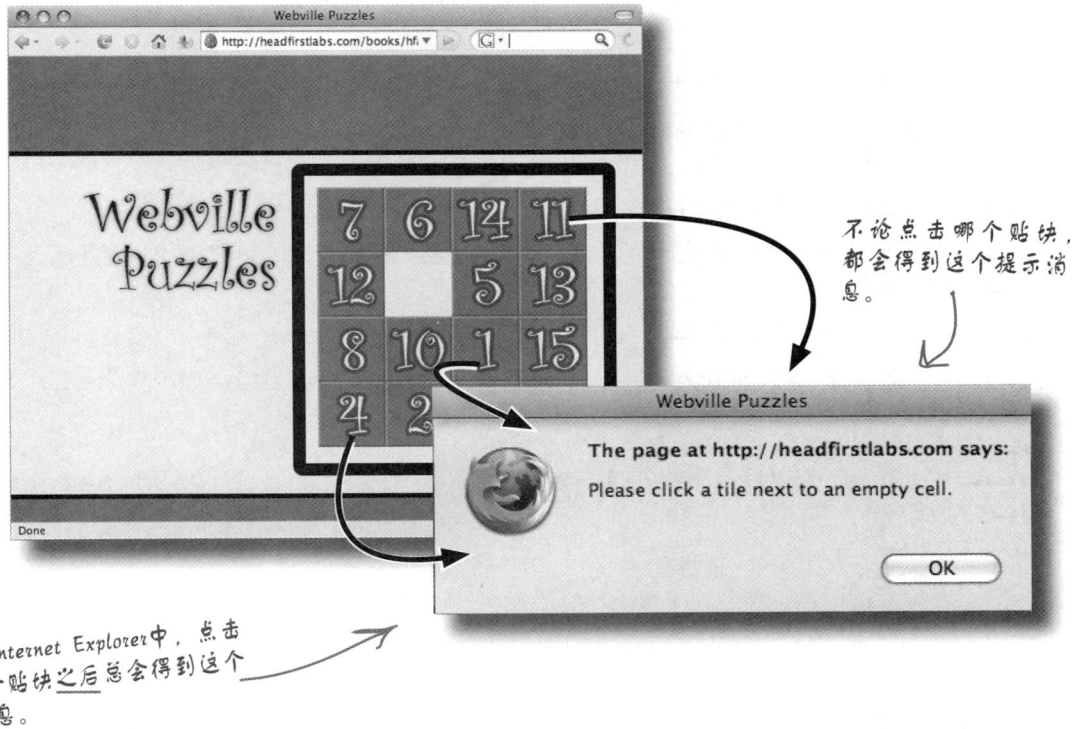

不论点击哪个贴块，
都会得到这个提示消
息。

在Internet Explorer中，点击
一个贴块之后总会得到这个
消息。

以下是fifteen puzzle Web页面中各表单元格的XHTML。

```
<td id="cell22">
  <img src="images/empty.png" alt="empty" width="69" height="69" />
</td>
```

这个XHTML与以下片段有什么区别吗？

```
<td id="cell22"><img src="images/empty.png" alt="empty" width="69" height="69" /></td>
```

仔细查看swapTiles()和cellIsEmpty()。你能看出与以上两个XHTML片段中差别有关的
一个问题吗？

空格呢？

DOM树包含Web页面上所有内容的相应节点

大多数XHTML页面不会从开始<html>到结束</html>把每一个元素都放在同一行上，这样阅读起来很困难。相反，页面中会有大量空格、tab制表符和回车符（有时称为"换行符"）。

← 这里用回车或换行符来分解页面，使之更易于阅读。

```
<table cellspacing="0" cellpadding="0"> ↵
  <tr> ↵
    <td id="cell11"> ↵
      <img src="images/07.png" alt="7" width="69" height="69" /> ↵
    </td> ↵
    <td id="cell12"> ↵
      <img src="images/06.png" alt="6" width="69" height="69" /> ↵
    </td> ↵
    <td id="cell13"> ↵
      <img src="images/14.png" alt="14" width="69" height="69" /> ↵
    </td> ↵
    <td id="cell14"> ↵
      <img src="images/11.png" alt="11" width="69" height="69" /> ↵
    </td> ↵
  </tr> ↵
    ... etc ...
</table> ↵
```

还有一些空格和制表符实现缩进。

这些空格也是节点

尽管这些空格对你来说是不可见的，但是浏览器会试图明确如何对它们进行处理。通常这些空格会表示为DOM树中的文本节点。所以一个<table>节点除了你所期望的所有<tr>子节点外，还可能有大量包含空格的文本节点。

糟糕的是，并不是所有浏览器都采用同样的方式进行处理。所以有时你会得到空文本节点，但有时又没有。要由你来考虑这些文本节点，但是不能假设总有这样一些节点。听上去有些糊涂，是不是？

浏览器处理空白符时存在一些不一致性。永远不要假设一个浏览器总会忽略或总会表示空白符。

一个浏览器可能为你的页面创建如下的一个DOM树。

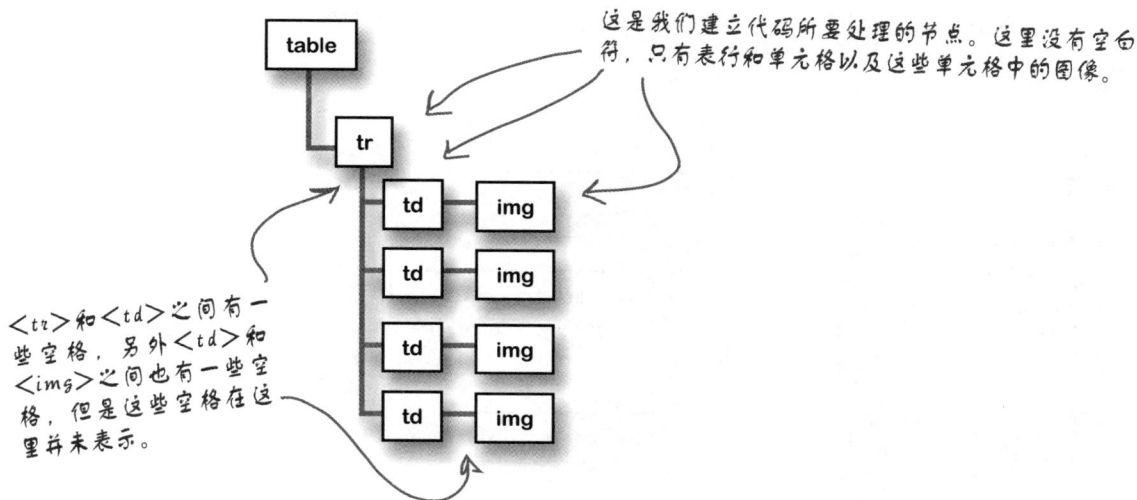

这是我们建立代码所要处理的节点。这里没有空白符,只有表行和单元格以及这些单元格中的图像。

<tr>和<td>之间有一些空格,另外<td>和<img>之间也有一些空格,但是这些空格在这里并未表示。

另一个浏览器可以为同样的XHTML创建一个不同的DOM树。

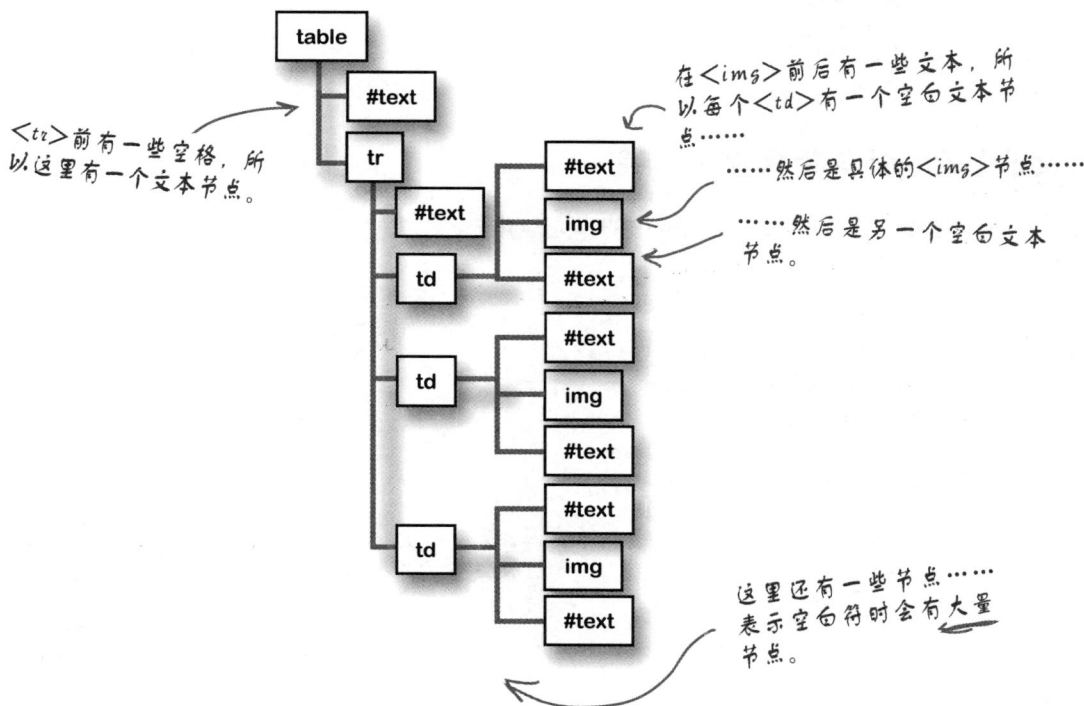

<tr>前有一些空格,所以这里有一个文本节点。

在<img>前后有一些文本,所以每个<td>有一个空白文本节点……

……然后是具体的<img>节点……

……然后是另一个空白文本节点。

这里还有一些节点……表示空白符时会有大量节点。

文本节点的nodeName是"#text"

文本节点总有一个nodeName属性，其值为"#text"，所以可以通过检查
nodeName来得出一个节点是否是文本节点。

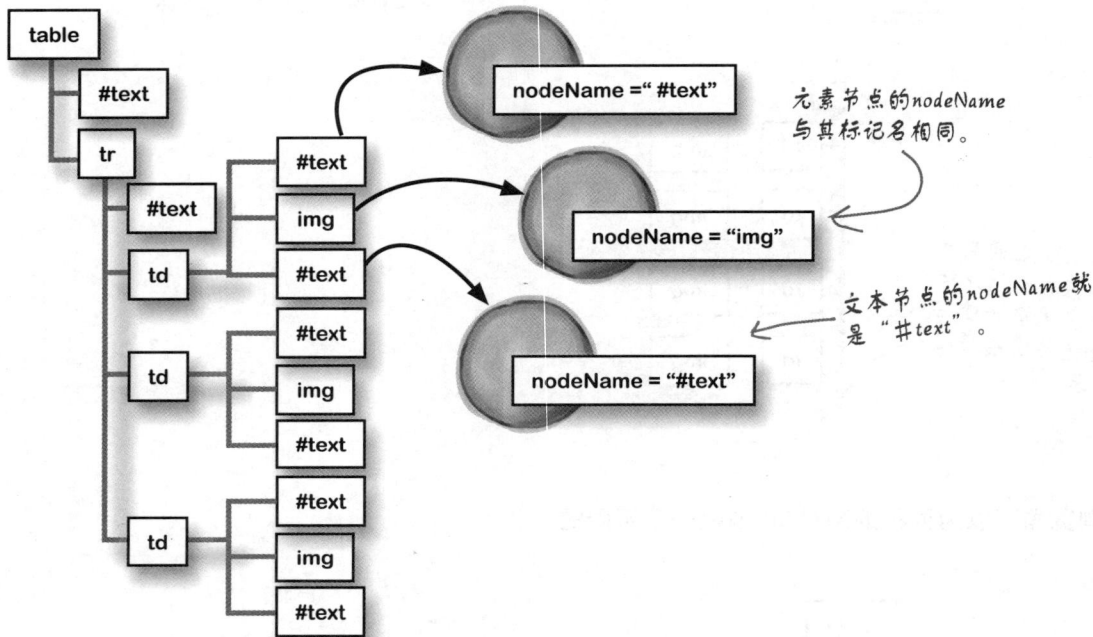

元素节点的nodeName
与其标记名相同。

文本节点的nodeName就
是"#text"。

swapTiles()和cellIsEmpty()不考虑空白节点

我们的代码中所存在的问题是，其中假设表单元格中的\<img\>就是
\<td\>的第一个子节点。

```
function swapTiles(selectedCell, destinationCell) {
  selectedImage = selectedCell.firstChild;
  destinationImage = destinationCell.firstChild;
  selectedCell.appendChild(destinationImage);
  destinationCell.appendChild(selectedImage);
}
```

只当有第一个子节点确实是
\<img\>元素时才能正常工
作。

但是如果\<td\>的第一个
子节点是空白文本节点
呢？

Sharpen your pencil

必须考虑会在DOM树中创建空白节点的浏览器。看看你能不能完成下面的填空，解决以下swapTiles()和cellIsEmpty()函数的问题。

```
function swapTiles(selectedCell, destinationCell) {
  selectedImage = selectedCell.firstChild;
  while (selectedImage._____ == _____) {
    selectedImage = selectedImage._____;
  }
  destinationImage = destinationCell.firstChild;
  while (destinationImage._____ == _____) {
    destinationImage = destinationImage._____;
  }
  selectedCell.appendChild(destinationImage);
  destinationCell.appendChild(selectedImage);
}

function cellIsEmpty(cell) {
  var image = cell.firstChild;
  while (image._____ == _____) {
    image = image._____;
  }
  if (image.alt == empty)
    return true;
  else
    return false;
}
```

there are no Dumb Questions

问： 如果文本节点的nodeName总是"#text"，该怎样得到这个节点中的文本呢？

答： 文本节点将其表示的文本存储在一个名为nodeValue的属性中。所以对于一个空白节点，其nodeValue将是""（一个空值）或者可能是""（两个空格）。

问： 难道不能查看文本节点的nodeValue是否是空白符吗？

答： 在fifteen puzzle中的表单元格中，没有必要检查nodeValue。因为我们只关心<img>节点，并不关心其他内容，所以可以忽略所有文本节点。

![Sharpen your pencil Solution]

Sharpen your pencil
Solution

你能想出如何在cellIsEmpty()和swapTiles()中忽略空白文本节点吗?

```
function swapTiles(selectedCell, destinationCell) {
  selectedImage = selectedCell.firstChild;
  while (selectedImage. nodeName        ==   "#text" ) {
    selectedImage = selectedImage. nextSibling        ;
  }
  destinationImage = destinationCell.firstChild;
  while (destinationImage. nodeName       ==   "#text" ) {
    destinationImage = destinationImage. nextSibling        ;
  }
  selectedCell.appendChild(destinationImage);
  destinationCell.appendChild(selectedImage);
}

function cellIsEmpty(cell) {
  var image = cell.firstChild;
  while (image. nodeName   ==   "#text"      ) {
    image = image. nextSibling     ;
  }
  if (image.alt == "empty")
    return true;
  else
    return false;
}
```

通过将nodeName与"#text"比较，可以发现得到的是否是一个文本节点。

如果得到一个文本节点，可移到下一个兄弟节点再试。

确保有一个开始引号，然后是"#"符号，接下来是"text"，然后是结束引号。

所有这3种情况都使用同样的基本模式：只要当前节点是文本节点，就移到下一个节点。

检查文本节点，如果得到的是文本节点，则使用DOM方法移到下一个节点。

运行测试

更新你的swapTiles()和cellIsEmpty()，再来试试这个智力题应用…… 现在应该能移动贴
块而不会有任何问题。

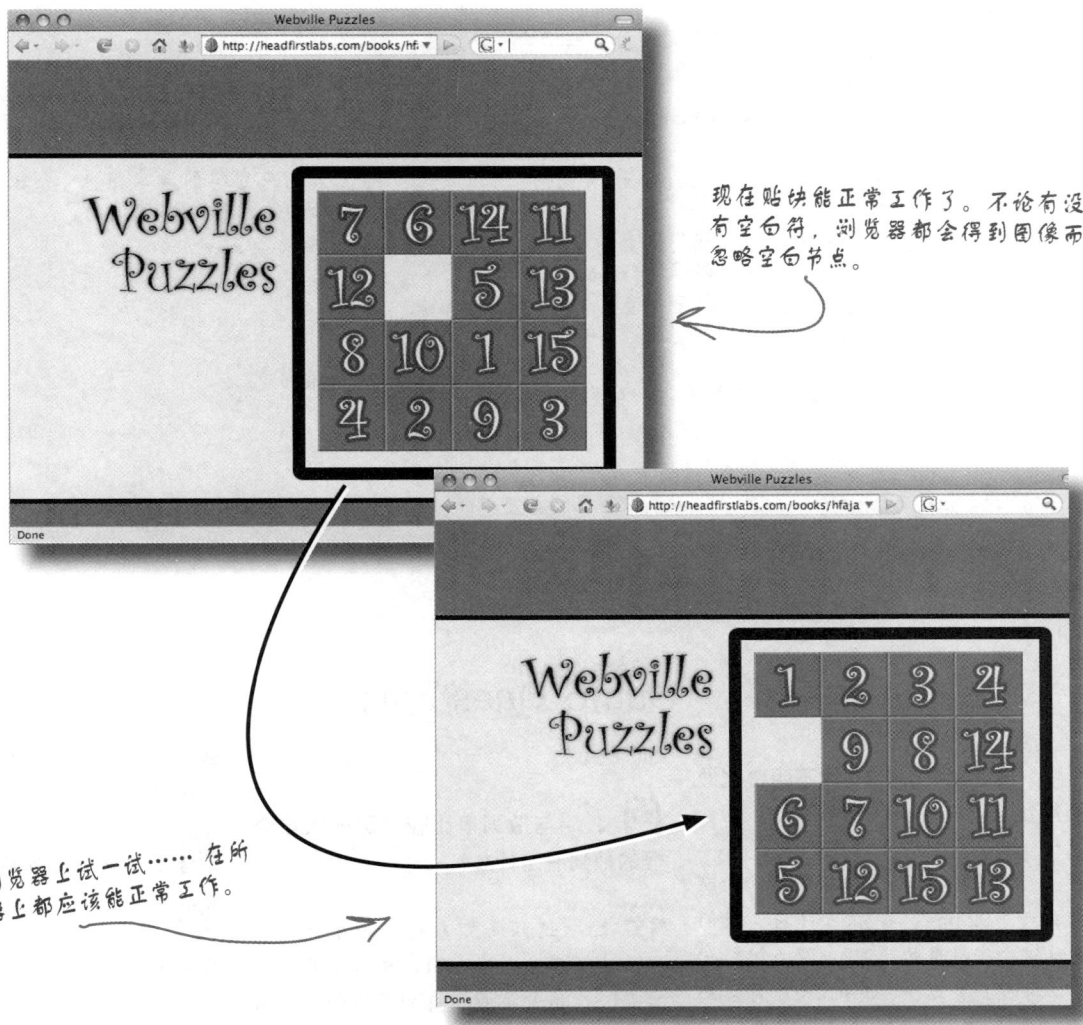

现在贴块能正常工作了。不论有没
有空白符，浏览器都会得到图像而
忽略空白节点。

在多个浏览器上试一试…… 在所
有浏览器上都应该能正常工作。

我赢了吗？我赢了吗？

现在只剩下编写一个函数来确定什么时候玩家取胜。每次交换两个贴块时，可以检查这个函数来看盘面上是否已经按正确的顺序排列。如果是，则表明玩家解出了这个智力题。

以下是一个puzzleIsComplete()函数，它使用各个图像名来检查是否所有贴块都按正确的顺序排列。

```
function puzzleIsComplete() {

    var tiles = document.getElementById("puzzleGrid").getElementsByTagName("img");

    var tileOrder = "";

    for (var i=0; i<tiles.length; i++) {

        var num = tiles[i].src.substr(-6,2);

        if (num != "ty")
            tileOrder += num;

    }

    if (tileOrder == "0102030405060708091011121314 15")

        return true;

    return false;

}
```

首先，得到表格中的所有<img>标记。

迭代处理各个贴块图像。

如果从图像src属性值的末尾向前数6个字符，就会得到图像名：02.png或ty.png。

我们只想得到数字部分，所以从−6的位置开始取2个字符。

我们不关心空图像……要将其忽略。因为对于空图像执行substr()返回的两个字符是"ty"，可以检查是否是"ty"并将其忽略。

如果不是空图像，则把数字（作为字符串）增加到散列串。

如果数字已经按正确的顺序排列，这个智力题就完成了。

there are no Dumb Questions

问： substr(-6, 2)?我不明白这做什么用？

答： 负数表示从串的末尾开始向前数。由于"02.png"共有6个字符，我们希望从这个字符串的末尾向前数6个字符。然后，希望得到这个子串的2个字符，要得到"02"或"15"，因此需要使用substr(-6,2)。

问： 与散列串比较的那一大堆奇怪的数到底是什么？

答： 这只是智力题中的每一个数字，按顺序分别为：01，然后是02，然后是03，依此类推，直到最后的15。由于散列串表示贴块的顺序，所以我们将散列串与表示贴块正确顺序的一个串进行比较。

问： 但是空贴块呢？

答： 空贴块在哪里都没有关系，只要保证数字遵循正确的顺序。正是因为这个原因，我们去掉了空贴块，不作为散列串的一部分。

不过说正经的……我赢了吗？

Webville　　Puzzles公司还在其CSS中增加了一个特殊的类来显示获胜动画。这个类名为"win"，解出这个智力题时，可以将id为"puzzleGrid"的\<div\>设置为使用这个类显示动画。

这说明，只需在每次交换贴块时检查这个智力题是否解出。

```
function swapTiles(selectedCell, destinationCell) {
  selectedImage = selectedCell.firstChild;
  while (selectedImage.nodeName == #text) {
    selectedImage = selectedImage.nextSibling;
  }
  destinationImage = destinationCell.firstChild;
  while (destinationImage.nodeName == #text) {
    destinationImage = destinationImage.nextSibling;
  }

  selectedCell.appendChild(destinationImage);
  destinationCell.appendChild(selectedImage);

  if (puzzleIsComplete()) {
    document.getElementById("puzzleGrid").className = "win";
  }
}
```

每次交换贴块时，需要查看新的位置摆放是否表明已经完成了智力题。

如果智力题已经解出，则改变puzzleGrid \<div\>的CSS类。

运行测试

需要为JavaScript增加puzzleIsComplete()函数，并更新swapTiles()。然后尝试运行这个应用。不过你必须解出这个智力题才能看到获胜动画。

……祝你好运!

我们用的一半代码都只是普通的JavaScript。我不认为这些DOM内容有多难……甚至不需要太多地使用DOM。

DOM只是一个工具，你不会一直都用它…… 有时即使用到可能也不会使用过多。

你编写的应用如果大部分都是与DOM相关的代码，这是很少见的。但是在你编写JavaScript时，如果确实需要得到下一个表单元格，或者需要得到包含一个图像的元素，那么DOM就是绝好的工具。

另外更重要的是，如果没有DOM，将没有办法在页面上移动，特别是如果页面上的各个元素没有id属性时，要想在元素间移动别无他法。DOM只是可以用来控制Web页面的又一个工具。

在下一章中，你会看到DOM还允许你做更多事情，而不只是完成移动…… 利用DOM，你可以动态创建元素和文本，并把它们放在页面上你希望的任何位置。

DOM是一个在Web页面中完成移动的绝佳工具。利用DOM，使得查找没有id属性的元素变得容易。

DOM填字游戏

花点时间坐下来，让你的右脑活动活动。回答下面的问题，然后使用答案中的字母填出密信。

这个方法根据元素ID返回一个特定的元素。

―― ―― ―― ―― ―― ―― ―― ―― ―― ―― ―― ―― ―― ――
1   2   3   4   5   6   7   8   9   10   12   13   14   15

这个属性返回一个元素的所有子元素。

―― ―― ―― ―― ―― ―― ―― ―― ―― ――
16   17   18   19   20   21   22   23   24   25

浏览器把它转换为一个元素树。

―― ―― ―― ―― ―― ――
26   27   28   29   30   31

这个元素属性表示该元素的容器。

―― ―― ―― ―― ―― ――
32   33   34   35   36   37

这是浏览器为你创建的结果。

―― ―― ――   ―― ―― ―― ――
38   39   40   41   42   43   44

利用这个元素可以访问整个树。

―― ―― ―― ―― ―― ―― ―― ――
45   46   47   48   49   50   51   52

―― ―― ―― ―― ―― ――   ―― ―― ――   ―― ―― ――   ―― ―― ――
49   27   25   41   35   28   52   17   8   45   22   7   33   51   20

―― ―― ――   ―― ―― ―― ―― ―― ――
13   39   48   26   33   25   10   2   34

―― ―― ―― ――   ―― ―― ―― ――
13   46   30   34   32   27   1   43

DOM填字游戏

你的任务是回答下面的问题，然后使用答案中的字母填出密信。

这个方法根据元素ID返回一个特定的元素。

G	E	T	E	L	E	M	E	N	T	B	Y	I	D
1	2	3	4	5	6	7	8	9	10	12	13	14	15

这个属性返回一个元素的所有子元素。

C	H	I	L	D	N	O	D	E	S
16	17	18	19	20	21	22	23	24	25

← *这个属性是一个节点数组。*

浏览器把它转换为一个元素树。

M	A	R	K	U	P
26	27	28	29	30	31

这个元素属性表示该元素的容器。

有子节点的节点"包含"其子节点。

P	A	R	E	N	T
32	33	34	35	36	37

这是浏览器为你创建的结果。

D	O	M	T	R	E	E
38	39	40	41	42	43	44

利用这个元素可以访问整个树。

D	O	C	U	M	E	N	T
45	46	47	48	49	50	51	52

document对象包含DOM树中的所有内容。

M	A	S	T	E	R		T	H	E		D	O	M		A	N	D
49	27	25	41	35	28		52	17	8		45	22	7		33	51	20

Y	O	U		M	A	S	T	E	R
13	39	48		26	33	25	10	2	34

Y	O	U	R		P	A	G	E
13	46	30	34		32	27	1	43

7 管理DOM

我的愿望就是你的命令

你不要给我穿那件可笑的海军衫…… 你不要给我穿那件可笑的海军衫……

DOM

有时你只是需要一点~~精神~~控制。

我们很高兴地知道Web浏览器能把XHTML转换为DOM树。在这些树中移动可以做很多事情。不过真正强大的是**充分控制DOM树**，让DOM树看上去与你期望的一样。有时，你所需要的是增加**一个新元素**和一些文本，或者要从页面**完全删除一个元素**，如<img>。所有这些工作都可以利用DOM做到，甚至还可以做得更多。通过使用DOM，我们还可以**完全避免可能导致麻烦的innerHTML属性**。结果怎样呢？我们得到的代码能赋予页面更多活力，而且不会把表示和结果与JavaScript混在一起。

Webville Puzzles…… 授权代理

所有热衷于新鲜事物的孩子都已经玩过你为Webville Puzzles开发的Fifteen Puzzle
游戏。公司在这个游戏上已经赚了大笔的订金，他们想开发一个新的智力题游
戏…… 所以又找到你来构建这样一个交互式应用。

这一次公司想开发一个有点教育意义的游戏：Woggle。这是一个生成单词的在线
游戏。他们已经创建了XHTML，甚至很清楚希望这个智力题游戏怎样工作。

以下是初始的Woggle页面。

这个游戏开始时要创建一个由字母组
成的4×4的表格。每一次这些字母都应
当是随机的。

玩家可以点击字母在这个
单词框中"建立"单词。

玩家可以提
交这个单词来
看它是否合
法……

……并得到这
个单词的得
分：1个元音
得1分，辅音
得2分。

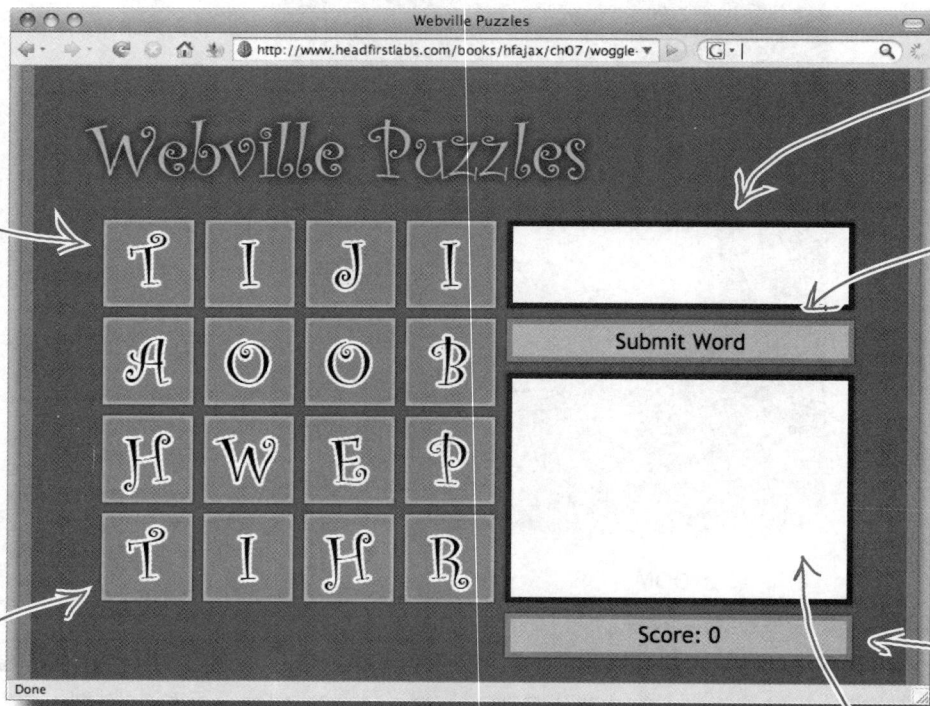

一个贴块在一个单词中只能用一次。一旦一个
贴块已经用过，那么直到开始构建一个新单
词时才能再次可选。

已经用过的单词
增加到这个框中。

要让Woggle游戏正常运行需要做很多工作，当然公司希望这个新应用马上就能运行起来。在深入XHTML和CSS之前，先考虑一下这里涉及到哪些任务，每个任务需要编写什么JavaScript。试着列出各个基本任务（你要为这些任务编写相应的代码），然后指出完成这个任务可能要使用哪些技术。

任务 1: ....

   说明: ....

   ....

   ....

   ....

任务 2: ....

   说明: ....

   ....

   ....

   ....

任务 3: ....

   说明: ....

   ....

   ....

   ....

任务 4: ....

   说明: ....

   ....

   ....

   ....

任务 5: ....

   说明: ....

   ....

   ....

   ....

你的任务是明确要让Woggle正常运行需要考虑哪些基本任务。以下是我们的答案，你的答案可能在某些细节上与我们的做法稍有区别，不过不论采用什么方式，核心思想必须是一致的。

任务1：建立包含随机贴块的游戏盘面。

说明： 需要一种方法提供一组随机的字母。

然后必须在4×4的游戏盘面上为各个字母显示适当的图像。

这些可能都要在initPage()之类的函数中完成。

每次创建的盘面都应当不同。

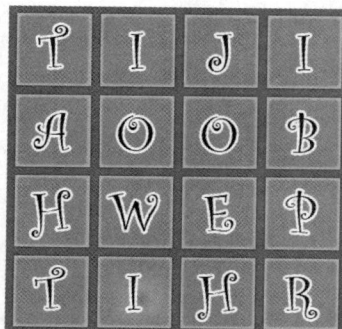

可以把这些图像命名为与所表示的字母相关的某个名字……这样一来，如果我们知道希望得到哪个字母，就可以显示适当的图像。

与以往一样，需要一个initPage()建立事件处理程序和基本页面。

initPage()
randomizeTiles()

woggle.js

要建立一个函数randomizeTiles()，处理贴块表格的创建。

任务2：点击一个贴块将字母增加到当前单词中。

说明：每个贴块上需要一个事件处理程序。这个事件处理程序应当得出点击了哪个字母，并把它增加到右边的"current word"（当前词）框中。

然后，应当在表格中禁用所点击的贴块。

点击一个字母完成两件事：

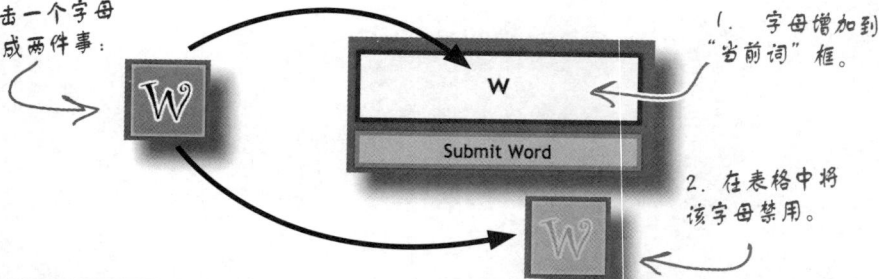

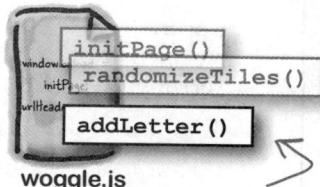

W

Submit Word

1. 字母增加到"当前词"框。

2. 在表格中将该字母禁用。

initPage()
randomizeTiles()
addLetter()

woggle.js

我们需要一个事件处理程序。下面称之为addLetter()。

任务 3： 用户可以向服务器提交单词。

说明： 用户点击 "Submit Word"（提交单词）时，
当前词会发送到服务器端程序。
我们还需要注册一个回调函数处理服务器的响应。

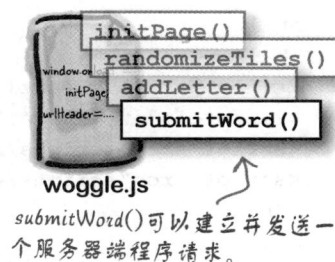

请求

```
word = userWord;
```

```
onreadystatechange =
    updateScore;
```

可以创建一个请求，向服务器传递当前词
以及服务器响应时要运行的一个回调函数。

```
initPage()
randomizeTiles()
addLetter()
submitWord()
```
woggle.js

submitWord() 可以建立并发送一
个服务器端程序请求。

任务 4： 利用服务器的响应更新得分。

说明： 服务器响应时，必须更新得分，
并向 "used words"（已用词）框增加一个合法的词；
还必须从 "当前词" 框删除这个词，
并再次启用贴块。

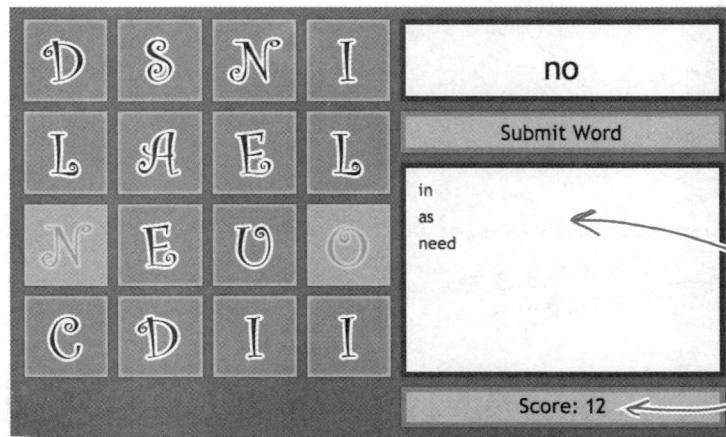

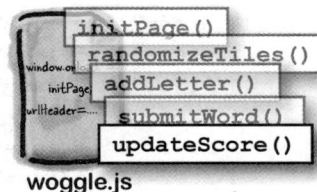

每次接受一个
单词时，将启
用所有贴块，
用于构建一个
新单词。

D	S	N	I
L	A	E	L
N	E	U	◎
C	D	I	I

no

Submit Word

in
as
need

合法的词会增加到
这个框中……

……每增加一个合法的词，
得分将更新。

Score: 12

```
initPage()
randomizeTiles()
addLetter()
submitWord()
updateScore()
```
woggle.js

另一个函数…… 我们的
回调函数。

Woggle不用表单元格放置贴块

既然已经有了计划,下面来看Woggle游戏的XHTML。Woggle的设计人员听说过关于表的一些不好的传闻,所以这个页面的结构稍有不同。这一次每个贴块由一个`<a>`元素表示,而不放在一个表单元格中。这样会更好一些,不过这也意味着我们需要再多做一些工作。

XHTML如下所示。

```
<html>
<head>
 <title>Webville Puzzles</title>
 <link rel="stylesheet" href="css/puzzle.css" type="text/css" />
 <script src="scripts/utils.js" type="text/javascript"></script>
 <script src="scripts/woggle.js" type="text/javascript"></script>
 </head>
<body>
 <div id="background">
  <h1 id="logotype">Webville Puzzles</h1>
  <div id="letterbox">
   <a href="#" class="tile t11"></a>
   <a href="#" class="tile t12"></a>
   <a href="#" class="tile t13"></a>
   <a href="#" class="tile t14"></a>
   <a href="#" class="tile t21"></a>
   <a href="#" class="tile t22"></a>
   <a href="#" class="tile t23"></a>
   <a href="#" class="tile t24"></a>
   <a href="#" class="tile t31"></a>
   <a href="#" class="tile t32"></a>
   <a href="#" class="tile t33"></a>
   <a href="#" class="tile t34"></a>
   <a href="#" class="tile t41"></a>
   <a href="#" class="tile t42"></a>
   <a href="#" class="tile t43"></a>
   <a href="#" class="tile t44"></a>
  </div>
  <div id="currentWord"></div>
  <div id="submit"><a href="#">Submit Word</a></div>
  <div id="wordListBg">
   <div id="wordList"></div>
  </div>
  <div id="score">Score 0</div>
 </div>
</body>
</html>
```

应该首先增加这些脚本引用。我们将利用*utils.js*来创建一个请求对象……

……另外*woggle.js*脚本中包含了专门为这个智力题游戏建立的相关函数。

每一组4个`<a>`表示智力题表格中的一行。

这里放置当前词……

……"Submit Word"按钮放在这里。

这里是放置已用单词的位置……

……最后,得分放在这里。

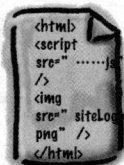

woggle-puzzle.html

XHTML中的贴块采用CSS定位

我们没有将贴块放在一个表中，而是为表示贴块的各个<a>元素给定了一个通用类（"tile"），然后是一个特定类，指示这个元素在盘面上的哪个位置（例如"t21"）。

```
<a href="#" class="tile t21"></a>
```

"tile" 是应用到表格中所有贴块的一个通用CSS类。

这对应于特定的贴块。2表示行，1表示列。所以这是第2行中的第1列。

CSS使用通用类"tile"和特定贴块类（"t21"、"t42"等等）来指定贴块的样式和位置。

这个CSS类应用于所有贴块，所以有"tile"类的各个元素都有以下属性。

```
/* tile defaults */
#letterbox a.tile {
  background: url('../images/tiles.png') 120px 80px no-repeat;
  height: 80px;
  position: absolute;
  width: 80px;
}

/* tile positioning */
#letterbox a.t11 { top: 3px;  left: 3px;   }
#letterbox a.t12 { top: 3px;  left: 93px;  }
#letterbox a.t13 { top: 3px;  left: 183px; }
#letterbox a.t14 { top: 3px;  left: 273px; }
... etc ...
```

CSS中对应每个贴块分别有一项……总共有16项。

这个CSS为表示贴块的各个<a>设置位置。

```
#letterbox {
a.tile {
```

puzzle.css

RUN it!

下载Woggle的XHTML和CSS。

访问**www.headfirstlabs.com**，找到**chapter07**文件夹。可以看到Woggle的XHTML和CSS。要在woggle-puzzle.html中增加<script>标记，下面做好准备来深入分析一些代码。

问： CSS定位？我不太清楚这是什么意思。

答： CSS定位就是指：不依赖于XHTML的结构来完成页面上元素的定位，而要使用CSS。所以，如果希望对一个<a>元素完成CSS定位，要为该元素指定一个类或id，再在CSS中设置其left、right、top和/或bottom属性，或者使用position和float CSS属性。

问： 这样是不是比使用表的做法要好一些？

答： 很多人都这么认为，特别是Web设计人员。通过使用CSS，你会依赖于CSS处理表示和定位问题，而不是依靠表中的单元格排列。这是一种更灵活的方法，可以使页面更能如你所愿。

问： 那我该用哪一种方法呢？表还是CSS定位？

答： 嗯，使用CSS定位肯定没错，因为要让你的页面在所有浏览器上都有同样的外观，这是最容易的方法了。

不过，更重要的是，不论使用表还是CSS定位，相应的代码你都应当会写。

假设你要为某个页面编写代码，这个页面并不总由你控制，所以你要能够处理各种不同的结构和页面类型。

问： 不过，我不理解CSS定位是如何做到的。你能再为我解释一次吗？

答： 当然可以。每个贴块由XHTML中的一个<a>表示。而且每个<a>有一个class属性，实际上它包含两个类：通用类"tile"和表示该贴块的一个特定类，如"t32"。所以对于第3行第2列上的一个贴块，这个类将是"tile t32"。

在CSS中有两个应用到各个贴块的选择器：通用规则"tile"和针对贴块的特定选择器，如"t32"。所以就会有选择器a.tile和a.t32。这两个选择器都会应用到类为"tile t32"的贴块。

通用规则处理所有贴块的共同属性，如高度、宽度和外观。特定选择器则处理该贴块在页面上的位置。

问： 为什么要为贴块使用<a>？它们并不是链接，对不对？

答： 没错，它们确实不是链接。这只是Webville Puzzles采用的一种做法（可能他们考查了Marcy瑜珈网站的标签页）。具体使用什么元素并不重要，只要保证每个贴块对应一个元素，而且可以在CSS中对该元素定位。

不过，之所以使用<a>还有事件处理程序方面的几个考虑，后面会详细讨论。

问： 我没有看到"Submit Word"按钮。那里只是一个<div>，怎么回事？

答： 要让一个东西看起来像按钮，并不真的要有一个表单按钮。在这里，Webville Puzzle的设计人员使用了一个背景图像类似按钮的<div>来表示"Submit Word"按钮。只要为这个<div>关联一个事件处理程序捕获点击事件，就可以在代码中把它处理为一个按钮。

你应该能编写代码处理所有类型的页面……即使这些页面的结构与你所要采用的结构不同。

BRAIN POWER

关联到<a>元素的事件处理程序通常会返回true或false。你认为浏览器会用这个返回值做什么？

这是286页上列出的各个任务。首先，需要建立盘面。

"我们不想要完全随机的字母……"

Webville Puzzles智力题工作室的人刚刚打电话来。他们认为盘面上不应当是完全随机的字母。实际上，他们希望字母能根据一个字母频度表出现，以下是他们传真过来的字母频度表……这样一来，常用字母"e"和"t"比不常用的字母（如"z"和"w"）在表格中出现的次数会多得多。

字母	每100个字母中出现的次数
a	8
b	1
c	3
d	3
e	12
f	2
g	2
h	6
i	7
j	1
k	1
l	4
m	2
n	6
o	8
p	2
q	6
r	6
s	8
t	3
u	2
v	2
w	1
x	1
y	2
z	1

给定实际英语单词中的100个随机字母，"e"会出现大约12次。

这是Webville Puzzles的人发来的传真。

非常感谢，
Webville Puzzles

Sharpen your pencil

现在我们就开始吧。首先，需要建立一个initPage()和一个randomizeTiles()函数。有几点你需要了解。

1.对于每个字母贴块在puzzle.css中有一个类。例如，对应贴块"a"的类名为"1a"［字母"1"表示字母（letter），后面是这个贴块所表示的字母］。

2．Webville Puzzles给你传了一份字母频度表。共有26项，包括每个字母在这100个字母中出现的次数。要在JavaScript中把这个表表示为一个数组，数组应当有100项，每一项是一个字母。

3.从这个频度表中随机选择一个字母就类似于根据字母在一个词中出现的频率选择字母。

4.Math.floor(Math.random()*2000)将返回一个介于0～1999之间的随机数。

5.需要至少分别使用一次getElementById()和getElementsByTagName()。

翻开下一页之前先试着自己完成initPage()和randomizeTiles()。祝你好运！

Sharpen your pencil
Solution

你的任务是使用291页上的信息编写initPage()和randomizeTiles()的代码，还可以给出这些函数之外的另外一些JavaScript…… 你是怎么做的？

```
window.onload = initPage;
```

还记得这行代码吗？必须调用initPage()才能正常工作。

我们将它声明为一个全局变量。现在在JavaScript中的任何函数都可以使用这个表。

```
var frequencyTable = new Array(
  "a", "a", "a", "a", "a", "a", "a", "a", "b", "c", "c", "c", "d", "d", "d",
  "e", "e", "e", "e", "e", "e", "e", "e", "e", "e", "e", "e", "f", "f", "g",
  "g", "h", "h", "h", "h", "h", "h", "i", "i", "i", "i", "i", "i", "i", "j",
  "k", "l", "l", "l", "l", "m", "m", "n", "n", "n", "n", "n", "n", "o", "o",
  "o", "o", "o", "o", "o", "o", "p", "p", "q", "q", "q", "q", "q", "q", "r",
  "r", "r", "r", "r", "r", "s", "s", "s", "s", "s", "s", "s", "s", "t", "t",
  "t", "u", "u", "v", "v", "w", "x", "y", "z");
```

我们采用这种方式表示字母频度表。各个字母在数组中出现的次数正是Webville Puzzles传真给我们的频度表中该字母在每100个字母中出现的次数。

把这个JavaScript放入一个新文件woggle.js。

function initPage ()
......

woggle.js

initPage()现在所做的只是调用randomizeTiles()建立智力题表格。

```
function initPage() {
  randomizeTiles();
}

function randomizeTiles() {

  var tiles = document.getElementById("letterbox").getElementsByTagName('a');

  for (i = 0; i < tiles.length; i++) {

    var index = Math.floor(Math.random() * 100);

    var letter = frequencyTable[index];

    tiles[i].className = tiles[i].className + 'l' + letter;
  }
}
```

首先，得到letterbox <div>中的所有<a>元素。

对于每个贴块，得到一个介于0到99之间的随机索引……

……并从字母频度表中选择一个字母。

接下来，改变贴块的类名。为此，保留现有类名……

用一个空格分隔各个类名。

……然后增加"l"以及所选的字母，如"la"对应字母a，或"lw"对应字母w。

表示全部都在CSS中

通过使用类名而不是直接把<img>插入到XHTML中，这样就使
JavaScript行为与页面的表示、内容和结构完全分离。假设对于第2行第1列
的贴块，Math.floor(Math.random() * 100)返回的随机索引为4。

数组索引从0开始计，所以索引"4"指向第5项(a, a, a, a, a)。
第5项

frequencyTable中的第5项是"a"，所以这个贴块应当是一个"a"。但是
并不是由代码直接插入"a"图像并处理图像URL，这里只是为这个贴块
增加类。

```
<a href="#" class="tile t21 la"></a>
```

这一部分已经在对应该贴块的页面
XHTML中。

这一部分由randomizeTiles()增加。

现在使用CSS指定这个字母如何显示。

```
/* tile letters */
#letterbox a.la { background-position: 0px 0px; }
#letterbox a.lb { background-position: -80px 0px; }
#letterbox a.lc { background-position: -160px 0px; }
#letterbox a.ld { background-position: -240px 0px; }
#letterbox a.le { background-position: -320px 0px; }
... etc ...
```

#letterbox {
}
a.tile {

puzzle.css

现在设计人员可以有所选择

由于所有表示都放在CSS中，现在页面的设计人员可以采用他们希望的
任何方式显示贴块。他们可以对每个字母使用一个不同的背景图像。不
过，对于这个Woggle游戏，设计人员对所有贴块都使用了同一个图像
tiles.png。实际上这个图像中包含了每一个字母贴块，各贴块分别有合
适的大小。这个图像在a.title类的选择器中设置为背景图像。

在第5章中就采用了这种方法来处理"正在处理"和"拒绝"图像。

可以查看289页上a.tile的CSS选择器。

然后，在每个字母特定的类中（如a.la或a.lw），会调整图像的位置，
从而显示这个图像中适当的部分。根据位置的不同，就可以得到不同的
字母，而且如果设计人员想要一个新的外观，只需改变CSS……**完全不
用接触你的代码。**

运行测试

下面来试试Woggle的第一个版本。

下载示例文件，确保已经在你的woggle-puzzle.html中增加了
woggle.js的引用。然后在浏览器中加载Woggle主页面……再加
载……然后再加载一次……

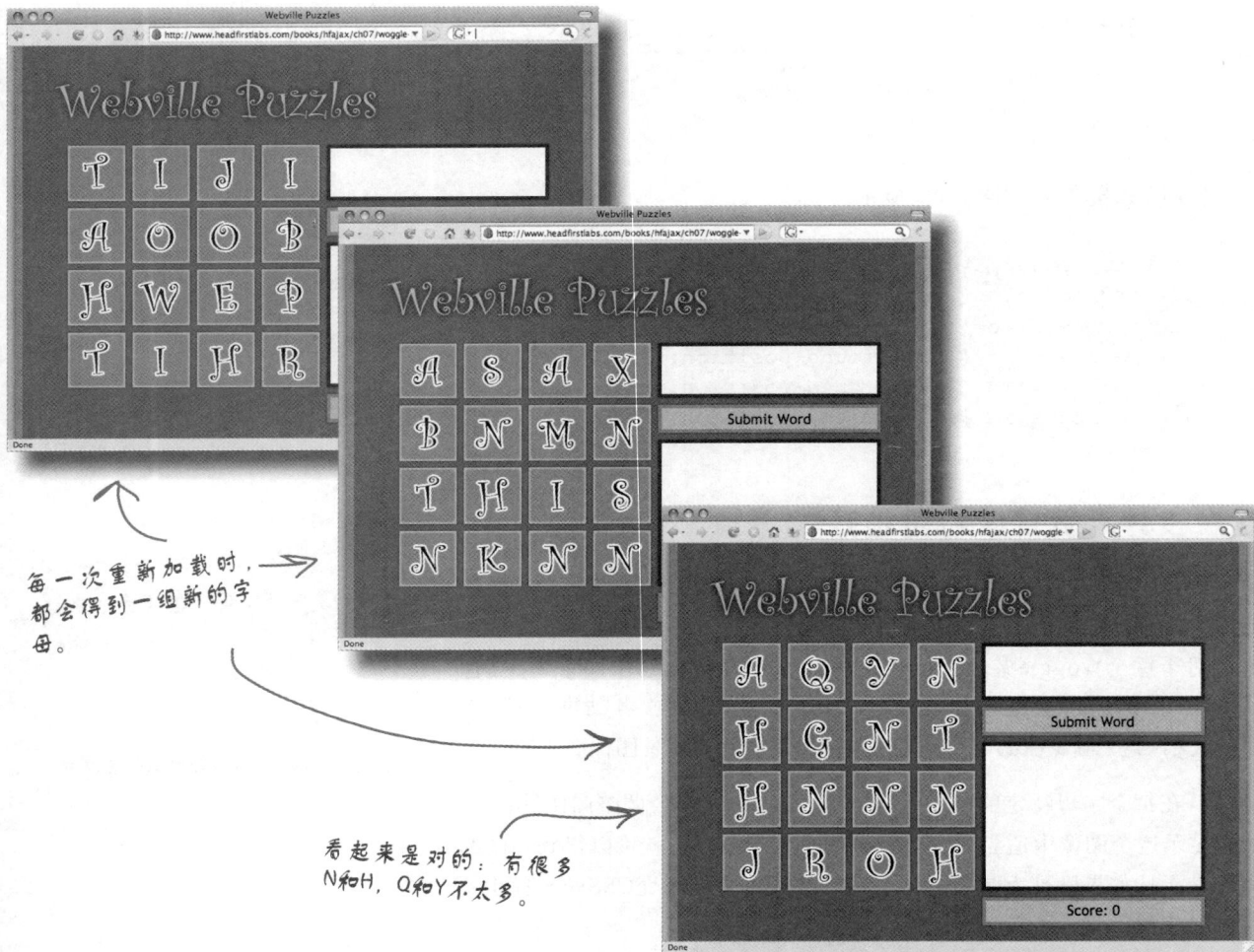

每一次重新加载时，
都会得到一组新的字
母。

看起来是对的：有很多
N和H，Q和Y不太多。

需要一个新的事件处理程序处理贴块点击

接下来，需要为表格中的贴块指定一个事件处理程序。这个事件处理
程序需要做以下几件事。

1 **得出点击了哪一个字母。**

事件处理程序知道点击了页面上的哪个<a>元素。由此，要得出所
点击的<a>元素表示的贴块上显示的字母。

2 **向当前词框增加一个字母。**

一旦知道选择了哪个字母，要把这个字母增加到"currentWord"
<div>中的当前词框。

3 **禁用所点击的字母。**

还要保证已经点击的贴块不能再点击，所以需要禁
用这个字母。为此有一个CSS类，名为"disabled"，
与"tile"、"t23"和"lw"类结合应用于各个贴块。

这个类表示所
显示的字母。

这个类处理所有贴块的
格式化。

这个类表示贴块的位置。

Sharpen your pencil

以上列表中实际上少了几点……
你能发现少了什么吗?

....
....
....
....
....

开始建立每个贴块点击事件的事件处理程序

要编写大段的代码，最好的办法是一次完成一步。首先，下面为事件处理程序建立一个骨架。这只是一个有命名的函数块，利用这个骨架可以完成各个部分的关联，逐步测试我们的代码。

把这个函数增加到woggle.js中：

我们将逐步增加这个函数的各个部分。

```
function addLetter() {
  // Figure out which letter was clicked

  // Add a letter to the current word box

  // Disable the clicked-on letter
}
```

woggle.js

要编写大段的代码，最好的方法是一次完成一步。

在继续编写下一段代码之前，要保证现有的各段代码能正常工作。

可以在randomizeTiles()函数中指定一个事件处理程序

现在继续为各个贴块关联事件处理程序。我们已经在randomizeTiles()中对所有贴块进行了迭代处理，所以看起来很适合在这里指定我们的事件处理程序。

```
function randomizeTiles() {
  var tiles = document.getElementById("letterbox")
                      .getElementsByTagName('a');
  for (i = 0; i < tiles.length; i++) {
    var index = Math.floor(Math.random() * 100);
    var letter = frequencyTable[index];
    tiles[i].className = tiles[i].className +
                              'l' + letter;
    tiles[i].onclick = addLetter;
  }
}
```

现在可以一边编写一边测试我们的事件处理程序。

woggle.js

JavaScript中属性值只是字符串

到目前为止，我们大多使用对象的className属性来改变CSS类。对于Woggle，实际上是向这个属性增加类…… 不过，如果我们想读取这个值呢？假设第3行上的第2个贴块表示字母"b"，这个贴块的className值可能如下所示。

```
<a href="#" class="tile t32 lb"></a>
```

第3行↗↑↑↖
第2列↙ 字母"b"

因此可以得到一个className属性，其中包含<a>元素所表示贴块的相应字母……那么怎样得到这个字母呢？非常幸运，JavaScript提供了很多有用的字符串处理工具函数。

substring

substring(startIndex, endIndex)根据一个现有的字符串值返回从startIndex到endIndex的一个串。

← foo的值为"foo"。

```
var foo = "foolish".substring(0,3);
var is = "foolish".substring(4,6);
```

← is的值为"is"。

split

split(splitChar)将一个字符串分解为由splitChar分隔的多个部分，这些部分返回到一个数组中。

这会输出"Succeed,Commit,Decide"。

```
var pieces = "Decide,Commit,Succeed".split(",");
alert(pieces[2] + "," + pieces[1] + "," + pieces[0]);
```

✎ Sharpen your pencil

你会怎样编写代码来得到所点击贴块表示的字母？

....
....
....
....

Sharpen your pencil
Solution

你会怎样编写代码来得到所点击贴块表示的字母？

```
<a href="#" class="tile t32 lb"></a>
```

这里是一个典型的贴块元素。

使用空格符分解各个类。

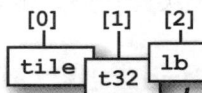

```
var tileClasses = this.className.split( );
var letterClass = tileClasses[2];
var tileLetter = letterClass.substring(1, 2);
```

字母类是第3个类，所以基于从0开始计的索引，这个索引为2。

我们想得到一个字符（长度为1），它从letterClass中的索引2开始。所以这就是letterClass.substring(1, 2)。

```
        [0]    [1]   [2]
      tile           lb
             t32
```

```
lb
```

```
b
```

这正是我们想要的！

运行测试

测试字母识别功能。

将以上代码增加到你的addLetter()函数中，另外在函数的最后增加一个alert()语句显示tileLetter的值。然后重新加载Woggle，查看是否一切正常……

点击一个贴块会触发addLetter()，它会得出点击了哪个字母。

Webville Puzzles

The page at http://www.headfirstlabs.com says:

g

OK

Score: 0

现在必须得到所点击的字母，并且把它增加到currentWord <div>中。你会怎样做？噢对了，顺便说一句…… **这里不能使用innerHTML属性!**

你一直在说innerHTML不好，它到底有什么不好？看起来它确实很方便……

innerHTML要求你把XHMTL语法与脚本混杂在一起…… 而且你将无法提供保护来避免愚蠢的输入错误。

一旦设置一个元素的innerHTML属性，也就是直接将XHTML放在了页面中。例如，在Marcy的瑜珈页面中，我们用JavaScript将XHTML直接插入到一个<div>中（如下所示）。

```
contentPane.innerHTML = "<h3>" + hintText + "</h3>";
```

但是这里的<h3>是XHTML。一旦在代码中直接键入XHTML，就会引入各种各样潜在的键入错误或者其他小问题（如忘记增加<p>的结束标记）。不仅如此，不同浏览器有时会以不同的方式处理innerHTML。

所以只要有可能，就绝对不要直接在代码中改变内容或表示。相反，要依赖于CSS类改变表示 …… 在代码中还能用什么改变结构而不会引入键入错误或漏掉结束标记的错误呢？回答出这个问题，你就能得出以上练习的答案。

需要向"currentWord"⟨div⟩增加内容和结构

玩家点击一个字母时，这个字母会增加到当前词中。目前，我们已经得到了一个id为"currentWord"的⟨div⟩，但是这个⟨div⟩中什么也没有。

```
<div id='currentWord'></div>
```

那么我们需要做什么？必须在这个⟨div⟩中插入文本，但是文本并不总是直接放在⟨div⟩中。文本属于一个文本元素，如⟨p⟩。所以以下才是我们真正想要的。

```
<div id='currentWord'>

  <p>Current Word</p>

</div>
```

使用DOM改变页面的结构

你已经知道使用如下的代码并不是个好主意。

```
var currentWordDiv = getElementById("currentWord");

currentWordDiv.innerHTML = "<p>" + tileLetter + "</p>";
```

> 这样可能会带来键入错误，不仅如此，之后如何得到现有的当前词并为它追加字母呢？

不过确实有一种方法可以处理页面的结构而不必使用innerHTML，这就是DOM。你已经使用过DOM在页面中移动，此外还可以使用DOM**修改**页面。

从浏览器的角度来看，以下是表示currentWord　⟨div⟩的DOM树的一部分。

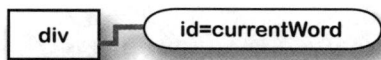

```
[div]——(id=currentWord)
```

> DOM把⟨div⟩看做是一个名为div的元素节点，它有一个id属性，属性值为"currentWord"。

需要创建类似下面的DOM树。

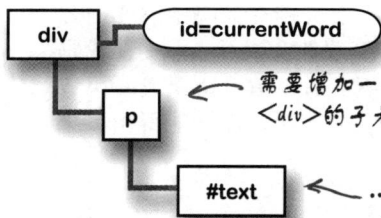

```
[div]——(id=currentWord)
  |
 [p]
  |
[#text]
```

> 需要增加一个新的⟨p⟩元素作为⟨div⟩的子元素……

> ……还要有一个新的文本节点，用户点击贴块时可以在这个文本节点中增加字母。

使用createElement()创建一个DOM元素

还记得document对象吗？我们又要使用这个对象了。可以调用`document.createElement()`创建一个新元素。只需要为`createElement()`方法提供要创建的元素的名，如"p"或"img"。

`element` = `document` . `createElement` (" `p` ") ;

createElement()创建并
返回一个对象，表示
所需的DOM元素。

createElement()是
document对象的一
个方法。

这个字符串不区分
大小写，可以使用
"p"或"P"。

向这个方法传入元素的名。

去掉尖括号。这里是"p"而
不是"<p>"。

Sharpen your pencil

createElement()方法是document元素的一部分，document包含浏览器DOM树中的所有内容。你认为这个新元素应该增加到DOM树中的哪个位置？

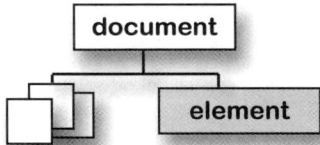

```
document
  □ □
    element
```

☐ 它是DOM树顶层document元素的一个子元素。

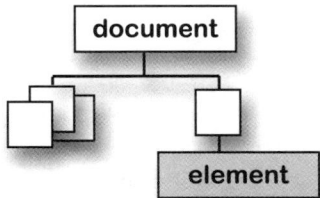

```
document
  □ □
      □
      element
```

☐ 它是DOM树底层的一个叶子节点。

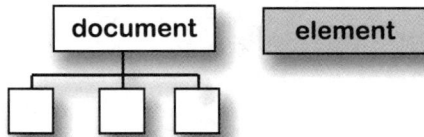

```
document      element
  □ □ □
```

☐ 所有位置都不对，这个新元素不属于树的一部分。

节点放在哪里?

createElement()方法是document元素的一部分，document包含浏览器DOM树中的所有内容。你认为这个新元素应该增加到DOM树中的哪个位置？

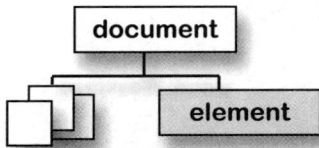

它是DOM树顶层document元素的一个子元素。

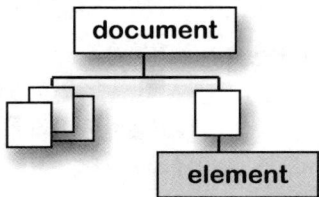

它是DOM树底层的一个叶子节点。

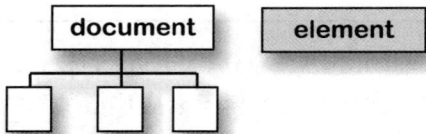

✓ 所有位置都不对，这个新元素不属于树的一部分。

必须告诉浏览器要把新创建的DOM节点放在哪里

Web浏览器非常善于依指令行事，不过自行作出决定则不是浏览器的强项。创建一个新节点时，浏览器根本不知道这个节点要放在哪里，所以在你**告诉**浏览器应该把节点放在哪个位置之前它什么也不做。

这个问题很容易解决，因为你已经知道如何向一个元素增加新的子节点：只需使用appendChild()。所以可以创建一个新元素，然后把它作为新的子元素追加到一个现有元素。

```
var currentWordDiv = getElementById('currentWord');
var p = document.createElement('p');
currentWordDiv.appendChild(p);
```

这里得到希望用作为父节点的\<div\>。

然后创建一个新的\<p\>元素。

最后，增加\<p\>作为\<div\>的子元素。

> 那么，能不能对文本节点也做同样的处理？只是创建一个新节点，设置文本，再把它增加到<p>元素？

可以创建元素、文本、属性等各种节点。

document对象有很多非常有用的创建方法。可以使用createElement()、createTextNode()、createAttribute()等方法创建元素节点、文本节点和属性节点等各种节点。

每个方法都返回一个新节点，可以把这个节点插入到DOM树中你希望的任何位置。不过要记住，在把节点插入到DOM树中之前，它不会出现在你的页面上。

```
text = document . createTextNode ( " Hello! " ) ;
```

所有创建方法都会返回一个新节点。

createTextNode()取新节点的文本作为其唯一的参数。

```
att = document . createAttribute ( " id " , " tile21 " ) ;
```

属性节点属于一个元素……不过，这要由你来决定。

createAttribute()取一个属性名和一个值作为参数。

Exercise

看看你能不能完成代码，将一个字母增加到currentWord <div>。把你的代码增加到addLetter()事件处理程序中，尝试运行这个应用。是否一切如你所愿？

你的任务是编写代码向currentWord <div>增加字母。你能完成这个代码吗？有
没有什么问题？

Exercise Solution

```
function addLetter() {
  var tileClasses = this.className.split(" ");
  var letterClass = tileClasses[2];
  var tileLetter = letterClass.substring(1,2);

  var currentWordDiv = document.getElementById("currentWord");
  var p = document.createElement("p");
  currentWordDiv.appendChild(p);
  var letterText = document.createTextNode(tileLetter);
  p.appendChild(letterText);
}
```

得到正确的 *<div>*……

……创建并增加一个 *<p>*……

……然后为该*<p>*创建并增加字母。

function initPage ……

woggle.js

但只是第一次正常！

点击一个字母，它会出现在 *currentWord* 框中。

不过，再点击第二个字母时，什么也没有出现。怎么回事？

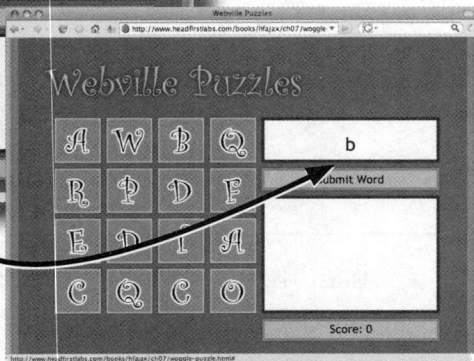

DOM贴

下面来分析Woggle和我们的addLetter()事件处理程序到底出了什么问题。使用下面的DOM贴为以下不同情况建立currentWord <div>之下的DOM树。

……第一次调用 addLetter()。

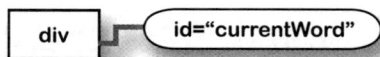

| div | id="currentWord" |

……第二次调用 addLetter()。

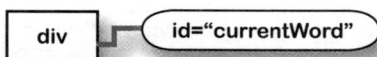

| div | id="currentWord" |

……第三次调用 addLetter()。

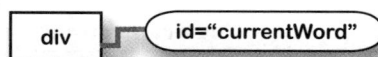

| div | id="currentWord" |

这些磁贴可以根据需要使用多次。

p p p p p p p

#text #text #text #text #text #text

there are no Dumb Questions

问：调用appendChild()时，传入这个方法的节点到底增加到哪里？

答：appendChild()会把这个节点作为父元素的最后一个子节点。

问：如果我不想让这个新节点作为最后一个子节点呢？

答：可以使用insertBefore()方法。要向insertBefore()传入两个节点：一个是要增加的节点，另一个是现有的节点，新节点将插入到该节点之前。

问：上一章中不是使用appendChild()来移动元素吗？

答：没错。不论向appendChild()或insertBefore()传入什么节点，它都将作为一个新的子节点增加到调用append-Child()的父节点上。如果该节点已经在DOM树中，浏览器就会移动这个节点，或者如果该节点尚未作为树中的一部分，浏览器则会把这个节点增加到DOM树中。

问：如果一个节点已经有自己的子节点，再追加或插入这个节点会发生什么？

答：浏览器会把你插入的元素以及它的所有子元素都插入到DOM树中。所以移动一个节点时，实际上移动了这个节点以及DOM树中该节点以下的所有节点。

问：能不能从DOM树删除一个节点？

答：当然可以，可以使用removeNode()方法从DOM树完全删除一个节点。

DOM贴答案

下面来分析Woggle和我们的addLetter()事件处理程序到底出了什么问题。使用下面的DOM贴为以下不同情况建立currentWord <div>之下的DOM树。

……第一次调用
addLetter()。

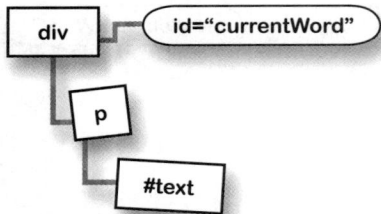

| div | id="currentWord" |

| p |

| #text |

……第二次调用
addLetter()。

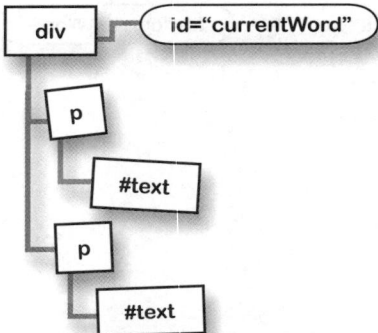

| div | id="currentWord" |

| p |

| #text |

| p |

| #text |

……第三次调用
addLetter()。

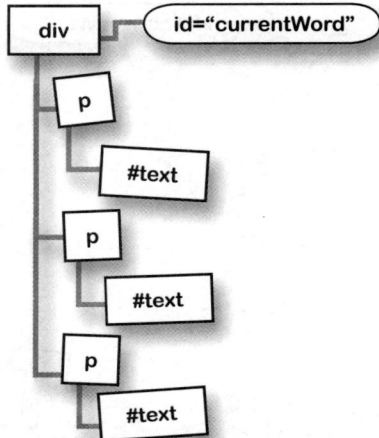

| div | id="currentWord" |

| p |

| #text |

| p |

| #text |

| p |

| #text |

> 问题就出在这里，对不对？每次调用addLetter()时没有增加到第一个文本节点。实际上每次增加了一个新的<p>和一个新的文本节点。而我们需要改变现有的文本节点，对不对？

有些节点有一个nodeName属性，另外一些节点有一个nodeValue属性，还有一些节点这两个属性都有。

第一次调用addLetter()时创建了一个新的文本节点。但是在后面的调用中，我们需要addLetter()改变该节点中的文本。这可以使用文本节点的nodeValue属性来做到。

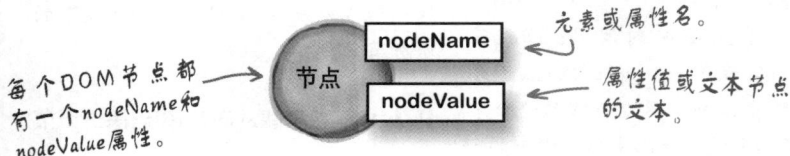

每个DOM节点都有一个nodeName和nodeValue属性。 → 节点 — nodeName ← 元素或属性名。

节点 — nodeValue ← 属性值或文本节点的文本。

每个DOM节点有两个基本属性：nodeName和nodeValue。对于一个元素，nodeName是元素的名。对于一个属性，nodeName是属性名，nodeValue是属性值；而对于一个文本节点，nodeValue是节点中的文本。

可以由nodeName和nodeValue属性了解节点

节点	节点类型	nodeName	nodeValue
document	document 节点	"document"	null
head	元素节点	"head"	null

节点的nodeName与其标记相同。

元素节点没有nodeValue。

| p | 元素节点 | "p" | null |
| Webville Puzzles | 文本节点 | "#text" | "Webville Puzzles" |

文本节点的nodeValue是其文本。

| id | 属性节点 | "id" | "letterbox" |

Sharpen your pencil

你要准备完成addLetter()中的部分功能，即从点击的贴块获取字母，并把所点击的字母增加到currentWord <div>中。看看你现在能不能写出这个函数的其余代码……不要忘记进行测试！

在这里编写你的addLetter()。

答案：node.childNodes返回一个节点的子节点数组，node.childNodes.length可以提供出一个节点具有多少子节点。

Sharpen your pencil
Solution

使用前两章学到的DOM知识，你能完成addLetter()的这一部分吗？应该能给出类似下面的答案。

```
function addLetter() {
  var tileClasses = this.className.split(" ");
  var letterClass = tileClasses[2];
  var tileLetter = letterClass.substring(1,2);

  var currentWordDiv = document.getElementById("currentWord");

  if (currentWordDiv.childNodes.length == 0) {

    var p = document.createElement("p");

    currentWordDiv.appendChild(p);

    var letterText = document.createTextNode(tileLetter);

    p.appendChild(letterText);

  } else {

    var p = currentWordDiv.firstChild;

    var letterText = p.firstChild;

    letterText.nodeValue += tileLetter;

  }
}
```

首先需要查看currentWord <div>是否已经有子节点。

这是以前的代码。现在只有当currentWord <div>没有子节点时才会运行这个代码。

如果currentWord <div>有子节点……

……可以得到<p>，然后是该<p>的文本子节点……

……将新字母增加到这个文本节点。

there are no
Dumb Questions

问：再问一次，这里的childNodes属性是什么？

答：childNodes是每个节点都有的一个属性。它返回该节点所有子节点的一个数组，如果这个节点没有任何子节点，则返回null。由于这是一个数组，所以它有一个length属性，可以指出数组中有多少个节点。

问：难道不能跟踪是否调用了addLetter()并以此作为条件？

答：不行，这样并不总能奏效。第一次调用addLetter()时，确实需要创建一个<p>和文本节点。但是如果玩家提交了一个单词，而且盘面重置，则需要addLetter()再次创建一个新的<p>和文本节点。所以只是检查运行了多少次addLetter()还不够。

问：我写的代码与你的有所不同。这样行吗？

答：当然可以。通常解决一个问题至少有2到3种方法。不过，要保证你的代码总能正常工作……而且只在必要时才创建DOM节点。如果这两点都能保证，那么你完全可以使用自己的addLetter()。

嘿，要是文本节点里都是空白符，就像上一章遇到的情况那样怎么办？像这样使用currentWordDiv.firstChild和p.firstChild不是不好吗？第一个节点要是空白节点呢？

由你控制DOM结构时，不会发生你未曾指定的事情。

浏览器根据一个XHTML文本文件创建DOM树时，将由*浏览器控制一切*。浏览器会做它认为最适合表示XHTML的事情，有时这意味着把行结束符或额外的进格符和空格解释为包含空白符的文本节点。

但是当你对DOM树进行修改时，一切会由*你*来控制。浏览器不会插入任何东西，除非你告诉它那么做。所以处理你插入到currentWord <div>的DOM节点时，不用担心额外的空白文本节点。实际上，你完全可以获取<div>的第一个子节点，而且清楚地知道这是一个<p>。

运行测试

测试改进后的新事件处理程序。

现在来看addLetter()的工作如何。每次点击一个贴块时，它应当向当前词框中增加另一个字母。现在一切正常吗？

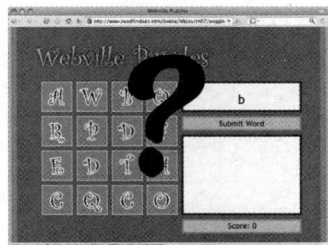

不过，还有几个与贴块点击有关的事情需要完成……你能找出是什么问题吗？

需要禁用各个贴块。这说明要改变贴块的CSS类……

一旦玩家点击了一个贴块，他们就不能再点击这个贴块了，所以只要点击了贴块就要将其禁用。

点击一个贴块应当改变该贴块的外观。

这属于表示部分，所以你可能已经知道该做什么了，对不对？在addLetter()中，需要向所点击的贴块增加另一个CSS类。puzzle.css中有一个名为"disabled"的类非常适合完成这个工作。

将下面这行代码增加到addLetter()的最后。

```
function addLetter() {
  // existing code

  this.className +=" disabled";
}
```

需要将这个类增加到贴块现有的类后面，而不是替换那些类。

确保有一个空格将CSS类彼此分隔开。

现在，一旦运行addLetter()，所点击的贴块会变暗，看上去不能再次点击。

……并关闭addLetter()事件处理程序

只要有游戏，就会有一些玩游戏的人钻空子。对于Woggle，尽管我们能禁用一个贴块的*外观*，但这并不意味着点击贴块时什么也不做。点击一个贴块时——尽管已经设置了disabled类——仍会触发addLetter()事件处理程序。这说明一个字母可能会被点击无限多次……除非有停止措施！

所以还需要在addLetter()的最后再完成一步。需要删除所点击贴块的addLetter()事件处理程序。

```
function addLetter() {
  // existing code

  this.className += " disabled";
  this.onclick = "";
}
```

将onclick设置为一个空串。这样将去除事件处理程序。

运行测试

我们已经…… **相当彻底地处理了贴块点击事件！**

你已经向addLetter()增加了所有这些代码吗？增加这些代码后，
启动Woggle，再构建一些单词。

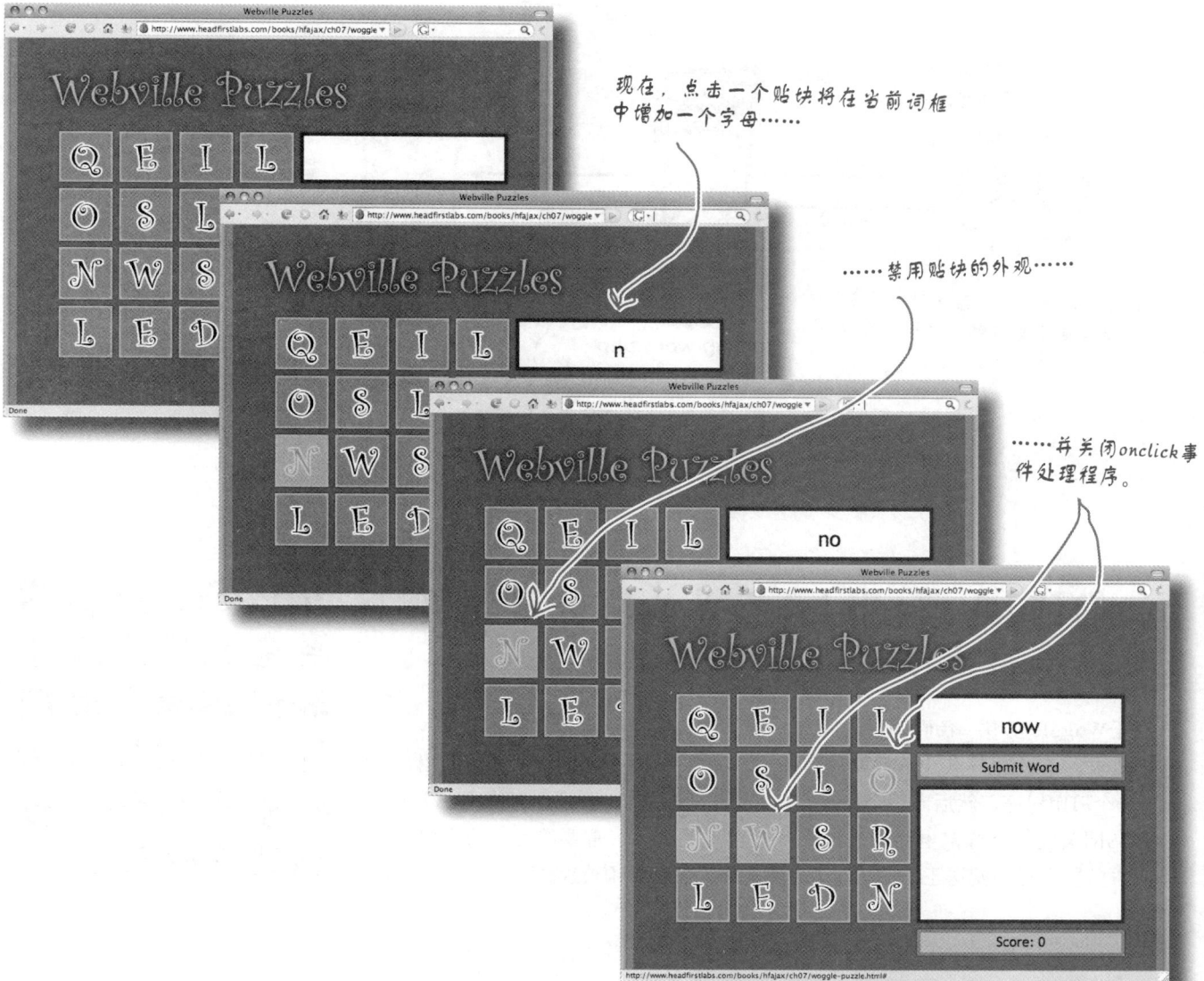

现在，点击一个贴块将在当前词框
中增加一个字母……

……禁用贴块的外观……

……并关闭onclick事
件处理程序。

提交一个单词只是（另一个）请求

addLetter()主要有关于DOM的使用，而向服务器提交单词则主要涉及请求对象。Woggle已经在服务器上运行有一个程序，它取一个单词，然后返回这个单词的得分…… 如果这个词并不是一个真正的英语单词则返回−1。

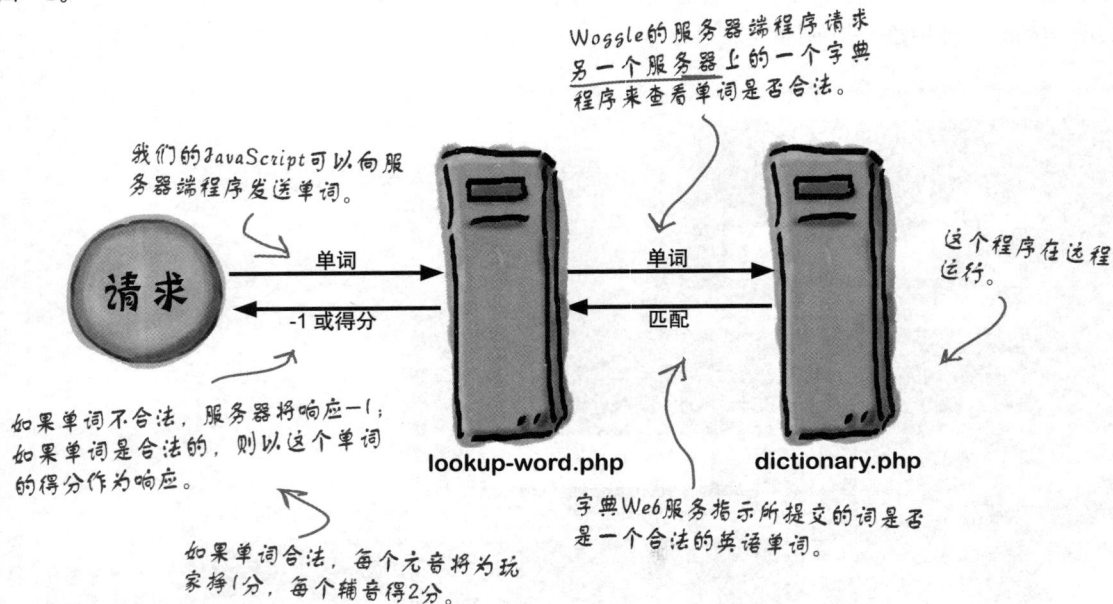

Woggle的服务器端程序请求另一个服务器上的一个字典程序来查看单词是否合法。

我们的JavaScript可以向服务器端程序发送单词。

请求

单词 →

← −1 或得分

单词 →

← 匹配

这个程序在远程运行。

如果单词不合法，服务器将响应−1；如果单词是合法的，则以这个单词的得分作为响应。

lookup-word.php　　　**dictionary.php**

字典Web服务指示所提交的词是否是一个合法的英语单词。

如果单词合法，每个元音将为玩家挣1分，每个辅音得2分。

我们的JavaScript并不关心服务器如何对请求得出响应

对于Woggle应用，我们调用的服务器端程序又向另一个程序发出了另一个请求，不过这一点并不重要。实际上，即使lookup-word.php调用了一个PHP程序，然后向一个Java Web服务发出SOAP请求，再使用一个SMS网关向一个蜂窝电话发送消息，这也无关紧要。重要的是，我们要向服务器端程序发送正确的信息，它要向我们返回正确的响应。

JavaScript只需要考虑发送请求和处理响应的问题……而不必关心服务器如何得到这些响应。

Sharpen your pencil

到目前为止，你已经构建并发送过很多请求对象。利用所学到的知识，你能写出submitWord()函数吗？

→ 答案见316页。

等一下……开始传递所有这些有趣的异步请求对象之前，为什么要在这里建立一个同步请求呢（译者注：原文此处为"异步请求"，有误）？难道玩家必须等待服务器检查提交的单词并返回一个得分吗？

并不是所有请求都必须是<u>异步请求</u>。

在前面的所有各章中，我们建立的都是异步请求，所以用户不必等待口令检查或页面加载。但是在Woggle中，我们确实希望用户做其他工作之前先要等待服务器的响应。所以，把一个单词发送到服务器计算得分时，我们需要使用一个同步请求。

BRAIN BARBELL

使用同步请求向Woggle的服务器提交单词还有另外一些好处。你能想到有哪些好处吗？

既然使用一个同步请求，那我们需要一个回调函数吗？如果程序等待服务器的响应，为什么不直接在submitWord()函数中编写代码来处理服务器的响应呢？

同步请求不需要回调函数。

如果请求是异步的，浏览器会继续运行你的代码。所以在它运行request.send(null)之后，浏览器会执行发送函数之后的下一行代码。这往往就是函数的最后，因为我们希望用户能继续处理Web页面。然后当服务器响应时，会运行一个回调，这可能会更新页面，或者对服务器返回的结果作出响应。

但是对于一个同步请求，浏览器会**等待服务器完成工作**。在服务器返回一个响应之前不会运行其他代码。所以在这种情况下，我们确实不需要一个回调函数。可以在发送函数中继续做其他工作，而且我们**知道请求对象中将包含服务器的所有响应数据！**

Sharpen your pencil

问题回访

再来看313页上你写的代码，对它做一些修改。首先，确保你的请求是同步的，而不是异步的。然后删除回调函数的引用，我们不需要回调函数！最后，在函数的末尾使用一个alert框显示服务器发回的响应。

Sharpen your pencil Solution

你的任务是构建submitWord()函数…… 并确保它采用同步方式工作。你给出的代码是怎样的？

```
function submitWord() {
  var request = createRequest();
  if (request == null) {
    alert ("Unable to create request object.");
    return;
  }
  var currentWordDiv = document.getElementById("currentWord");
  var userWord = currentWordDiv.firstChild.firstChild.nodeValue;
  var url = "lookup-word.php?word=" + escape(userWord);
  request.onreadystatechange = updateScore;
  request.open("GET", url, false);
  request.send(null);

  alert("Your score is: +" request.responseText);
}
```

这部分相当标准。要确保已经在XHTML页面中引用了utils.js。

首先，得到包含当前词的 <div>……

……然后希望得到第一个子元素 (<p>)，后面是该元素的第一个子元素（文本节点），然后是这个节点的节点值。

与往常一样发送请求，不过这里使用"false"，使之作为一个同步请求。

我们在发送一个同步请求，所以这里不需要回调函数。

服务器作出响应之后代码才会执行到这里，所以可以安全地使用responseText属性。

there are no Dumb Questions

问：我有些搞不懂currentWordDiv.firstChild.firstChild.nodeValue是什么意思。你能解释一下吗？

答：当然可以。可以把这个语句分成几部分。首先，有一个currentWordDiv.firstChild。这是<div>的第一个子元素，也就是一个<p>。然后，我们要得到这个节点的firstChild，这是一个文本节点。最后，我们得到这个文本节点的nodeValue，也就是节点中的文本——用户输入的单词。

问：哇，太复杂了。我必须这样写代码吗？

答：不必，不过与分成多行相比，这样确实要快一些。因为一次就能解析整个语句，而且只创建一个变量，所以与把它分成多个部分相比，JavaScript能更快地执行这行语句。

问：难道你忘了检查请求对象的readyState和status码吗？

答：发出一个同步请求时，没有必要检查请求对象的readyState。只

有服务器完成其响应之后，浏览器才会运行你的代码，所以等到代码能够检查readyState时，这个属性总是4。

确实可以通过检查status来确保你的请求得到了处理而没有出现错误。不过，由于从具体的响应就可以了解这一点，所以通常更容易的方法就是直接访问responseText。要记住，我们没有做异步请求。对于一个同步请求，没有必要在回调中检查ready-State和status（译者注：更确切地讲，对于同步请求，回调函数本身都是不必要的，也没有必要在发送函数中检查eadyState和status）。

可用性检查：什么时候可以调用 submitWord()？

测试过你的新submitWord()函数吗？如果做过测试，你可能会发现到这个函数还没有与其他内容连起来。目前，"Submit Word"按钮什么也不做。实际上，"Submit Word"只是一个<a>元素，根本不是一个按钮！

`<div id=submit><a href=#>Submit Word</a></div>`

再设置<div>和<a>的样式，使之看上去像是页面上的按钮。不过，由于贴块也存在类似的情况，所以解决这个问题并不难。可以向表示"Submit Word"按钮的<a>元素的onclick事件指定一个事件处理程序。

```
var submitDiv = document.getElementById("submit");
var a = submitDiv.firstChild;
while (a.nodeName == "#text") { a = a.nextSibling; }
a.onclick = submitWord;
```

得到正确的<div>。

得到<div>的第一个子节点。

由于将由浏览器创建这部分DOM，应当确保这里不包含空白文本节点。

指定事件处理程序。

如果没有要提交的词就不能提交单词

那么，你认为这些代码应该放在哪里呢？放在initPage()中吗？不过这有些不合理……在initPage()中，当前词框还没有任何字母，所以玩家不能提交任何内容。

第一次可以提交单词时就是当前词框中第一次有字母的时候，此时第一次点击一个贴块，相应地，此时会为一个新词第一次调用addLetter()。

幸运的是，我们有一个特殊情况：第一次为一个新词调用addLetter()时，我们在currentWord <div>下创建了<p>和文本节点，所以只需把以上代码增加到addLetter()事件处理程序的这一部分。

```
if (currentWordDiv.childNodes.length == 0) {
  // existing code to add a new <p> and text node
  // existing code to add in first letter of new word
  // code to enable Submit Word button

} else { // . . . etc . . .
```

所有这些新代码……

……都放在这里。

运行测试

看看你的单词的得分，试试看！

为addLetter()增加了所需的所有代码了吗？完成修改后，启动
Woggle，并创建一些新词。

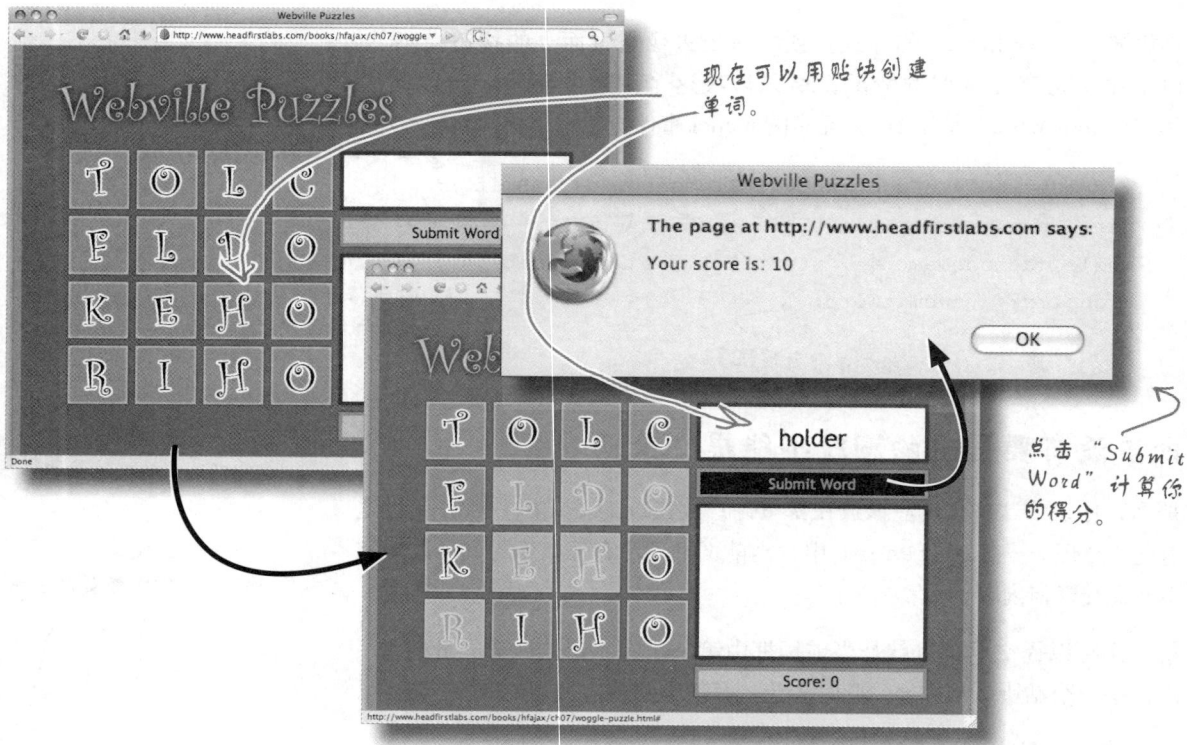

现在可以用贴块创建
单词。

点击"Submit
Word"计算你
的得分。

BRAIN POWER

至少输入一个字母之后点击"Submit Word"才会调用submitWord()。
不过尽管如此，"Submit Word"看上去仍像是一个按钮。用户太
早点击"Submit Word"时如何让用户知道应该怎样做？你能编写
相应的代码吗？

WHO DOES WHAT?

将左边的DOM属性和方法与右边使用这些属性和方法完成的任务相匹配。

nodeValue

希望得到目前所在表单元格左边的那个表单元格。

嗯，这不是DOM方法，不过说不准什么时候就会需要这个方法。

parseInt

希望得到一个特定<div>中的所有<p>。

removeChild

希望去除页面上的所有
元素。

previousSibling

希望将一个<img>元素替换为一些描述性文本。

childNodes

希望打印一个名，它在id为"name"的<div>中。

replaceNode

需要将两个表单域的数字值相加。

WHO DOES WHAT?

将左边的DOM属性和方法与右边使用这些属性和方法完成的任务
相匹配。

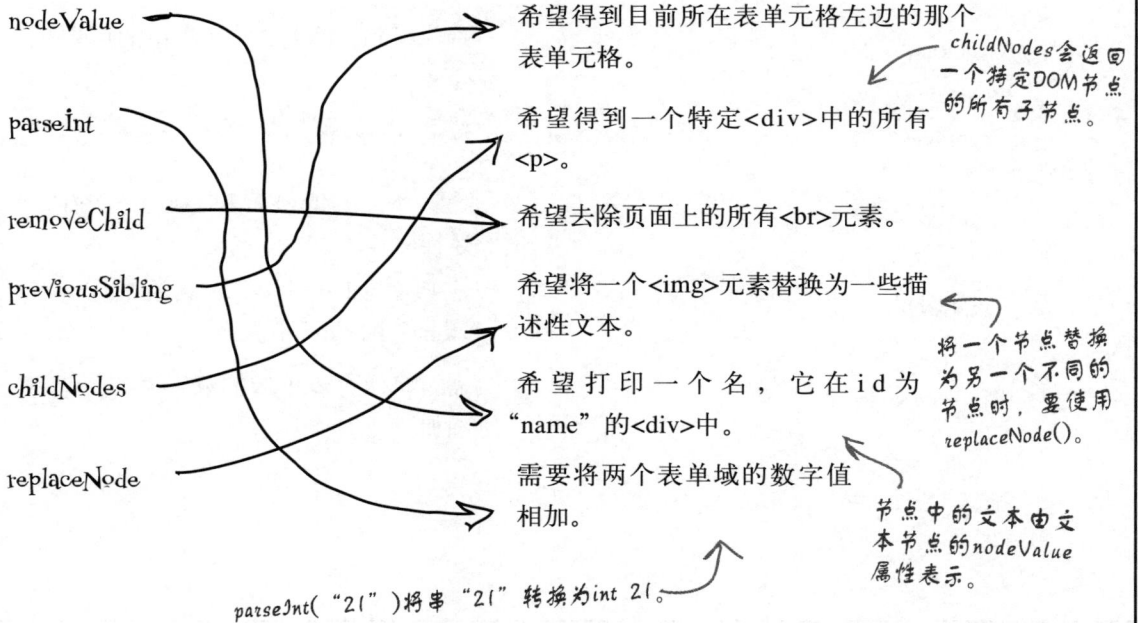

nodeValue

parseInt

removeChild

previousSibling

childNodes

replaceNode

希望得到目前所在表单元格左边的那个
表单元格。

*childNodes会返回
一个特定DOM节点
的所有子节点。*

希望得到一个特定<div>中的所有
<p>。

希望去除页面上的所有
元素。

希望将一个<img>元素替换为一些描
述性文本。

*将一个节点替换
为另一个不同的
节点时，要使用
replaceNode()。*

希望打印一个名，它在id为
"name"的<div>中。

需要将两个表单域的数字值
相加。

*节点中的文本由文
本节点的nodeValue
属性表示。*

parseInt("21")将串 "21" 转换为int 21。

LONG EXERCISE

现在把你目前所学综合起来：DOM管理、创建DOM节点、JavaScript字符串函数、处理服务器响应（译者注：原文此处为"请求"，有误）…… 这个练习包含了所有这些内容。按照以下指令完成这个练习，每完成一步在相应的步骤上打勾。

☐ 如果服务器拒绝所提交的单词，要告诉玩家，向玩家提供一个消息"You have entered an invalid word. Try again!"（输入的单词非法，请重试！）

☐ 如果服务器接受了所提交的单词，将接受的这个词增加到"Submit Word"按钮之下的接受词框中。

☐ 得到当前得分，并加上服务器为刚接受的词返回的得分。使用这个新的得分，更新屏幕上的"Score：0"文本。

☐ 不论服务器接受还是拒绝这个单词，都将当前词从当前词框中删除。

☐ 启用游戏盘面上的所有贴块，并把"Submit Word"按钮重置为其原始状态。

☐ 以下DOM树对应你要处理的页面部分（树最初由浏览器创建）。画出运行你的代码接受两个词之后的DOM树（具体这两个词是什么并不重要，只要这两个词都能为服务器所接受）。

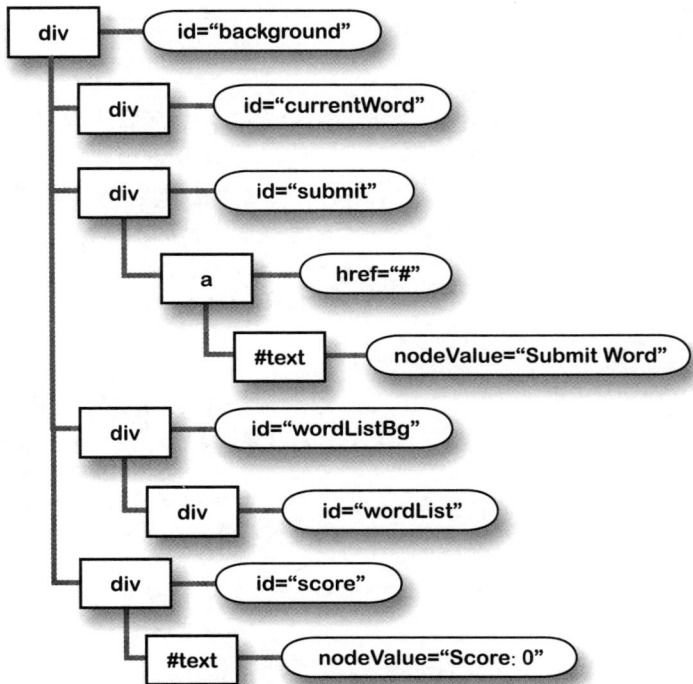

LONG EXERCISE SOLUTION 以下是完整版本的submitWord()。现在它不仅会提交一个单词，还会更新页面上的得分。你的答案与我们的代码接近吗？

```javascript
function submitWord() {
  var request = createRequest();
  if (request == null) {
    alert ("Unable to create request object.");
    return;
  }
  var currentWordDiv = document.getElementById("currentWord");
  var userWord = currentWordDiv.firstChild.firstChild.nodeValue;
  var url = "lookup-word.php?word=" + escape(userWord);
  request.open("GET", url, false);
  request.send(null);
```

如果提交的词不合法，服务器返回-1。

☑ 如果服务器拒绝所提交的词，要告诉玩家。

```javascript
  if (request.responseText == -1) {
    alert("You have entered an invalid word. Try again!");
  } else {
    var wordListDiv = document.getElementById("wordList");
    var p = document.createElement("p");
    var newWord = document.createTextNode(userWord);
    p.appendChild(newWord);
    wordListDiv.appendChild(p);
```

☑ 将接收的词增加到接收词框中。

这会创建一个新的\<p\>和一个新的文本节点，其中包含用户提交的词，然后把这两个元素增加到wordList \<div\>。

```javascript
    var scoreDiv = document.getElementById("score");
    var scoreNode = scoreDiv.firstChild;
    var scoreText = scoreNode.nodeValue;
    var pieces = scoreText.split(" ");
    var currentScore = parseInt(pieces[1]);
    currentScore += parseInt(request.responseText);
    scoreNode.nodeValue = "Score:" + currentScore;
  }
```

可以使用split(" ")把"Score: 0"分解为两部分。

☑ 更新屏幕上的"Score: 0"文本。

我们想得到第2部分，而且希望它作为整数返回。

加上服务器的响应，然后更新文本节点。

```
    var currentWordP = currentWordDiv.firstChild;
    currentWordDiv.removeChild(currentWordP);
    enableAllTiles();
    var submitDiv = document.getElementById("submit");
    var a = submitDiv.firstChild;
    while (a.nodeName == "#text") {
        a = a.nextSibling;
    }
    a.onclick = function() {
        alert("Please click tiles to add letters and create a word.");
    };
}

function enableAllTiles() {
    tiles = document.getElementById("letterbox").getElementsByTagName("a");
    for (i=0; i<tiles.length; i++) {
        var tileClasses = tiles[i].className.split(" ");
        if (tileClasses.length == 4) {
            var newClass =
                tileClasses[0] + " " + tileClasses[1] + " " + tileClasses[2];
            tiles[i].className = newClass;
            tiles[i].onclick = addLetter;
        }
    }
}
```

从当前词框删除当前词。

启用所有贴块。

记住重置 "Submit Word" 按钮的事件处理程序为一个 alert() 函数。

我们建立了一个工具函数来启用所有贴块。

对于有 4 个类的贴块, 最后一个类是 "disabled"。

使用前 3 个类, 去掉第 4 个类。

记住, 将事件处理程序重置为 addLetter。

答案未完, 翻开下一页。

Long Exercise Solution (续)

☑ 以下DOM树对应你要处理的页面部分（树最初由浏览器创建）。画出运行你的代码接受两个词之后的DOM树（具体这两个词是什么并不重要，只要这两个词都能为服务器所接受）。

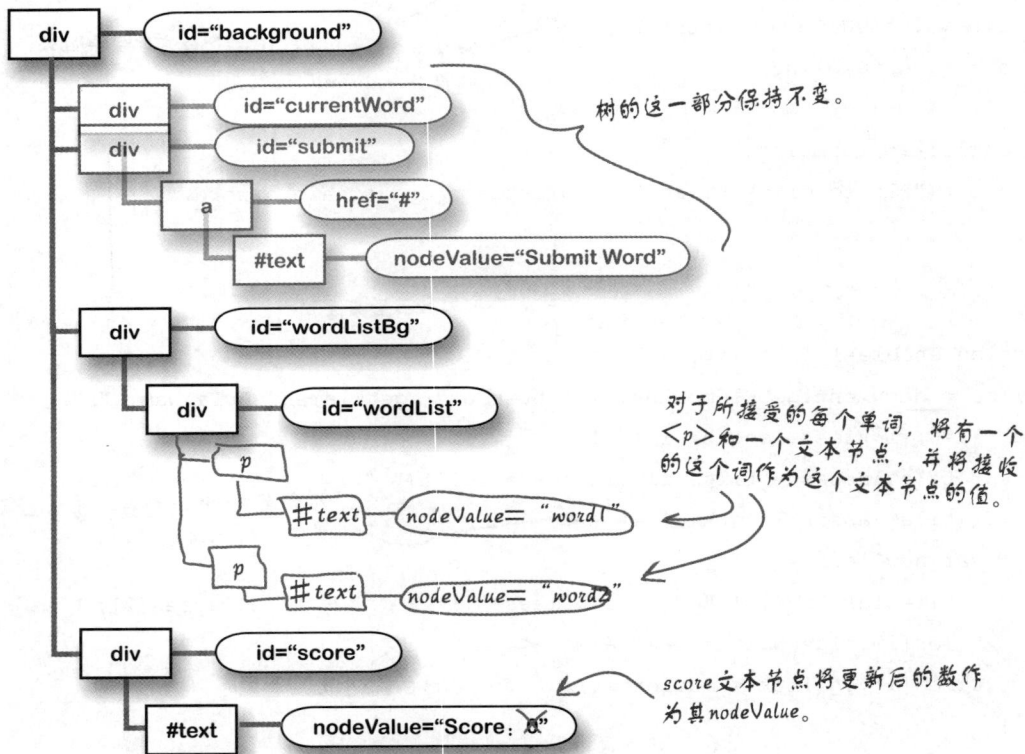

树的这一部分保持不变。

对于所接受的每个单词，将有一个 `<p>` 和一个文本节点，并将接收的这个词作为这个文本节点的值。

score文本节点将更新后的数作为其nodeValue。

运行测试

有人玩Woggle吗?

一切正常吗?试试我们的Woggle游戏……它的表现正如我们在286页上预想的那样。

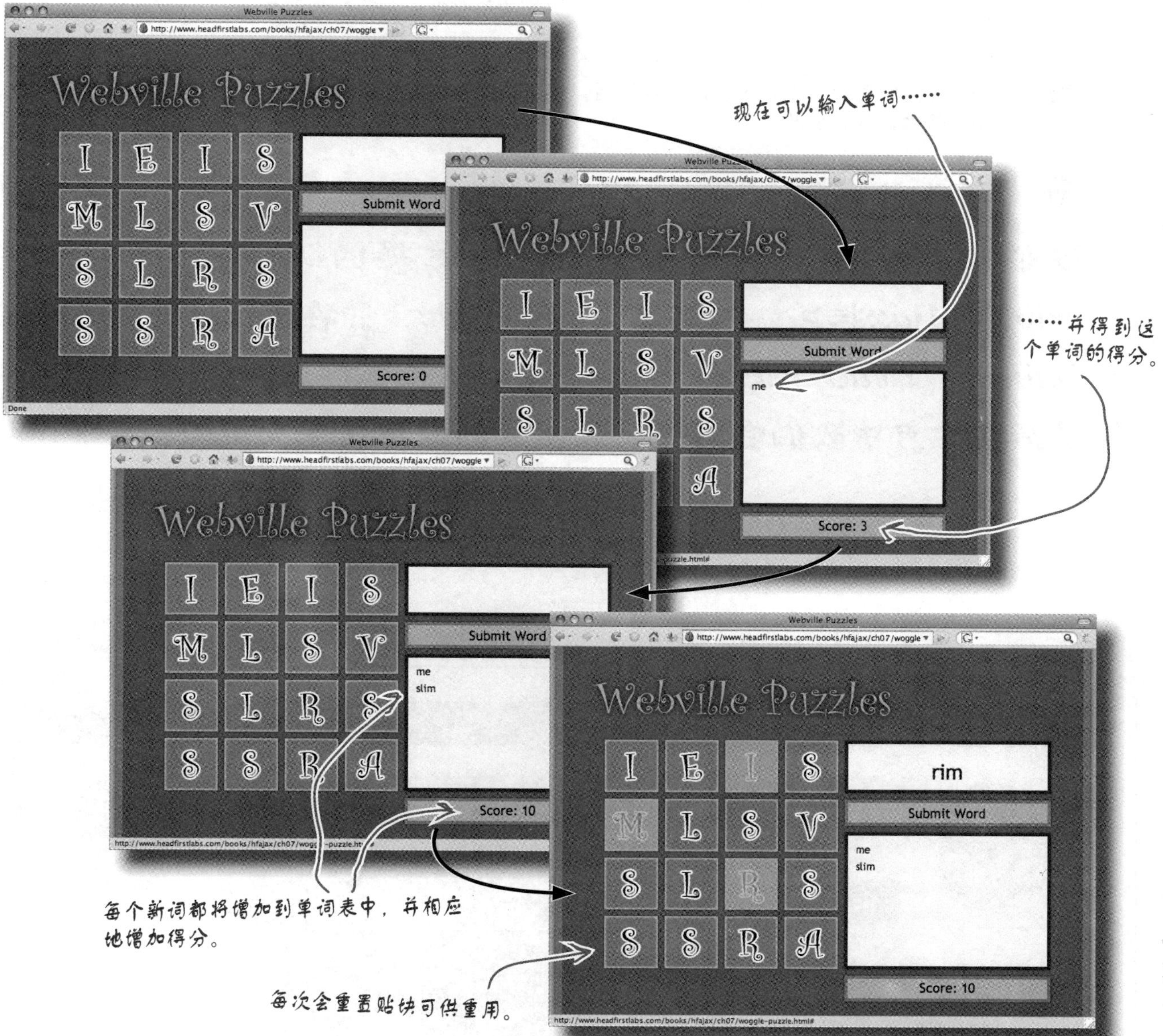

现在可以输入单词……

……并得到这个单词的得分。

每个新词都将增加到单词表中,并相应地增加得分。

每次会重置贴块可供重用。

不过还可以做更多事情！

● 如果有一个定时器给你60s时间，让你在这个指定时间内尽可能多地输入所能想到的单词，该怎么做？

● 如果选择一个字母贴块后只能选择上一次所选贴块旁边的贴块，该怎么做？

● 一旦使用字母建立了一个合法的单词后，如果这些贴块会被新的随机贴块所替换，该怎么做？

● 除了以上种种，你还能想到能如何改善Woggle游戏？

我们希望你尽可能地充分利用你掌握的DOM、JavaScript和Ajax技术。构建最棒的Woggle，并在Head First Labs的"Head First Ajax"论坛中提交你应用的URL。在以后几个月中我们会对表现最出色的应用提供大奖。

点击这里进入论坛，告诉我们
如何访问你的Woggle应用。

Head First Labs from O'Reilly Media, Inc.

http://headfirstlabs.com/ ▼ ▷ G ▼ Google

O'REILLY Brain-Friendly Guides from O'Reilly Media, Inc.

Head First Labs

Home　Books　Forums　Blog　About　write for us

Forum Main Page

Book News, Info, and Discussion

Polls and Surveys

Head First C#

Head First Design Patterns

Head First HTML with CSS & XHTML

Head First Ajax Sneak Pr...
Get an introduction to Ajax with an exce...
Ajax, which you'll find on this page.

ch Head First Labs
O'Reilly.com

June Newsletter
We sent out our June Newsletter recently...
newsletters via email.

ch Tips

SUBSCRIBE to

DOM填字游戏

花点时间坐下来，让你的右脑活动活动。回答下面提出的问题，并使用答案中的字母填出密信。

这个方法会创建指定类型的一个元素。

__	__	__	__	__	__	__	__	__	__	__	__	__	__
1	2	3	4	5	6	7	8	9	10	12	13	14

这是这一章所构建游戏的名字。

__	__	__	__	__	__
15	16	17	18	19	20

这个方法向DOM树增加一个元素。

__	__	__	__	__	__	__	__	__	__	__
21	22	23	24	25	26	27	28	29	30	31

DOM树就是它们的一个集合。

__	__	__	__	__	__	__
32	33	34	35	36	37	38

这个方法将一个节点替换为另一个节点。

__	__	__	__	__	__	__	__	__	__	__	__
39	40	41	42	43	44	45	46	47	48	49	50

这个方法从DOM树删除一个节点。

__	__	__	__	__	__	__	__	__	__	__
51	52	53	54	55	56	57	58	59	60	61

```
___ ___ ___    ___ ___ ___ ___ ___ ___ ___
 37  58   3     33  39  16  15  38  45  51

___ ___ ___ ___ ___ ___ ___ ___ ___ ___    ___ ___ ___
  5   2  21  25  38   8  43  14  45  38     26  32  10

___ ___ ___ ___ ___    ___ ___ ___ ___    ___ ___ ___ ___ ___ ___ ___
 13  16  50  52  38     59  13  37  16     54  33  34   9  57   5  38
```

DOM填字游戏

花点时间坐下来,让你的右脑活动活动。回答下面提出的问题,并使用答案中的字母填出密信。

这个方法会创建指定类型的一个元素。

C	R	E	A	T	E	E	L	E	M	E	N	T
1	2	3	4	5	6	7	8	9	10	12	13	14

这是这一章所构建游戏的名字。

W	O	G	G	L	E
15	16	17	18	19	20

这个方法向DOM树增加一个元素。

A	P	P	E	N	D	C	H	I	L	D
21	22	23	24	25	26	27	28	29	30	31

DOM树就是它们的一个集合。

O	B	J	E	C	T	S
32	33	34	35	36	37	38

这个方法将一个节点替换为另一个节点。

R	E	P	L	A	C	E	C	H	I	L	D
39	40	41	42	43	44	45	46	47	48	49	50

这个方法从DOM树删除一个节点。

R	E	M	O	V	E	C	H	I	L	D
51	52	53	54	55	56	57	58	59	60	61

T	H	E		B	R	O	W	S	E	R
37	58	3		33	39	16	15	38	45	51

T	R	A	N	S	L	A	T	E	S		D	O	M
5	2	21	25	38	8	43	14	45	38		26	32	10

N	O	D	E	S		I	N	T	O		O	B	J	E	C	T	S
13	16	50	52	38		59	13	37	16		54	33	34	9	57	5	38

8 框架与工具包

谁也不相信

Smith先生可能以为我只是听他的命令，他说什么我就会做什么，不过等他看到这个圣诞节奖金上调20%的通知不知会怎么想。给他一个教训，谁让他在秘书节还给我分配那么繁重的工作！

所有那些Ajax框架在内部到底做了什么？

如果你参与过Webville的项目，可能至少遇到过一个JavaScript或Ajax框架。一些框架**提供了便利方法可以用来处理DOM**，另外一些框架使**验证**和**发送请求**的工作变得很简单。还有一些框架提供了一些函数库，其中包含预打包的JavaScript**屏幕效果**。不过，该用哪一个框架呢？如何知道这些框架内部到底发生了什么？现在你应该不只是使用其他人的代码……而应当真正**控制你的应用**。

终于等到现在了!你要为我介绍jQuery、mooTools、Prototype和所有那些一流的Ajax框架,对不对?我可以不用再写那些像乎乎的request.send()和request.onreadystatechange调用了,是吗?

框架提供了<u>大量</u>选择,允许以不同的(有时更容易的)方式使用Ajax。

如果在Internet上通过Google搜索"JavaScript framework"或"Ajax library",你会查到相当多不同工具包的链接。每个框架会稍有不同、有些非常擅长提供漂亮的屏幕效果,如拖放、淡入淡出和转换,另外一些框架可能只需一两行代码就能完成Ajax请求的发送和接收。

实际上,我们之前每次引用utils.js中的一个函数时,就一直在使用某种框架。这个脚本所做的是在一个可重用的包中提供通用功能。当然,大多数框架的功能要更为丰富,不过原理是一样的。

那么应该使用哪个框架呢? 更重要的……到底该不该使用框架?

Sharpen your pencil

要决定是否使用一个JavaScript框架来编写代码是一个重要的问题。请在下面写出你认为应该使用框架的3个原因……另外写出你认为不适合使用框架的3个原因。

使用框架的原因

1. ....

....

....

2. ....

....

....

3. ....

....

....

不使用框架的原因

1. ....

....

....

2. ....

....

....

3. ....

....

....

there are no Dumb Questions

问： 我连框架是什么都不知道，怎么能回答这些问题呢？

答： 框架就是一个JavaScript文件——或者是一组文件——其中包含可以在你自己的代码中使用的函数、对象和方法。可以把框架想成是我们一直在用的utils.js文件的一个更大、更复杂的版本。

问： 不过我以前什么框架都没有用过！

答： 那也没关系。只需考虑你为什么想要尝试使用一个框架，以及使用这个框架相比你以前的做法有哪些好处。然后，再来考虑对于你以前编写代码的做法你喜欢哪些方面……这些就是不使用框架的原因。

问： 框架和工具包之间有没有区别？

答： 没有什么差别。框架和工具包在JavaScript世界里经常交替使用。有些人可能会这样告诉你：框架是编写代码所采用的一种结构，而工具包是一个工具函数集合。不过，这种差别并不适用于每一个框架或工具包，所以没有必要纠缠这个问题。

Fireside Chats

今晚话题：Ajax框架和"自己动手"（Do-It-Myself）JavaScript关于工具函数、工具包和"自己动手"思想的优缺点展开了针锋相对的讨论。

Ajax框架：

天哪，我觉得你们这些人永远都不想让我上场。到底为什么，到了332页了我才刚刚有机会露面？

行了吧……你也是那些JavaScript狂热支持者中的一员，不是吗？不要框架，不要工具函数，只是努力工作，一个.js文件里有成千上万行代码，我说的没错吧？

那你和我有什么矛盾呢？我觉得像你这样的人应该喜欢我才对。我完成了所有那些常规的、麻烦的、烦人的任务，把它们包装到用户友好的函数和方法调用中。

那又怎样?这有什么问题吗？我甚至看不出有什么区别……包装？抽象？

你开玩笑吧，对不对？我也是JavaScript。只要你愿意，你也可以把框架打开。我的JavaScript.js与你的有什么区别？

"自己动手"JavaScript:

嘿，我们认为需要你的时候自然会让你出现。看看这里，在前面的7章之后，现在不是谈到你了吗！

根本不是那么回事。实际上，我非常支持将公共代码抽象到工具方法中，而不是编写重复的代码，我甚至还非常欣赏为各组不同的功能编写不同的.js文件。

嗯，但仅此而已。你确实把它们包装起来…… 但是你并非把它们抽象到不同的文件中。实际上你隐藏了那些细节。

嘿，你可以看看我的代码。只需打开一个脚本，你就能清楚地知道发生了什么。没有任何秘密，没有"魔法函数"。这就是我，就这么明明白白。

Ajax框架：

我一直在看。你到底要说什么，笨手笨脚的家伙？

朋友，我可提供了大量的选择。丰富的选择。有时某些方法几乎有一百种选择。还有比这更妙的吗！

噢……让我想想……那么，如果你不知道自己如何完成所要做的事情呢？你试过编写实现拖放功能的代码吗？实现过在图像内移动的代码吗？放大和缩小图像呢？难道你真的想一切都自己动手吗？

嘿，我们又不是在讨论原子聚变。有时候你只是需要得到一点视觉效果……或者只是要发送一个Ajax请求。没有必要在Internet上花费时间来研究这样的代码，这可能只是一个初中没毕业的学生3年前在他的博客里发布的代码。

没错，另外他现在还在开一辆"76 Pinto"货车，因为根本没有人**聘用**他。原因就是他编写基本代码实在**太慢**了！

"自己动手" JavaScript:

你看过自己吗？从镜子里？或者从你引以为豪的某个漂亮部位的倒影里？

你肯定不明白！你要查看上千行代码。如果我想做的事情与你的做法只是稍有一点差别会怎么样？然后该怎么办？

你以为我想要这些选择吗？谁想去知道一个方法的第8个参数是什么？另外这在什么时候才有用？

如果这样才能真正掌握内部是如何工作的，我肯定会亲自动手！

不过我相信他肯定很清楚自己在**做**什么！

随你怎么说。

Sharpen your pencil
Solution

你的任务是考虑为什么使用框架的原因，以及不使用框架的原因。你的答案是什么？

使用框架的原因

1. 不必为别人已经写出的函数编写代码，只需使用框架中现有的代码。

2. 你可能没时间自己编写框架中的一些函数，但确实要用这些函数（如果已经有这样的函数可供使用）。这样可以得到更多功能。

3. 框架中的代码得到了更多的测试，因为有更多的人在使用这个框架，所以出现bug的机会更少，相应地需要的测试更少。

4. 框架通常会为你考虑跨浏览器问题，所以不必担心浏览器是IE、Firebox或Opera。

不使用框架的原因

1. 你不清楚框架在做什么。也许它能做得很好——也可能还没有你的做法效率高。

2. 框架可能没有提供你希望或需要的所有选择，所以最后可能必须修改你的代码来适应框架。

3. 有时框架会隐藏一些重要的概念（本来了解这些概念会很有帮助），所以如果使用框架你可能学不到多少东西。

只要求你写出前3个原因，不过我们实在无法抗拒再增加这一条。这是使用框架的一个重要原因。

BRAIN POWER

你认为有没有某些功能比较适合使用框架？另外哪些工作你不希望利用框架来完成？

那么有哪些框架?

目前有很多流行的框架……其中大多数框架的功能各有不同。以下是
大多数人经常谈论的一些框架。

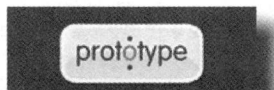

Prototype (http://www.prototypejs.org)

Prototype是一个功能强大的库,它
提供了大量底层JavaScript工具函数,
包括对Ajax的支持。

jQuery是实现JavaScript编
程最流行的工具包之一,
包含Ajax请求。

jQuery (http://www.jquery.com)

script.aculo.us是Prototype的一个插件,
其目标是在JavaScript中提供屏幕效果。

mooTools (http://mootools.net)

script.aculo.us (http://script.aculo.us)

mooTools比较新,
不过功能相当完
备。可以从中得
到屏幕效果和
Ajax请求工具函
数。

这些框架多久更新一次?它们会经常发布新版本吗?
我们要担心这个问题吗?

框架通常比底层JavaScript语法更新的速度要快。

框架由编写框架的人所控制,所以一个框架可能每过几
个月就会发布一个新版本……甚至早期可能几个星期就
发布一个新版本! 实际上,可能在6、7个月的时间内一
个框架就会从流行舞台上退下来甚至完全从人们的视野
消失。

但是核心JavaScript语法和对象(如XMLHttpRequest和
DOM)则由一个规模庞大、动作缓慢的标准组织来控
制,所以这种语法不会经常改变。你会看到,最多也只
是每过几**年**才会有变化。

每个框架使用不同的语法完成工作

每个框架都使用不同的语法来完成工作。例如，以下是Prototype中的做法，这里要建立一个请求并指定利用服务器响应做什么。

两段代码的第一部分都是从页面得到一个值。

```
function checkUsername() {

    var usernameObj = $("username");

    usernameObj.className = "thinking";

    var username = escape(usernameObj.value);

    new Ajax.Request("checkName.php", {

      method:"get",

      parameters: "username=" + username,

      onSuccess:function(transport){

        if (transport.responseText == "okay") {

          $("username").className = "approved";

          $("register").disabled = false;

        } else {

          var usernameObj = ${"username");

          usernameObj.className = "denied";

          usernameObj.focus();

          usernameObj.select();

          $("register").disabled = true;

        }

      },

      onFailure: function() { alert("Error in validation."); }

    });

}
```

这里得到id为"username"的元素。

这是Prototype中建立请求的Ajax对象。

transport是Prototype的请求对象。

服务器正常响应时会运行onSuccess函数。

如果请求或响应存在问题则运行onFailure函数。

然后建立一个请求。在Prototype中这部分要简短得多。

通常会以内联方式为Prototype指定回调……不过基本代码是一样的，只是语法上稍有区别。

如果状态码不是200，或者出现了其他问题，我们没有提供错误消息。不过Prototype会妥善地处理这一种情况。

语法可能不同……但JavaScript仍是一样的

乍一看，Prototype代码似乎与你以前编写的代码大不相同。不过再来查看Mike's Movies注册页面早期版本的相应JavaScript代码。

最初这个代码看起来有很大不同……但实际上它与使用工具包编写的代码非常相似。

```javascript
function checkUsername() {
  document.getElementById("username").className = "thinking";
  request = createRequest();
  if (request == null)
    alert("Unable to create request");
  else {
    var theName = document.getElementById("username").value;
    var username = escape(theName);
    var url= "checkName.php?username=" + username;
    request.onreadystatechange = showUsernameStatus;
    request.open("GET", url, true);
    request.send(null);
  }
}

function showUsernameStatus() {
  if (request.readyState == 4) {
    if (request.status == 200) {
      if (request.responseText == "okay") {
        document.getElementById("username").className = "approved";
        document.getElementById("register").disabled = false;
      } else {
        document.getElementById("username").className = "denied";
        document.getElementById("username").focus();
        document.getElementById("username").select();
        document.getElementById("register").disabled = true;
      }
    }
  }
}
```

不过这与我们写的代码是一样的…… 看上去有些差异，但还是同样的东西！我可不想再学一种新的语法。

JavaScript和Ajax框架只是采用新的、不同的方式完成你<u>已经在做</u>的工作。

如果归结到代码，异步请求就是异步请求。换句话说，在底层，JavaScript代码仍然必须创建请求对象，建立将根据服务器返回的结果来运行的代码，然后发送这个请求。不论语法如何改变，基本过程都是一样的。

使用框架可能使建立和发送请求的某些部分更为容易，不过框架对你做的工作并没有本质上的改变。当然，要有效地使用一个框架，肯定需要学习一些新的语法。

不过我相信肯定还有一些突出的优点，是不是？比如说很酷的视觉效果，可能还有更强大的错误处理功能？

框架会 "免费地" 提供大量相当棒的特性。

大多数框架都提供了很多便利方法和非常酷的视觉效果。另外，如果你已经熟悉基本JavaScript和Ajax概念和原则，这些框架的语法并不难掌握。

框架最好的一个特性是：很多框架能够处理用户未在浏览器中启用JavaScript的情况。

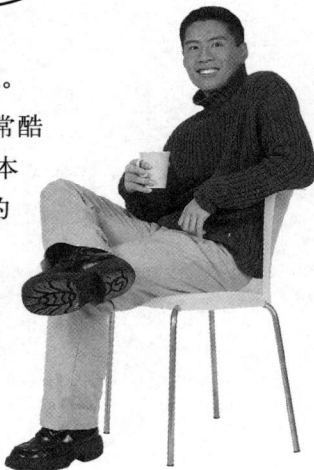

there are no Dumb Questions

问： 你没有提到我最喜欢的框架[在这里插入你的框架名]，为什么？

答： 嗯，实在有太多的框架，而且每天还有更多的框架出现。335页上的框架只是当前最流行的几个框架，不过也许你提到的框架几个月内也会进入这个行列。

不论怎样，关键是框架提供的功能与你编写的代码并没有本质上的差别。框架只是使功能的实现更为方便，或者编写代码时花费的时间更少，也可能会增加一些视觉效果……这一点你应该很清楚。

问： 所有框架都会使页面元素的处理这么容易吗？

答： 如果使用一个框架，你可能不会用大量DOM方法编写代码，如getElementById()或getElementsByTagName()。因为这些操作如此常用，大多数框架都提供了更容易的语法，如使用$("username")可以得到id为"username"的元素。

问： 那么框架用什么来得到元素呢？

答： 正是你未使用框架时所用的DOM方法。$("username")会转换成一个document.getElementById("username")调用。另外，所返回的对象有常规的DOM方法，以及框架可能提供的额外方法。

问： 那么框架是个好东西，是不是？

答： 嗯，有些人使用框架是因为他们不想花时间学习底层概念。这并不好，因为这些人并不真正理解代码内部到底做了什么。

不过，如果你使用一个框架，一定要了解底层的概念和代码。这说明，作为程序员你的效率可能更高，另一方面，也能更有效地发现问题。

问： 这么说框架只是在做我们自己已经做了的工作，是吗？

答： 可以这么说，框架通常会比我们所做的多做一些。它们通常会提供更多选择，另外往往会建立更强大的错误处理，而不只是显示一个alert()框。不过，框架仍然要建立请求并处理响应，还需要使用DOM获取页面上的元素，这与我们编写的代码完全一样。

问： 既然我们已经知道了如何编写请求和响应以及DOM的相关代码，所以不应该使用框架，是不是？

答： 框架确实提供了大量便利函数，而且那些屏幕效果相当漂亮……

问： 那么应该什么时候使用框架呢？

答： 不好说。使用框架时肯定会失去一定程度的控制，因为在某些情况下它可能没有按你的意愿行事。有时，最好是充分地加以控制，自己编写你需要的代码而不要引入框架带来混乱。

问： 那么到底怎么做呢？使用框架还是不使用框架？

答： 这确实是个棘手的问题，对不对？翻开下一页，我们来找出答案。

框架不能为你解决编程问题。

你要理解你的代码，而不论是否使用了框架使代码更易于编写。

使用框架还是不用框架?

使用框架有很多充分的原因……不使用框架也有很多原因。有些人有时会使用框架完成项目,有时则不使用框架。这完全取决于具体的情况和你的个人偏好。

我的用户希望得到最高端、最漂亮的视觉效果,script.aculo.us可以提供这个特性。利用这个工具包我可以实现很多非常酷的屏幕效果。

我的所有时间都用于处理可访问性……
我要使用一个框架,因为这样更方便,而且可以节省我的时间,这样就能集中精力考虑如何方便残障人士使用我的网站。

充分考虑可访问性的Web设计人员

酷爱编程的程序员,运行着一个热门的游戏网站

我刚开始学JavaScript,所以我坚持使用纯粹的请求对象调用……这样我可以学到更多知识,这才是我想要的。

维护着自己的博客,发表对JavaScript编程的一些心得

我要使用一个工具包处理
错误，处理千奇百怪的移动
浏览器，这样可以让我的团队把重
点放在功能上，而不受浏览器之争
的影响。

我们有各种与服务器程序和数据交
互的请求……我不想使用工具包，因
为我希望对于如何配置和发送请求有
完全的控制。

业务开发人员，在为移动设备
构建一个小型网站

我认为mooTools看来很棒，不过
我希望更好地掌握请求和回调。以
后也许我会使用一个工具包，不过
现在还不会用。

一家媒体公司的数据库
工程师

初级软件开发人员

完全由你选择……

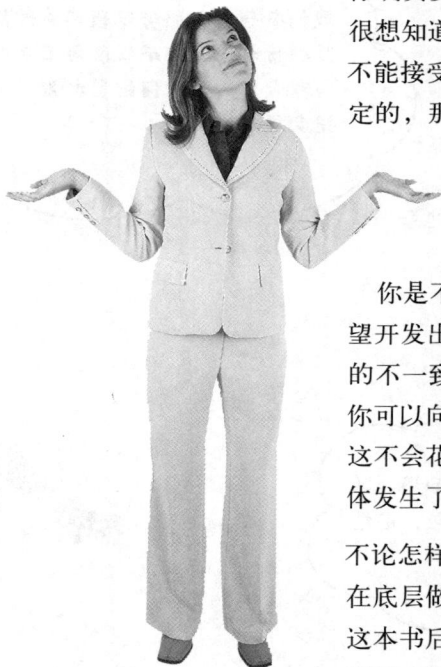

你确实要完全控制代码的每一个方面吗？这很重要吗？你是不是很想知道在JavaScript代码中使用的每个函数到底有多高效？你能不能接受不学习新工具、技巧或技术的想法？如果你的回答是肯定的，那么使用框架只会让你烦恼，带来麻烦。要坚持编写你自己的请求、回调和工具函数，在utils.js中构建一个不断扩展的代码库，而不必每过几个月就更新为一个新版本的框架。

你是不是不太关心每一行内部代码？如果你非常追求效率，希望开发出最棒的应用，而只用最少的时间处理错误、不同浏览器的不一致性以及DOM的有关问题，那么框架对你再合适不过了。你可以向request.send(null)永远说再见，选择学习一种框架。这不会花费你太长时间…… 因为你已经很了解异步请求在底层具体发生了什么。

不论怎样，最后的选择取决于你。我们认为一定要知道异步请求在底层做了什么，而不论你是否使用框架。这一点很重要，所以这本书后面的内容将使用普通的JavaScript，而不采用任何特定的框架。不过即使你以后可能使用某个框架隐藏具体工作的细节，你学到的知识同样有用。

9 XML请求与响应

难以言表

噢，Bob…… 你用尖括号描述自己，还告诉我你的种种属性，我实在太高兴了。你真是太…… 有扩展性了！

要让你描述未来10年的自己你会怎样做？ 未来20年呢？ 有时可能需要随你的需求而变化的数据…… 或者数据会随客户的需要而变化。你现在使用的数据也许在几个小时后、几天后或者几个月后需要改变。利用XML，即可扩展标记语言，数据能够描述自己。这意味着你的脚本中不再充斥着if、elses和switch语句。相反，可以使用XML提供的自我描述来得出如何使用XML中包含的数据。这样一来不仅能得到更大的灵活性，还能更容易地完成数据处理。

特别提示，这一章又会谈到DOM…… 请格外留意！

21世纪经典摇滚卷土重来

Rob的摇滚纪念品（Rock and Roll Memorabilia）商店发展势头相当好，已经达到了鼎盛。自从你为Rob构建的网站在网上推出后，世界各地众多顾客都在购买他的纪念品。

实际上，Rob得到了很多关于网站的很好的反馈，并打算做一些改进。他希望除了商品的介绍外，还要包含每个商品的价格，另外希望能够包括一组相关的URL，使顾客能够了解关于各个商品的更多信息。

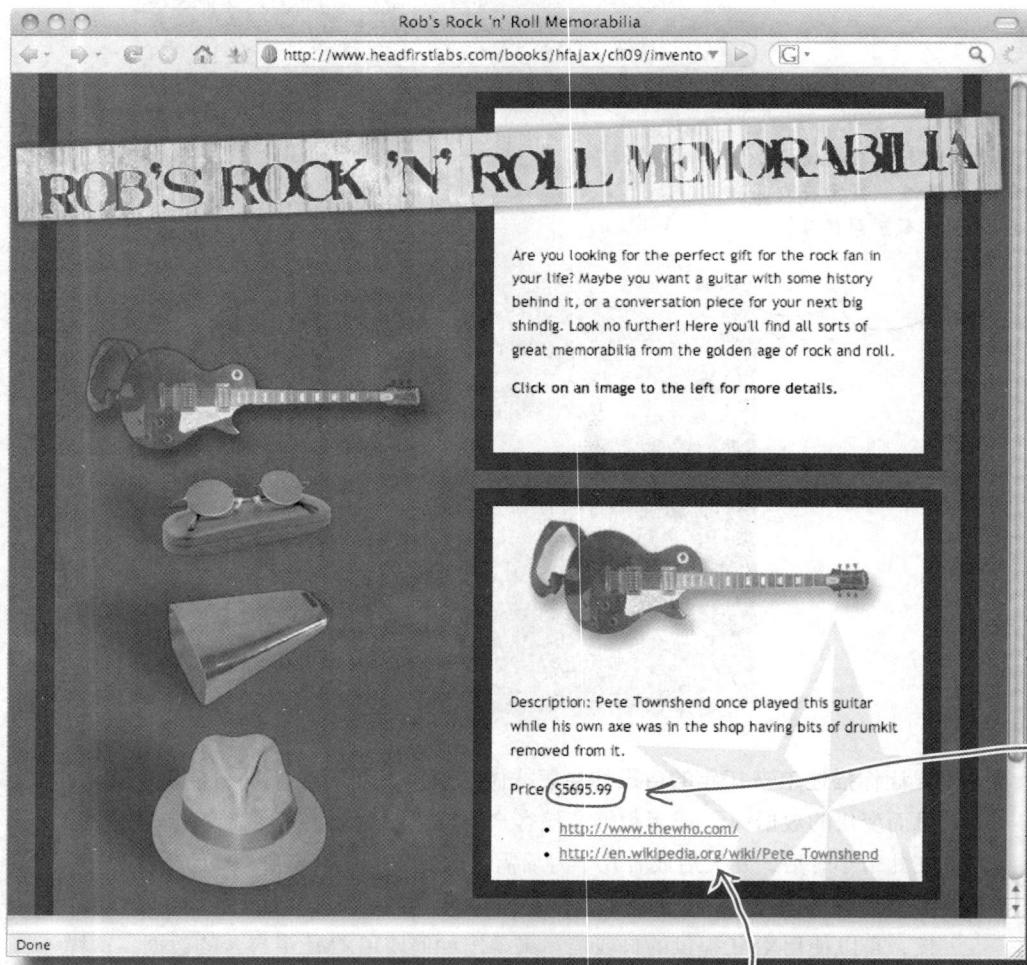

R06希望为每个商品增加价格。

每个商品要有一个或多个URL，以便了解该商品的更多信息。

服务器响应贴

以下是你在前面各章构建的应用与这些应用所用服务器上的程序之间的交互图。你能在各个图中放上正确的服务器响应贴吗？

如果你不记得这些应用，可以翻回到前面的章节，或者查看你的代码。

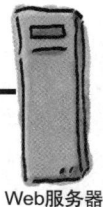

第3章和第4章：
面向程序员的瑜伽网站

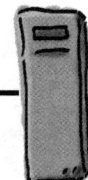

Web服务器

第5章：
Mike's Movies影评网站

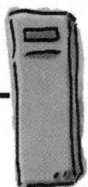

Web服务器

第6章：
Fifteen Puzzle游戏

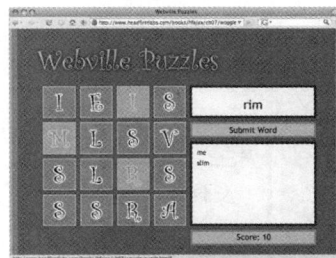

Web服务器

第7章：Woggle游戏

Web服务器

12
okay
denied
5   没有服务器交互
XHTML片段
-1
4

使用这些磁贴作为服务器响应。

Sharpen your pencil

对于目前为止所构建的应用，它们的服务器响应与Rob在这个新版本摇滚网站中所希望的服务器响应有什么不同？

....
....

服务器响应帖答案

以下是你在前面各章构建的应用与这些应用所用服务器上的程序之间的交互图。你能在各个图中放上正确的服务器响应贴吗？

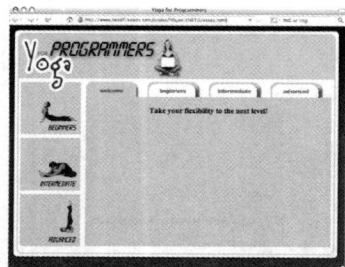

瑜珈应用从服务器请求XHTML页面片段，不过不调用任何服务器端程序。

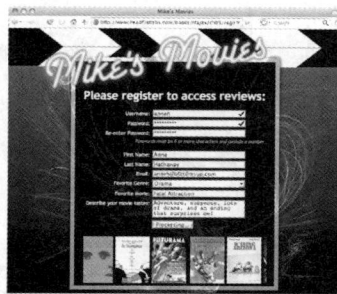

XHTML片段

Web服务器

第3章和第4章：
面向程序员的瑜珈网站

Mike的服务器端脚本针对用户名和口令返回"okay"或"denied"。

okay

denied

Web服务器

第5章：
Mike's Movies影评网站

没有服务器交互

Web服务器

第6章：
Fifteen Puzzle游戏

Fifteen Puzzle使用了DOM，不涉及服务器端程序。

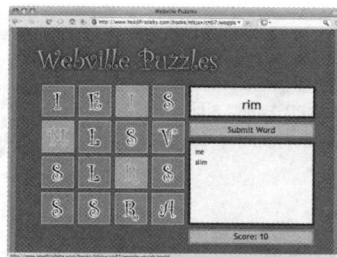

服务器为Woggle返回一个单词的得分，如果单词不合法，则返回-1。

4
-1
5
12

Web服务器

第7章：Woggle游戏

对于目前为止所构建的应用，它们的服务器响应与Rob（译者注：原文此处为"Mike"，有误）在这个新版本摇滚网站中所希望的服务器响应有什么不同？

目前为止所有服务器都只发出一个响应…… Rob（译者注：原文此处为"Mike"，有误）的服务器要发回多个数据。

服务器如何发回多值响应？

到目前为止，我们使用的所有服务器端程序都只是发回一个数据，如-1或"okay"，但是现在Rob（译者注：原文此处为"Mike"，有误）希望一次发回多个数据。

❶ 所选商品的一个串描述。

❷ 商品的数字价格，如299.95。

❸ 一组指示商品相关信息的URL。

说真格的……这可是目前的大问题。如果你能想办法帮我解决这个问题，我会送你一把绝对原装的'59 Les Paul电吉他，怎么样？

你会怎样做？
要从服务器得到多个值，处理这个问题有很多方法，这一次由你来选择。你是怎么考虑的？

我要用XML。它很灵活，而且是行业标准，另外我还想到我们一直在使用的请求对象上有一个responseXML属性。

拜托，应该用CSV……逗号分隔值（comma-separated values）。这是简单的纯文本，生成非常容易。Les Paul电吉他肯定归我了。

你们把问题搞得太复杂了。服务器会把响应格式化为XHTML，我们可以继续使用innerHTML属性。

Frank

Jim

Joe

Sharpen your pencil

现在来押注。我们将跟随Frank、Jim和Joe，看看谁提出的是最佳方案。你认为谁能解决Rob网站的问题，赢得Les Paul电吉他呢？

☐ XML是最佳选择。Frank会赢。

☐ CSV既简单功能又强大。看你的了，Jim!

☐ innerHTML：永恒的真理。Joe才是赢家。

Sharpen your pencil

你还没有真正动手练一练。假设有一个商品的以下信息。

Item ID: itemCowbell
Description: Remember the famous "more cowbell" skit from Saturday Night
    Live? Well this is the actual cowbell.
Price: 299.99
URLs: http://www.nbc.com/Saturday_Night_Live/
    http://en.wikipedia.org/wiki/More_cowbell

服务器如何表示这个信息……

1 ……作为 XML?

在这里写出你认为这个商品的 XML 会是什么。

2 ……作为 CSV（逗号分隔值）?

服务器返回的 CSV 会是怎样的？

3 ……作为 XHTML 片段?

最适用于 innerHTML 的 XHTML 呢？

Sharpen your pencil
                    Solution

你还没有真正动手练一练。假设有一个商品的以下信息。

Item ID: itemCowbell
Description: Remember the famous "more cowbell" skit from Saturday Night
            Live? Well this is the actual cowbell.
Price: 299.99
URLs: http://www.nbc.com/Saturday_Night_Live/
      http://en.wikipedia.org/wiki/More_cowbell

服务器如何表示这个信息……

1 ……作为XML?

所有XML文档都是这样开始。

```
<?xml version="1.0"?>
<item id="itemCowbell">
  <description>Remember the famous "more cowbell" skit from
     Saturday Night Live? Well this is the actual cowbell.</description>
  <price>299.99</price>
  <resources>
    <url>http://www.nbc.com/Saturday_Night_Live/</url>
    <url>http://en.wikipedia.org/wiki/More_cowbell</url>
  </resources>
</item>
```

商品ID使用一个属性。

description和price都是XML元素。

将URL用一个resources元素归组，各个
URL分别放在一个URL元素中。

* 这些解决方案只是以XML、CSV和XHTML格式表示商品数据
的一种做法。你也可以提出与此稍有不同的答案。只要能以正
确的<u>格式</u>得到正确的<u>值</u>，那就是对的。

② **……作为CSV（逗号分隔值）?**

```
itemCowbell,Remember the famous 'more cowbell' skit from
    Saturday Night Live? Well this is the actual cowbell,299.99,
    http://www.nbc.com/Saturday_Night_Live/,
    http://en.wikipedia.org/wiki/More_cowbell
```

CSV串中各项分别用一个逗号分隔。

③ **……作为XHTML片段?**

```
<p>Description□Remember the famous "more cowbell" skit from
    Saturday Night Live? Well this is the actual cowbell.</p>
<p>Price□$299.99</p>
<ul>
  <li><a href="http://www.nbc.com/Saturday_Night_Live/">
        http://www.nbc.com/Saturday_Night_Live/</a></li>
  <li><a href="http://en.wikipedia.org/wiki/More_cowbell">
        http://en.wikipedia.org/wiki/More_cowbell</a></li>
</ul>
```

这正是需要插入到摇滚页面的XHTML。CSS设置其样式，服务器发回的数据包装在XHTML标记中。

这些是我们需要在服务器端完成的工作……这里是XHTML，值在这里…… 另外这里是……

Jill：Joe，我不太明白。这么一来，服务器端的人就要做很多格式化工作了。

Joe：但是他们才有商品的所有数据，对不对？

Jill：嗯，当然…… 不过服务器端程序员并不想搅入XHTML，而且这正是他们中很多人之所以选择转向服务器端开发的主要原因…… 就是因为服务器端开发不必考虑XHTML。

Joe：不过，CSS不会有太多变化，所以XHTML也不会经常改变。

Jill：哦？难道XHTML有时会改变吗？

Joe：嗯，没错，有可能…… 但不经常变。只有当我们需要增加一个标记，或者为CSS增加一个ID时……

Jill：千万别这样。你不会让服务器端程序员编写XHTML，然后再对它总做修改吧。

Joe：嗯，听起来很难，但我想并不那么困难。我认为innerHTML非常简单……

Jill，一位服务器端专家，正在帮助这个开发小组解决问题。

Joe，还坚持使用innerHTML和XHTML服务器响应。

innerHTML只是对Web应用的客户端来说简单

从客户端角度看，innerHTML使用非常简单。只需要从服务器得到一个XHTML响应，然后利用元素的innerHTML属性把它放入Web页面。

```
function displayDetails() {
    if (request.readyState == 4) {
        if (request.status == 200) {
            detailDiv = document.getElementById("description");
            detailDiv.innerHTML = request.responseText;
        }
    }
}
```

问题是，服务器必须做大量额外工作。服务器不仅要针对应用请求得到适当的信息，还必须采用特定于应用的某种方式对响应进行格式化。实际上，这种格式可能只特定于网站上某个单独的页面！

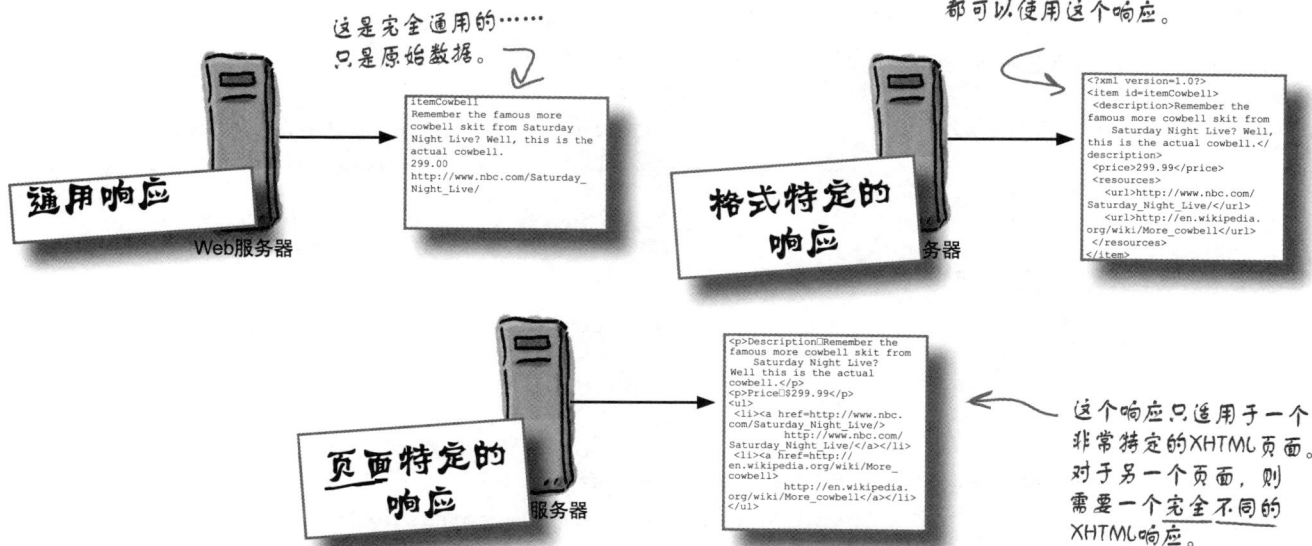

一个XML响应。这是一种特定格式，不过能读取XML的任何应用都可以使用这个响应。

这是完全通用的……只是原始数据。

```
itemCowbell
Remember the famous more
cowbell skit from Saturday
Night Live? Well, this is the
actual cowbell.
299.00
http://www.nbc.com/Saturday_
Night_Live/
```

通用响应

Web服务器

```
<?xml version=1.0?>
<item id=itemCowbell>
  <description>Remember the
famous more cowbell skit from
Saturday Night Live? Well,
this is the actual cowbell.</
description>
  <price>299.99</price>
  <resources>
    <url>http://www.nbc.com/
Saturday_Night_Live</url>
    <url>http://en.wikipedia.
org/wiki/More_cowbell</url>
  </resources>
</item>
```

格式特定的响应

务器

```
<p>Description：Remember the
famous more cowbell skit from
     Saturday Night Live?
Well this is the actual
cowbell.</p>
<p>Price：$299.99</p>
<ul>
  <li><a href=http://www.nbc.
com/Saturday_Night_Live/>
       http://www.nbc.com/
Saturday_Night_Live/</a></li>
  <li><a href=http://
en.wikipedia.org/wiki/More_
cowbell>
       http://en.wikipedia.
org/wiki/More_cowbell</a></li>
</ul>
```

页面特定的响应

服务器

这个响应只适用于一个非常特定的XHTML页面。对于另一个页面，则需要一个完全不同的XHTML响应。

如果你是一个服务器端开发人员……你希望是哪一种响应？

你看，这个CSV方案可以帮我争得Les Paul电吉他，这种方案速度相当快。我刚打电话给服务器端的程序员，他们说发送CSV响应没问题。

Frank：Jim，我不太肯定，但我总觉得这种CSV方案有点问题。

Jim：是吗，只是因为我就快完成了吗？

Frank：不是的。看上去 …… 我不太确定，但这是不是不太灵活？

Jim：什么意思？你看这里，我的代码把服务器的响应交给回调，然后在页面上更新商品详细信息。虽然代码有点长，但这都是相当基本的内容。

Jim对CSV方案情有独钟。

Frank仍是XML的狂热支持者。

```
function displayDetails() {
  if (request.readyState == 4) {
    if (request.status == 200) {
      detailDiv = document.getElementById("description");
      detailDiv.innerHTML = request.responseText;

      // Remove existing item details (if any)
      for (var i=detailDiv.childNodes.length; i>0; i--) {
        detailDiv.removeChild(detailDiv.childNodes[i-1]);
      }


      // Add new item details
      var response = request.responseText;
      var itemDetails = response.split(",");
```

← 我们不再使用innerHTML。

这个代码去除了先前displayDetails()调用增加的所有元素。

首先，得到响应。

然后，使用逗号分隔这些值。

（未完待续，见下一页。）

```
var descriptionP = document.createElement("p");
descriptionP.appendChild(
  document.createTextNode("Description:" +
    itemDetails[1]));
detailDiv.appendChild(descriptionP);
var priceP = document.createElement("p");
priceP.appendChild(
  document.createTextNode("Price:$" + itemDetails[2]));
detailDiv.appendChild(priceP);
var list = document.createElement("ul");
for (var i=3; i<itemDetails.length; i++) {
  var li = document.createElement("li");
  var a = document.createElement("a");
  a.setAttribute("href", itemDetails[i]);
  a.appendChild(document.createTextNode(itemDetails[i]));
  li.appendChild(a);
  list.appendChild(li);
}
detailDiv.appendChild(list);
  }
 }
}
```

这会创建一个新的<p>，其中包含商品的介绍。

接下来增加另一个<p>，其中包含商品的价格。

下面把URL显示为一个无序列表中的列表项。

每个URL放在一个<a>中，这会增加为一个<li>的内容……

……然后将<li>增加到一个<ul>中……

……最后这个列表放在details <div>中。

所有这些代码都放在thumbnails.js中，取代老版本的displayDetails()。

```
function
display
Details (
   ......
)
```
thumbnails.js

BRAIN BARBELL

你认为为什么要从后向前循环删除details <div>中的现有元素，而不是从前向后循环删除？

如果你想不出答案，可以试着反方向（从前向后）循环，看看会发生什么情况。你能发现问题吗？

运行测试

下面自己测试CSV方案。

从Head First Labs网站下载第9章的示例，打开thumbnails.js做两处修改。

1 按354页更新displayDetails()。

2 在getDetails()中，把服务器端脚本的URL改为
getDetailsCSV.php。

> 第9章的下载代码中包括一个返回CSV而不是纯文本的服务器端脚本。

现在尝试运行这个网站。一切正常吗？

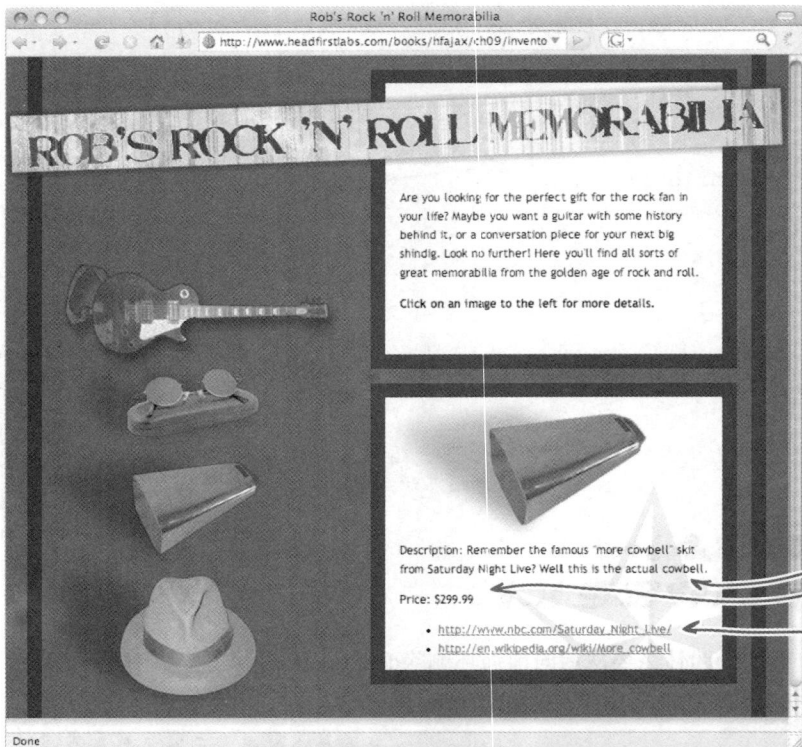

> 看起来很好……这里有商品介绍、价格和URL列表。

there are no
Dumb Questions

问： 请再解释一下，什么是CSV？

答： CSV代表逗号分隔值（comma-separated values）。只是表示多个值放在一个字符串中，各个值之间用逗号分隔。

问： 我还听说过TSV。是不是与此类似？

答： TSV是指tab分隔值（tab-separated values）。其基本思想是一样的，不过使用tab字符而不是逗号来分隔各个值。实际上，也可以使用你希望的任何字符来分隔各个值：可以是竖线(|)、星号(*)，或者任何其他不常用的字符。

问： 为什么需要使用不常用的字符来分隔值？

答： 如果使用很常用的字符，比如点号或某个字母，你的数据中很有可能会出现这个字符。这样一来，JavaScript可能会不正确地分解数据，显示或解释数据时就会带来问题。

实际上，CSV就有点危险，因为商品介绍中很可能包含逗号。如果确实有逗号，最后会根据这个逗号分解商品描述，这会导致各种各样的问题。

问： 是不是因为这个原因所以不应使用CSV？

答： 问得好。Frank、Jim和Joe还在争论CSV的利与弊，不过你完全可以把这些逗号换成是其他字符，并修改客户代码，从而根据这个新字符而不是逗号分解字符串。至于是否应当使用CSV，可以继续读后面的内容……

问： 什么是setAttribute()?以前从来没见过这个方法。

答： setAttribute()会在一个元素上创建一个新属性。这个方法取两个参数：属性名和属性值。如果不存在有指定名的属性，就会创建一个新属性。如果已经有一个同名属性，这个属性的值就会替换为向setAttribute()提供的值。

问： 那么childNodes呢？这又是什么？

答： childNodes是每个DOM节点上都有的一个属性。这个属性返回该节点的所有子节点的一个数组。所以，利用这个属性可以完成很多工作。例如，可以得到一个元素的子节点并迭代处理或者将它们删除。

问： 那么为什么要从向后前迭代处理childNodes数组呢？

答： 这里稍有点技巧。下面给你一个提示，让你有一个正确的思路：调用removeChild()时，提供给这个方法的节点会立即从相应父节点删除。

这也说明，所删除节点的所有引用——比如说在一个包含元素子节点的数组中——都必须更新。由于所指向的子节点不再存在，被删除的这个节点之后的所有子节点就必须在数组中上移。

因此，如果从前向后迭代处理childNodes之类的数组并相应地删除节点，会发生什么情况？

BRAIN POWER

你认为上一页Frank提到CSV不太灵活是什么意思？增加新类型的商品时，CSV格式的服务器响应会带来什么问题吗？

听着，我可以从服务器得到**XML**格式的商品详细信息吗？虽然我有点落后，不过我还是认为那种**CSV**方案好像有点问题。希望这个**XML**版本的应用能尽快运行起来。

Jill：当然，XML很容易。服务器端程序员在这方面不会有任何问题。这肯定比XHTML好得多……

Frank：没错，我听说Joe还在用XHTML。难道服务器端程序员不能给他提供XHTML响应吗？

Jill：嗯，也许可以，但是没人想这么做。在服务器端处理XHTML很麻烦，它一直都在变。

Frank：你知道的，XHTML就是一种XML，是不是？

Jill：对，但很多人和应用会使用XML。如果处理有指定id的某个`<div>`，或者只使用`<p>`而不用`<br />`…… 这太没劲了。

Frank：别开玩笑了。嗯，我得重新写我的回调，不过XML响应准备好时请告诉我，好吗？

Frank请Jill从服务器端角度给出一些建议。

XML在编程世界中相当普及。如果以XML格式作出响应，大量不同的应用都能处理这个XML响应。

there are no Dumb Questions

问： 你是什么意思？XHTML就是一种XML？

答： 一种XML就是指XML的一个特定实现，定义了某些元素和属性。所以XHTML使用了`html`、`p`和`div`等元素，然后结合一些属性和文本值使用这些元素。XHTML不能建立新元素，而只能使用已经定义的元素。

利用XML则可以定义新的元素——有时这称为XML词汇表，从而能根据你的需要扩展XML。这就是为什么XML如此灵活的原因：它可以改变以适应所表示的数据。

使用DOM处理XML，就像处理XHTML一样

由于XHTML只是XML的一种特定实现，所以完全可以使用DOM来处理XML。实际上，DOM最初就是设计用来处理XML。

更棒的是，用来与服务器通信的请求对象有一个属性，可以返回DOM树版本的服务器响应。这个属性名为responseXML，可以如下使用。

```
var responseDoc = request.responseXML;
```

responseXML包含一个DOM树版本的服务器响应。

Sharpen your pencil

对于像你这样有经验的DOM程序员来说，XML、XHTML……应该没有太大差别。你要完成如下两个作业。

☐ 对于服务器向Rob应用发回的XML响应（响应如下所示），画出一个DOM树。

☐ 在thumbnails.js中编写你的displayDetails()回调，使用DOM得到服务器响应的各个部分，并在Rob的网页上更新商品的详细信息。

```xml
<?xml version="1.0"?>
<item id="itemCowbell">
 <description>Remember the famous "more cowbell" skit
    from Saturday Night Live? Well, this is the actual
    cowbell.</description>
 <price>299.99</price>
 <resources>
   <url>http://www.nbc.com/Saturday_Night_Live/</url>
   <url>http://en.wikipedia.org/wiki/More_cowbell</url>
 </resources>
</item>
```

这个id要与在请求中发送给服务器的id匹配。

总是有一个description和price元素。

服务器可以为每个商品发送无限多个URL。

Sharpen your pencil
Solution

对于像你这样有经验的DOM程序员来说，XML、XHTML……应该没有太大差别。你要完成如下两个作业。

☐ 对于服务器向Rob应用发回的XML响应（响应如下所示），画出一个DOM树。

```xml
<?xml version="1.0"?>
<item id="itemCowbell">
  <description>Remember the famous "more cowbell" skit
      from Saturday Night Live? Well, this is the actual
      cowbell.</description>
  <price>299.99</price>
  <resources>
    <url>http://www.nbc.com/Saturday_Night_Live/</url>
    <url>http://en.wikipedia.org/wiki/More_cowbell</url>
  </resources>
</item>
```

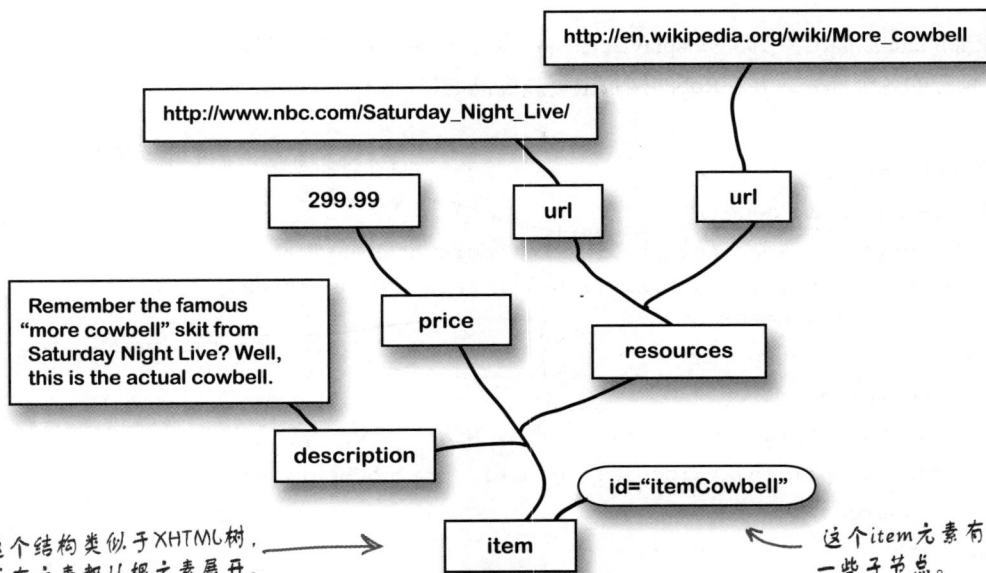

这个结构类似于XHTML树，所有元素都从根元素展开。

这个item元素有一个id以及一些子节点。

☐ 在thumbnails.js中编写你的displayDetails()回调，使用DOM得到服务
器响应的各个部分，并在Rob的网页上更新商品的详细信息。

处理页面本身的大多数代码都与354页上的CSV版本相同。

```javascript
function displayDetails() {
  if (request.readyState == 4) {
    if (request.status == 200) {
      var detailDiv = document.getElementById("description");

      // Remove existing item details (if any)
      for (var i=detailDiv.childNodes.length; i>0; i--) {
        detailDiv.removeChild(detailDiv.childNodes[i-1]);
      }
```

主要区别在于如何处理来自服务器的响应。

首先，得到XML DOM树形式的响应。

```javascript
      // Add new item details
      var responseDoc = request.responseXML;
      var description = responseDoc.getElementsByTagName("description")[0];
      var descriptionText = description.firstChild.nodeValue;
      var descriptionP = document.createElement(p);
      descriptionP.appendChild(
        document.createTextNode("Description:" + descriptionText));
      detailDiv.appendChild(descriptionP);
```

得到<description>元素，然后得到其第一个子元素：这是一个文本节点。由此，只需得到该文本节点的值。

```javascript
      var price = responseDoc.getElementsByTagName("price")[0];
      var priceText = price.firstChild.nodeValue;
      var priceP = document.createElement(p);
      priceP.appendChild(
        document.createTextNode("Price:$" + priceText));
      detailDiv.appendChild(priceP);
      var list = document.createElement(ul);
```

得到价格也采用同样的模式：得到该元素，获得它的文本子元素，并得到该文本节点的值。

```javascript
      var urlElements = responseDoc.getElementsByTagName(url);
      for (var i=0; i<urlElements.length; i++) {
        var url = urlElements[i].firstChild.nodeValue;
        var li = document.createElement("li");
        var a = document.createElement("a");
        a.setAttribute("href", url);
        a.appendChild(document.createTextNode(url));
        li.appendChild(a);
        list.appendChild(li);
      }
      detailDiv.appendChild(list);
    }
  }
}
```

可以得到所有<url>元素，并循环处理每一个<url>元素。

运行测试

现在来测试XML方案……

打开thumbnails.js，再做两个修改。

❶ 根据361页上所示XML版本的回调函数更新
`displayDetails()`。

❷ 在`getDetails()`中，将服务器端脚本的URL改为
`getDetailsXML.php`。

XML版本的Rob在线商店看起来怎么样？

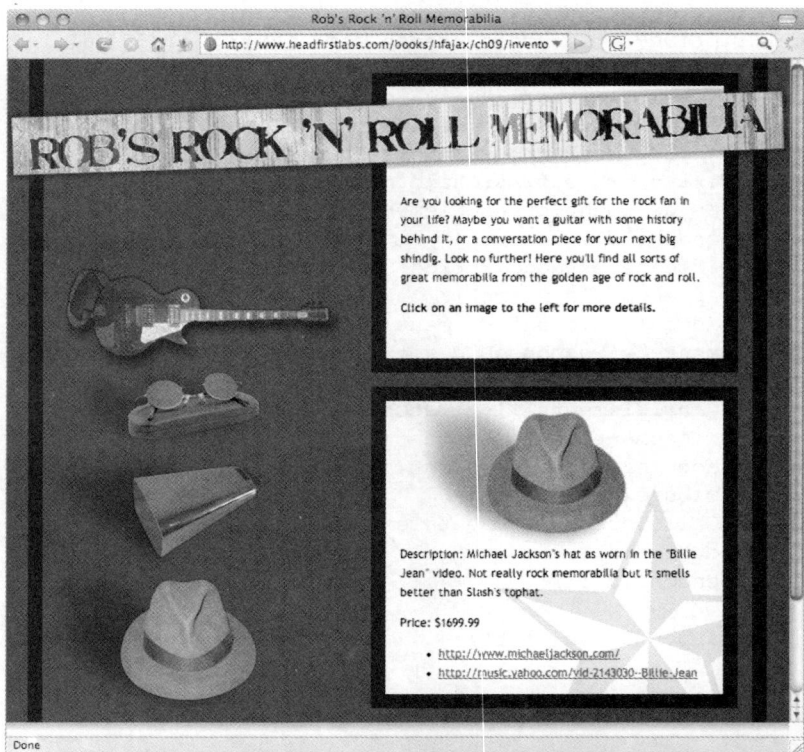

看上去与CSV版本很相似，不过这里使用了XML和DOM。

> 嘿……这些看起来都不错。CSV版本速度很快！不过，在宣布获胜者之前，我还要做一点调整……顾客希望得到每个商品的更多特定信息。对于摇滚纪念品，可能要有一个艺术家名和乐队名；对于乐器，可能要有一个制造商和出厂年份。应该问题不大吧？

Rob希望数据能根据请求改变。

如果向服务器请求一个吉他的详细信息，会得到制造商和出厂年份。如果是衣物呢？会有制造商信息，当然还会有一个衣服尺寸。对于乐队，会得到一个乐队名，可能还有乐队中拥有纪念品或与纪念品有关的那个成员的名字。

你会如何处理来自服务器的这种变化的响应？谁提出的方案更适合处理这种新的需求？是提出XML方案的Frank，还是提出CSV方案的Jim？

你可能不知道……

≠ ……浏览器把你的HTML看做是一个DOM树时，Web浏览器会把所要处理的XML自动转换到DOM树中。

≠ ……可以在一个JavaScript函数中处理多个DOM树。例如，可以读取一个XML DOM树，另外还能更新一个HTML DOM树，这些可以同时进行。

≠ ……HTML元素和XML元素都只是DOM中的元素节点。XML类型和HTML类型没有任何区别，至少在DOM处理方面如此。

≠ ……responseXML属性总是返回一个DOM document对象，即使这个对象只是一个元素，或者只是一个文本节点。

真糟糕!我现在得重写我的回调了。我的所有代码都是按商品介绍、价格和一个URL列表来编写的。

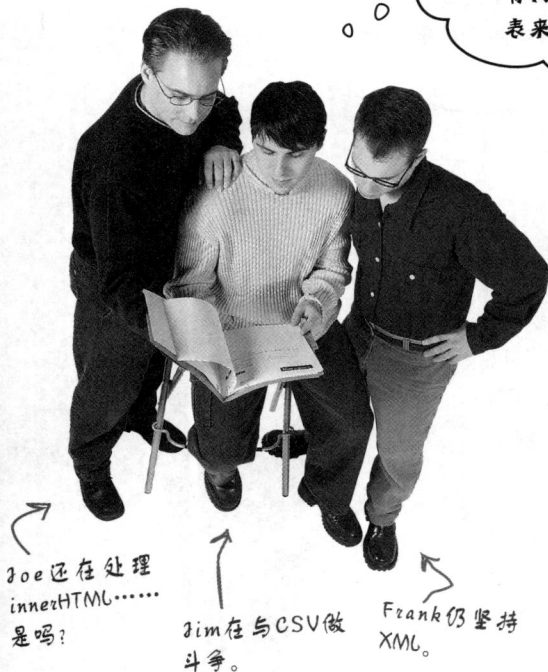

Frank：对，我也得做很多修改。不过，我在想一个问题…… Jim, 你打算怎么用CSV处理这种变化的响应呢?

Jim：嗯，我也在考虑……

Joe：嘿，我有个主意。你们知道，我在做一些研究——

Jim：我觉得我能做的就是假设每个值都是一个类别，如"Description"或"Price"。各个类别之后的值就是具体的类别值，如文本描述或399.99，或者其他值。

Frank：嗯，听起来有点问题。

Jim：这还不算太糟。除非某些情况下有多个值，比如那些URL，所以我想每个类别前可能要有一个特殊字符来指示这是一个多值类别。

Joe：听着，朋友们，我希望你们能看看——

Frank：哇，Jim, 这太糟糕了。这么看来，Rob最后的这个改变确实很麻烦。

Jim：没错，确实如此。不过除此以外我还能怎么办呢?

Joe还在处理innerHTML……是吗?

Jim在与CSV做斗争。

Frank仍坚持XML。

你并不总能提前知道从服务器得到的数据有怎样的结构。
即使知道，这种格式也可能会改变……这可能发生在任何时刻。

如果有一种数据格式能描述自己就好了，这难道只是一个梦想吗？它能告诉我每一部分数据用来做什么。不过我想这只是异想天开吧……

XML是自描述的

XML有一点很特别棒：你可以创建你自己的词汇表。
XHTML就是一种XML词汇表，专门用于Web显示。不过，
现在假设需要一个词汇表来描述商品，如Rob在线商店中的
商品。

但是这种格式不能锁定为<price>或<resources>等元素，
因为我们希望每个商品能定义它自己的类别。可以使用以下
元素

```xml
<?xml version="1.0"?>
<item id="item ID">
  <category>
    <name>Label for this category</name>
    <value>The value to display for this category</value>
  </category>
  <category>
    <name>Name of the next category</name>
    <value>Next value</value>
  </category>
  <category type="list">
    <name>Name of multi-valued category</name>
    <value>First value for this category</value>
    <value>Second value for this category</value>
  </category>
  . . .
</item>
```

<item>是根元素。这是所有<category>元素的容器，就像XHTML文件中的<html>元素。

对于需要显示的各部分信息，<category>元素包含了相应信息的标签和值。

每个category有一个<name>和一个<value>。它们包含所要显示的具体数据。

允许有多值类别，可以用<category>元素的一个属性来指示这一点。

XML可以根据需要包含多个<category>元素。我们不必知道到底有多少个类别，也不需要提前知道这些类别是什么。

Sharpen your pencil

以下是Rob商品数据库中的另外一些数据。

Item ID: itemGuitar
Manufacturer:Gibson
Model: Les Paul Standard
Description: Pete Townshend once played this guitar while his own axe was in the shop having bits of drumkit removed from it.
Price: 5695.99
URLs: http://www.thewho.com/
        http://en.wikipedia.org/wiki/Pete_Townshend

如何使用上一页的XML格式表示这个商品的详细信息？

在这里写出你的XML。

Sharpen your pencil
Solution

以下是Rob商品数据库的另外一些数据。

Item ID: itemGuitar
Manufacturer: Gibson
Model: Les Paul Standard
Description: Pete Townshend once played this guitar while his own axe was in the shop having bits of drumkit removed from it.
Price: 5695.99
URLs: http://www.thewho.com/
　　　http://en.wikipedia.org/wiki/Pete_Townshend

你的任务是使用366页上的词汇表用XML表示这个信息。

```xml
<?xml version="1.0"?>
<item id="itemGuitar">
  <category>
    <name>Manufacturer</name>
    <value>Gibson</value>
  </category>
  <category>
    <name>Model</name>
    <value>Les Paul Standard</value>
  </category>
  <category>
    <name>Description</name>
    <value>Pete Townshend once played this guitar while his own axe
           was in the shop having bits of drumkit removed from it.</value>
  </category>
  <category>
    <name>Price</name>
    <value>5695.99</value>
  </category>
  <category type="list">
    <name>URLs</name>
    <value>http://www.thewho.com/</value>
    <value>http://en.wikipedia.org/wiki/Pete_Townshend</value>
  </category>
</item>
```

这里大多只是"填空"。只需填入类别的名和值，你的任务就完成了。

URLs是一个列表，所以必须把类别的类型设置为"list"。

该是大结局了（至少对于现在而言）。你的任务是利用你掌握的DOM、服务器端XML响应以及前几页有关这种格式的知识并综合这些知识来完成以下工作。

- [ ] 修改请求URL来使用getDetailsXML-updated.php。这个脚本也放在从Head First Labs网站下载的本章示例代码中。

- [ ] 重新编写displayDetails()回调，使用我们前面分析的XML词汇表。要记住，对于不同的商品可能有更多——或更少——类别。另外还要处理那些列表类别。

- [ ] 完成测试！一旦保证一切正常运行，翻开下一页，申请得到Les Paul电吉他（至少我们希望如此）！

there are no Dumb Questions

问： 这么说，XML的重点就是它能描述自己？这一点并不总是那么有用吧……

答： 实际上，自描述性在很多情况下都非常有用，比如说这里的Rob在线商店。能够针对你的具体业务定义元素和结构，这会非常方便。更棒的是，XML是一个标准，所以大家都知道如何处理XML。这说明很多程序员都可以使用你的词汇表，包括在客户端程序和服务器端程序中使用。

问： 难道不能建立自己的数据格式吗？这样不是更容易吗？

答： 最初看上去可能如此，但是专用数据格式——也就是你为自己使用而建立的格式——可能会导致很多问题。如果你没有提供相关的文档，人们可能不记得它们如何工作。如果情况有变化，则需要确保一切都是最新的，包括客户端、服务器端、数据库、文档……这可能很让人头疼。

问： 那好，我知道了为什么应当使用XML，但是当我们开始声明元素名时难道不会变成一种"专用数据格式吗"？

答： 不会，绝对不会。这正是XML的妙处：它很灵活。服务器和客户需要查找相同的元素名，但是通常都能在运行时确定。这正是自描述的含义。XML可以用它的元素名和结构来描述自己。

该是大结局了（至少对于现在而言）。你的任务是利用你掌握的DOM、
服务器端XML响应以及前几页有关这种格式的知识，完成一个更新版本
的displayDetails()回调函数。

```javascript
function displayDetails() {
  if (request.readyState == 4) {
    if (request.status == 200) {
      var detailDiv = document.getElementById(description);

      // Remove existing item details (if any)
      for (var i=detailDiv.childNodes.length; i>0; i--) {
        detailDiv.removeChild(detailDiv.childNodes[i-1]);
      }


      // Add new item details
      var responseDoc = request.responseXML;
      var categories = responseDoc.getElementsByTagName("category");
      for (var i=0; i<categories.length; i++) {
        var category = categories[i];
        var nameElement = category.getElementsByTagName("name")[0];
        var categoryName = nameElement.firstChild.nodeValue;
        var categoryType = category.getAttribute("type");
        if ((categoryType == null) || (categoryType != "list")) {
          var valueElement = category.getElementsByTagName("value")[0];
          var categoryValue = valueElement.firstChild.nodeValue;
          var p = document.createElement("p");
          var text = document.createTextNode(
            categoryName + ":" + categoryValue);
```

这与前面一样。首先去掉所有现有的内容。

首先，得到类别……

……然后得到每个类别的名和类型。

可以检查类型来看是否是一个列表。如果不是……

……得到值，创建一个<p>，用类别名和值增加相应文本。

这会得到没有type属性或者type值不是"list"的类别。

```
                    p.appendChild(text);
                    detailDiv.appendChild(p);
                } else {
                    var p = document.createElement("p");
                    p.appendChild(document.createTextNode(categoryName));
                    var list = document.createElement("ul");
                    var values = category.getElementsByTagName("value");
                    for (var j=0; j<values.length; j++) {
                        var li = document.createElement("li");
                        li.appendChild(
                            document.createTextNode(values[j].firstChild.nodeValue));
                        list.appendChild(li);
                    }
                    detailDiv.appendChild(p);
                    detailDiv.appendChild(list);
                }
            }
```

这个代码块处理值列表。

首先，得到所有值。

对于每个值，分别向一个无序列表（<ul>）增加一个<li>。

将列表标题和列表本身增加到<div>。

试试看…… 这甚至比我原来的版本还要好！现在我可以处理任何内容，包括那些多值类别。嘿，你的CSV方案怎么样了？

唉……

Jim和他的CSV方案情况看起来不太妙。

运行测试

测试这个改进后更灵活的新Rob页面。

更新所有代码后，下面就来进行测试，向Rob展示我们的作品。现在页面如下。

还要记得修改 setDetails()请求函数中的URL。

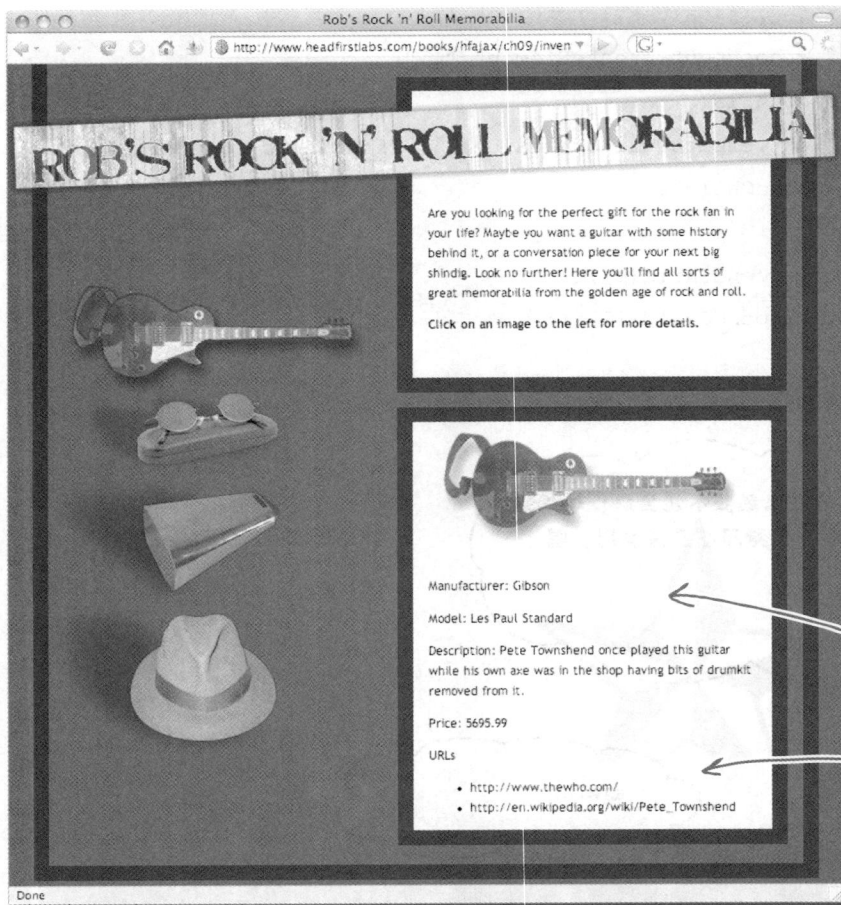

漂亮…… 不论XML发送什么，我们的页面都会显示出来。

多值数据也能显示。

选择哪种数据格式?

欢迎尝试这一周的"选择哪种数据格式",你要确定对于以下5个例子哪种数据格式最适合。要注意:其中有些是请求,有些是响应。祝你好运!

文本 还是 XML

2007年的
10大iTunes下
载

请求今天出
品的house
blend咖啡

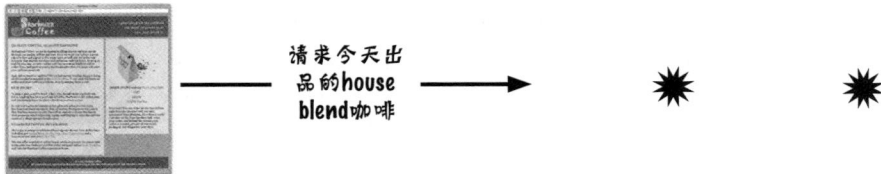

用新内容更新
杂志

大众汽车里的
螺钉个数

接下来玩"When
It Falls"游戏

答案见377页。

看起来很不错，我等不及别人了。Frank，我喜欢你的**XML**方法。所以，**Les Paul**吉他最终要归——

请等一下。在你在给出那把吉他之前，我还有些东西想让你看看。请你读完第**10**章后再做决定……

Rob对XML方案很中意。

Joe在说什么?

innerHTML怎么了?

他打算怎样做来挑战XML?

要找出这些问题的答案……
　　　　　　　请见第10章。

这是Joe，刚从innerHTML的失败中重整旗鼓。

XML填字游戏

花点时间坐下来,让你的右脑活动活动。回答下面提出的问题,并使用答案中的字母填出密信。

最初版本把预定格式的XHTML放在这个属性中。

| 1 | 2 | 3 | 4 | 5 | 6 | 7 | 8 | 9 |

向detailDiv增加一个\<br\>元素来完成这个工作。

| 10 | 12 | 13 | 14 | 15 | 16 |

请求对象的这个属性包含服务器返回的文本。

| 17 | 18 | 19 | 20 | 21 | 22 | 23 | 24 | 25 | 26 | 27 | 28 |

请求的响应在这里生成。

| 29 | 30 | 31 | 32 | 33 | 34 | | 35 | 36 | 37 | 38 |

浏览器把XML DOM放入这个对象的一个属性中。

| 39 | 40 | 41 | 42 | 43 | 44 | 45 |

这是这一章中客户的名字。

| 46 | 47 | 48 |

| 27 | 8 | 9 | | 1 | 44 | | 32 | 4 | 39 | 48 | 21 | 35 | 4 |

| | 48 | 42 | 28 | | 10 | 9 | 40 | 27 | 36 | 48 | 9 | 30 |

XML填字游戏

花点时间坐下来，让你的右脑活动活动。回答下面提出的问题，并使用答案中的字母填出密信。

最初版本把预定格式的XHTML放在这个属性中。

I	N	N	E	R	H	T	M	L
1	2	3	4	5	6	7	8	9

向detailDiv增加一个\<br\>元素来完成这个工作。

F	O	R	M	A	T
10	12	13	14	15	16

请求对象的这个属性包含服务器返回的文本。

R	E	S	P	O	N	S	E	T	E	X	T
17	18	19	20	21	22	23	24	25	26	27	28

请求的响应在这里生成。

S	E	R	V	E	R	—	S	I	D	E
29	30	31	32	33	34		35	36	37	38

浏览器把XML DOM放入这个对象的一个属性中。

R	E	Q	U	E	S	T
39	40	41	42	43	44	45

这是这一章中客户的名字。

R	O	B
46	47	48

X	M	L		I	S		V	E	R	B	O	S	E
27	8	9		1	44		32	4	39	48	21	35	4

B	U	T		F	L	E	X	I	B	L	E
48	42	28		10	9	40	27	36	48	9	30

选择哪种数据格式?

欢迎尝试这一周的"选择哪种数据格式",你要确定对于以下5个例子哪种数据格式最适合。要注意:其中有些是请求,有些是响应。祝你好运!

文本 还是 XML

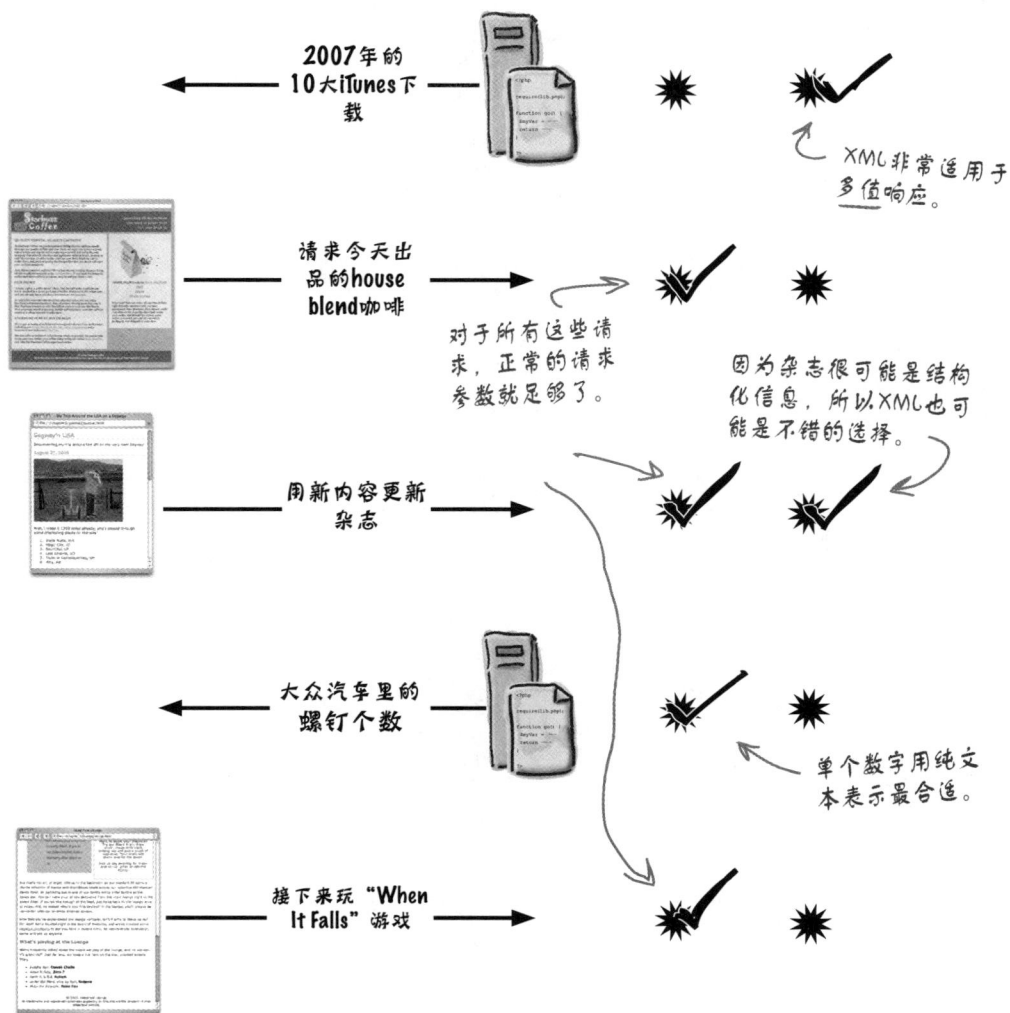

2007年的10大iTunes下载

XML非常适用于多值响应。

请求今天出品的house blend咖啡

对于所有这些请求,正常的请求参数就足够了。

因为杂志很可能是结构化信息,所以XML也可能是不错的选择。

用新内容更新杂志

大众汽车里的螺钉个数

单个数字用纯文本表示最合适。

接下来玩"When It Falls"游戏

10 JSON

JavaScript之子

它看起来相当标准，一切都中规中矩，能很好地把你展示给所有人。那我们该把它叫做什么呢？大多数护士都很喜欢JSON这个名字……你认为怎么样？

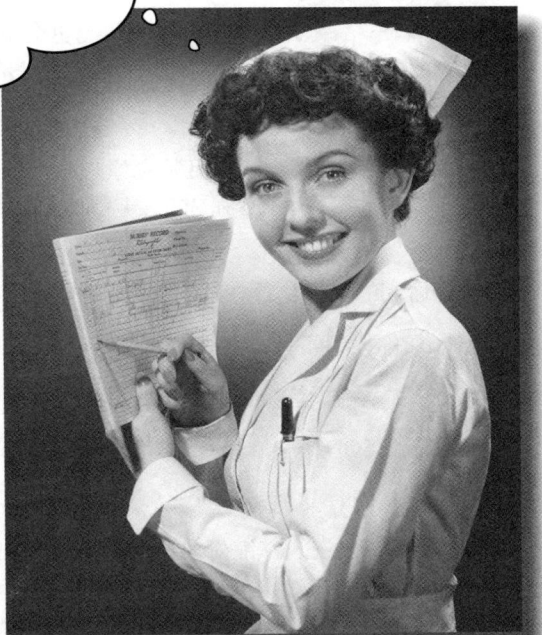

JavaScript、对象还有记法，哦，天哪！

如果需要用JavaScript表示对象，你就会爱上JSON，也就是JavaScript标准对象记法（JavaScript Standard Object Notation）。利用JSON，你能够用文本和一些大括号表示复杂的对象和映射。更棒的是，可以从其他语言（如PHP、C#、Python和Ruby）发送和接收JSON。不过JSON作为一种数据格式到底怎么样？请翻开下一页……

Frank,第9章中的著名XML人物。

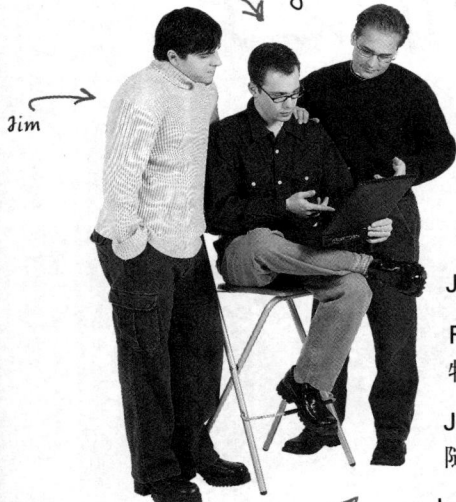

Joe,我不知道你有什么新想法,不过我的**XML**方案是最棒的。你没看到这运行得多好吗?简直毫无瑕疵!

Jim

Joe:我想,关于"毫无瑕疵"我们可能有不同的定义。你要处理两个DOM树,而且要处理服务器响应中的空白符,不是吗?

Jim:Frank,他说得对。你检查过空白节点吗?

Frank:没有,不过,增加这一点很容易——

Joe:但你的代码也会更加复杂。

Frank:嘿,至少我的代码能正常工作。那个CSV方案则完全是废物。

Jim:可是它原来工作得很好!至少……嗯,至少在数据的结构会随商品的不同而改变之前它表现很好。

Joe,有一些很棒的新想法。

Joe:也就是说,Jim的CSV不能用,而Frank的XML太复杂。看看你们的选择!好在还有另外一种做法。

Jim:是什么?你找到了什么?

Frank:最好别是前面惨败的innerHTML……

Joe:我发现了JSON!

Jim和Frank:JSON?这到底是什么?

Joe:JSON 是JavaScript标准对象记法(JavaScript Standard Object Notation)。这是一种以纯文本表示JavaScript对象的方法。所以服务器可以向我们发送JSON—这只是纯文本,不需要处理XML或DOM之类的问题——而我们的JavaScript可以把这个响应处理为对象。

Jim:这又有什么?

Frank:嗯,如果Joe确实找到了好东西——

Joe:当然了!

Frank:——那么,你将不需要所有这些DOM,甚至不需要split()和其他文本管理代码。你只需使用一些简单的代码,比如var description = itemDetails.description。这确实很酷。

Joe:请看它是这样工作的……

JSON 可以是文本和对象

利用CSV（逗号分隔值）。CSV数据是纯文本。服务器发送文本，而JavaScript必须使用字符串处理例程（如split()）把这个字符串转换为各部分数据。

CSV

```
itemDetails = response.split(",");
```

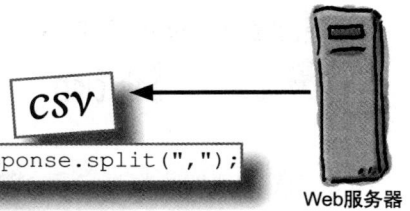

Web服务器

利用XML。服务器也发送文本，不过这个文本是自描述的。所以我们可以使用请求对象的responseXML属性得到这个文本的一个DOM表示。不过，接下来必须使用那些DOM方法处理这个对象，而不能使用description或urls之类具体的属性名。

XML

```
responseDoc = request.responseXML;
```

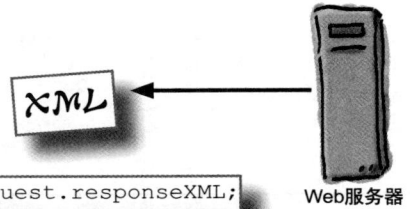

Web服务器

但是，假设我们有一种办法从服务器得到文本，然后把这个文本处理为JavaScript对象。不必使用字符串处理或DOM方法，只需使用类似item.description或itemDetails.urls的代码。换句话说，这样一来我们就得到一种格式，可以表示为文本以便于网络传输，而在需要处理数据时表示为一个对象。

JSON

```
description = item.description;
```

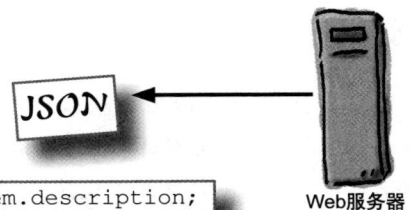

Web服务器

Sharpen your pencil

假设有一个商品的ID、描述、价格和该商品有关URL的一个列表。你认为表示这个信息的对象可能是什么样？在下面为这个对象画一个圆，然后增加你认为这个对象可能有的所有字段。

Sharpen your pencil
Solution

假设有一个商品的ID、描述、价格和该商品有关URL的一个列表。你的任务是画出表示该信息的对象。

我们认为这个对象最好名为itemDetails或类似的名字。它不表示一个商品，而是表示有关于商品的信息。

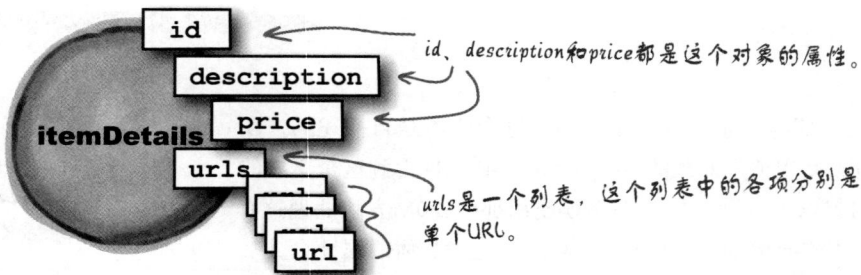

id

description

price

itemDetails

urls

url

id、description和price都是这个对象的属性。

urls是一个列表，这个列表中的各项分别是单个URL。

JSON数据可以处理为JavaScript对象

从服务器或某个其他来源获取JSON数据时，就是在获取文本……　不过这个文本可以很容易地转换为一个JavaScript对象。之后，你要做的就是使用点记法访问这个对象的字段。点记法是指先是对象名，后面是一个点号，然后是一个字段名，如下：

不要担心……　稍后就会讨论如何从服务器得到JSON数据。

```
var weakness = superman.weakness;
```

例如，假设有以上答案中所示的一个对象，你认为该如何访问description字段的值？

....

如果你已经在看你的答案，而且认为这太简单了，那你可能就做对了。处理JavaScript对象就是这么简单。

我跟你说过的，JSON是一流的！

那么如何从服务器的响应得到JSON数据？

服务器将响应作为JSON数据发送时，数据会作为文本通过网络传递，所以可以使用请求对象的`responseText`属性来得到这个数据。

```
var jsonData = request.responseText;
```

下面来看服务器到底响应了什么…… 然后可以得出如何将这个响应转换为我们能处理的对象。

☐ 下载第10章的示例，其中包括一个JSON版本的服务器端脚本，以及这个脚本使用的一个JSON库。

☐ 修改getDetails()（位于thumbnails.js）中的请求URL，指向这个JSON脚本getDetailsJSON.php。请求的其他方面仍保持不变。

☐ 得到服务器的文本响应，使用一个alert()语句或其他JavaScript输出函数显示这个文本。会有怎样的响应？

服务器会响应什么？看上去像是个JavaScript对象吗？

Exercise Solution

☐ 下载第10章的示例，其中包括一个JSON版本的服务器端脚本，以及这个脚本使用的一个JSON库。

☐ 修改getDetails()（位于thumbnails.js）中的请求URL，指向这个JSON脚本getDetailsJSON.php。请求的其他方面仍保持不变。

这是getDetails()中的一行代码，它从JSON服务器端脚本请求一个响应。

```
var url= "getDetailsJSON.php?ImageID=" + escape(itemName);
```

☐ 得到服务器的文本响应，使用一个alert()语句或其他JavaScript输出函数显示这个文本。会有怎样的响应？

```
alert(request.responseText);
```

在displayDetails()回调中增加这一行代码。

重新加载商品目录页面并点击吉他图像时会得到这个响应。

The page at http://www.headfirstlabs.com says:

{"id":"itemGuitar","description":"Pete Townshend once played this guitar while his own axe was in the shop having bits of drumkit removed from it.","price":5695.99,"urls":["http:\/\/www.thewho.com\/","http:\/\/en.wikipedia.org\/wiki\/Pete_Townshend"]}

(OK)

这到底是什么？能对它做什么？

JavaScript可以计算文本数据

JavaScript非常擅长于把文本转换为对象、函数和许多其他形
式。可以向JavaScript提供一些文本，它非常聪明，能够得出这
个文本表示什么。

例如，还记得如何指定事件处理程序吗？

```
image.onclick = function () {
    var detailURL = 'images/' + this.title + '-detail.jpg';
    document.getElementById("itemDetail").src = detailURL;
    getDetails(this.title);
}
```

看上去我们在把一个函数的文本描述赋至图像的onclick事件。

JavaScript得到这个文本函数，并在内存中创建一个真正的函数。
所以点击一个图像时，就会执行内存中的这个函数代码。不过，
这些都在后台进行，所以无须你操心。

不过，如果你有一些文本，需要告诉JavaScript把它转换为非文本
的其他形式，该怎么做呢？

```
{"id":"itemGuitar",
 "description":"Pete Townshend once played this guitar ……",
 "price":5695.99,
 "urls":["http://www.thewho.com/",
         "http://en.wikipedia.org/wiki/Pete_Townshend"]}
```

服务器的这个响应看上去是一组属性名和值…… 但是怎样告诉JavaScript把它转换为我们能使用的对象呢？

使用eval()手动计算文本

eval()函数告诉JavaScript具体计算文本。所以，如果将描述一
个语句的文本传递给eval()，JavaScript会具体运行这个语句，
并给出结果。

```
alert(eval("2 + 2"));
```

4

JavaScript计算文本 "2 + 2" ……

……并把它转换为语句 2 + 2……

……然后计算这个表达式，返回结果。

计算JSON数据会返回该数据的一个对象表示

那么这个方法如何应用于JSON数据呢？在描述一组属性名和值的文本上运行eval()时，JavaScript会返回这些属性和值的一个对象表示。假设对以下文本运行eval()：

```
{"id":"itemGuitar",
  "description":"Pete Townshend once played this guitar ……"
  "price":5695.99,
  "urls":["http://www.thewho.com/",
          "http://en.wikipedia.org/wiki/Pete_Townshend"]}
```

JavaScript发现，"嘿，这看上去像是一个对象"。因此，它会把这个数据转换为一个具体的对象，并返回这个对象：

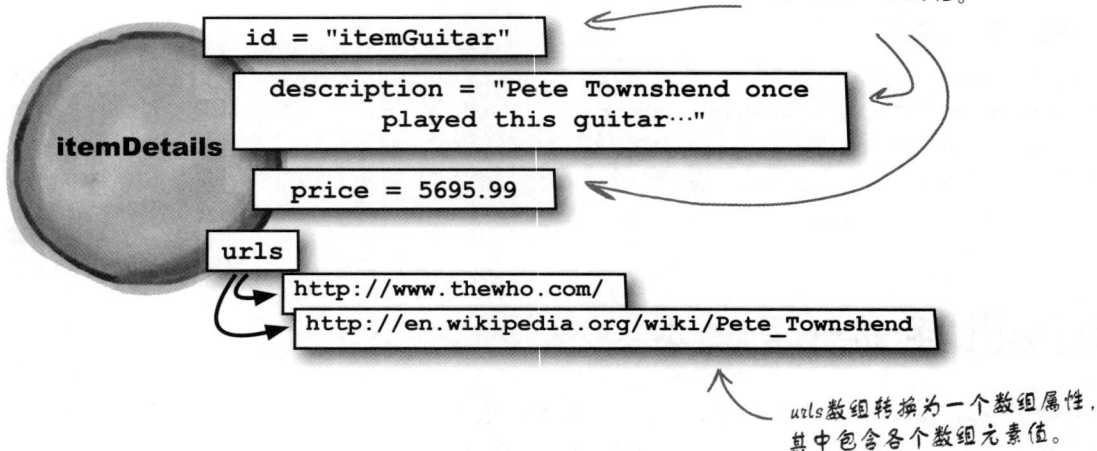

每个名/值都转换为新对象的一个属性。

itemDetails

id = "itemGuitar"

description = "Pete Townshend once played this guitar…"

price = 5695.99

urls

http://www.thewho.com/

http://en.wikipedia.org/wiki/Pete_Townshend

urls数组转换为一个数组属性，其中包含各个数组元素值。

不过有一个问题……

看起来JavaScript由JSON响应创建的对象非常适用于Rob的摇滚商品目录页面。不过有一点要注意，需要确保整个JSON响应串被视为一个对象。所以，在调用eval()时，要用括号把整个响应包围起来，如下所示：

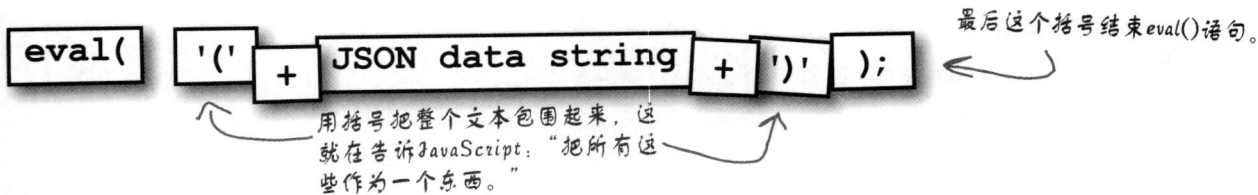

最后这个括号结束eval()语句。

```
eval(  '('  +  JSON data string  +  ')'  );
```

用括号把整个文本包围起来，这就在告诉JavaScript："把所有这些作为一个东西。"

there are no

Dumb Questions

问： 我需要一些特殊的库来读取JSON数据吗？

答： 不用。eval()是JavaScript的内置方法，只需这个方法就可以把JSON数据转换为JavaScript对象。

问： 为什么要使用eval()?难道不能直接从服务器解析原始文本吗？

答： 当然可以，不过为什么要那么麻烦？eval()会把所有文本转换为一个非常简单的对象，这样你就可以避免计算字符个数以及使用split()等问题。

问： eval() 就代表计算，对吗？

答： 没错。eval()会计算一个字符串。

问： 这么说eval()会运行一段文本?

答： 嗯，并不总是如此。eval()取一个字符串，把它转换为一个表达式，然后返回这个表达式的结果。所以，对于一个类似"2 + 2"的字符串，表达式就是2 + 2，这个表达式的结果是4，因此由eval("2 + 2");会返回4。

不过，对于一个类似'{"id":"itemGuitar"，"price":5695.99}.'的串，把它转换为一个表达式并执行这个表达式会得到一个新对象，而不是一个具体的"答案"。所以有时eval()并不真正运行文本而只是计算（或解释）文本。

问： 服务器响应中包围所有内容的大括号是什么?

答： JSON数据都用大括号（{和}）包围，这类似于用[和]包围数组。这只是在告诉JavaScript："嘿，我要描述一个对象了。"

问： 文本中的每组名/值都会成为对象的一个属性和该属性的一个值吗?

答： 没错。对象描述中的文本"id"："itemGuitar"告诉JavaScript有一个id属性，而且该属性的值应当是"itemGuitar"。

问： 那么urls属性呢？看起来有点奇怪。

答： urls是一个数组。所以属性名是"urls"，它的值是一个数组，由开始和结束中括号（[和]）指示。

EXERCISE

你已经有了返回JSON数据的脚本，现在也知道了如何将这个响应转换为一个对象，余下的就是在回调函数中使用这个对象。打开thumbnails.js，看看能不能重写displayDetails()将服务器返回的JSON数据转换为一个对象，然后使用这个对象来更新Rob的商品目录页面。

你已经有了返回JSON数据的脚本，现在也知道了如何将这个响应转换为一个对象。你的任务是在回调函数中使用这个对象。你会怎样做？

```javascript
function displayDetails() {
  if (request.readyState == 4) {
    if (request.status == 200) {
      var detailDiv = document.getElementById("description");

      var itemDetails = eval('(' + request.responseText + ')');

      // Remove existing item details (if any)
      var children = detailDiv.childNodes;
      for (var i=children.length; i>0; i--) {
        detailDiv.removeChild(children[i-1]);
      }

      // Add new item details
      var descriptionP = document.createElement("p");
      descriptionP.appendChild(
        document.createTextNode("Description: " + itemDetails.description));
      detailDiv.appendChild(descriptionP);
      var priceP = document.createElement("p");
      priceP.appendChild(
        document.createTextNode("Price: $" + itemDetails.price));
      detailDiv.appendChild(priceP);
      var list = document.createElement("ul");
      for (var i=0; i<itemDetails.urls.length; i++) {
        var url = itemDetails.urls[i];
        var li = document.createElement("li");
        var a = document.createElement("a");
        a.setAttribute("href", url);
        a.appendChild(document.createTextNode(url));
        li.appendChild(a);
        list.appendChild(li);
      }
      detailDiv.appendChild(list);
    }
  }
}
```

在这里要求JavaScript把服务器的响应转换为一个对象。

记住要额外加上这组括号！

利用JSON，没有必要使用DOM从服务器得到值。

现在得到各个商品的有关详细信息相当简单。

更新页面本身表示的大多数代码与第9章中的XML版本是一样的。

这个代码比XML版本要简短一点，而且只使用了一个DOM。你认为这个版本比XML版本好还是差？

问： 这只是一种数据格式，对吗？

答： 没错。要在Web页面和服务器之间发送信息，就会需要一种方法来完成这个信息的格式化。到目前为止，我们已经使用了纯文本发送请求，并使用文本和XML获取响应。JSON只是另一种来回发送数据的方法。

问： 如果已经选择了XML和文本，还需要JSON吗？

答： 因为JSON就是JavaScript，所以对于JavaScript程序员和浏览器来说处理JSON会容易得多。另外，由于JSON会创建一个标准JavaScript对象，它看上去更像是一个结合了数据和功能的"业务对象"，而不是一个无类型的XML DOM树。尽管由XML响应也可以创建类似的对象，但是这需要做大量额外的工作，还需要一些模式和数据绑定工具。

问： 这么说，JSON能做到XML不能做的事情，是吗？

答： 并不是说它做得更多，实际上JSON能做的事情不如XML多。不过，只要JSON能做，它都会做得简单漂亮，不需要大量开销；而XML有所不同，作为一个特性更完备的标记语言，XML设计为需要处理大量额外工作，因此会导致很大的开销。

问： 能再谈谈语法吗？我还是不太明白商品的文本表示。能不能再解释一下这是什么意思？

答： 大括号{和}定义了一个对象，这是名/值对的一个无序集合。中括号[和]指示了一个有序集合。在你的代码中，要根据名来引用大括号里的元素，而中括号里的元素则按数字引用。下面来详细分析。

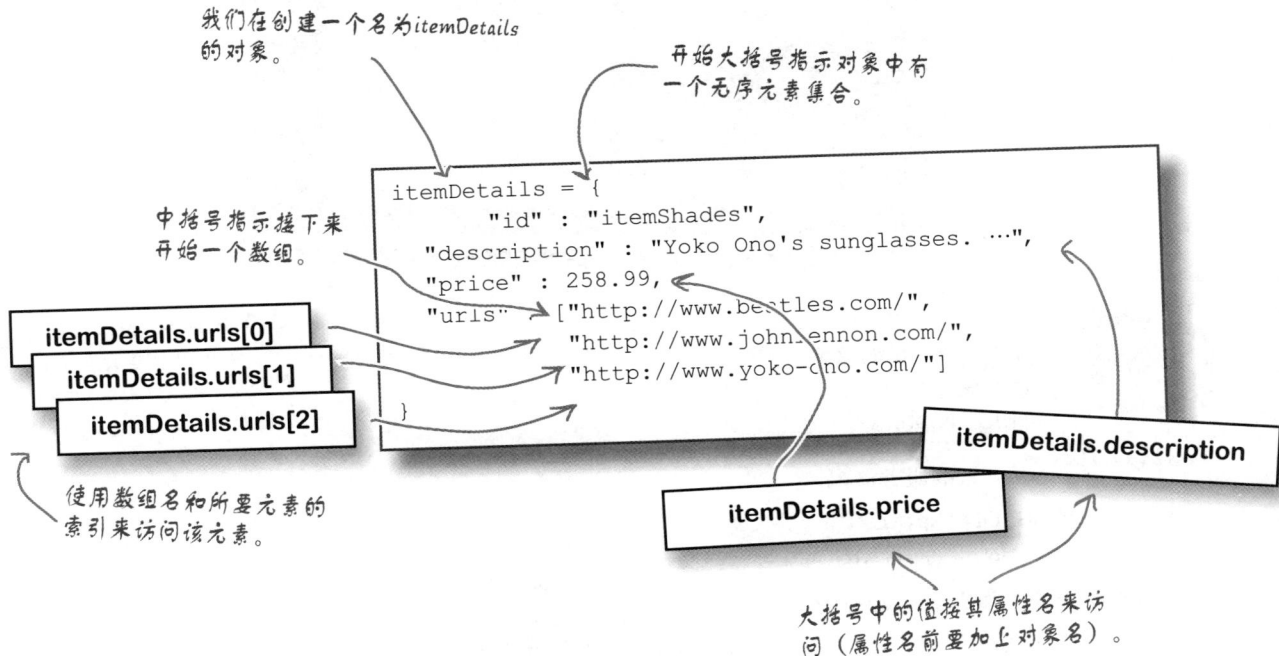

我们在创建一个名为*itemDetails*的对象。

开始大括号指示对象中有一个无序元素集合。

中括号指示接下来开始一个数组。

```
itemDetails = {
    "id" : "itemShades",
    "description" : "Yoko Ono's sunglasses. …",
    "price" : 258.99,
    "urls" : ["http://www.beatles.com/",
              "http://www.johnlennon.com/",
              "http://www.yoko-ono.com/"]
}
```

itemDetails.urls[0]

itemDetails.urls[1]

itemDetails.urls[2]

使用数组名和所需元素的索引来访问该元素。

itemDetails.price

itemDetails.description

大括号中的值按其属性名来访问（属性名前要加上对象名）。

运行测试

但是JSON真的能让Rob动心吗?

代码看上去确实简单一些,而且还可以少处理一个DOM。但是JSON版本的Rob商品目录页面确实能正常工作吗?按照388页的代码修改你的回调函数,更新请求URL为getDetailsJSON.php,并尝试这个新版本的商品目录页面。

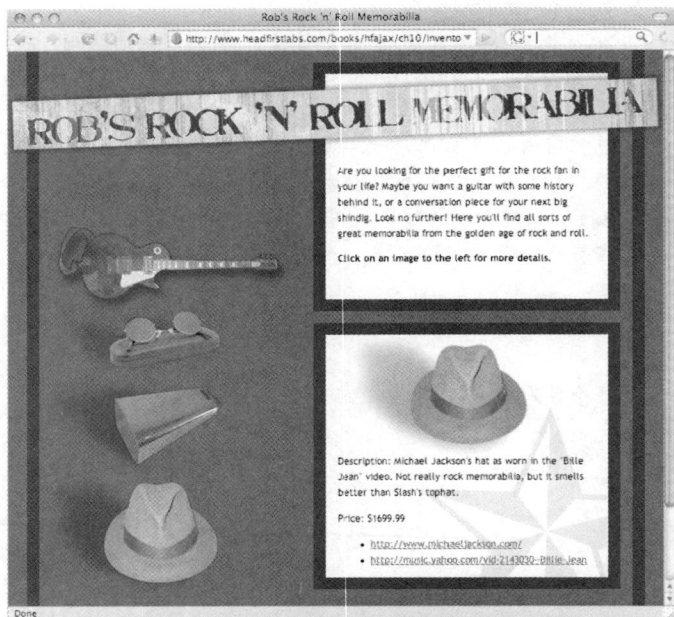

这看上去与XML版本很相似……不过这里使用JSON数据格式。这是Rob可以考虑的另一种选择。

Watch it!

确保除了JSON服务器端脚本外还要有JSON.php。

这一章的服务器端脚本要求用到JSON.php,这个文件包含在这一章的下载代码中。在继续下面的工作之前一定要准备好所有这些文件。

这一章中的服务器端脚本要用到JSON.php。它处理了一些PHP特定问题,使服务器上处理JSON更为容易。

看，Joe还在对这个网站使用原来的规范。可是Rob现在想发送动态数据，比如乐队名、艺术家名和帽子尺寸等等。

Frank：你说得对！他的JSON代码在这方面确实没有太大帮助。他的代码的前提是要知道对象属性名。

Jim：完全正确。而且他没有办法处理动态的商品描述，而属性名总在变。

Frank：嗯，要知道，我能用XML解决这个问题。我想如果Joe——

Jim：他绝对没希望，老兄。你总是从元素的标记名读取属性名，而他的代码却把属性名作为代码的一部分……甚至不是getElementsByTagName()之类搜索方法的参数。

Frank：你说得没错。我打赌这下他可没辙了。

我还没做完呢。有一种办法可以处理动态属性……

Frank认为Les Paul吉他已经是他的囊中之物了。

Jim 只是不希望看到Joe获胜。

BRAIN POWER

如果一个JavaScript对象必须基于商品的特定信息改变，这个对象会是什么样子？

JavaScript对象已经是动态的…… 因为它们不是<u>编译</u>对象

.cpp对应 C++代码。

在编译语言中，会在一个源文件中定义对象，如.java或.cpp文件，然后将这些文件编译为字节码。所以，一旦程序开始运行，就必须遵循已经编译为字节码的对象定义。换句话说，如果不进行重编译，一个Car对象不会突然有一个新的manufacturer属性。这样一来，就能使每一个使用Car对象的人清楚地知道对象会是怎样的。

不过，JavaScript不是编译的，这是一种解释型语言。任何时刻情况都可以有所改变。不仅如此，服务器发送的对象还可以在运行时创建（通过使用eval()）。所以，不论向JavaScript发送什么，都可以通过itemDetails对象得到。

eval()不需要提前知道它创建的是何种类型的对象，它只是计算你提供的文本。

这个版本的itemDetails有两个新属性：manufacturer和model。

```
var itemDetails = eval('(' + request.responseText + ')');
```

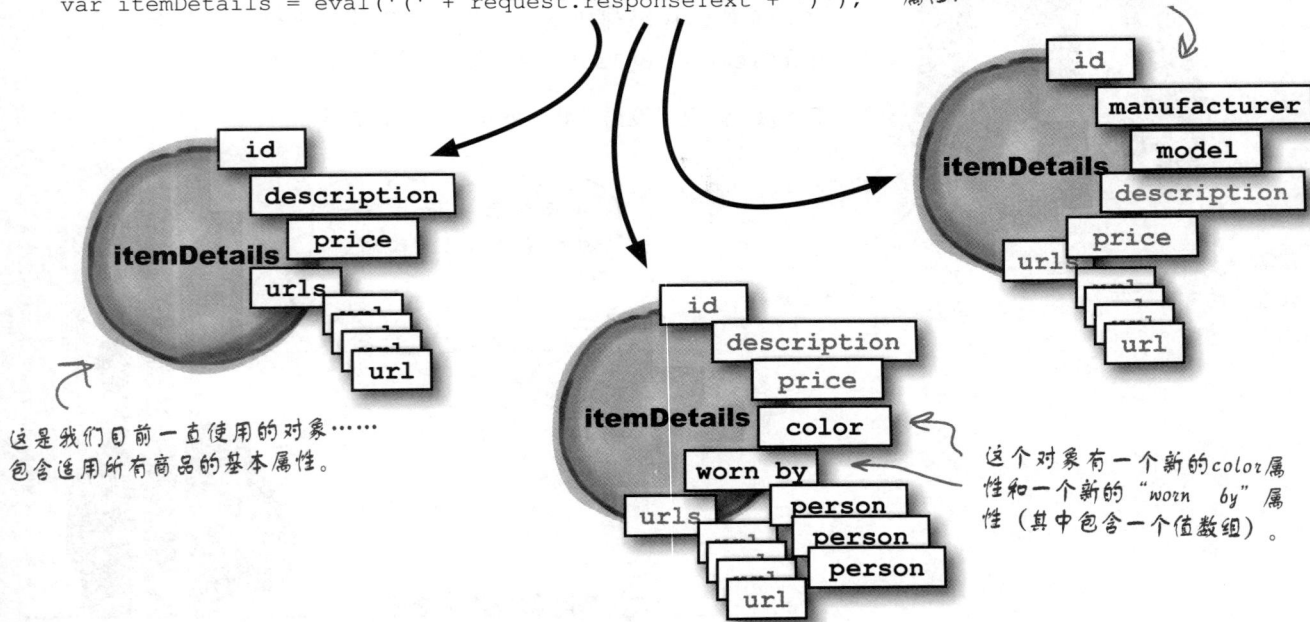

id
description
price
urls
url

itemDetails

这是我们目前一直使用的对象……包含适用所有商品的基本属性。

id
description
price
color
worn by
person
person
person
urls
url

itemDetails

这个对象有一个新的color属性和一个新的"worn by"属性（其中包含一个值数组）。

id
manufacturer
model
description
price
urls
url

itemDetails

我们根本不需要修改对象！只需要知道如何确定对象<u>中</u>有什么。

可以访问一个对象的成员……然后利用这些成员得到对象的值

只需要使用for/in语法，JavaScript会告诉你一个对象有哪些属性。假设有一个名为itemDetails的对象，你想知道itemDetails有什么属性，可以使用以下代码来得到这些属性。

```
for (var property in hero) {
    alert("Found a property named: " + property);
}
```

非常简单，对不对？变量property会有id、description、price和urls等值。

不过，我们不只是想得到属性名，还希望得到各个属性的值。这也没问题，因为JavaScript允许访问对象的属性，就好像对象是一个数组一样。不过，不用提供数组索引，如itemDetails[0]，你可以提供一个属性名，如itemDetails["price"]。

换句话说，对于一个对象，itemDetails["price"]返回的值就是该对象中名为price的属性的值。

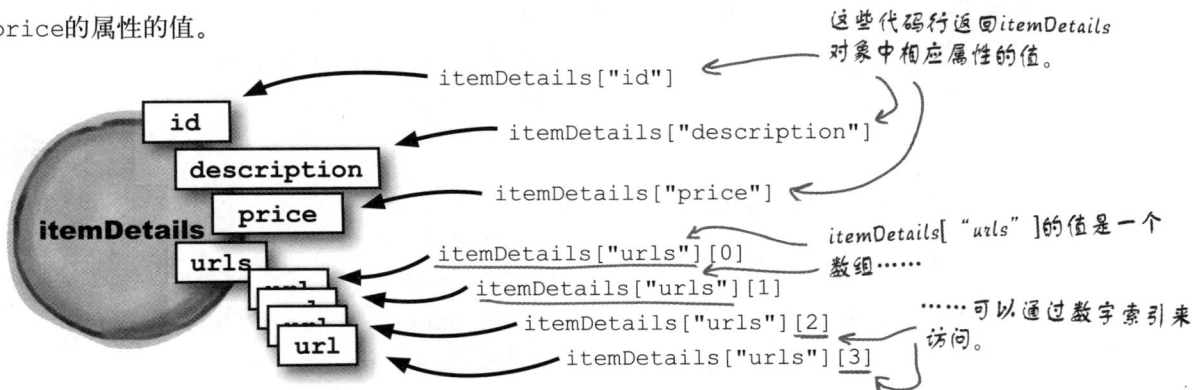

这些代码行返回*itemDetails*对象中相应属性的值。

itemDetails["id"]

id

itemDetails["description"]

description

itemDetails["price"]

price

itemDetails

urls

itemDetails["urls"][0]

itemDetails["urls"][1]

itemDetails["urls"]的值是一个数组……

url

itemDetails["urls"][2]

……可以通过数字索引来访问。

url

itemDetails["urls"][3]

url

你应该知道下面该做什么。更新你的商品目录页面，处理服务器返回的动态数据。你并不知道会得到什么…… 所知道的只是服务器会以JSON格式返回一个对象，其中包含属性及那些属性的值。祝你好运！

Exercise

是个数组吗?

请等一下。我能处理单值属性,但是怎么处理数组呢?我怎么能知道一个属性值(如urls)会包含一个数组呢?

JavaScript没有提供一种内置方法来确定是一个值是否是数组

处理动态数据是个棘手的问题。例如,在代码中写 itemDetails.urls 时,你知道这个属性的值会是一个数组。但是 itemDetails[propertyName] 呢?这个属性的值是一个数组还是一个单值(比如说一个字符串)呢?

遗憾的是,JavaScript没有提供一种简单的方法来查看一个值是否是数组。你可以使用typeof操作符,不过即使是数组,typeof也会返回"object"而不是你所期望的"array"。

为了对你有所帮助,以下是一段成品代码,可以告诉你一个值是否是数组。把这个函数增加到 thumbnails.js 的最后,然后看看你能不能完成上一页的练习。

成品代码

如果传入一个数组值,isArray()会返回true;如果传入其他值,如一个字符串值,就会返回false。

```
function isArray(arg) {

  if (typeof arg == 'object') {

    var criteria = arg.constructor.toString().match(/array/i);

    return (criteria != null);

  }

  return false;

}
```

数组都被JavaScript认为是对象。

所有数组都有一个包含单词"array"的constructor。

最后的"i"表示不区分大小写。

任何有这样一个constructor的对象都是数组。

如果参数不是对象,则肯定不是一个数组。

把整个这个函数增加到 thumbnails.js 的最后。

394   第10章

你应该知道下面该做什么。更新你的商品目录页面，处理服务器返回的动态数据。你并不知道会得到什么…… 所知道的只是服务器会以JSON格式返回一个对象，其中包含属性及那些属性的值。你是怎么做的？

```javascript
function displayDetails() {
  if (request.readyState == 4) {
    if (request.status == 200) {
      var detailDiv = document.getElementById("description");

      var itemDetails = eval('(' + request.responseText + ')');
      // Remove existing item details (if any)
      var children = detailDiv.childNodes;
      for (var i=children.length; i>0; i--) {
        detailDiv.removeChild(children[i-1]);
      }

      // Add new item details
      for (var property in itemDetails) {
        var propertyValue = itemDetails[property];
        if (!isArray(propertyValue)) {
          var p = document.createElement("p");
          p.appendChild(
              document.createTextNode(property + ":" + propertyValue));
          detailDiv.appendChild(p);
        } else {
          var p = document.createElement("p");
          p.appendChild(document.createTextNode(property + ":"));
          var list = document.createElement("ul");
          for (var i=0; i<propertyValue.length; i++) {
            var li = document.createElement("li");
            li.appendChild(document.createTextNode(propertyValue[i]));
            list.appendChild(li);
          }
          detailDiv.appendChild(p);
          detailDiv.appendChild(list);
        }
      }
    }
  }
}
```

这一部分没有任何改变…… 这里只是清除现有的内容。

可以循环处理所返回对象的各个属性。

记住要在代码中增加isArray()，否则这个JavaScript代码无法正常工作。

首先得到属性的值，检查这个值是否是数组。

单值属性很容易处理，只需一个<p>和一些文本。

对于多值属性，必须迭代处理属性值数组。

对于数组中的每个值，要创建一个新的<li>，并为之增加值。

运行测试

JSON测试总动员。

现在我们的代码能处理动态对象，值可以是字符串或是数组，运行得相当完美。

下面来看这个改进后的新JSON页面……

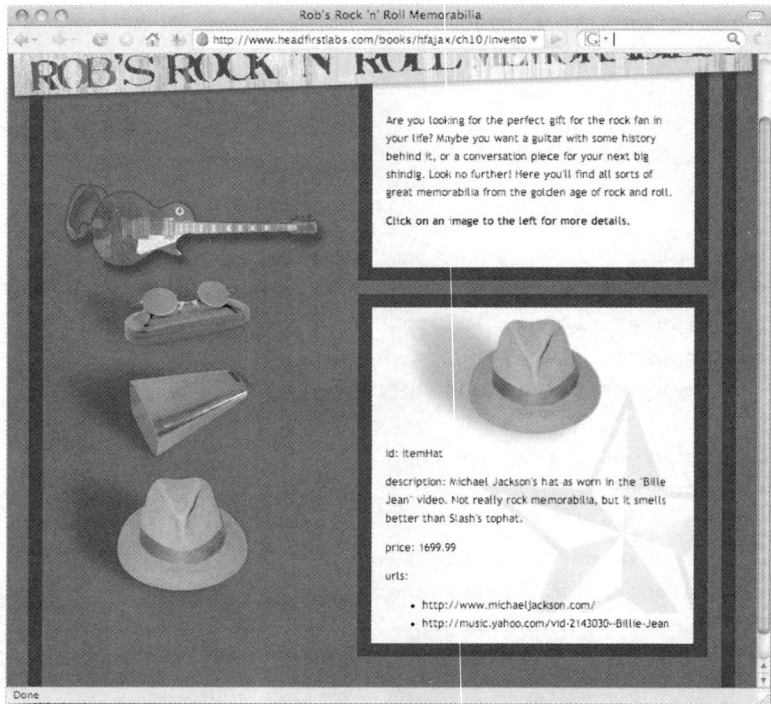

一切正常…… 你觉得Rob会被打动吗？

我很喜欢这个JSON方案……我的工程师告诉我，到目前为止，你的代码是所有方案中最简单、最优秀的。不过还有一些问题：那个"id：itemHat"是什么？另外为什么标签都是小写？

好的属性名并不总是好的标签名。

仔细查看一个商品描述的属性名。

id: itemHat

description: Michael Jackson's hat as worn in the "Billie Jean" video. Not really rock memorabilia, but it smells better than Slash's tophat.

price: ¥699.99

urls:

- http://www.michaeljackson.com/
- http://music.yahoo.com/vid-2143030--Billie-Jean

这些看上去都不太好。

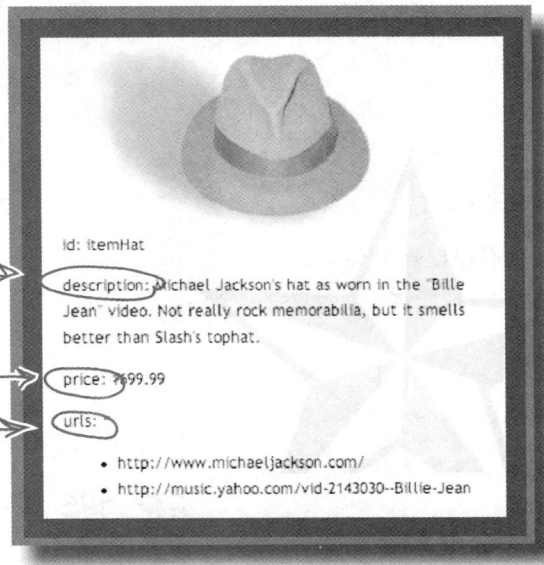

我们都是先输出属性名，然后是这个属性的值。不过，这些属性名看起来更像是代码而不是"人类语言"。

不仅如此，每个商品的ID也会显示出来，这很可能会成为一个严重的安全隐患。

你会怎么解决这些问题？

当心eval()

> 还不只是这些问题。这样使用eval()并不安全……
> 你发现了吗？你在计算来自其他来源的文本！

Joe：哦，对，是有这个问题。

Frank：你真的认为这种想法好吗？直接运行别人给你的代码？

Joe：我没有运行它，我只是在计算。难道你前面没注意听吗？

Jim：有些人很不开心，他们发现JSON方案并不很容易……

Frank：不管JSON是否容易，你都不能盲目地直接计算这个代码。如果这是恶意代码呢？比如说攻击用户浏览器或其他资源的一个脚本？或者是如果这个代码把用户浏览器重定向到一个色情网站呢？

Joe：你开玩笑吧？要知道，这是Rob的服务器！

Frank：如果不是正确的JSON呢？如果有错误呢？如果代码中有错误，计算这样的代码会不会对用户生成错误？

Jim：听上去确实成问题，Joe……

Joe：你们俩只是不乐意我得到那把吉他。

Frank：嘿，安全为上，朋友。我告诉你，不能对你无法控制的代码随意使用eval()。

Joe：说得对。那我现在该怎么做？

BRAIN BARBELL

Ajax请求对象只能对同一个服务器上的程序建立请求（即创建请求的JavaScript所在的服务器），这一点对于在服务器响应文本上使用eval()所带来的危险有影响吗？会减少、增加还是会改变这种危险？

eval()会计算你提供的任何代码，完全不考虑计算会导致什么结果。

必须能够直接控制eval()计算的代码。

需要解析服务器的响应，而不只是直接计算

调用eval()会启动一个简单的过程：取一段文本，然后计算这个文本。我们还需要另外的一步：假设可以取得一段文本，并确保它确实是JSON格式的数据。在此之后，就可以合理地认为能够安全地计算这个数据，并把它转换为一个JavaScript对象。

这个额外的步骤——即解析数据并确保是JSON数据——可以帮我们避免如下两个重要的潜在问题。

> *JavaScript代码或其他脚本无法通过一个简单的"是否是JSON数据"测试。*

1 我们知道这个数据可以安全地进行计算，而不是一个恶意脚本或程序。

2 可以确保数据不仅是JSON数据，而且是适当格式化的JSON，不会导致用户遭遇任何错误。

> *解析器可以捕获错误并报告，而不只是放弃并创建一个错误。*

对Joe（和我们）来说很幸运的是，JSON网站（http://www.json.org）提供了一个JSON解析器，可以完成所有这些任务（甚至还可以完成更多其他工作）。可以从json.org下载一个名为json2.js的脚本，然后使用以下命令来解析JSON格式的数据。

```
var itemDetails =    JSON.   parse(  request.responseText  );
```

> *仍需要将调用parse()函数的结果赋至一个变量。*

> *首次由Web浏览器加载json2.js时会创建这个JSON对象。*

> *parse()取一个字符串，如果这个字符串是合法的JSON格式数据，则返回一个对象。*

> *可以把服务器的响应直接传入JSON.parse()。*

Run it!

修改代码来使用JSON.parse()。

第10章的示例代码已经在scripts/中包含了json2.js。在inventory.html中增加这个新脚本的一个引用，并更新你的thumbnails.js来使用JSON.parse()而不是eval()。

> *把json2.js的引用放在thumbnails.js引用前面，因为thumbnails脚本要用到json2脚本。*

还有很多工作要做，你能帮助Joe解决吗?

- 用户点击商品时如何避免显示这个商品的ID?

- 那些标签呢? 你能想出一种办法来显示更好、更可读的标签吗?

- 那些URL呢? 你能想出一种办法将URL格式化为链接（使用<a>元素），使得这些元素可点击吗?

- 除了以上问题，你认为Rob的商品目录页面还可以怎样改进?

- 不要忘记使用JSON解析器，而不要直接使用eval()!

你能使用JSON让Rob的商品目录页面更酷吗? 构建你的最棒的Rob页面，在Head First Labs的Head First Ajax论坛中提交你的URL。在以后几个月中我们会对表现最出色的应用提供大奖。

访问这里，向我们展示你的作品，提供一个URL以便我们查看你的成果（以及你是怎样做的）。

Head First Labs from O'Reilly Media, Inc.

http://headfirstlabs.com/

G ▼ Google

O'REILLY   Brain-Friendly Guides from O'Reilly Media, Inc.

Head First Labs

Home   Books   Forums   Blog   About   write for us

Forum Main Page

Book News, Info, and Discussion

Polls and Surveys

Head First C#

Head First Design Patterns

Head First HTML with CSS & XHTML

Head First Ajax Sneak Pr
Get an introduction to Ajax with an exce
Ajax, which you'll find on this page.

June Newsletter
We sent out our June Newsletter recently
newsletters via email.

ch Head First Labs
O'Reilly.com

ch Tips

SUBSCRIBE to

问： 难道永远都不能用eval()吗？

答： eval()是JavaScript中的一个重要部分。如果需要将文本数据传入另一个函数完成计算，或者在脚本之间传递，eval()确实非常有用。不过，如果计算你不能有所控制的数据，eval()可能会有问题，例如倘若数据来自其他人的程序或服务器。在这些情况下，你并不能提前准确地知道你要计算什么。所以如果你无法控制所有数据，就要使用一个解析器或者另外某种方法，而不是直接使用eval()。

问： JSON解析器就能保证我的代码安全，是吗？

答： JSON解析器可以保证你的代码比直接使用eval()时更安全，但是这并不意味着你能完全放心。编写Web代码时，安全往往都是一个重要的问题。对于JSON数据，JSON.parse()可以确保你得到合法的JSON数据，但是你仍然不知道这个数据到底是什么。所以，在脚本的其他位置使用这个数据之前可能还需要做其他检查。

问： 对于Rob的这个页面，我们没有做任何这种检查，应该做那些检查吗？

答： 这个问题问得好。改进这个应用来帮助Joe解决问题时，请考虑你会得到什么数据。这些数据会被恶意使用吗？你认为需要其他安全检查吗？

问： 那么json2.js脚本呢？我能相信和依赖这个代码吗？

答： 现在你考虑问题的思路已经像是个Web程序员了！只要使用其他来源的代码，比如说来自http://www.json.org，就应该全面地检查那个代码。我们已经在Head First Labs完成了这个测试，所以可以安全地使用json2.js。

问： 它也是免费的，对不对？使用json2.js要付钱吗？

答： json2.js是免费的，这是一个开源脚本。可以在http://www.json.org/json2.js读到源代码，你可以自己查看它会做些什么。

问： 那么XML与JSON相比怎么样呢？哪一个更好呢？另外，到底谁赢得了那把吉他？

答： 这也是一个好问题。你现在已经看到很多JSON和XML代码了……你更喜欢哪一个？

完成Web编程时，安全总是一个重要问题。

对于无法完全控制的代码，一定要进行全面的测试。

那么哪一种数据格式更好呢？

嗯，很显然嘛……JSON最通用，而且做到了JavaScript友好。利用JSON，从服务器得到数据时我不需要做任何怪异的DOM导航。

对谁来说很显然？我还是认为XML肯定是赢家。这是一种标准，我不用下载任何库就能正常工作。另外，我们已经了解了DOM，还有比它更棒的吗？

Joe：JSON。

Jim：已经完全放弃CSV。

Frank：XML。

Joe： 很多东西我了解但并不喜欢，比如说抱子甘蓝、梅尔罗斯广场、维可鞋…… 只是因为我了解某个东西并不代表我喜欢它！

Frank： 但我实在看不出你使用JSON到底有什么好处。也许对你来说使用会稍微容易一些，不过处理动态数据时确实很麻烦。

Jim： Frank，我不太明白…… 一次处理两个DOM确实让我有些糊涂。

Frank： 不过XML是自描述的，对于XML不存在那些属性名作为标签的问题。

Joe： 我还是认为JSON可以让我按JavaScript而不是其他某种语言来考虑问题。

Sharpen your pencil

你怎么想？下面有两列：一列对应XML，另一列对应JSON。请在各个标题下写出你为什么认为这种格式更好。看看你能不能对XML给出至少5个依据，另外再为JSON给出5个原因。

XML

JSON

Fireside Chats

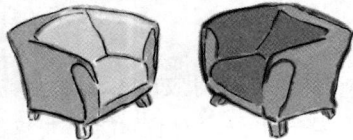

今晚话题： XML和JSON关于数据格式和标准化的交锋

XML:

(怒视着JSON)

我以前就听说过这个传言……不过看看我现在不是好好的吗？我还是当今世界不折不扣的主导数据格式。

我庞大是因为我能处理所有一切：纪念品、HTML、订单……你交给我什么我都能处理。完全没有问题。你觉得像你这样的小不点能处理所有这些不同类型的数据吗？我可不这么认为。

我已经够快了，特别是如果你使用我的属性，而且我是多面手……我可以处理各种工作，比如表示一个数学公式或一本书。

但是别人能把你转换成其他形式吗？比如说XSLT？或者是Web服务……你应该能处理Web服务吧？

JSON:

你的末日终于来了，XML。今天晚上，全世界都会看到你的失败，特别是对于JavaScript和异步应用。

你在这个位置上只是因为人们觉得没有其他可选的格式。我知道很多人都受不了你，XML……你太庞大，太臃肿，处理起来太麻烦。

也许不行，但我的速度快……比你快多了，大多数情况下都是这样。

喂，我的大多数用户对于在网络上发送数学公式并不感兴趣。另外，那些尖括号呢？　对了……任何人只要了解数组都可以使用JSON，而不必先学所有那些奇怪的XML语法。

XML:

JSON:

哦，真是这样吗？如今已经有很多DOM专家，可以编写超一流的用户界面。你见过Fifteen Puzzle吧？那个应用就很酷，而且才只有100行代码而已。当今世界，只要懂DOM的人都跃跃欲试要用XML！

喂,你有些使用过度了，不是吗……　你没抓住重点，"尖括号"。我根本不关心那些。我关心的只是在Web页面与服务器之间获得信息，而根本没有额外的工作……比如说必须在DOM树上"爬上爬下"。你认识的人中谁会觉得这样好玩？

要知道，所有开发人员真正需要的是一种轻量级的数据格式，要很容易用JavaScript处理。老兄，他们要的就是我，而不是你。

所有那些服务器会怎么考虑这个问题？你知道的，PHP和ASP.Net还有Java……　我看不出他们准备支持你和你的"轻量级数据格式"言论。

嗯，我想这倒是真的……　不过已经有很多库可供他们用来处理JSON。

库？如果他们必须使用一个库，为什么不使用一个标准呢，比如说文本对象模型（Document Object Model）？

在PHP 5中我已经成为标准了，而且谁知道下一步还有谁将会采纳我？

但是现在已经有我了，大家都在用我，因为我已经是一个标准。归根结底，你也只是另一种专用数据格式。也许JSON迷会比逗号分隔值迷稍多一些，但是我才是终结者。

真的吗？那让我们拭目以待……

Sharpen your pencil
Solution

你怎么想？下面有两列：一列对应XML，另一列对应JSON。
请在各个标题下写出你为什么认为这种格式更好。看看你能
不能对XML给出至少5个依据，另外再为JSON给出5个原因。

<u>XML</u>   ## JSON

这里的答案
已故意
屏蔽

这些是你的答案。要由你根据你认为重
要的因素在JSON和XML之间做出选择。
可以上网在http://www.headfirstlabs.
com的Head First Ajax论坛继续参与有关
XML与JSON的讨论。

11 表单与验证

畅所欲言

还记得我吗？哦，没错，我曾在梦中与你相遇。

你觉得你这一套对我有用吗？拜托，试试别的招吧……

每个人都会经常犯错误。

如果让一个人说几分钟话（或者打几分钟字），很可能他至少会犯一两个错误。你的Web应用会对这些错误做何响应？应当验证用户输入，如果输入有问题就必须作出反应。但是具体该由谁来响应，另外该做些什么？你的Web页面做什么？你的JavaScript又该做什么？服务器在验证和数据完整性方面起什么作用？翻开下一页，可以看到所有这些问题（以及更多其他问题）的答案……

Marcy的Yoga for Programmers网站……
一个蓬勃兴起的新企业

依仗Marcy的热门新网站和超快的响应速度，她的Yoga for Programmers取得了
飞速发展。每天都有一些硅谷的高端客户注册她的网站。她甚至还增加了在线
登记功能，这样一旦潜在客户找到了合适的班级就可以立即注册。

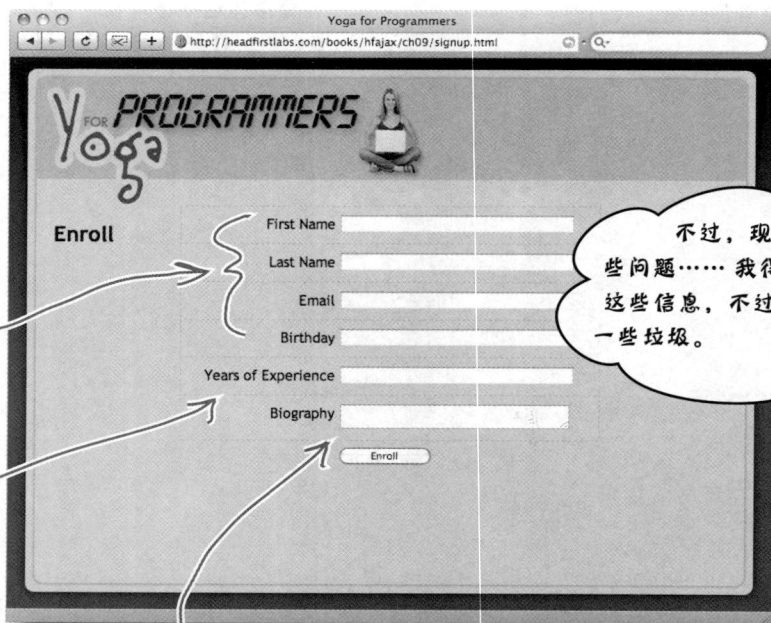

这些都是标准
信息……名和
姓、email和出
生日期。

Marcy还想知道
这个客户练过
多长时间瑜珈。

这里可以输入自述信息，以便Marcy确
定班级对象和邮寄广告的目标。

不过，现在出现了一
些问题……我得到了提交的
这些信息，不过我另外也收到了
一些垃圾。

Sharpen your pencil

以下是Marcy不断增长的客户数据库中的一些记录。这里存在一些严重的问题…… 你能找出这些问题吗？

firstname	lastname	email	bday	yrs	bio
Susan	Smith	ss@myjob.com	1 January	0	I'm a systems analyst
Bob	Brown		August 300	5	
Susan	Smith	ss@myjob.com	1 January	0	I'm a systems analyst
F0b#2938					View my porn for free!!!! 192.72.90.234
Jones	Jane	www.myjob.com			
Gerry	MacGregor	mac@myjob	March 23, 1972	99	
Mary		mw@myjob.com			I've been doing yoga for 12 years
Bill	Bainfield	bb@myjob.com	5-27-69		

1. ....

2. ....

3. ....

4. ....

5. ....

6. **Gerry MacGregor还没有那么老，不可能已经练过99年瑜珈。**

7. ....

8. ....

9. ....

10. ....

从这个数据中你能找出多少个问题？

Sharpen your pencil
Solution

以下是Marcy不断增长的客户数据库中的一些记录。你能找出多少个问题？

firstname	lastname	email	bday	yrs	bio
Susan	Smith	ss@myjob.com	1 January	0	I'm a systems analyst
Bob	Brown		August 300	5	
Susan	Smith	ss@myjob.com	1 January	0	I'm a systems analyst
F0b#2938					View my porn for free!!!! 192.72.90.234
Jones	Jane	www.myjob.com			
Gerry	MacGregor	mac@myjob	March 23, 1972	99	
Mary		mw@myjob.com			I've been doing yoga for 12 years
Bill	Bainfield	bb@myjob.com	5-27-69		

1. Susan Smith注册了两次。
2. Bob Brown没有给出他的email地址。
3. F0b#2938记录是垃圾信息，不是一个真正的客户。
4. Jane Jones输入的是一个网站URL，而不是email地址。
5. Gerry MacGregor的email不合法……他可能漏了.com或.org。
6. Gerry MacGregor不可能已经练过99年瑜伽。
7. Mary没有输入她的姓。
8. 每个人对出生日期都使用了不同的格式。
9. Jane Jones、Bob Brown和Bill Bainfield的信息不全。
10.

← 你还能找出其他问题吗？

Sharpen your pencil

根据Marcy收集的数据，你要做哪些工作来确保她避免前几页遇到的问题？

对于下面的各个域，请写出你认为需要做什么检查。

First name

....
....
....

Last name

....
....
....

E-Mail

....
....
....

Birthday

....
....
....

Years of Yoga

....
....
....

Biography

....
....
....

Sharpen your pencil
Solution

根据Marcy收集的数据，你要做哪些工作来确保她避免前几页遇到的问题？

First name　这应当是一个必填域。

名字中只能有字母。

← 允许只写姓名缩写吗？如果可以只写首字母，这意味着可能有点号。

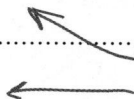

← 空格呢？也许也允许有空格

Last name　这应当是一个必填域。

名字中只能有字母。

E-Mail　这应当是一个必填域。

还需要确保它有合法的email格式。

Birthday　这应当是一个必填域。

应当是某种一致的格式，如

MM-DD-YY或者类似的某种格式。

Years of Yoga　这应当是一个必填域。

应当是一个数字，而且要小于这个人的年龄（根据其出生日期来计算）。

Biography　这应当是一个必填域。

可能需要一个长度限制。

我决定不要求用户给出他们练过多少年瑜珈、出生日期和自述介绍。所以，如果有人不想提供这些信息，也可以顺利注册。不过必须要有正确的名、姓和email地址。

页面的主人比你更了解自己的需求。

不论你是多好的程序员，但你并不是客户所在行业里的专家。所以，你做出的假设可能并不一定合适，比如哪些域要作为必填域，可以输入哪些类型的数据，或者数据应该有怎样的格式。

最好的做法是提出验证的一些基本思路，然后与网站或网站相应企业真正的主人交流，确认和扩展你的想法。

对于Marcy的网站，Marcy是客户，你是程序员。

there are no
Dumb Questions

问： 这一章是不是也并非讨论"真正的Ajax"？

答： 可以说是也可以说不是。这一章主要讨论验证，而不是异步请求。不过必须明确如何真正得到准确的需求并验证相应的数据，这一点适用于所有软件开发，而不仅仅是Ajax应用。

由客户定义需求，而不是程序员。

要构建客户喜欢的一个网站，最好的办法就是构建客户真正想要的网站。不要对功能做某些假设……而应当询问客户他们希望怎样做。

要按先Web页面后服务器的优先顺序完成验证

验证通常是一个包括多个步骤的过程。在Web页面上可以使用某些控件发现一些问题，如使用选择框而不是一个文本框；可以利用客户端JavaScript发现另外一些问题，如email域的格式。还有一些问题可能需要由服务器完成验证，比如说查看一个用户名是否已被占用。

处理这种多层验证的最有效方式是尽可能地在Web页面上完成验证。然后再考虑JavaScript，同样要尽可能地在这里进行验证。最后才求助于服务器。

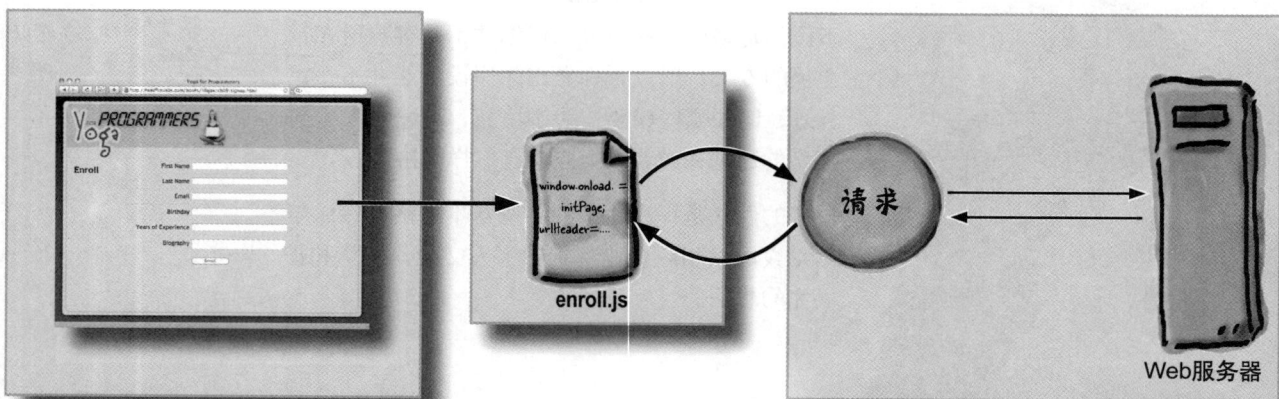

Web页面

Web页面可以通过特定控件对数据作出约束，如限定长度的文本框和只有几个适当选项的选择框。

尽可能地在这里限制数据。如果能通过表单控件限制数据，就不要依赖于JavaScript。

JavaScript

客户端JavaScript可以检查数据格式，确保域中确实输入了数据，防止一些域中尚无数据时就完成提交。

绝对不要向服务器发送格式不正确的数据。应该让服务器主要考虑业务逻辑，而不是格式化问题。

服务器

服务器可以访问应用的业务数据。所以，它可以检查数据一致性，或者完成需要与系统中其他数据交互的业务逻辑。

服务器应当把重点放在数据的正确性上：根据现有数据，这个新数据是否正确和一致？

约束 ➡ 合法性 ➡ 一致性

Sharpen your pencil

以下是Marcy当前版本的登记表单XHTML。根据412页上的答案以及Marcy的意见，你会做哪些修改？

```
<html>
<head>
 <title>Yoga for Programmers</title>
 <link rel="stylesheet" type="text/css" href="css/yoga-enroll.css" />
</head>
<body>
 <div id="background">
  <h1 id="logo">Yoga for Programmers</h1>
  <div id="content">
   <h2>Enroll</h2>
   <form action="process-enrollment.php" method="post">
    <fieldset><label for="firstname">First Name</label>
     <input name="firstname" id="firstname" type="text" /></fieldset>
    <fieldset><label for="lastname">Last Name</label>
     <input name="lastname" id="lastname" type="text" /></fieldset>
    <fieldset><label for="email">Email</label>
     <input name="email" id="email" type="text" /></fieldset>
    <fieldset><label for="birthday">Birthday</label>
     <input name="birthday" id="birthday" type="text" /></fieldset>
    <fieldset><label for="years">Years of Experience</label>
     <input name="years" id="years" type="text" /></fieldset>
    <fieldset><label for="bio">Biography</label>
     <textarea name="bio" id="bio"></textarea></fieldset>
    <fieldset class="nolabel">
     <input type="submit" id="enroll" value="Enroll" />
    </fieldset>
   </form>
  </div>
 </div>
</body>
</html>
```

直接在这个XHTML上标出你要做的修改。

Sharpen your pencil
Solution

你的任务是修改Marcy的XHTML，对她由客户得到的数据增加约束。你的答案是什么？以下是我们的做法。

```
<html>
<head>
 <title>Yoga for Programmers</title>
 <link rel="stylesheet" type="text/css" href="css/yoga-enroll.css" />
</head>
<body>
 <div id="background">
  <h1 id="logo">Yoga for Programmers</h1>
  <div id="content">
   <h2>Enroll</h2>
   <form action="process-enrollment.php" method="post">
    <fieldset><label for="firstname">First Name</label>
     <input name="firstname" id="firstname" type="text" /></fieldset>
    <fieldset><label for="lastname">Last Name</label>
     <input name="lastname" id="lastname" type="text" /></fieldset>
    <fieldset><label for="email">Email</label>
     <input name="email" id="email" type="text" /></fieldset>
    <fieldset><label for="birthday">Birthday</label>
     <input name="birthday" id="birthday" type="text" />
     <select name="month" id="month">
         <option value="">--</option>
         <option value="january">January</option>
         <option value="february">February</option>
         <!-- . . . etc. . . -->
     </select>
     <select name="day" id="day">
       <option value="">--</option>
       <option value="1">1</option>
       <option value="2">2</option>
       <option value="3">3</option>
       <!-- . . . etc. . . -->
```

出生日期的可取值数目是固定的，所以不使用文本框，因为文本框可能会有不合适的输入。

实际上，可以对月份使用一个选择框，列出12个可能的月份值……

……另外对月中的日期也使用一个选择框，其中列出所有可能的日期值。

Marcy告诉我们她不想得到出生年份，所以我们不需要考虑年份。

```
    </select>
  </fieldset>
  <fieldset><label for="years">Years of Experience</label>
    <input name="years" id="years" type="text" />
      <select name="years" id="years">
        <option value="">--</option>
        <option>none</option>
        <option>less than 1</option>
        <option>1-2</option>
        <option>3-5</option>
        <option>more than 5</option>
      </select>
  </fieldset>
  <fieldset><label for="bio">Biography</label>
    <textarea name="bio" id="bio"></textarea></fieldset>
  <fieldset class="nolabel">
    <input type="submit" id="enroll" value="Enroll" disabled="disabled" />
  </fieldset>
  </form>
  </div>
 </div>
</body>
</html>
```

可以把已练瑜珈的时间（years of experience）划分为一些区间，在这里这样划分还可以简化问题。

需要一些JavaScript验证，所以禁用"Enroll"按钮…… 我们知道，如果有些域尚未填写就不能完成登记，这样可以防止表单过早提交。

再多一点验证……

运行测试

看看现在能捕获多少错误……

下载或键入signup.html，根据416页和417页的代码完成修改。然后在你的浏览器上加载这个页面。我们已经解决了之前Marcy遇到的一些问题。

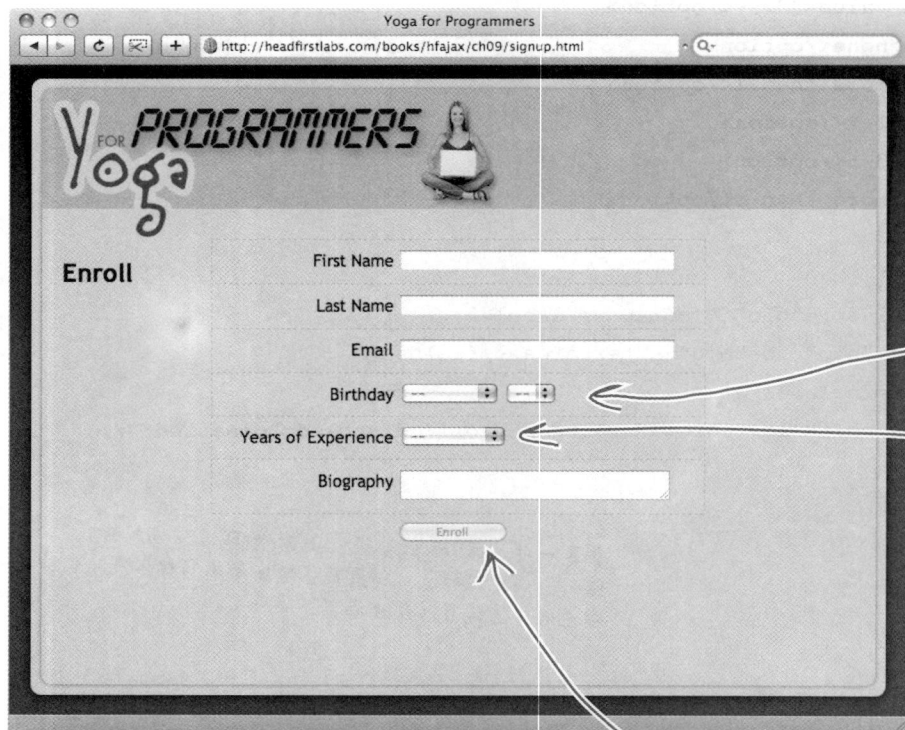

现在Birthday是一组选择框，一个用于选择月份，另一个用于选择日期。

Years of Experience也是一个选择框，包含一些预定义的选择。

表单不能立即提交。

there are no
Dumb Questions

问： 开玩笑吧？这甚至连JavaScript都不是…… 只是一些HTML而已。怎么回事？

答： 如果你更喜欢使用JavaScript和异步请求编写代码，深入纠缠XHTML肯定会麻烦一点。不过重申一句，如果能让Web页面做好自己的工作，你编写代码时就会容易得多。

问： 这么说，我要尽可能地使用选择框，对吗？

答： 在数据输入方面，这是一个很好的原则。向JavaScript提供的数据越不合法，格式越不正确，你的JavaScript代码要做的工作就越多。

问： 如果所有这些工作都在JavaScript中完成，而不与XHTML Web页面搅和，这又有什么大不了的？有什么问题吗？

答： 如果客户没有耐心，这就会有大问题。在脚本中编写验证代码通常很容易，但是客户不喜欢看到错误消息。如果能用适当的控件确保客户输入合适的数据，他们就不太需要由验证代码给出的错误消息。用户会得到更愉悦的体验，这往往很有好处。

问： 为什么要在HTML中禁用"Enroll"按钮？我们不是一直在一个initPage()函数中做这件事然后从window.onload调用initPage()吗？

答： 在前面几章中，我们都使用了initPage()来禁用按钮，你说得没错。这里当然也可以这么做，或者也可以在XHTML中将按钮设置为禁用。说实在的，这两种方法并没有太大的差别。

不过，在XHTML中禁用"Enroll"按钮另有一个小小的优点，现在XHTML确实表示了初始的页面。换句话说，initPage()并不是一加载页面就完成页面修改，所以XHTML能够提供加载时页面的一个更准确的表示。不过，如果你更愿意在initPage()函数中禁用按钮，也没有什么问题。

没有人喜欢看到这样的错误消息，"嘿，你做错了。再试一次"。

可以验证数据的格式，
还可以验证数据的内容

前面一直都很随意地使用验证一词。在用户的浏览器上，可以确保用户输入他的名字和出生日期。这就是验证的一种形式。在服务器上，我们可以确保用户的用户名尚未被占用。这是验证的另一种形式。

对于第一种情况，所验证的是一个数据格式。可以确保用户名至少包含6个字符，或名字域中确实有一个值，或者email地址中要包含一个@符号和一个.com或.org。验证数据格式时，通常用客户端代码处理。

要用JavaScript验证用户数据的格式。

通过使用客户端代码来验证数据格式，可以让用户很快知道存在问题，而不必等待服务器响应。

有时你要做更多工作，而不只是确保一个字符串中包含多少个字符，或者确保输入的确实是一年中的某个月份。可能你还需要根据数据库来检查数据，以防出现重复输入，或者要运行一个计算，其中涉及网络上的其他程序。

在这些情况下，就是在验证用户数据的内容。这些工作通常不会在客户端完成。需要将数据发送到服务器，让服务器上的程序检查数据的合法性。

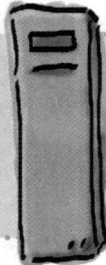

在服务器上验证用户数据的内容。

要由应用的业务逻辑来查看用户数据的内容是否可以接受。使用服务器端程序让用户知道他们输入的数据存在什么问题。

设计合理的应用不仅会验证用户数据的**格式**，还会验证用户数据的**内容**。

这两类验证**都**很需要，可以避免不正确的数据进入你的应用和数据库。

需要验证Marcy登记页面上数据的**格式**

下面再来看要验证Marcy的页面需要做些什么。对于每个域，实际上只是在验证数据的格式。这说明，使用JavaScript可以做到所需的任何事情。

以下列出了我们的验证需求。

First name　这应当是一个必填域。
　　　　　名字中只能有字母。

Last name　这应当是一个必填域。
　　　　　名字中只能有字母。

E-Mail　这应当是一个必填域。
　　　　还要确保还需要确保它有合法的email格式。

Birthday　这应当是一个必填域。
　　　　应当是某种一致的格式。

Years of Yoga　这应当是一个必填域。
　　　　　应当是一个数字。

Biography　这应当是一个必填域。
　　　　可能需要一个长度限制？

通过使用XHTML选择框确保出生日期采用一种一致的格式。

这不是一个数字，而要采用我们通过选择框所控制的一种格式。

Marcy说生日、自述和已练瑜珈的时间不是必要的。

Exercise

可以使用JavaScript验证所有这些域的格式，但是下一步到底该做些什么？

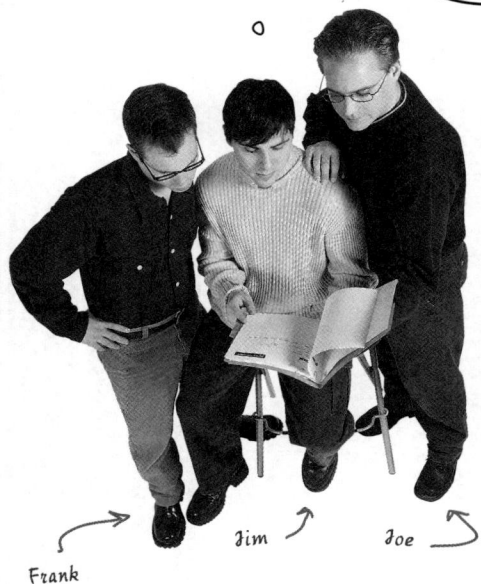

我一直在查看这些验证需求，我不认为这会有多难。我们只需要建立一组事件处理程序，对应页面上的各个域分别有一个事件处理程序。

Joe：比如说checkFirstname()和checkLastname()，对不对？

Jim：没错。这样一来，我们只需为适当的域注册各个事件处理程序，一切就大功告成了。

Joe：太棒了，那我们就——

Frank：朋友们，稍等一下。我不认为这是一个好主意。这样不就是在多个不同的域上做相同的检查吗？

Jim：你的意思是……就像确保一个域中包含一个非空值？对，是有这个问题…… 嗯…… 名、姓和email都要做同样的这个验证。

Frank：是这样。如果我们要对不同的域完成相同的检查，不就会在各个事件处理程序中重复代码吗？

Joe：确实，他说得有道理。这么说，可能需要有一些工具函数，如fieldIsFilled()，这样就可以从各个事件处理程序调用这些工具函数，所以checkFirstname()和checkLastname()只需调用fieldIsFilled()来查看这些域是否为空。

Jim：嗯，这样更好一些。来吧，让我们——

Frank：再等一下。我还认为可以做得更好。为什么需要一个checkFirstname()函数呢？

Jim：哦，它要调用那些工具函数。

Joe：嗯，暂停，我想我明白Frank的意思了。如果建立工具函数时取一个域作为参数，然后完成指定域的检查，这样怎么样？

Jim：但是还是需要一个函数来调用对各个域的所有检查，就像我前面说的，checkFirstname()之类的函数……

Joe：难道不能为一个域指定多个事件处理程序吗？

Frank：明白了！所以只需将各个验证函数指定到应用这个验证的域。就像这样……

不要自我重复（Don't Repeat Yourself）：DRY

软件设计中的核心原则之一称为DRY：不要自我重复（don't repeat yourself）。换句话说，一旦在某处编写了一段代码，就要避免在另外某个地方编写同样的这段代码。

在验证方面，这说明不应该在两个（或者更多）地方编写同样的代码来查看一个域是否为空。下面来编写一个工具函数，然后反复使用这个函数。

```
function fieldIsFilled() {
  if (this.value == "") {
    // Display an error message
  } else {
    // No problems; were good to go
  }
}
```

这个函数是通用的。它可以作为事件处理程序应用到任何域。

查看这个域是否不包含任何值……

……然后显示一个错误，或者允许用户继续。

现在可以为多个域指定这个事件处理程序，例如在一个initPage()函数中做如下指定。

```
document.getElementById(firstname).onblur = fieldIsFilled;
document.getElementById(lastname).onblur = fieldIsFilled;
document.getElementById(email).onblur = fieldIsFilled;
```

因为fieldIsFilled()没有绑定到特定的某个域，它可以用做为多个域的事件处理程序。

不要自我重复

如果两个不同的位置上存在同样的代码，很容易只修改一处代码而忘记修改另一处代码。如果只写一次代码，你的应用将更容易维护，也更模块化。要记住：不要自我重复！

Exercise

fieldIsFilled()有一个严重的问题。你能发现这个问题并修正吗？

提示：可能需要另一个JavaScript文件来修正fieldIsFilled()的问题。

> 看上去不错，Jim，不过我觉得这里可能有问题，特别是像这样为页面上的同一个对象指定多个事件处理程序。

Jim：你是什么意思？我已经试过了，一切都很好。

Frank：但是你现在只是向各个域指定了一个事件处理程序，对不对？

Jim：没错。而且我们已经有一个工具函数 addEventHandler()，需要增加多个事件处理程序时就可以使用这个工具函数，所以我完全可以处理多个浏览器以及 addEventListener/attachEvent 之类的问题。

Frank：但是你在 fieldIsFilled() 中使用了 this……

Jim：对。这正是…… 唉呀，这么说，一旦开始使用 addEventHandler()——

Frank：——this 就不能正常工作了。这正是问题所在。

Exercise Solution

你发现 fieldIsFilled() 的问题了吗？如果向一个域指定多个事件处理程序，就需要使用 addEventHandler()…… 而一旦使用这个函数，在你的事件处理程序中 "this" 关键字就不再起作用。我们是下列方法修正这个问题的。

使用 addEventHandler() 时会得到一个事件对象。

```
function fieldIsFilled(e) {
  var me = getActivatedObject(e);
  if (me.value == "") {
    // Display an error message
  } else {
    // No problems; were good to go
  }
}
```

需要得到激活对象，因为注册到同一个域的多个事件处理程序不能再依赖于 "this"。

这个代码需要用到 utils.js，其中包含有 getActivatedObject() 和 addEventHandler() 的代码。

there are no Dumb Questions

问: 为什么又要用到多个事件处理程序?

答: 因为我们要为各类验证函数构建事件处理程序。比如查看一个域的值是否为空,或者一个值是否是正常的email格式。

所以,对于一个域,可能要指定多个此类工具函数。例如,firstname域不能为空,而且只能包含字母字符。

问: 这么说,由于我们要使用多个事件处理程序,所以不能用this,对吗?

答: 说实在的,确实如此。因为有些域需要多个事件处理程序,所以需要使用之前在utils.js中编写的addEventHandler()工具方法。由于我们要使用这个方法来注册事件处理程序,因此不能在这些事件处理程序中使用this。

问: 如果对各个域使用一个shell函数,比如checkFirstname(),然后从这个shell函数调用各个验证函数,这样不是更简单一些吗?

答: 并非如此。把this改为getActivatedObject()并不困难(特别是如果已经有一组辅助函数,如utils.js中编写的函数)。另外,如果采用你的做法,我们还需要更多的函数。除了验证函数外,对应各个域还需要一个包装器,它的作用只是将这个域与其所有事件处理程序连接。

问: 我觉得还是不太明白这个DRY。你能再解释一下吗?

答: 当然可以。DRY代表"不要自我重复"(Don't Repeat Yourself)。DRY是一个相当著名的软件设计原则,其含义是只希望一段代码出现在一个位置上。这样一来,如果你在检查一个域是否包含空值,这个代码只应出现在一处,而其他需要此功能的代码可以调用这个代码。

如果遵循DRY原则,则不必在脚本中的多个位置修改同样的一段代码。这说明,你的代码将更易于修改、维护和调试。

关于DRY和其他设计原则的更多信息,可以参考《Head First Object-Oriented Analysis and Design》。

问: DRY原则如何应用到Marcy的瑜伽应用?

答: 嗯,每个验证函数都是一段代码,实现为一个函数。如果把这个代码放在单个的事件处理程序中,就可能出现重复的代码。在这种情况下,checkFirstname()可能包含检查是否为空域的代码,而checkLastname()可能包含同样的代码。如果你发现还有一种更好的办法来实现这个功能,就必须对两处都作出修改——这就违反了DRY原则。

问: 这么说,不管怎么样你绝对不会重复代码,是吗?

答: 有时可能必须违反DRY原则,但这种情况很少见。作为一般原则,如果努力遵循DRY,你的代码会设计得更好。如果你努力了但未能做到,也不用太担心。关键是要尽你所能地不重复代码,因为从长远来看DRY可以让你设计和编写出更好的代码。

不自我重复的代码更易于修改、维护和调试。一定要尽量编写DRY代码!

下面创建更多事件处理程序

fieldIsFilled()相当简单。下面再为所需的另外一些事件处理程序编写代码。各个事件处理程序的编写类似于fieldIsFilled()：通过使用getActivatedObject()可以得到激活对象，然后验证相应域的格式。

```
function fieldIsFilled(e) {
  var me = getActivatedObject(e);
  if (me.value == "") {
    // Display an error message
  } else {
    // No problems; were good to go
  }
}

function emailIsProper(e) {
  var me = getActivatedObject(e);
  if (!/^[\w\.-_\+]+@[\w-]+(\.\w{2,4})+$/.test(me.value)) {
    // Display an error message
  } else {
    // No problems; were good to go
  }
}
```

这个事件处理程序检查一个email格式，确保格式为name@domain.com（或.org、.gov等等）。

这是检查email格式的正则表达式（取自《Head First JavaScript》）。

稍后会区别存在错误和不存在任何问题时分别需要什么代码，不过现在可以先使用这些注释。

这个事件处理程序检查一个域，查看其中是否只包含a~z的字母，不区分大小写。

```
function fieldIsLetters(e) {
  var me = getActivatedObject(e);
  var nonAlphaChars = /[^a-zA-Z]/;
  if (nonAlphaChars.test(me.value)) {
    // Display an error message
  } else {
    // No problems; were good to go
  }
}

function fieldIsNumbers(e) {
  var me = getActivatedObject(e);
  var nonNumericChars = /[^0-9]/;
  if (nonNumericChars.test(me.value)) {
    // Display an error message
  } else {
    // No problems; were good to go
  }
}
```

这是另一个正则表达式。它表示a到z或A到Z以外的所有字符，也就是所有非字母字符。

如果域的值中包含这些非字母字符，那么值就不完全由字母组成。

fieldIsNumbers()确保一个域的值中只包含数字。

这个表达式捕获数字0~9范围以外（使用^符号）的字符。

关于正则表达式的更多信息，请参考《Head First JavaScript》。

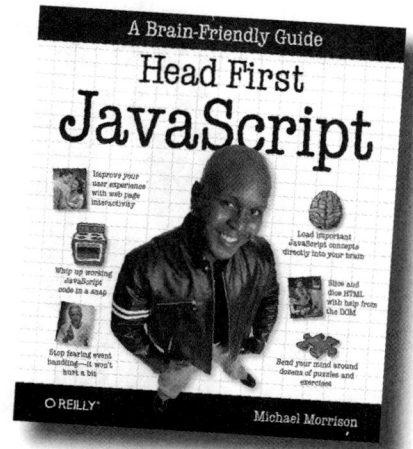

A Brain-Friendly Guide
Head First
JavaScript

Improve your user experience with web page interactivity

Whip up working JavaScript code in a snap

Stop fearing event handling—it won't hurt a bit

Load important JavaScript concepts directly into your brain

Slice and dice XHTML with help from the DOM

Bend your mind around dozens of puzzles and exercises

O'REILLY®   Michael Morrison

Sharpen your pencil

既然有了事件处理程序，你能为Marcy的应用编写initPage()吗？创建一个新脚本，保存为enroll.js。增加上面的事件处理程序以及你编写的initPage()。然后在Marcy的XHTML中引用enroll.js和utils.js。

尝试加载登记页面。它会对你的输入进行验证吗？

Sharpen your pencil Solution

你的任务是为Marcy的瑜珈页面编写一个initPage()函数，并使用前面两页的事件处理程序来验证用户输入。

```
window.onload = initPage;

function initPage() {
  addEventHandler(document.getElementById("firstname"), "blur", fieldIsFilled);
  addEventHandler(document.getElementById("firstname"), "blur", fieldIsLetters);
  addEventHandler(document.getElementById("lastname"), "blur", fieldIsFilled);
  addEventHandler(document.getElementById("lastname"), "blur", fieldIsLetters);
  addEventHandler(document.getElementById("email"), "blur", fieldIsFilled);
  addEventHandler(document.getElementById("email"), "blur", emailIsProper);
}
```

……希望在用户移出这个域时进行验证……

得到各个域……

……最后，为这个域指定事件处理程序。

一些域指定了多个事件处理程序。

你说过要进行测试，但是怎么测试呢？现在对于有问题的情况我们只有一些注释…… 是不是应该加入一些alert()语句让用户知道出现了问题？

alert()会让一切都停顿…… 而用户不希望停下来。

使用alert()是一种非常笨的方法。这个小弹出窗口会把页面上的所有工作都置于一种停滞状态。之前，我们曾使用一些图标来让用户知道发生了什么。但是那种方法存在一个问题，特别是如果试图对Marcy的页面应用那个方法时，这个问题会更突出。

为什么简单地允许或拒绝图标对Marcy的页面不适用？你还有什么不同的做法？

我觉得我们需要告诉用户他们的输入存在什么问题。未在域中输入任何内容与输入的数据格式不正确（比如email数据）有很大区别，只是一个大红叉（"×"）对于区分到底出了什么问题没有太大帮助。

Jim：有道理。所以对于每个错误，应该可以显示与这个错误有关的一个消息。比如，"请输入一个名"或者"E-mail应采用name@domain.com的格式"。

Frank：没错，这看起来对用户更友好。

Joe：但是可能没有这么简单吧——

Frank：是的，你发现问题了，对不对？

Jim：什么问题？

Joe：嗯，我们来看通用事件处理函数。这些函数不知道它们要测试哪个域，所以它们不知道要显示什么错误消息。

Frank：对了。我们需要一种方法将一组错误消息关联到各个域，然后再想办法查找适当的错误消息。

Joe：激活对象怎么样？我们可以在事件处理程序中得到激活对象，所以是不是可以使用这个对象来查找错误消息？

Jim：嘿，我有办法了。能不能维护一种名/值结构，其中包含一个域的名，而对应这个域的值是一个错误消息？

Frank：我喜欢这个办法……　我觉得这办法能奏效。这样一来，就可以根据域名查找错误，而域名可以从激活对象得到。

Joe：但是每个域会不会出现多个问题？每一个域需要多个错误消息。

Frank：嗯。所以对应各个域要有一个键，另外要有一组错误和相应的消息。是不是？

Jim：怎样在JavaScript中做到这一点呢？

JavaScript之子归来

上一章中，服务器端程序使用JSON来表示复杂的对象结构。不过JSON并不只用于服务器端！只要需要表示名/值映射，JSON都是绝佳的解决方案：

这是这个对象的变量名。

itemDetails.id的值是 "itemShades"。

```
itemDetails = {
    "id" : "itemShades",
    "description" : "Yoko Ono's sunglasses. ...",
    "price" : 258.99,
    "urls" : ["http://www.beatles.com/",
              "http://www.johnlennon.com/",
              "http://www.yoko-ono.com/"]
}
```

itemDetails.urls的值是一个值数组。

属性的值可以是另一个JavaScript对象

你已经看到属性可以有串值、整数值和数组值。不过属性还可以把另一个对象作为属性值，仍以JSON表示。

```
itemDetails = {
    "id" : "itemShades",
    "description" : "Yoko Ono's sunglasses. ...",
    "price" : 258.99,
    "urls" : {
        "band-url":"http://www.beatles.com/",
        "singer-url": "http://www.johnlennon.com/",
        "owner-url": "http://www.yoko-ono.com/"
    }
}
```

大括号表示另一个对象值。

这一次urls属性的值是另一个JSON表示的对象。

itemDetails.urls.band-url

itemDetails.urls.singer-url

itemDetails.urls.owner-url

可以再"加"一个点号操作符来访问这些嵌套值。

JSON贴

你能用以下的磁贴建立一组映射吗？要提供各个域的表示，每一个域会有一组映射，分别将一个特定的错误类型映射到该错误的相关消息。

```
var _____ = {
  "_____" : {
    "_____": "_____",
    "_____": "_____"
  },
  "_____" : {
    "_____": "_____",
    "_____": "_____"
  },
  "_____" : {
    "_____": "_____",
    "_____": "_____"
  }
}
```

required

Only letters are allowed in a first name.

firstname

lastname

letters

Please enter in your e-mail address.

Please enter in your first name.

letters

email

Please enter your e-mail in the form 'name@domain.com'.

required

Only letters are allowed in a last name.

required

Please enter in your last name.

format

warnings

JSON贴答案

你能用以下的磁贴建立一组映射吗？要提供各个域的表示，每一个域会有一组映射，分别将一个特定的错误类型映射到该错误的相关消息。

*warnings*是整个对象的变量名。

对应各个域和该域的各个警告有一个特定的错误消息。

```
var " warnings " = {
    " firstname " : {
        " required " : " Please enter in your first name. ",
        " letters " : " Only letters are allowed in a first name. "
    },
    " lastname " : {
        " required " : " Please enter in your last name. ",
        " letters " : " Only letters are allowed in a last name. "
    },
    " email " : {
        " required " : " Please enter in your e-mail address. ",
        " format " : " Please enter your e-mail in the form 'name@domain.com'. "
    }
}
```

对于要完成验证的各个域有一个顶级映射。

对于各个域上可能发生的各种类型错误有一个第二层映射。

下面警告Marcy的客户，指出他们的输入有问题

利用包含所有错误消息的warnings对象，可以向Marcy的页面增加警告。在各个事件处理程序验证函数中可以得到以下信息。

❶ 通过一个激活对象得到需要验证的域。

❷ 所出现问题的特定类型（例如，我们知道一个域是否为空或格式是否不正确）。

根据这些信息，在警告中需要做到如下3点。

❶ 确定有问题的域的父节点。

❷ 创建一个新的<p>，并把它作为子节点增加到该域的父节点。

❸ 查找适当的警告，增加该警告作为新<p>元素的文本，这样浏览器就会在表单上显示这个警告。

对于Marcy的表单，以下是处理这个功能的warn()函数。

在我们的事件处理函数中，可以传入域和问题的类型。

这会得出这个域和警告类型相应的串。

```
function warn(field, warningType) {
  var parentNode = field.parentNode;
  var warning = eval(warnings. + field.id + . + warningType);
  if (parentNode.getElementsByTagName("p").length == 0) {
    var p = document.createElement("p");
    field.parentNode.appendChild(p);
    var warningNode = document.createTextNode(warning);
    p.appendChild(warningNode);
  } else {
    var p = parentNode.getElementsByTagName("p")[0];
    p.childNodes[0].nodeValue = warning;
  }
  document.getElementById("submit").disabled = true;
}
```

这个检查用于查看是否已经有一个<p>可以为之增加警告。

如果没有，创建一个<p>元素以及包含适当警告的文本节点。

这个"else"对应已经有一个<p>元素的情况，可以在其中增加警告。

如果存在问题，确保"Enroll"按钮不能点击。

前面几页已经做了很多工作，进行测试之前，还需要完成几个步骤确保前面的工作确实奏效。你需要做以下工作。

☐ 根据432页的答案在enroll.js脚本中增加warnings变量。可以把这个变量放在函数以外的任何位置，与window.onload事件处理程序的指定在同一"层次"上。

☐ 另外根据433页的代码在enroll.js中增加warn()函数。

☐ 更新各个验证函数，如fieldIsFilled()和fieldIsLetters()，使之在出现问题时调用warn()。要向warn()函数传入激活对象和一个串，如"required"或"format"。查看432页上warings变量的值，可以得出对应各个警告类型使用哪个字符串。

there are no
Dumb Questions

问： warn()怎么知道它在为哪个域增加警告消息？

答： 各个验证函数都知道在对哪个域完成验证，因为有getActivatedObject()。所以当事件处理函数调用warn()时，这个函数会把激活对象传给warn()。

问： 那么警告类型呢？这从哪里得来？

答： 警告类型针对于事件处理函数。fieldIsFilled()的警告类型为"required"，因为这正是这个函数所要检查的：查看一个必填域是否有值。

每个事件处理程序都要传递一个警告类型，与warinings变量的某个预定义值匹配，如"required"、"letters"或"format"。

问： 那个parentNode又是什么？

答： 我们希望把警告直接增加到具体的输入框下面。如果得到输入框（域）的父节点，就可以把警告增加为该节点的另一个子节点。其结果是，这个警告消息成为输入域本身的一个兄弟节点……并且直接显示在这个域下面。

问： 警告消息来自warnings变量吗？

答： 完全正确。我们把这个消息

放在一个\<p>中，作为这个域父节点的一个子节点。

问： 那行eval()代码是做什么的？我有点不明白……

答： 首先，请看计算的内容：'warnings.' + field + '.' + warningType。这可能得到'warnings.firstname.required'或'warnings.email.format'。它们分别映射到一个错误消息，这正是我们想要的。

所以要计算表达式warnings.firstname.required，需要在这个表达式上运行eval()。这会得到与之对应的错误消息，然后显示在登记表单上。

运行测试

来尝试更多错误。

确保你已经完成了434页上所列的各项任务，然后重新加载Marcy的登记页面。试着输入一些"不好的"数据组合：某些域不输入值、输入一个不合法的email地址，尝试在姓名域中输入数字。会发生什么情况？

first name域中包含数字，而名中只应包含字母。

last name域没有值。

这个email地址并不是真正的email，它是一个域名。

> 等一下……上一章一直都在大谈eval()有多危险。现在又要用它吗？难道不该当心点吗？

如果你能控制所计算的数据，就可以安全地使用eval()。

在第10章中，我们计算的是来自一个服务器端程序的数据。这个程序不是我们编写的，而且无法看到源代码，所以计算这个代码不太安全。我们无法确保代码是合法的JSON，相应地能够安全地在用户的浏览器上运行。

但是对于warnings变量，要计算的代码正是我们自己创建的，所以没有任何危险。实际上，我们可以进行测试，如果存在问题，只需修改warnings，因此在你能够控制的代码上运行eval()是相当安全的。

```
eval('warnings.' + field.id + '.' + warningType);
```

```
eval('warnings.firstname.letters');
```

运行eval()代码并无任何不安全之处，因为它计算的变量由我们自己控制。

```
"Only letters are allowed in a first name."
```

Bobby98
Only letters are allowed in a first name.

如果没有调用warn()，就必须调用unwarn()

Marcy的登记页面存在一个严重的问题；用户的输入没有任何问题时如何去除那些错误消息呢？目前我们的错误处理程序如下。

```
function fieldIsFilled(e) {
  var me = getActivatedObject(e);
  if (me.value == "") {
    // Display an error message
    warn(me, "required");
  } else {
    // No problems; we're good to go
  }
}
```

warn()函数负责在表单上显示错误。

```
Bobby98
Only letters are allowed in a first name.
```

如果没有任何问题，需要去除所有错误消息。

如果有警告消息，就要将其去除

下面来构建一个unwarn()函数。第一部分非常简单：对于传入的域，只需查看是否存在一个警告。如果有，则将这个警告去掉。如果没有警告，则不需要做任何工作。

```
function unwarn(field, warningType) {
  if (field.parentNode.getElementsByTagName("p").length > 0) {
    var p = field.parentNode.getElementsByTagName("p")[0];
    var currentWarning = p.childNodes[0].nodeValue;
    var warning = eval('warnings.' + field.id + '.' + warningType);
    if (currentWarning == warning) {
      field.parentNode.removeChild(p);
    }
  }
}
```

只有当至少存在一个包含警告的<p>时才需要去除警告。

得出要去除哪个类型的警告。

只有当警告与传入unwarn()的warningType匹配时才去除这个警告。

如果警告类型匹配，则去除这个警告。

Exercise

unwarn()还不完全。这个函数还需要确定"Enroll"按钮应当启用还是禁用。请写出代码，确定是否已经显示警告消息，如果是，"Enroll"按钮则应禁用；否则，用户可以点击"Enroll"按钮来提交表单。

提示：如果需要回顾用到的所有知识，可以参考第416页的上机练习以及那里的XHTML代码。

unwarn()还不完全。这个函数还需要确定"Enroll"按钮应当启用还是禁用。你的任务是写出代码,确定是否已经显示警告消息,如果是,"Enroll"按钮则应禁用;否则,用户可以点击"Enroll"按钮来提交表单。

```javascript
function unwarn(field, warningType) {
  if (field.parentNode.getElementsByTagName("p").length > 0) {
    var p = field.parentNode.getElementsByTagName("p")[0];
    var currentWarning = p.childNodes[0].nodeValue;
    var warning = eval('warnings.' + field.id + '.' + warningType);
    if (currentWarning == warning) {
      field.parentNode.removeChild(p);
    }
  }
  var fieldsets =
    document.getElementById("content").getElementsByTagName("fieldset");
  for (var i=0; i<fieldsets.length; i++) {
    var fieldWarnings = fieldsets[i].getElementsByTagName("p").length;
    if (fieldWarnings > 0) {
      document.getElementById("enroll").disabled = true;
      return;
    }
  }
  document.getElementById("enroll").disabled = false;
}
```

所有<p>警告都是<fieldset>元素的子节点,所以先得到所有这些<fieldset>。

对于每个<fieldset>,可以查看是否存在<p>子元素。

如果有警告,禁用"Enroll"按钮并返回。

这等价于查看是否存在任何警告,因为各个警告都在<p>元素中。

如果没有任何警告,表单一切正常……所以启用"Enroll"。

运行测试

打开和关闭警告。

现在再对登记表单做一次测试。在各个验证事件处理程序中,如果不存在验
证问题则增加一行调用unwarn(me);的代码。看上去很不错,是不是?

数据不合法时会
显示错误……

……但是错误修正后这个
消息会消失。

既然所有数
据都是合法
的,所以启
用"Enroll"
按钮。

你开玩笑吧？所有这些只是为了在客户端完成一个小小的验证吗？这有点荒谬吧，不是吗？另外，这里有Ajax的内容吗？

验证是一个吃力不讨好的工作…… 但是每一个应用都需要验证。

从表单得到正确的数据通常相当烦琐，而且要花很长时间来完成验证。不过，对于大多数客户来说验证都非常重要。以Marcy为例：如果没有正确的数据，她就不能完成课程登记，也不能向潜在客户发出邮件，自然无法开展新业务。

这一点同样适用于付钱让你开发的所有Web应用，验证都是至关重要的。尽管Marcy的登记表单没有发出异步请求，但这仍是一种典型的Web应用，作为一个Web开发人员，你会经常开发这种应用。要知道，没有多少程序员会完全依赖于异步请求。

所以还是多花点时间在页面上完成验证。这样一来，你的客户肯定会对你大加赞赏，他们的业务也会纷至沓来……这意味着，你会有更多的工作、更好的回报，以及更少的打扰，否则你可能经常在半夜被电话吵醒，告诉你"应用出了问题"！

每一个应用都需要验证！

Sharpen your pencil

以下是Marcy的数据库和410页上我们找出的问题，请在每个问题后面说明你对登记表单所做的修改是否已经修正了相应问题。

firstname	lastname	email	bday	yrs	bio
Susan	Smith	ss@myjob.com	1 January	0	I'm a systems analyst
Bob	Brown		August 300	5	
Susan	Smith	ss@myjob.com	1 January	0	I'm a systems analyst
F0b#2938					View my porn for free!!!! 192.72.90.234
Jones	Jane	www.myjob.com			
Gerry	MacGregor	mac@myjob	March 23, 1972	99	
Mary		mw@myjob.com			I've been doing yoga for 12 years
Bill	Bainfield	bb@myjob.com	5-27-69		

1. Susan Smith注册了两次。..

2. Bob Brown没有给出他的email地址。..

3. F0b#2938记录是垃圾信息，不是一个真正的客户。..

4. Jane Jones输入的是一个网站URL，而不是email地址。...................................

5. Gerry MacGregor的email不合法……他可能漏了.com或.org。.......................

6. Gerry MacGregor不可能已经练过99年瑜珈。...

7. Mary没有输入她的姓氏。..

8. 每个人对生日都使用了不同的格式。..

9. Jane Jones、Bob Brown和Bill Bainfield的信息不全。.................................

10. ....

Sharpen your pencil
Solution

我们已经增加了很多验证……不过这些验证具体解决了哪些问题？你的任务是明确我们增加的验证可以避免哪些问题。

firstname	lastname	email	bday	yrs	bio
Susan	Smith	ss@myjob.com	1 January	0	I'm a systems analyst
Bob	Brown		August 300	5	
Susan	Smith	ss@myjob.com	1 January	0	I'm a systems analyst
F0b#2938					View my porn for free!!!! 192.72.90.234
Jones	Jane	www.myjob.com			
Gerry	MacGregor	mac@myjob	March 23, 1972	99	
Mary		mw@myjob.com			I've been doing yoga for 12 years
Bill	Bainfield	bb@myjob.com	5-27-69		

还没有增加任何验证来处理这个问题。

1. Susan Smith注册了两次。

2. Bob Brown没有给出他的email地址。　　　　　　必填域现在得到了处理。

3. F0b#2938记录是垃圾信息，不是一个真正的客户。　　这些问题由姓名和email的格式化需求负责处理。

4. Jane Jones输入的是一个网站URL，而不是email地址。

5. Gerry MacGregor的email不合法……他可能漏了.com或org。

6. Gerry MacGregor不可能已经练过99年瑜珈。

7. Mary没有输入她的姓氏。　　　　　　　　　　　对页面XHTML的修改可以避免这些问题出现。

8. 每个人对生日都使用了不同的格式。

9. Jane Jones、Bob Brown和Bill Bainfield的信息不全。

10. _____　　　　由于Marcy更新了需求，我们的验证在这方面不再有问题。

重复数据是需要~服务器~解决的问题

现在只剩下一个问题，这就是可能有人将信息输入了两次，如上一页上的Susan Smith。但是这种问题要由一个服务器端程序来处理……服务器需要取一个记录，将它与Marcy客户数据库中现有的记录相比较。

Web页面	Web服务器	数据库

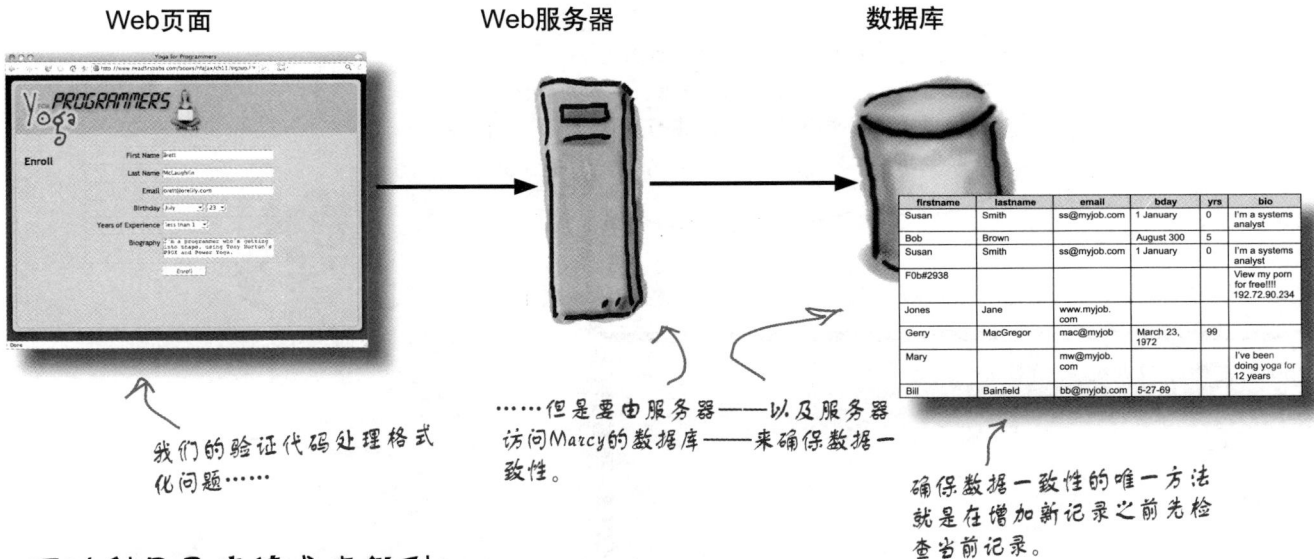

我们的验证代码处理格式化问题……

……但是要由服务器——以及服务器访问Marcy的数据库——来确保数据一致性。

firstname	lastname	email	bday	yrs	bio
Susan	Smith	ss@myjob.com	1 January	0	I'm a systems analyst
Bob	Brown		August 300	5	
Susan	Smith	ss@myjob.com	1 January	0	I'm a systems analyst
F0b#2938					View my porn for free!!!! 192.72.90.234
Jones	Jane	www.myjob.com			
Gerry	MacGregor	mac@myjob	March 23, 1972	99	
Mary		mw@myjob.com			I've been doing yoga for 12 years
Bill	Bainfield	bb@myjob.com	5-27-69		

确保数据一致性的唯一方法就是在增加新记录之前先检查当前记录。

可以利用异步请求来做到……

假设我们构建了一个服务器端程序，它取用户的信息，然后检查Marcy的客户数据库来查看这个用户是否已经存在。可以在我们的JavaScript代码中使用一个异步请求访问这个程序，一旦服务器返回一个响应，可以让用户知道他们的数据已经被接受。

……但是这样有什么好处呢？

唯一的问题是，用户等待时并不需要做什么。我们至少要使用他们的名、姓和email根据数据库进行检查，所以，在此期间用户最多能继续输入他们的出生日期和自述信息，而这些并不是必填域……

用户尝试登记时，如果让服务器检查用户的信息并发出相应的错误，实际上这样更好一些。由于目前重复的用户信息还不算太严重的问题，你可以少写很多额外的代码，只需让服务器处理并向用户报告错误。

有时，最好让服务器同步地处理问题。

并不是所有Web应用都需要异步请求和响应！

又一个满意的客户

现在大功告成了，是吗？

没错，我们已经处理了Marcy的所有验证问题，她打算让她的服务器
端程序员看看如何避免重复数据。实际上，下面来看Marcy对这个
新登记页面多么满意……

> 哇，简直帅呆了。自从这个应用上
> 线，每周的登记量是原来的2倍，我再也
> 没有遭遇奇怪的数据问题。你有意向登记
> 我的网站吗？

另一个成功的Web编程案例，可以把它作为
亮丽的一笔增加到你的简历中。

12 POST请求

怀疑：要把它当做朋友

有人正在看着你。说正经的，就是现在。

不是有信息法案自由吗？不是叫做国际互联网（Internet）吗？现如今，用户在表单里键入的任何内容或者在Web页面上所做的任何点击都会遭到监视。监视你的人可能是一个网络管理员，或者是想了解你意向的软件公司，也可能是一个恶意的黑客或投放垃圾邮件的人，不论怎样，你的信息是不安全的，除非你有意采取措施保证它的安全。对于Web页面来说，必须在用户点击"Submit"时保护用户数据的安全。

垃圾邮件……又是垃圾邮件!

影评网站遭遇了坏家伙

就在我们认为已经解决了Web世界的所有问题而满心欢喜时,先前的一个客户又回来了……而且看起来他很不高兴。

> 我遇到麻烦了。顾客开始向我抱怨……他们总收到垃圾邮件,而且他们认为这是因为注册了我的影评网站的缘故。这是你写的代码……所以你最好解决这个问题!

你的代码…… 你的问题!
Mike(Mike's Movies网站的主人)又遇到一个问题。看起来他的客户收到垃圾邮件确实与我们为Mike构建的注册表单有关,由于那个表单是我们构建的,他对我们很不满。欢迎参与Web开发解决这个问题。

你认为发生了什么问题?是不是由于我们在登记表单中所做的事情(或者未做的)使得发垃圾邮件的人能得到Mike客户的email地址,有没有这个可能?

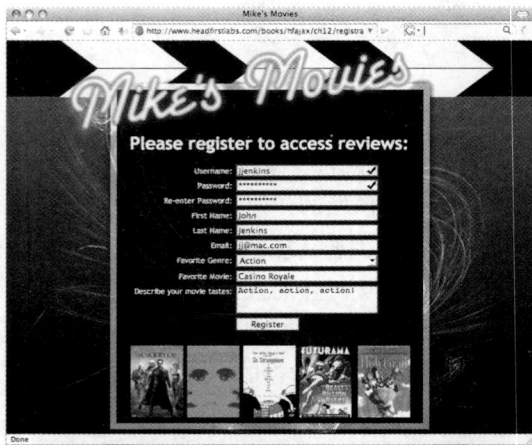

还记得Mike吗?我们为他构建了影评注册页面。

Sharpen your pencil

Mike的注册页面有什么问题？他的客户收到垃圾邮件与我们做的工作有关吗？

以下是Mike的页面和服务器。你的任务是画出它们之间的所有交互，要包括Web页面与服务器之间传递的信息。

不要担心具体用户的特定信息，只需写出页面和服务器之间来回发送的域和数据。

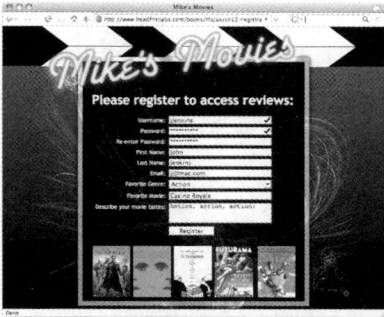

注册页面

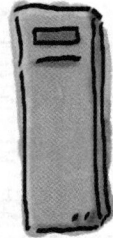

Web服务器

你认为我们做的哪些工作与Mike客户抱怨的问题有关？

....

....

....

Sharpen your pencil
Solution

你的任务是画出Mike的页面与服务器之间的所有交互，要包含Web页面和服务器之间来回传递的信息。以下是我们的答案。

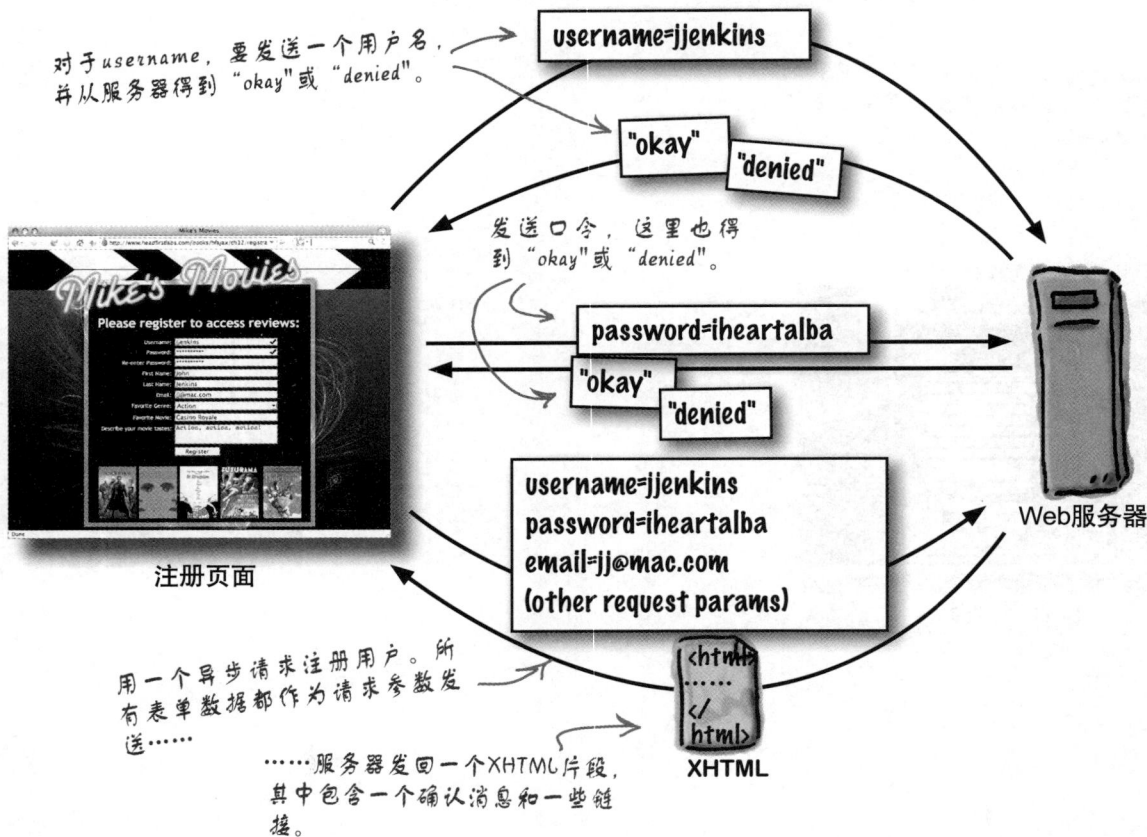

对于*username*，要发送一个用户名，并从服务器得到"okay"或"denied"。

username=jjenkins

"okay" **"denied"**

发送口令，这里也得到"okay"或"denied"。

password=iheartalba

"okay" **"denied"**

username=jjenkins
password=iheartalba
email=jj@mac.com
(other request params)

注册页面

用一个异步请求注册用户。所有表单数据都作为请求参数发送……

……服务器发回一个XHTML片段，其中包含一个确认消息和一些链接。

<html> …… </ html>
XHTML

Web服务器

你认为我们做的工作与Mike的客户抱怨的问题有关系吗？

也许！我们一直在通过网络发送用户的email地址……这样安全吗？会不会有人得到这个email地址然后向用户发垃圾邮件呢？

嗯……可能Mike的问题确实是我们的代码造成的。

GET请求将请求参数作为明文在网络上传递

我们使用GET请求向服务器发送所有用户信息。

```
function registerUser() {
  t = setInterval("scrollImages()", 50);
  document.getElementById("register").value = "Processing...";
  registerRequest = createRequest();
  if (registerRequest == null) {
    alert("Unable to create request.");
  } else {
    var url = "register.php?username=" +
      escape(document.getElementById("username").value) + "&password=" +
      other request parameters……;
    registerRequest.onreadystatechange = registrationProcessed;
    registerRequest.open("GET", url, true);
    registerRequest.send(null);
  }
}
```

registerUser()用一个异步请求发送用户的信息。

在这里告诉请求对象使用GET方法发送请求。

明文就是……明明白白的文本!

参数使用GET请求发送时，那些参数只是作为文本在网络上移动，而且这个文本采用明文形式发送。换句话说，任何监听网络的人都可以提取这个文本。

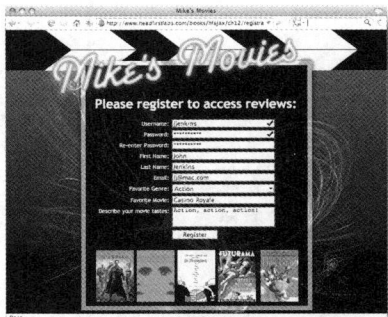

username=jjenkins
password=iheartalba
email=jj@mac.com
(other request params)

Web服务器

这个信息是明文，它只是在页面和服务器之间传递的普通文本。任何人都可以读取这个文本。

注册页面

POST请求<u>不</u>发送明文

我们需要一种方法发送同样的这些数据，但是不会把数据作为明文在网络上传递。这样一来，别人就不能四处嗅探，窃得Mike客户的email地址，从而能一劳永逸地解决这个垃圾邮件问题。

幸运的是，POST请求正是这样做的。POST采用一种与GET完全不同的方式发送请求。下面来了解POST请求。

GET请求<u>在</u>请求URL中发送数据

GET请求将数据作为请求URL中的一部分发送给服务器，将请求参数作为具体URL的一部分。

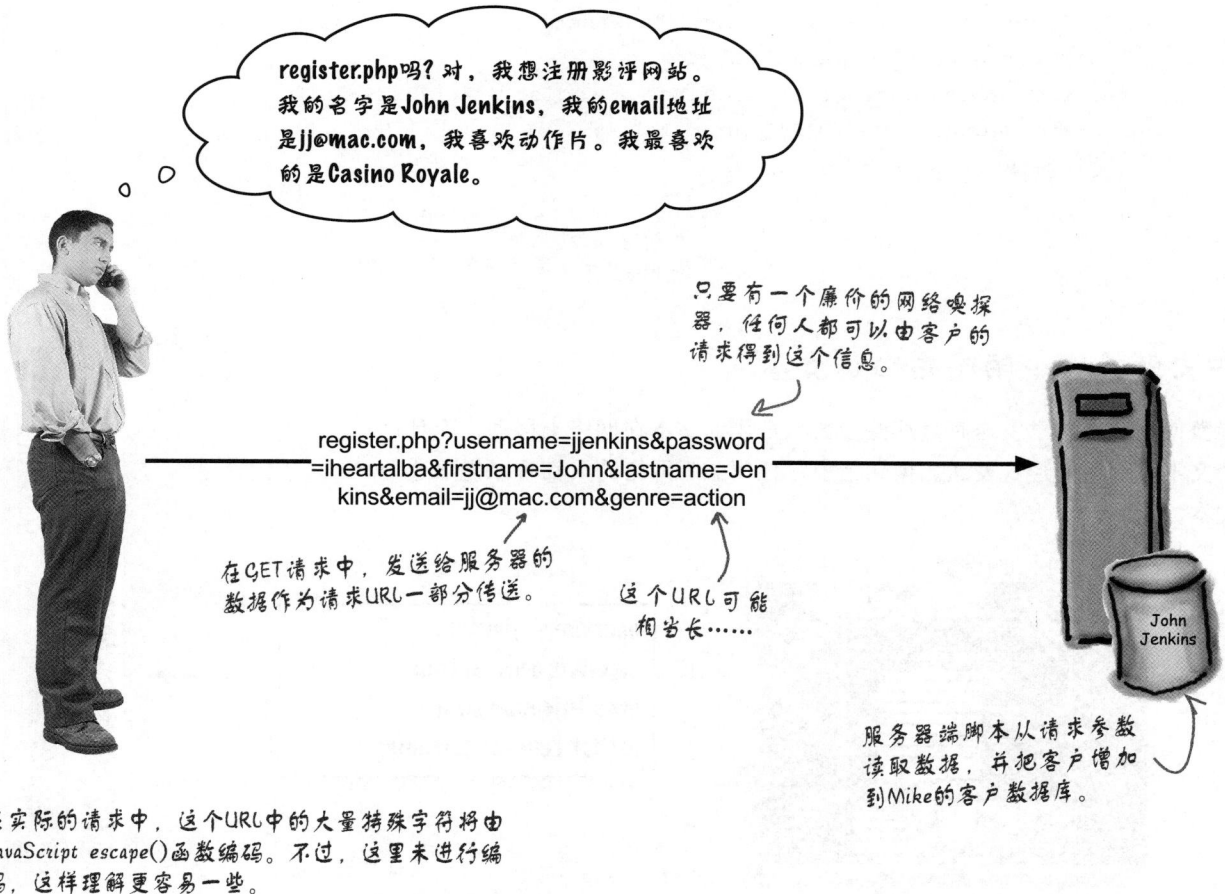

> register.php吗？对，我想注册影评网站。我的名字是John Jenkins，我的email地址是jj@mac.com，我喜欢动作片。我最喜欢的是Casino Royale。

只要有一个廉价的网络嗅探器，任何人都可以由客户的请求得到这个信息。

register.php?username=jjenkins&password
=iheartalba&firstname=John&lastname=Jen
kins&email=jj@mac.com&genre=action

在GET请求中，发送给服务器的数据作为请求URL一部分传送。

这个URL可能相当长……

John
Jenkins

服务器端脚本从请求参数读取数据，并把客户增加到Mike的客户数据库。

在实际的请求中，这个URL中的大量特殊字符将由JavaScript escape()函数编码。不过，这里未进行编码，这样理解更容易一些。

POST请求发送的数据与请求URL分离

在一个POST请求中，必须发送到服务器的数据与URL是分离的。这样一来，不再有包含数据的庞大URL，也不会在网络上发送作为明文的客户数据。

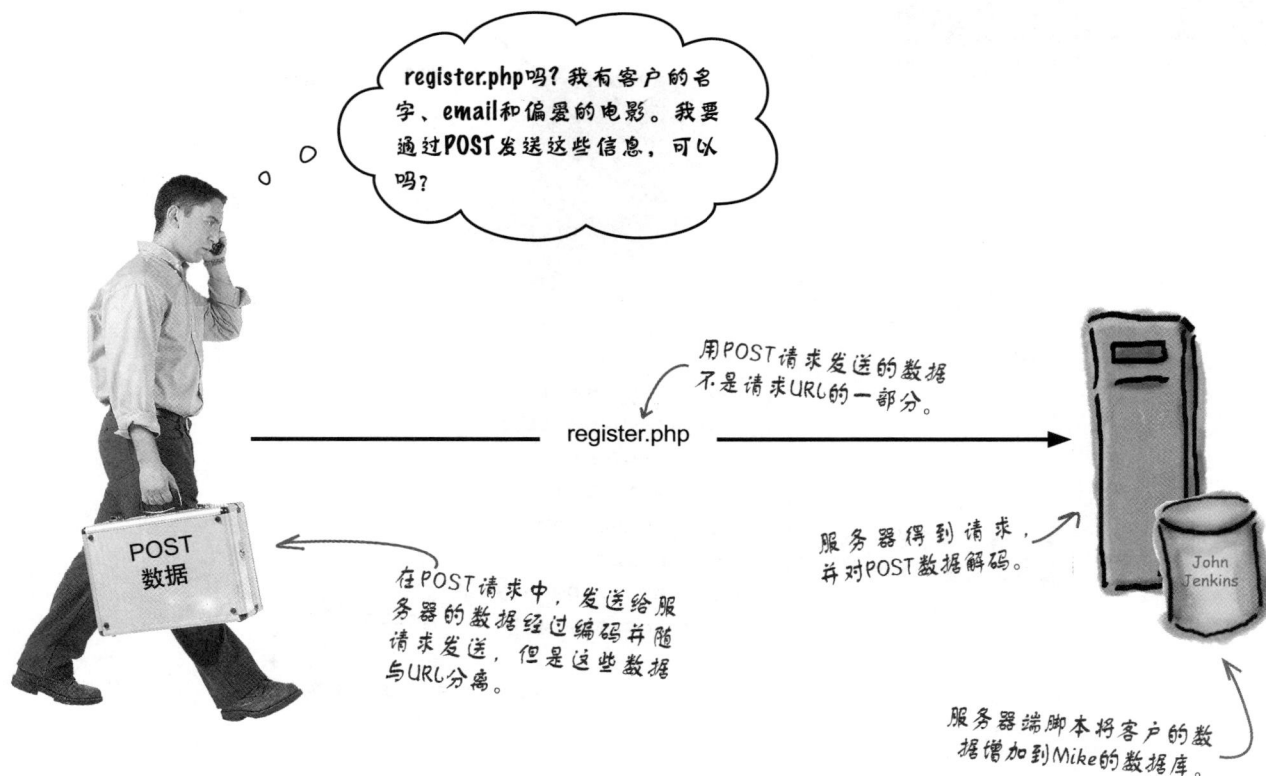

register.php吗？我有客户的名字、email和偏爱的电影。我要通过POST发送这些信息，可以吗？

register.php

用POST请求发送的数据不是请求URL的一部分。

服务器得到请求，并对POST数据解码。

POST
数据

在POST请求中，发送给服务器的数据经过编码并随请求发送，但是这些数据与URL分离。

John
Jenkins

服务器端脚本将客户的数据增加到Mike的数据库。

POST请求中的数据在到达服务器之前已经<u>编码</u>

一旦Web服务器得到一个POST请求，它会确定收到的数据是什么类型，然后将这个信息传递到请求URL指向的程序。

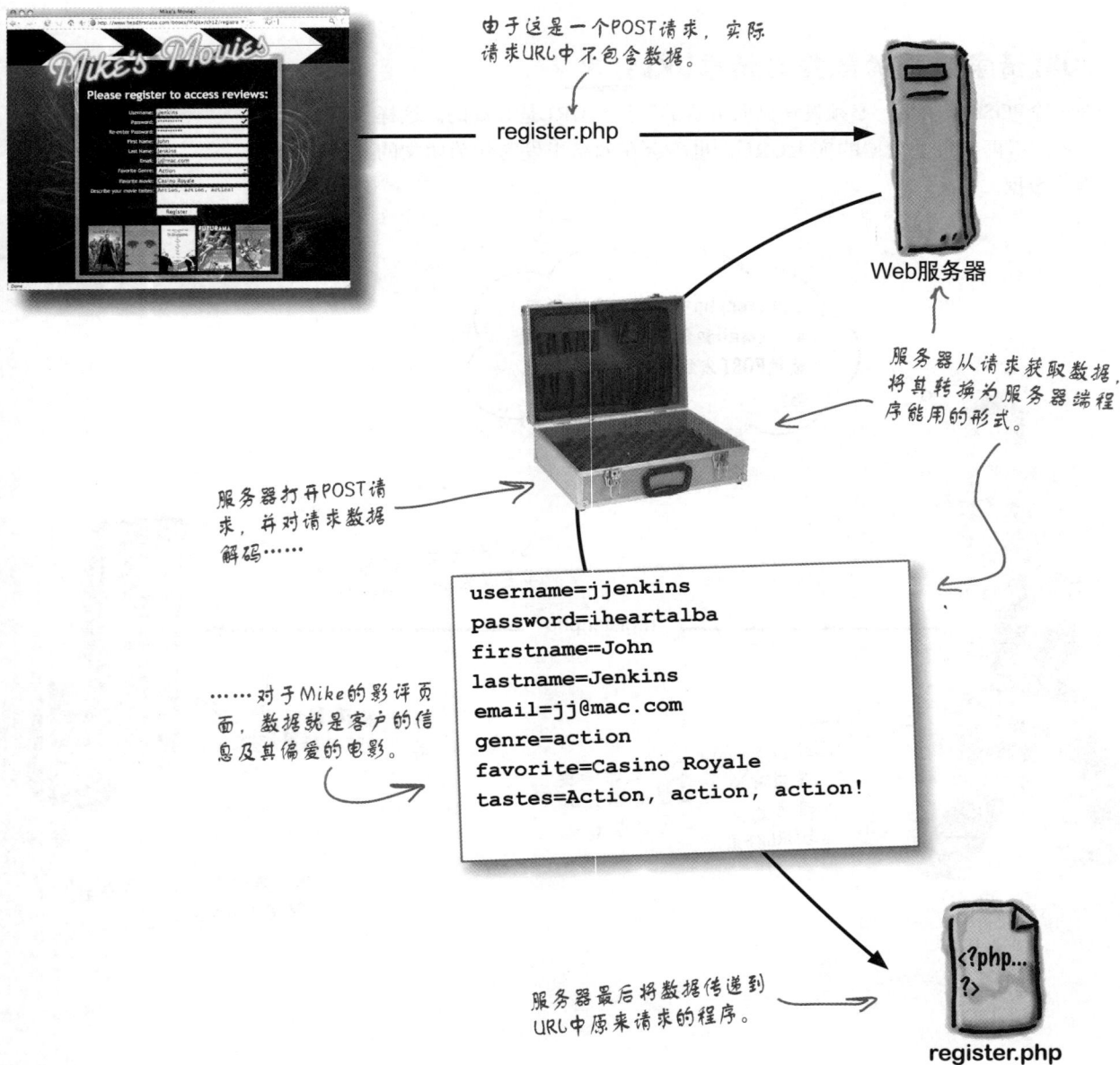

由于这是一个POST请求，实际请求URL中不包含数据。

register.php

Web服务器

服务器从请求获取数据，将其转换为服务器端程序能用的形式。

服务器打开POST请求，并对请求数据解码……

```
username=jjenkins
password=iheartalba
firstname=John
lastname=Jenkins
email=jj@mac.com
genre=action
favorite=Casino Royale
tastes=Action, action, action!
```

……对于Mike的影评页面，数据就是客户的信息及其偏爱的电影。

```
<?php...
?>
```

服务器最后将数据传递到URL中原来请求的程序。

register.php

there are no
Dumb Questions

问： 这么说POST请求比GET请求更安全，是吗？

答： 对，包装POST数据时另外增加了一步：数据在浏览器中编码，并在服务器上解码。不过，对POST数据解密可不是轻而易举的事情。也许有些特别执着的黑客确实能解开你的POST数据，但与从GET请求的URL获取请求参数相比，解开POST数据需要做的工作会多得多。

如果确实希望保证请求的安全，必须使用一个安全的网络连接，如SSL。不过这超出了本书的范畴。

问： 既然POST仍是不安全的，这对于Mike的客户有什么帮助呢？

答： 大多数发送垃圾邮件的人都会寻找最容易的攻击目标。大多数情况下，只要稍有些麻烦——比如需要对POST数据解码——就足以驱使发送垃圾邮件的人和黑客转向一个更容易的目标。对于Mike的网站，改为POST请求需要我们多做一些工作，但是这会保护他的网站免于遭到大多数恶意攻击。

Internet上稍加一点安全性往往大有好处。

对请求数据编码会使大多数黑客转而寻找你的Web网站以外的另一个更容易攻击的目标。

问： 那么，你的意思是不是说POST是安全的而GET是不安全的？

答： 也不完全是这样。"安全"和"不安全"都是相对的，不可能预测到可能出问题的所有情况。不过，使用POST向服务器发送数据时会多完成一个步骤来保护数据。有时正是这一步会带来很大区别，有了这一步，用户会正常地收到你的每月时讯；而没有这一步，同样的用户可能会频繁收到垃圾邮件。

问： 既然如此，为什么不把每一个请求都使用POST发送呢？

答： 确实没有这个必要。一方面，对数据编码和解码需要耗费一些处理时间。除此以外，GET对于发送较短、非秘密的数据表现很好。不仅如此，如果使用POST发送所有请求，用户将无法享受到Google Accelerator等工具带来的好处，另外有些搜索引擎spider工具可能无法提取出你的链接。

问： 要发送一个POST请求，所要做的就是把请求数据放在send()方法中而不是URL中，是吗？

答： 完全正确。你会以完全相同的格式发送数据。可以把名/值对传递到请求对象的send()方法，这与发送GET请求时几乎完全相同。

问： 就这么简单？不用做其他的吗？

答： 嗯，下面在Mike的页面上试试，看看会发生什么……

使用send()在POST请求中发送请求数据

在GET请求中，所有请求数据都作为请求URL的一部分发送。所以可能要建立很长的URL，如register.php?username=jjenkins&password=······
但是，由于POST请求中请求数据不作为URL的一部分发送，可以把所有数据直接放在请求对象的send()方法中。

```
function registerUser() {
  t = setInterval("scrollImages()", 50);
  document.getElementById("register").value = "Processing...";
  registerRequest = createRequest();
  if (registerRequest == null) {
    alert("Unable to create request.");
  } else {
    var url = "register.php";
    var requestData = "username=" +
      escape(document.getElementById("username").value) + "&password=" +
      escape(document.getElementById("password1").value) + "&firstname=" +
      escape(document.getElementById("firstname").value) + "&lastname=" +
      escape(document.getElementById("lastname").value) + "&email=" +
      escape(document.getElementById("email").value) + "&genre=" +
      escape(document.getElementById("genre").value) + "&favorite=" +
      escape(document.getElementById("favorite").value) + "&tastes=" +
      escape(document.getElementById("tastes").value);
    registerRequest.onreadystatechange = registrationProcessed;
    registerRequest.open("POST", url, true);
    registerRequest.send(requestData);
  }
}
```

请求URL只是服务器上程序的文件名，而不包含请求参数。

POST请求中不需要在请求数据前面加一个问号（?）。

并非把这个数据增加到请求URL，这里把它存储在一个字符串变量中。

同样使用&字符分隔参数。

现在这是一个POST请求。

请求数据作为字符串发送，并传递到请求对象的send()方法。

there are no Dumb Questions

问： 为什么不需要一个问号？

答： 问号（?）用于分隔服务器端程序名（如register.php）和请求数据名/值对。由于POST请求中并未将请求数据追加到程序名后面，所以不再需要这个问号。

问： 但是还需要&符号，是不是？

答： 对。&用于分隔不同部分的数据。这会告诉服务器一个名/值对在哪里结束，下一个名/值对从哪里开始。

运行测试

利用POST请求保护Mike应用的安全。

根据454页的代码在validation.js中修改你的registerUser()，然后重新加载Mike的注册页面，输入一些数据。试着提交注册表单……它能不能按预期的方式正常工作？

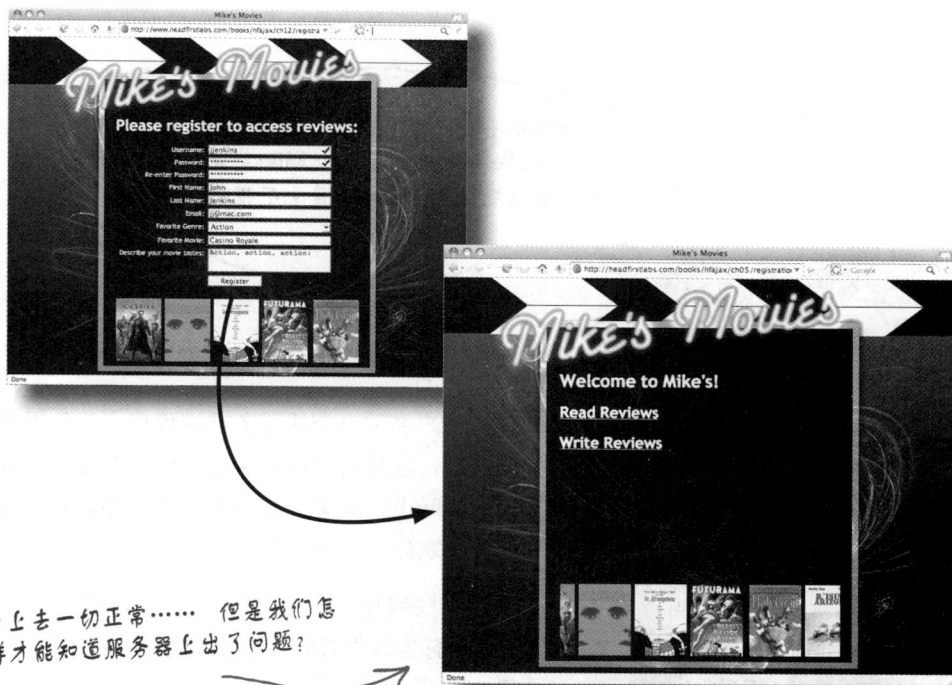

看上去一切正常…… 但是我们怎样才能知道服务器上出了问题？

BRAIN POWER

注册页面上的其他请求也适合作为POST请求吗？

一定要进行检查，确保你的请求数据确实已经接收。

看起来我们发送了一个合法的POST请求，而且根据前面建立Mike注册页面（使用GET）的经验，我们知道这个请求数据是正确的。但是我们不能肯定请求确实得到了处理。

在这种情况下，也就是说没有得到服务器的直接反馈，就需要检查请求数据确实发送到服务器并已适当地接收；否则，可能在更晚的某个时间才发现问题。这样的问题会很难调试……毕竟，谁能记得3个月前写的代码呢？

> 为什么不干脆让他们在register.php中再增加几行代码？不管怎样，让Mike的新客户知道自己提交了什么可能是个不错的想法。

好的服务器端程序会确认你发送的数据。

验证用户名和口令的服务器端程序会为你提供直接反馈，这样就能很容易地确认请求数据已被接收。实际上，大多数服务器端程序都会对请求数据作出响应，提供某种反馈。

但是有些程序——如Mike的服务器端注册页面——却没有告诉你接收到什么数据。要与编写这些程序的程序员交流。通常，增加几行代码很容易，至少增加一个echo回应所收到的数据。这样一来就可以确信你发送的数据与程序接收到的数据完全一致。

这是Jill……她最近在帮助Mike的服务器端程序员解决问题。

运行测试(再次)

下面来看服务器反馈的内容。

从Head First Labs下载第12章的示例文件（如果目前尚未下载）。其中有一个更新版本的register.php，名为"register-feedback.php"，它会在新用户提交注册数据时给出一些可视化反馈。

在validation.js的registerUser()中更新请求URL来使用这个新脚本，然后再次尝试运行Mike的注册页面。

唉呀……看起来不太妙。没有用户名、姓名，也没有email地址……

为什么POST请求不能正常工作？

肯定是register.php脚本的问题。我们这边做的都是对的，所以肯定是服务器的问题。

我可不这么认为……服务器端的那些人说他们那边没有任何问题。

Jim：你确定吗？我相信肯定有人忘记修改脚本来接收POST参数。拜托，肯定是服务器的问题！赶快解决问题，我们才能继续……

Jill：不对。我专门问过他，脚本确实接收了GET和POST参数。你确认已经发出客户的详细信息了吗？

Jim：我敢肯定，registerUser()使用了一个POST请求，而且根据前面使用GET的经验，我知道这个请求对象能正常工作。

Jill：嗯，肯定你在哪个地方犯了错误。

Jim：不可能。所有数据都在请求对象的send()方法中……我再三检查过。所以我知道数据肯定传递到Web服务器了。

Jill：嗯，那就不是脚本的问题。来看看输出页面！没有用户名、名或姓，什么也没有。

Jim：等一下。如果我向服务器正确地发送了数据……

Jill：……脚本向服务器要数据，但是什么也没有得到……

异口同声：问题肯定出在服务器！

Jim

这是Jill……她最近在帮助Mike的服务器端程序员解决问题。

服务器对POST数据解码

我们的脚本向服务器发送了一个请求，其中包含正确的请求数据。但是不知为什么，服务器没有把这个数据传递给服务器端程序register-feedback.php。在服务器和register-feedback.php之间到底发生了什么？

我们知道服务器要接收POST数据并解码，但是服务器必须知道如何对这个数据解码…… 这说明它要知道收到何种类型的数据。

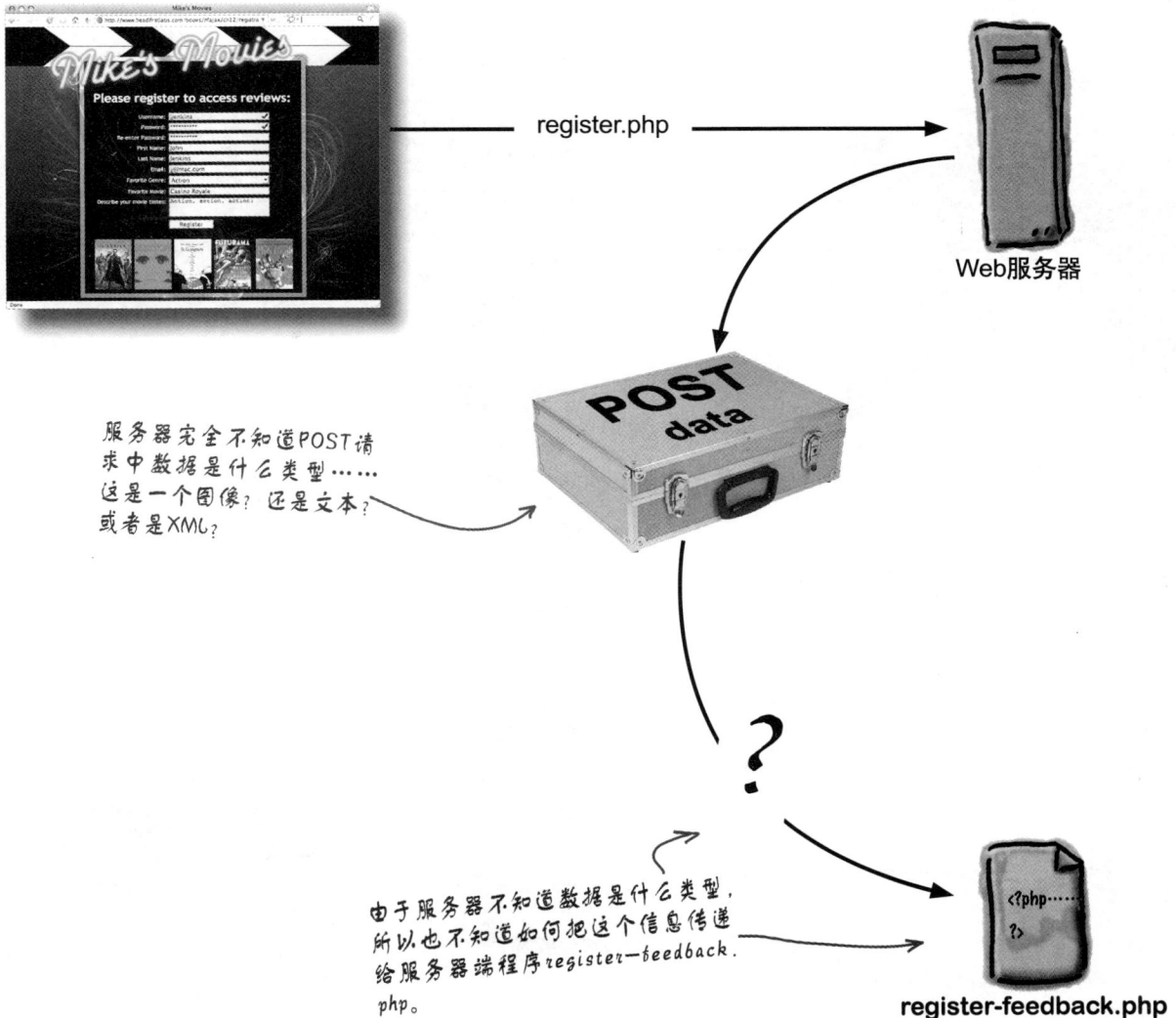

register.php

Web服务器

服务器完全不知道POST请求中数据是什么类型……这是一个图像？还是文本？或者是XML？

由于服务器不知道数据是什么类型，所以也不知道如何把这个信息传递给服务器端程序register-feedback.php。

register-feedback.php

需要告诉服务器发送了什么

需要让服务器准确地知道发送给它的数据是什么类型。但是这个信息不能作为请求数据本身的一部分，所以需要另外一种方法来告诉服务器。

只要需要告诉服务器有关请求的信息，就可以使用请求首部（request header）。请求首部是随请求发送的信息，服务器可以立即读取。服务器还可以发回响应首部，这是有关服务器响应的一些信息。

服务器通过请求首部从浏览器获取信息。

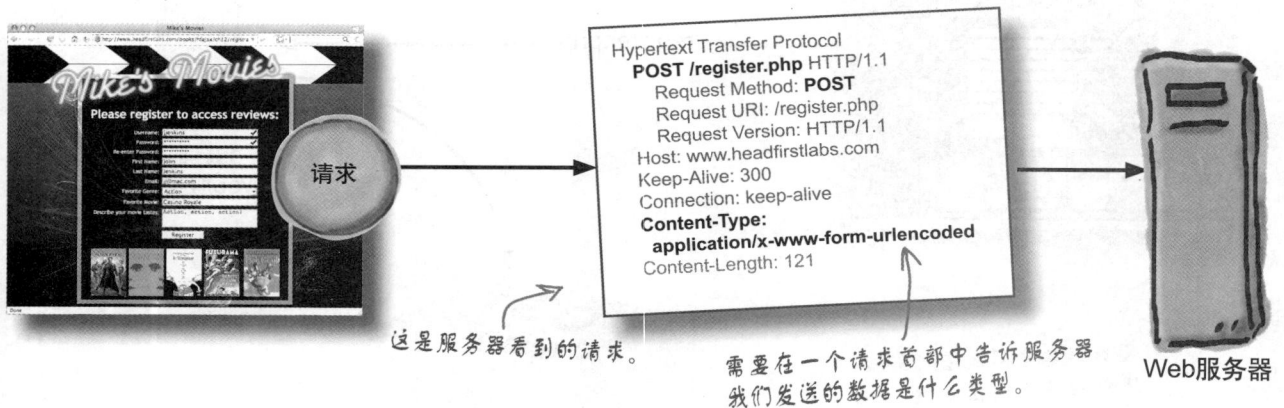

Hypertext Transfer Protocol
POST /register.php HTTP/1.1
　Request Method: **POST**
　Request URI: /register.php
　Request Version: HTTP/1.1
Host: www.headfirstlabs.com
Keep-Alive: 300
Connection: keep-alive
Content-Type:
application/x-www-form-urlencoded
Content-Length: 121

请求

这是服务器看到的请求。

需要在一个请求首部中告诉服务器我们发送的数据是什么类型。

Web服务器

服务器使用响应首部向浏览器发送信息。

服务器发回一个响应首部和状态码。

Web服务器

HTTP/1.1 400 Bad Request
　Request Version: HTTP/1.1
　Response Code: **400**
Date: Wed, 01 Mar 2006 21:27:39 GMT
Server: Apache
X-Powered-By: PHP/4.3.11
Status: No data was received.
Connection: close
Transfer-Encoding: chunked
Content-Type: text/html

这是服务器发回给浏览器的信息。

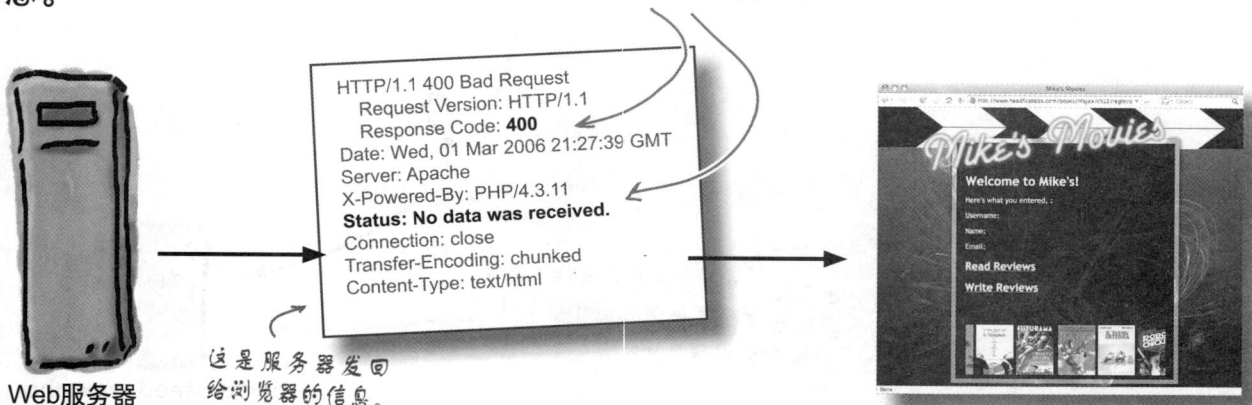

哦，我懂了。在一个**GET**请求中，数据是请求**URL**的一部分，所以只能是文本。但是在**POST**请求中，必须明确地告诉服务器会接收到什么数据。

需要为数据设置CONTENT-TYPE请求首部。

在POST请求中不只是能发送纯文本，还可以发送更多其他类型的数据。服务器接收到POST请求时，它不知道所要处理的数据是何种类型，除非你明确地告诉服务器会收到什么数据。

一旦服务器知道了你发送了什么类型的数据，它就能对POST数据解码，并适当地处理。对于Mike的注册页面，需要告诉服务器我们在发送名/值对。为此，可以设置一个请求首部，名为"Content-Type"。

是**register.php**吗？我有客户的姓名、**email**和偏爱的电影。我要通过**POST**作为名/值对发送这些信息，可以吗？

这一次，请求中除了有请求URL和POST数据，还包括一个内容类型。

register.php

POST数据

POST数据与从前完全一样……

……但是增加了一个内容类型，现在服务器知道了会收到什么类型的数据，所以知道如何对这个数据解码。

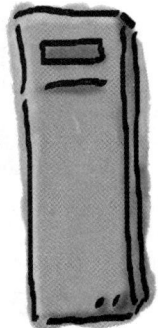

在请求对象上使用setRequestHeader()设置请求首部

一旦知道要设置哪一个请求首部，具体设置非常容易。只需在请求对象上调用 setRequestHeader()，并传入请求首部的名和该首部的值。

对于名/值对，我们希望设置Content-Type请求首部。需要将这个首部的值设置为application/x-www-form-urlencoded。这个串有点奇怪，不过这只是告诉服务器我们在向它发送名/值对，就像Web表单发送名/值对一样。

```
function registerUser() {
  t = setInterval("scrollImages()", 50);
  document.getElementById("register").value = "Processing...";
  registerRequest = createRequest();
  if (registerRequest == null) {
    alert("Unable to create request.");
  } else {
    var url = "register.php";
    var requestData = "username=" +
      escape(document.getElementById("username").value) + "&password=" +
      escape(document.getElementById("password1").value) + "&firstname=" +
      escape(document.getElementById("firstname").value) + "&lastname=" +
      escape(document.getElementById("lastname").value) + "&email=" +
      escape(document.getElementById("email").value) + "&genre=" +
      escape(document.getElementById("genre").value) + "&favorite=" +
      escape(document.getElementById("favorite").value) + "&tastes=" +
      escape(document.getElementById("tastes").value);
    registerRequest.onreadystatechange = registrationProcessed;
    registerRequest.open("POST", url, true);
    registerRequest.setRequestHeader("Content-Type",
      "application/x-www-form-urlencoded");
    registerRequest.send(requestData);
  }
}
```

这会设置Content-Type请求首部……

……告诉服务器会收到名/值对，类似于Web表单提交时发送的名/值对。

there are no
Dumb Questions

问： 这么说，请求首部会随请求发送到服务器，对吗？

答： 对。所有请求首部都是请求的一部分。实际上，浏览器会自动设置一些请求首部，所以其实只需在现有的请求首部之上再增加一个请求首部。

问： 我们还会得到响应首部，是吗？

答： 没错。浏览器和服务器总会生成首部。只有当有需要处理的信息时才考虑这些首部，如设置内容类型或者从响应首部获取一个状态。

问： 这么说"Content-Type"用来告诉服务器我们发送的是什么类型的数据，对吗？

答： 完全正确。在这里，由于我们使用的是名/值对，相应的内容类型为"application/x-www-form-urlencoded"。这种类型告诉服务器所收到的值就类似于正常表单提交时接收到的值。

问： 还有其他内容类型吗？

答： 多得很呢。要了解其他的内容类型，可以用你最喜欢的搜索引擎搜索"HTTP Content-Type"看看。

BRAIN
BARBELL

假设你希望向一个服务器端程序发送XML数据，你认为要让Web服务器适当地对数据解码做些什么？

运行测试(再一次)

能行吗?能正常工作吗?

更新请求,使之包括一个Content-Type请求首部,再来试试Mike的注册页面。提交你的信息,看看服务器会反馈什么。

服务器会对我们的请求数据解码,并传送到服务器端程序。

干得漂亮!你的动作真快。既然
你还在这里，再想想看还需要做
什么修改？

POST机密数据

Mike还会在注册页面和服务器之间传递什
么机密数据？用户名请求需要使用POST方
法提交吗？口令请求呢？

要由你来确定哪些请求最好作为POST请
求提交，而哪些作为GET请求更合适。更
新Mike的页面，使之更安全。完成之后，
翻开下一页再做几个练习。

查词游戏

```
X   A   R   S   Y   R   O   T   A   D   N   A   M
A   C   L   V   V   R   E   T   N   I   T   E   S
A   V   I   O   A   S   B   A   L   T   R   S   V
Q   S   L   X   H   L   N   D   L   E   R   S   L
C   U   Y   O   R   S   I   A   E   A   Y   A   R
A   C   N   N   E   U   T   D   Y   N   S   R   A
L   O   E   C   C   B   T   U   A   D   N   E   S
L   P   U   K   A   M   A   N   N   T   O   L   N
G   R   Y   C   C   I   S   E   O   X   I   B   R
E   N   I   A   H   T   E   N   A   U   T   O   R
T   U   N   B   A   D   Q   C   N   R   P   A   N
K   N   G   T   F   A   P   O   S   T   O   S   A
N   D   U   L   R   I   E   D   R   I   U   D   Y
A   S   E   R   E   D   A   E   H   T   E   S   D
J   E   R   C   I   C   T   H   R   I   Z   A   R
```

单词表：

Get
Post
Validation
Submit
Mandatory
Options
Secure
Unencode
Header
Status

再来看一个"GET还是POST"场景。你要确定对于以下各个Web应用采用哪种请求方法最合适。

GET 还是 POST

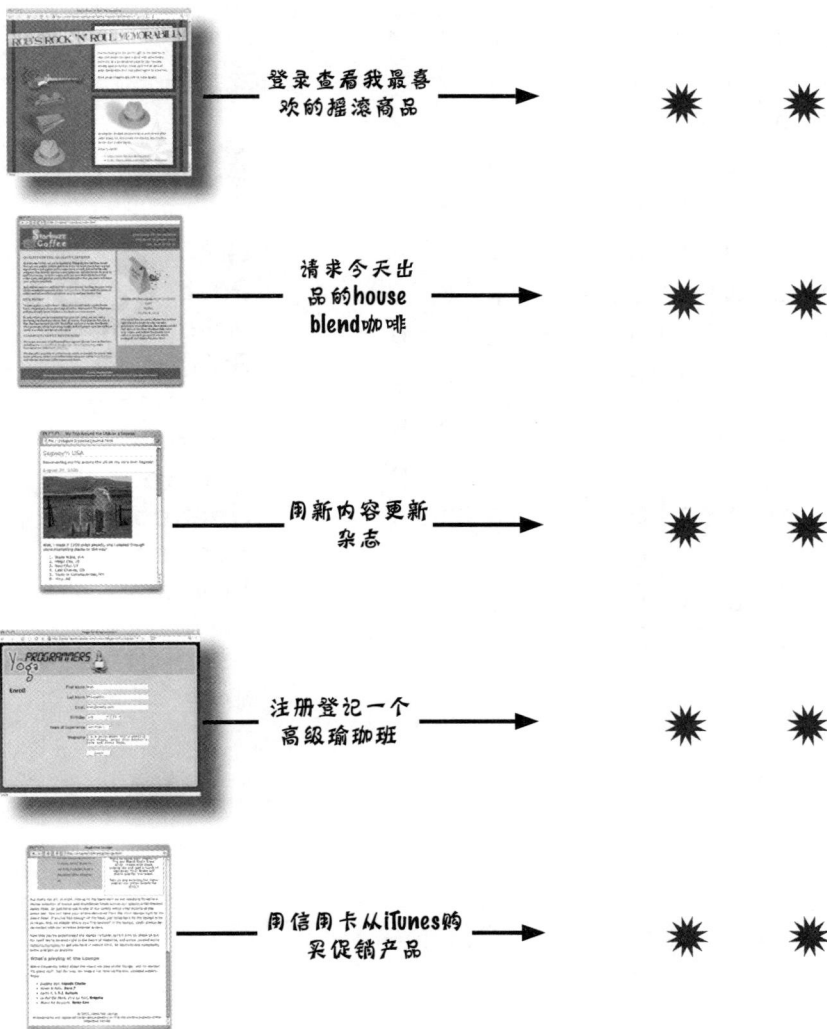

查词游戏答案

```
X  A  R  S  Y  R  O  T  A  D  N  A  M
A  C  L  V  V  R  E  T  N  I  T  E  S
A  V  I  O  A  S  B  A  L  T  R  S  V
Q  S  L  X  H  L  N  D  L  E  R  S  L
C  U  Y  O  R  S  I  A  E  A  Y  A  R
A  C  N  N  E  U  T  D  Y  N  S  R  A
L  O  E  C  C  B  T  U  A  D  N  E  S
L  P  U  K  A  M  A  N  N  T  O  L  N
G  R  Y  C  C  I  S  E  O  X  I  B  R
E  N  I  A  H  T  E  N  A  U  T  O  R
T  U  N  B  A  D  Q  C  N  R  P  A  N
K  N  G  T  F  A  P  O  S  T  O  S  A
N  D  U  L  R  I  E  D  R  I  U  D  Y
A  S  E  R  E  D  A  E  H  T  E  S  D
J  E  R  C  I  C  T  H  R  I  Z  A  R
```

单词表：

Get
Post
Validation
Submit
Mandatory
Options
Secure
Unencode
Header
Status

GET 还是 POST?

答案

再来看一个"GET还是POST"场景。你要确定对于以下各个Web应用采用哪种请求方法最合适。

GET还是POST

登录查看我最喜欢的摇滚商品

登录通常涉及用户名和口令，你通常希望保护这种信息的安全。

请求今天出品的house blend咖啡

没有必要对一个简单的商品请求使用POST。

用新内容更新杂志

两种方法都有可能。发送了用户凭证吗？这个新内容是公开的还是秘密的？

注册登记一个高级瑜珈班

Marcy要询问email……我们不希望这些信息泄露给恶意黑客。

用信用卡从iTunes购买促销产品

发送信用卡信息需要使用POST方法，或者采用更安全的手段，如SSL。

附录I: 其他

*（未谈到的）5 大问题

真是一个漫长的旅程……就快到终点了。

实在不舍得你离开，不过在你离开之前，还有几个问题需要指出。我们实在无法将Ajax的所有内容在一本不到600页的书中全部讲到。实际上，我们做过尝试……但是市场的反应称书架上摆那样一本28磅重的大厚书并不合适。所以我们只好舍弃所有不要求你必须了解的内容，并在这个附录中指出最后几个重要问题。

没错……这确实是最后的内容了。不过另外还有一个简短的附录……和一个必备的索引。对了，最后还有一些广告……你知道的，这是少不了的。

#1 检查DOM

到目前为止，你已经能非常熟练地使用文档对象模型（Document Object Model，DOM）动态更新你的Web页面。不过，一旦使用DOM对页面作出修改，怎样才能看到Web浏览器所看到的页面呢？答案就是使用DOM Inspector检查工具。

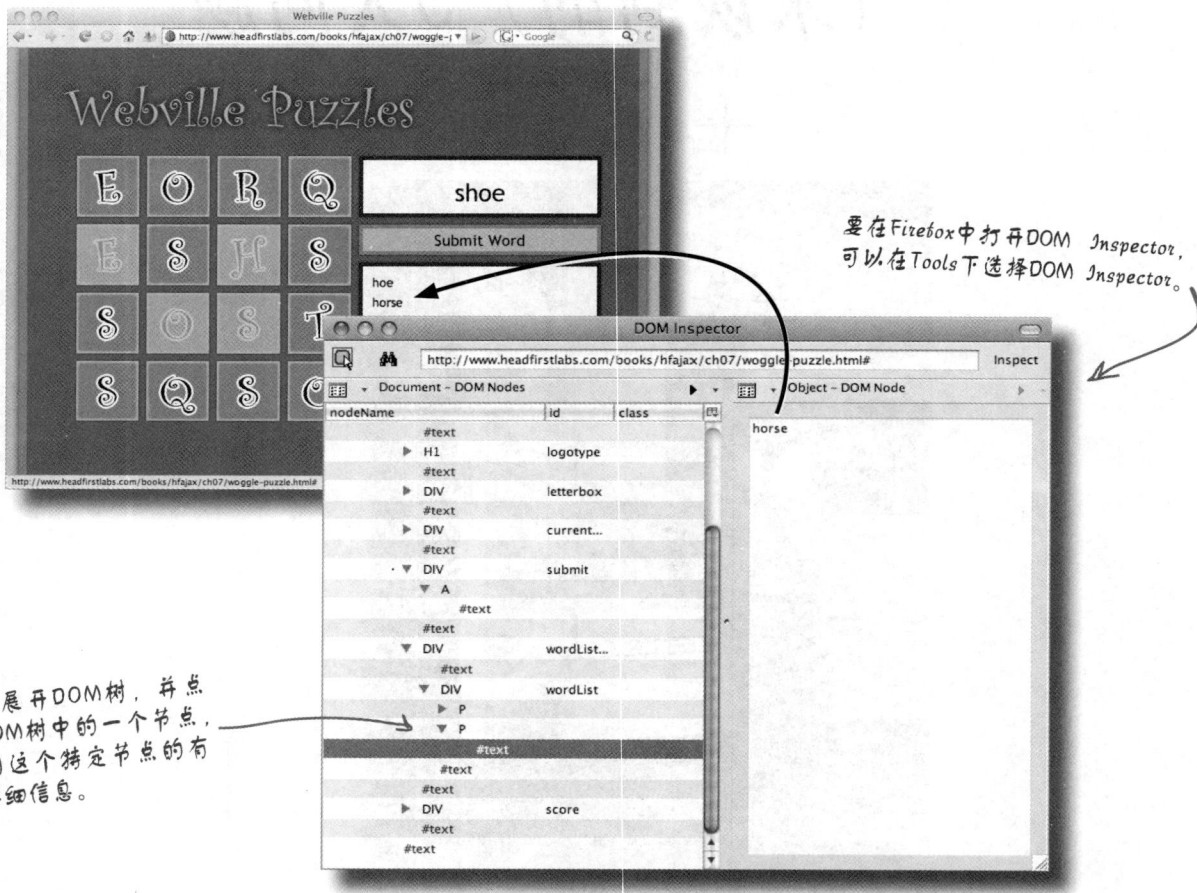

要在Firebox中打开DOM Inspector，可以在Tools下选择DOM Inspector。

可以展开DOM树，并点击DOM树中的一个节点，得到这个特定节点的有关详细信息。

在Windows上必须要求安装DOM检查工具。

安装Firefox时，选择Custom Install，然后选择Web Developer Tools，这样才能在Windows机器上运行DOM inspector。

在Internet Explorer中检查DOM

在Windows上使用Internet Explorer时需要下载和安装一个单独的工具来检查DOM。IEInspector工具包括一个针对Internet Explorer的DOM检查工具和一个HTTP Analyzer工具）。你需要做到如下几点。

从哪里得到:　　　　　　　http://www.ieinspector.com/dominspector/

如何使用:　　　　　　　　下载并安装IEInspector的相应.EXE文件，然后启动这个工具，可以在一个窗口中同时查看页面、其标记代码以及这个页面的DOM树。

IE WebDeveloper是一个共享软件。购买这个软件需要$59，不过它还有很多其他功能，并不仅限于DOM检查，另外还提供了30天退款保证。

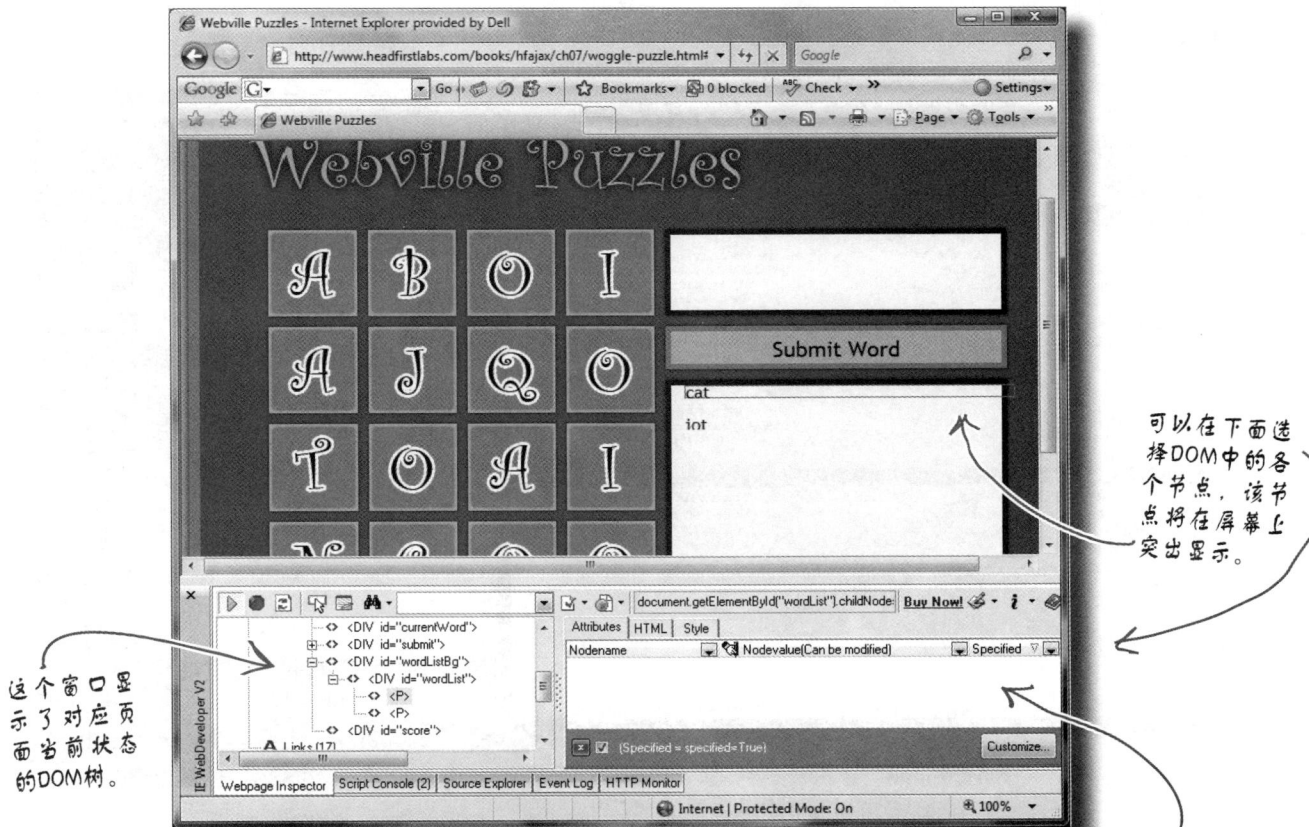

可以在下面选择DOM中的各个节点，该节点将在屏幕上突出显示。

这个窗口显示了对应页面当前状态的DOM树。

在这里显示各节点的有关详细信息……还可以动态改变这些信息！

在Safari中检查DOM

在Safari中检查DOM时需要使用WebKit。WebKit是Mac OS X应用（如Safari、Dashboard和Mail）使用的一个开源系统框架，可以从http://Webkit.opendarwin.org/得到。

一旦下载了WebKit，把它拖到你的Applications文件夹，然后需要在一个终端窗口运行以下命令。

```
defaults write com.apple.Safari WebKitDeveloperExtras -bool true
```

接下来进入Applications文件夹，打开WebKit。右键点击页面上的任何位置，然后选择"Inspect Element:"。

这个窗口显示了浏览器当前状态的DOM树。

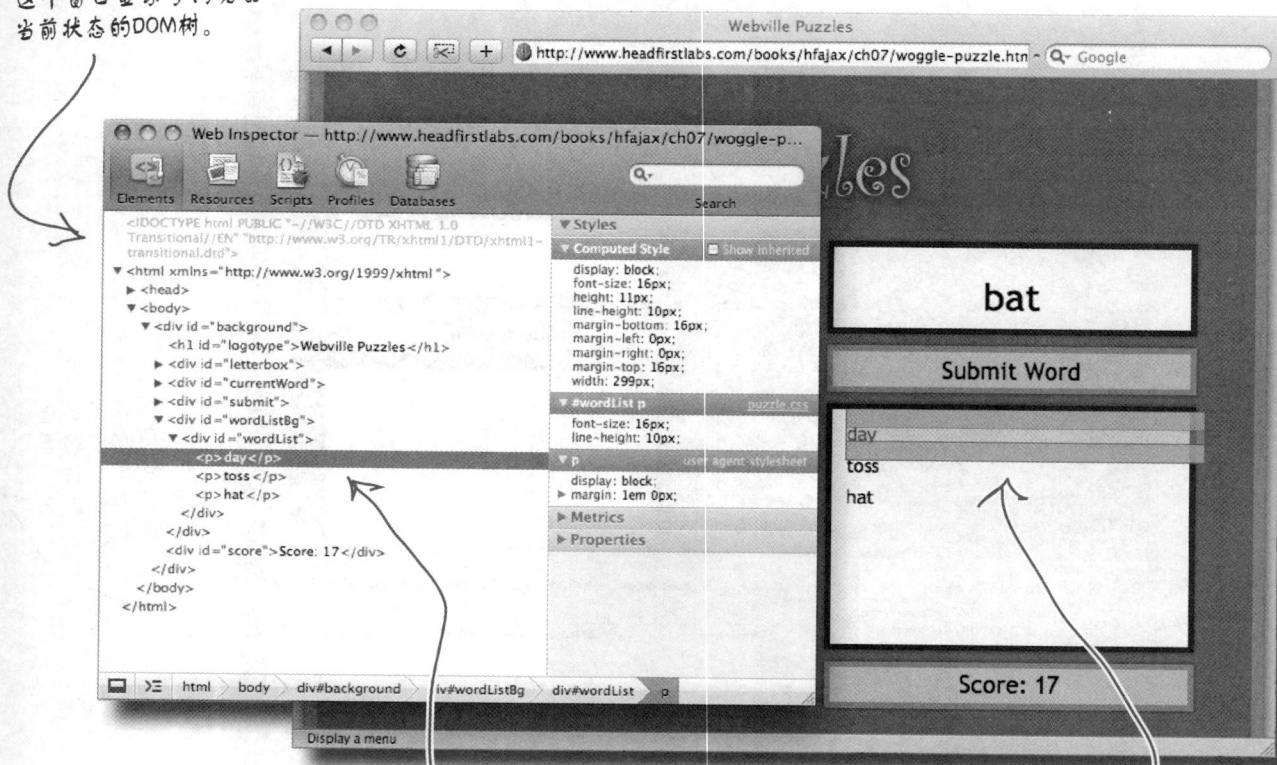

可以在检查工具中选择一个元素……

……可以看到页面上会突出显示这个元素。

#2 妥善降级

Ajax中最痛苦的问题之一就是妥善降级：如何确保你的应用在未启
用JavaScript（或者JavaScript的版本相当低）的浏览器上也能正常工
作。由于这是一个很棘手的问题，而且很多人都专门针对现代浏览
器设计应用，所以只能把这个问题放在附录里简单介绍。

不过，如果你有兴趣为每一位可能的来访者提供良好的用户体验，
那么需要做到以下几点。

① **首先设计一个不使用JavaScript的网站。**

这是构建可降级网站的最大区别。你不能从一个Ajax网站起步，然
后创建代码把它"降级"为一个非Ajax网站，在不支持JavaScript的
浏览器上不能运行任何代码。

所以必须创建一个没有任何JavaScript也能正常工作的网站，这正是
为什么大多数设计人员不考虑非JavaScript浏览器的原因。

这并不是让广大用户群体满意的绝佳做法，不过可以理解为什么大多数人会采用这种方法。

② **大量使用<a>元素和"Submit"按钮。**

无JavaScript意味着没有事件处理程序。如果没有onBlur和
onClick，能用来触发动作的标记只能是<a>元素（链接）和表单
提交按钮。要大量使用这些元素，因为这是从一个非JavaScript页面
启动服务器端处理的唯一方法。

这也是对页面中各种链接使用<a>元素的另一个原因。

③ **编写服务器端程序而不假设只会收到Ajax请求。**

编写一个响应异步请求的服务器端程序与编写一个响应表单提交的
程序并没有本质上的区别。不过，最大的区别是服务器端程序所返
回的内容。对于一个Ajax页面的验证请求，响应可能是"okay"，
但是非JavaScript页面怎么能解释"okay"呢？

实际上，服务器端程序往往需要根据请求参数确定请求中有什么。
根据这个信息，程序要返回不同的数据。所以对于一个Ajax请求，
程序可能返回一个很短的响应；而对于一个非Ajax请求，响应可能
是一个新的XHTML页面或重定向。

④ **测试、测试、测试……更多地测试。**

妥善降级中最大的问题是测试。即使你构建了页面的一个非
JavaScript版本，并使用了适当的元素和服务器端程序，还必须在所
能想到的每一个浏览器上测试你的页面。特别是，一旦增加Ajax版
本的页面，还要在那些不支持JavaScript的浏览器上做更多测试。你
永远无法知道在你增加交互性的同时会引入什么问题。

#3 script.aculo.us和Yahoo UI库

你已经对一些非常酷的Ajax工具包和框架有所了解，在这些工具包中我们提到过script.aculo.us。不过，实际上script.aculo.us更应算是一个用户界面（user interface，UI）工具包。另外还有很多其他的UI库。所有这些库都关注于如何更容易地构建漂亮、用户友好、具有非凡视觉效果的用户界面。

这些库通常就是JavaScript文件，可以下载然后在XHTML页面中引用（不论这个页面是否连接到一个异步JavaScript）。

script.aculo.us

从哪里得到: http://script.aculo.us/

如何使用:

```
<head>

 <title>Webville Puzzles</title>

 <link rel="stylesheet" href="css/puzzle.css" type="text/css" />

 <script type="text/javascript" src="http://script.aculo.us/prototype.js"></script>

 <script type="text/javascript" src="http://script.aculo.us/scriptaculous.js"></script>

 <script type="text/javascript" src="utils.js"> </script>

 ... etc ...
```

甚至不下载任何文件也可以使用script.aculo.us…… 只需引用这些URL。

script.aculo.us使用Prototype库提供其服务器交互和一些底层JavaScript函数。

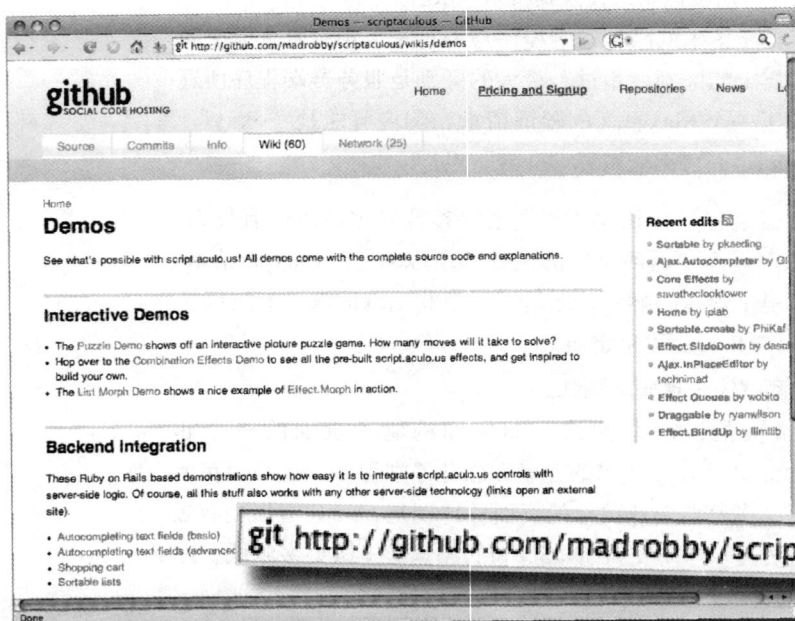

script.aculo.us包括多个JavaScript库和大量非常酷的视觉效果。要了解更多有关信息，请查看相应的演示页面。

git http://github.com/madrobby/scriptaculous/wikis/demos

Yahoo UI (YUI)

从哪里得到: http://developer.yahoo.com/yui/

如何使用:

```
<head>
 <title>Webville Puzzles</title>
 <link rel="stylesheet" href="css/puzzle.css" type="text/css" />
 <script type="text/javascript"
    src="http://yui.yahooapis.com/2.5.2/build/yuiloader/yuiloader-beta-min.js"></script>
 <script type="text/javascript"
    src="http://yui.yahooapis.com/2.5.2/build/dom/dom-min.js"></script>
 <script type="text/javascript"
    src="http://yui.yahooapis.com/2.5.2/build/event/event-min.js"></script>
 <script type="text/javascript"
    src="http://yui.yahooapis.com/2.5.2/build/animation/animation-min.js"></script>
 <script type="text/javascript"
    src="http://yui.yahooapis.com/2.5.2/build/dragdrop/dragdrop-min.js"></script>
 <script type="text/javascript"
    src="http://yui.yahooapis.com/2.5.2/build/element/element-beta-min.js"></script>
 <script type="text/javascript" src="http://yui.yahooapis.com/2.5.2/build/button/button-min.js"></script>
 <script type="text/javascript" src="utils.js"> </script>
 ... etc ...
```

YUI分为多个不同的脚本…… 对于大多数页面,你可能只使用其中很少的一部分。

每个脚本实现一种功能:拖放、DOM或事件处理。

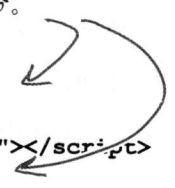

类似于script.aculo.us,YUI提供了很多非常棒的UI特性,特别是一些相当酷的拖放功能。

在这里,从列表最上面将一个元素拖到下面的某个位置……所有这些都无须页面重新加载或任何服务器交互!

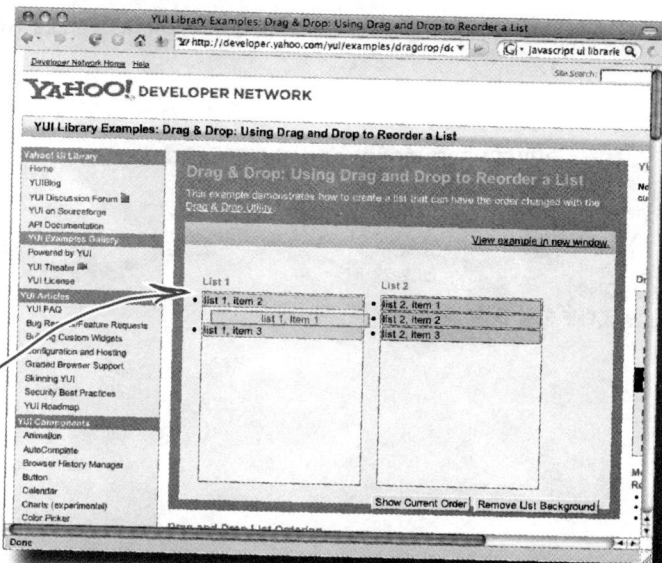

#4 在PHP代码中使用JSON库

前面已经看到JSON可以帮助你在Java应用中发送和接收复杂的对象。不过对于PHP脚本，如果不希望手动地键入JSON格式的数据，还需要一个库。手动键入JSON对象很麻烦，所以提供一个JSON库对于完成服务器端JSON交互很有意义。

可以如下在PHP脚本中使用JSON，PHP中无须涉及大量JSON的特定语法。

从哪里得到：　　　　　PHP 5.2.0和更高版本中已经内置有这个库。

如何使用：　　　　　调用json_encode()，并传入PHP变量和数据。

> 现在PHP已经提供了JSON支持，所以无须任何额外工作就可以在PHP脚本中访问JSON函数。

> 可以采用正常的做法在PHP代码中创建数组和变量。

```
$itemGuitar = array(
  'id' => 'itemGuitar',
  'description' => 'Pete Townshend once played this
          guitar while his own axe was in the shop having
          bits of drumkit removed from it.',
  'price' => 5695.99,
  'urls' => array('http://www.thewho.com/',
                  'http://en.wikipedia.org/wiki/Pete_Townshend')
);


$output = json_encode($itemGuitar);
print($output);
```

> 将PHP数据转换为JSON时，所要做的只是调用json_encode()，并传入PHP变量或数据。

在PHP 5.1和更早版本中使用JSON

假设你没有使用PHP 5.2，而且无法将系统升级（或者不想升级）。在这种情况下，要在服务器上允许PHP使用JSON则需要下载一个库。

这个库非常强大，很易于使用，并通过PEAR包装以便于访问。

从哪里得到：　　　　http://pear.php.net/pepr/pepr-proposal-show.php?id=198

如何使用：　　　　创建一个新的Services_JSON对象，并把PHP数据传入该对象的 encode()方法。

需要require()或require_once()包含所下载的库，因为它没有自动包含为PHP的一部分。

首先，创建一个类型为Services_JSON的新对象。

正常地创建PHP数据。这里没有任何特别针对JSON的内容。

最后，在数据上调用encode()，这里要使用前面创建的Services_JSON对象。

```php
require_once(JSON.php);
$json = new Services_JSON();

$itemGuitar = array(
  'id' => 'itemGuitar',
  'description' => 'Pete Townshend once played this
       guitar while his own axe was in the shop having
       bits of drumkit removed from it.',
  'price' => 5695.99,
  'urls' => array('http://www.thewho.com/',
                  'http://en.wikipedia.org/wiki/Pete _ Townshend')
);

$output = $json->encode($itemGuitar);
print($output);
```

#5 Ajax和ASP.NET

如果你经常使用Microsoft技术，很可能想了解ASP.NET Ajax。ASP.NET Ajax是Microsoft提供的一个免费的Ajax专用版本，捆绑在Visual Studio 2008和其他Microsoft技术中。

由于ASP.NET Ajax要结合Microsoft的可视化产品使用，所以它更像是一组可拖放的前端控件，而且能够构建"支持"这些控件的代码。

在http://www.asp.net/ajax上可以找到你想了解的所有关于ASP.NET Ajax的信息。

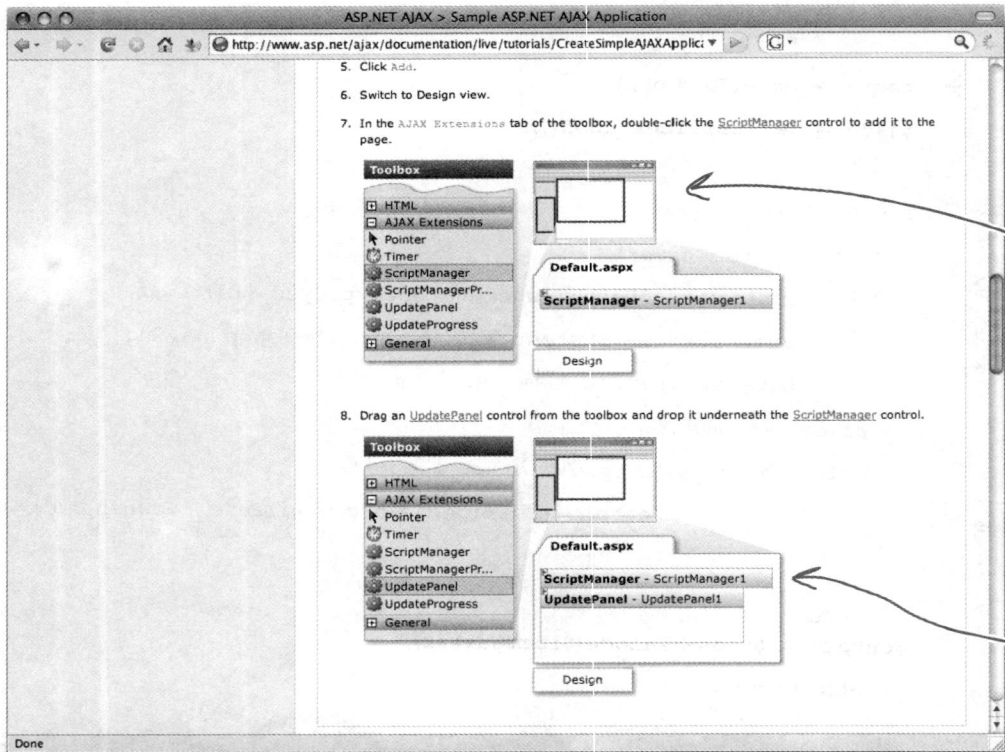

ASP.NET Ajax更应算是与服务器异步交互的控件的一个可视化前端环境，而不是一种新的技术途径。

Microsoft提供了大量关于ASP.NET Ajax的在线文档……只需浏览asp.net/ajax网页就能轻松地了解很多信息。

不需要ASP.NET Ajax来构建Internet Explorer兼容的Web页面

如果你在参与开发一个重要的Microsoft产品，则有很多充分的理由需要你深入了解ASP.NET Ajax。如果你已经在使用Visual Studio构建应用，ASP.NET Ajax会为你所做的工作锦上添花。

但是如果你只是构建要在Internet Explorer（以及其他浏览器，如Firefox和Safari）上运行的Web应用，那么并不需要ASP.NET Ajax。完全可以使用你已经了解的技术以及DOM和请求创建工具函数，就能让你的应用在所有主流浏览器上很好地工作。

通过使用标准Ajax技术，Marcy的Yoga for Programmers网站在IE以及其他浏览器上都表现很好。所以对于大多数面向公众的Web开发项目，只需使用你已经知道的技术就足够了。

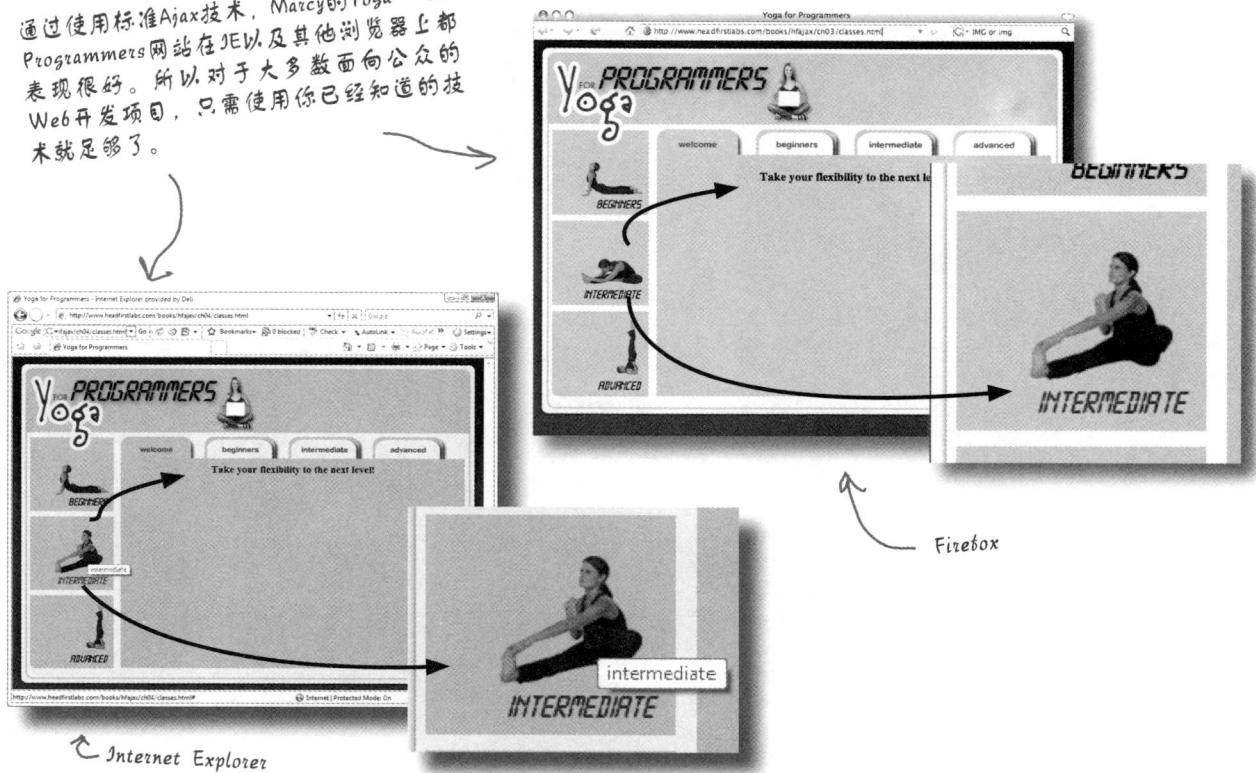

Firefox

Internet Explorer

附录 II：工具函数

直接给我代码

> 除了重写我最喜欢的代码段没有其他更好的办法了……这样确实能帮助我理清思路。

有时你希望所有代码都在一处。

前面已经大量使用utils.js，这是我们编写的一个小工具类，包括Ajax、DOM和事件工具函数。下面几页将把这些函数汇集在一处，允许你在自己的工具脚本和应用中使用。这是你熟悉这些工具函数的最后机会，抓住这个机会，然后在此基础上开发你自己的工具函数！

utils.js: 继续扩展

以下是目前为止所编写的utils.js代码。不过为什么就此止步呢？你应该
在utils.js中增加你自己的函数。是不是需要一个方便的可重用函数来得到
一个节点的文本？可以把这个函数放在utils.js中。

过一段时间后，utils.js就会成为你自己的个人框架。

```javascript
function createRequest() {

  try {

    request = new XMLHttpRequest();

  } catch (tryMS) {

    try {

      request = new ActiveXObject("Msxml2.XMLHTTP");

    } catch (otherMS) {

      try {

        request = new ActiveXObject("Microsoft.XMLHTTP");

      } catch (failed) {

        request = null;

      }

    }

  }

  return request;

}


function isArray(arg) {

  if (typeof arg == 'object') {

    var criteria = arg.constructor.toString().match(/array/i);

    return (criteria != null);

  }

  return false;

}
```

这个方法在Safari、Firefox、Opera等等浏览器中都能正常工作，可以说除了IE之外的所有浏览器都支持这个方法。

这是Microsoft请求对象的一个版本……

……这是另一个版本。

这里返回null，以便调用程序确定如何报告错误或处理错误。

尽量不在工具函数中使用alert()。要让函数调用者来决定如何处理问题。

我们把isArray()移入utils.js，因为这是一个通用函数，而不特定于一个具体的应用。

这里检查所提供对象构造函数中是否包含字符串"array"，不区分大小写。

如果构造函数包含array，criteria不为null，则返回true，否则返回false。

这里取一个Event对象，并返回触发该事件的对象。

```
function getActivatedObject(e) {
  var obj;
  if (!e) {
    // early version of IE
    obj = window.event.srcElement;
  } else if (e.srcElement) {
    // IE 7 or later
    obj = e.srcElement;
  } else {
    // DOM Level 2 browser
    obj = e.target;
  }
  return obj;
}
```

较早版本的IE将激活对象存储在window对象中。

当前版本的IE使用Event对象的srcElement属性。

非Microsoft浏览器（如Firefox、Opera和Safari）将激活对象存储在Event对象的target属性中。

```
function addEventHandler(obj, eventName, handler) {
  if (document.attachEvent) {
    obj.attachEvent("on" + eventName, handler);
  } else if (document.addEventListener) {
    obj.addEventListener(eventName, handler, false);
  }
}
```

attachEvent()是Microsoft专用语法。

addEventListener()面向DOM Level 2浏览器。

这里只是建立了统一的语法。我们需要注册一个事件处理程序，不过要采用一种与浏览器无关的方式实现注册。

索引

符号与数字